Python 程序设计

任务驱动教程

黑马程序员 主编

中国教育出版传媒集团
高等教育出版社·北京

内容提要

本书是高等职业教育计算机类专业基础课黑马程序员系列教材之一。

本书采用理论与任务相结合的形式，系统全面地介绍 Python 基础的相关知识。全书共分为 11 章：第 1 ~ 10 章介绍 Python 语言的核心基础知识，包括搭建 Python 开发环境、Python 基础、流程控制、字符串、组合数据类型、函数、面向对象编程、模块、文件和目录操作、异常；第 11 章围绕前期的核心知识开发银行智能柜员系统。全书各章均配有任务案例，读者可以在实践中学习，巩固所学知识，并在实践中提升实战能力。

本书配有数字课程、微课视频、教学大纲、教学设计、授课用 PPT、案例源代码、习题答案、题库等数字化教学资源，读者可发邮件至编辑邮箱 1548103297@qq.com 获取。此外，为帮助学习者更好地学习和掌握书中的内容，黑马程序员还提供了免费在线答疑服务。本书配套数字化教学资源明细及在线答疑服务使用方式说明详见封面二维码。

本书可作为高等职业院校及应用型本科院校计算机类相关专业的 Python 程序设计课程的教材，也可作为广大信息技术产业从业人员和编程爱好者的自学参考书。

图书在版编目（CIP）数据

Python 程序设计任务驱动教程 / 黑马程序员主编. -- 北京：高等教育出版社，2023.9

ISBN 978-7-04-059342-6

Ⅰ. ①P… Ⅱ. ①黑… Ⅲ. ①软件工具－程序设计－教材 Ⅳ. ① TP311.561

中国版本图书馆 CIP 数据核字（2022）第 160289 号

Python Chengxu Sheji Renwu Qudong Jiaocheng

策划编辑 白 颢	责任编辑 侯昀佳	封面设计 张 志	版式设计 于 婕
责任绘图 李沛蓉	责任校对 刘丽娴	责任印制 高 峰	

出版发行	高等教育出版社	网 址	http://www.hep.edu.cn
社 址	北京市西城区德外大街 4 号		http://www.hep.com.cn
邮政编码	100120	网上订购	http://www.hepmall.com.cn
印 刷	天津市银博印刷集团有限公司		http://www.hepmall.com
开 本	787mm × 1092mm 1/16		http://www.hepmall.cn
印 张	20.75		
字 数	450 千字	版 次	2023 年 9 月第 1 版
购书热线	010-58581118	印 次	2023 年 9 月第 1 次印刷
咨询电话	400-810-0598	定 价	55.00 元

本书如有缺页、倒页、脱页等质量问题，请到所购图书销售部门联系调换

物 料 号 59342-00

前言

Python 是一门面向对象编程、解释型的高级编程语言。该语言基于优雅、明确、简单等理念设计，其语法简洁清晰，能让初学者更专注于编程思想与技巧的学习而非具体编程语言语法的研究。除语法简单外，Python 还具有高效的开发效率，拥有众多拓展库的支持，因此被广泛应用于 Web 开发、网络爬虫、数据分析、机器学习、游戏开发、人工智能等领域。

为什么要学习本书

随着人工智能掀起的科技浪潮，越来越多的用户开始进军人工智能行业，并将 Python 作为实现人工智能的首选语言。本书基于学生的认知规律，循序渐进地介绍 Python 的基础知识，帮助读者培养编程思维、提升编程能力。

在章节编排上，本书采用任务驱动理论的模式，既讲解理论知识，又提供充足的任务实践，保证读者在理解核心知识的前提下真正学有所得。在知识配置上，本书内容包括搭建 Python 开发环境、Python 基础、流程控制、字符串、组合数据类型、函数、面向对象编程、模块、文件和目录操作、异常、综合项目——银行智能柜员系统。通过本书，读者可以全面掌握 Python 基础的核心知识，具备开发简单程序的能力。

本书在编写的过程中，为推进党的二十大精神进教材、进课堂、进头脑，在设计任务时融入载人航天、2022 年北京冬季奥运会、虚拟人物等内容，让学生在学习新兴技术的同时了解我国在科技方面的发展动向，提升学生的民族自豪感；在任务案例中融入了毛遂自荐、垃圾分类等内容，引导学生树立正确的世界观、人生观和价值观，进一步提升学生的职业素养，落实德才兼备的高素质技术技能人才培养要求。此外，编者依据书中的内容配套建设了数字课程，体现现代信息技术与教育教学的深度融合，提升课堂教学效果。

如何使用本书

本书在 Windows 平台上基于 PyCharm 工具对 Python 的基础知识进行讲解，全书分为 11 章，各章内容分别如下。

第 1 章通过 3 个任务介绍搭建 Python 开发环境的相关内容，包括 Python 的发展史、优缺点、应用领域、Python 解释器的安装、IDLE 工具的基本使用、PyCharm 工具的安装与基本使用。通过本章的学习，读者能对Python语言有简单的认识，能熟练搭建Python开发环境并掌握IDLE和PyCharm工具的使用方法。

第2章通过11个任务介绍Python的基础知识，包括编码规范、变量、关键字、变量的数据类型、type()函数、类型转换函数、print()函数、转义字符、input()函数、运算符、运算符优先级等。通过本章的学习，读者能够掌握Python基础知识。

第3章通过8个任务介绍流程控制的相关内容，包括if语句、if-else语句、if-elif-else语句、if嵌套、for语句、range()函数、while语句、break语句、continue语句、循环嵌套。通过本章的学习，读者能掌握程序的执行流程和流程控制语句的用法，为后续的学习打好基础。

第4章通过6个任务介绍字符串的相关知识，包括字符串定义、字符串的格式化、字符串的分割、字符串的拼接、字符串的索引与切片、字符串的查找、字符串的替换、字符串的大小写转换、字符串的对齐、字符判断等。通过本章的学习，读者能掌握字符串的使用方法。

第5章通过4个任务介绍组合数据类型的相关知识，包括创建列表、访问列表元素、列表的内置方法、修改列表元素、创建元组、访问元组元素、创建集合、集合的内置方法、创建字典、访问字典元素、字典的内置方法。通过本章的学习，读者能掌握并熟练运用Python中的组合数据类型。

第6章通过6个任务介绍函数的相关知识，包括认识函数、定义函数、调用函数、根据位置传递参数、内置函数round()、局部变量、全局变量、global关键字、nonlocal关键字、递归函数、匿名函数等。通过本章的学习，读者能深刻地体会函数的便捷之处，熟练地在实际开发中应用函数。

第7章通过4个任务介绍面向对象编程的相关知识，包括面向对象编程简介、对象和类、类的定义、对象的创建与使用、类属性、实例方法、实例属性、__init__()方法、类方法、静态方法、私有成员、封装、继承、重写、super()函数、多态等。通过本章的学习，读者能理解面向对象编程的思想与特性，掌握面向对象编程的技巧，为以后的开发奠定扎实的面向对象编程基础。

第8章通过5个任务介绍模块的相关知识，包括认识模块、模块的导入、模块的变量、random模块、time模块、turtle模块、jieba模块、wordcloud模块等。通过本章的学习，读者能掌握Python中常见内置模块和第三方模块的使用方法。

第9章通过3个任务介绍文件和目录操作的相关知识，包括文件的打开、文件的关闭、读取文件、写入文件、文件的定位读写、文件和目录的重命名、文件的删除、目录的创建、路径的拼接等。通过本章的学习，读者能掌握文件和目录的操作方法。

第10章通过两个任务介绍异常的相关知识，包括错误和异常概述、try-except语句、try-except-else语句、try-except-finally语句、raise语句、assert断言语句、自定义异常等。通过本章的学习，读者能掌握处理程序中异常的方法。

第11章围绕面向对象编程的思想，通过搭建项目架构、设计类、显示欢迎界面、管理员登录、菜单选择、实现开户功能、实现查询功能、实现取款功能、实现存款功能、实现转账功能、实现锁定功能、实现解锁功能、实现退出功能共13个任务逐步开发银行智能柜员系统。通过本章的学习，读者可以灵活运用面向对象的编程技巧，并将其运用到实际项目开发中。

在学习过程中，读者应勤思考、勤练习，确保真正吸收所学知识。若在学习过程中遇到无法解决的困难，建议读者不要纠结于此，可以先往后学习，或可豁然开朗。

致谢

本书的编写和整理工作由传智播客教育科技股份有限公司旗下IT教育品牌黑马程序员团队完成，主要参与人员有高美云、王晓娟、孙东等。团队成员在本书的编写过程中付出了大量辛勤的汗水，在此一并表示衷心的感谢。

意见反馈

尽管编写团队付出了最大的努力，但书中仍难免有疏漏之处，欢迎广大读者提出宝贵意见，我们将不胜感激。在阅读本书时，如发现任何问题或有疑问，可发送电子邮件至 itcast_book@vip.sina.com 与我们取得联系。再次感谢广大读者对我们的深切厚爱与大力支持！

黑马程序员

2023年6月于北京

目录

第1章　搭建Python开发环境……001

任务1-1　安装Python解释器……002

■ 任务描述……002
■ 知识储备……002
1. Python的发展史……002
2. Python的优缺点……002
3. Python的应用领域……003
■ 任务分析……004
■ 任务实现……004

任务1-2　华智冰打招呼（一）……006

■ 任务描述……006
■ 知识储备……006
IDLE工具的基本使用……006
■ 任务分析……007
■ 任务实现……008

任务1-3　华智冰打招呼（二）……008

■ 任务描述……008
■ 知识储备……008
1. PyCharm工具的安装……008
2. PyCharm工具的基本使用……010
■ 任务分析……013
■ 任务实现……013

知识梳理……015

本章习题……015

第2章　Python基础……017

任务2-1　输出古诗《望岳》……018

■ 任务描述……018
■ 知识储备……018
1. 编码规范……018
2. 关键字……019
3. 变量……020
■ 任务分析……021
■ 任务实现……021

任务2-2　特工“零”……022

■ 任务描述……022
■ 知识储备……022
1. 变量的数据类型……022
2. type()函数……025
■ 任务分析……025
■ 任务实现……025

任务2-3　模拟超市结账抹零……026

■ 任务描述……026
■ 知识储备……026
类型转换函数……026
■ 任务分析……028
■ 任务实现……028

任务2-4　输出《歌唱祖国》部分歌词……028

■ 任务描述……028

■ 知识储备……029
1. print() 函数……029
2. 转义字符……029
■ 任务分析……030
■ 任务实现……030
任务 2-5 毛遂自荐……031
■ 任务描述……031
■ 知识储备……031
input() 函数……031
■ 任务分析……032
■ 任务实现……032
任务 2-6 体质指数……032
■ 任务描述……032
■ 知识储备……033
1. 算术运算符……033
2. 赋值运算符……034
■ 任务分析……035
■ 任务实现……035
任务 2-7 判断是否罚款……036
■ 任务描述……036
■ 知识储备……036
比较运算符……036
■ 任务分析……037
■ 任务实现……037
任务 2-8 判断能否组成三角形……037
■ 任务描述……037
■ 知识储备……037
逻辑运算符……037
■ 任务分析……038
■ 任务实现……038
任务 2-9 判断奇偶数……039
■ 任务描述……039
■ 知识储备……039
位运算符……039
■ 任务分析……042
■ 任务实现……042
任务 2-10 径赛项目查询……043
■ 任务描述……043
■ 知识储备……043
成员运算符……043
■ 任务分析……043
■ 任务实现……044
任务 2-11 计算正五角星的面积……044
■ 任务描述……044
■ 知识储备……045
运算符优先级……045
■ 任务分析……046
■ 任务实现……046
知识梳理……047
本章习题……048
第 3 章 流程控制……049
任务 3-1 回文数……050
■ 任务描述……050
■ 知识储备……050
if 语句……050
■ 任务分析……051
■ 任务实现……051
任务 3-2 登录验证……052
■ 任务描述……052
■ 知识储备……052
if-else 语句……052
■ 任务分析……053
■ 任务实现……053
任务 3-3 绩效评定……054
■ 任务描述……054
■ 知识储备……055
if-elif-else 语句……055
■ 任务分析……056
■ 任务实现……056
任务 3-4 快递收费……057
■ 任务描述……057
■ 知识储备……057
if 嵌套……057
■ 任务分析……059
■ 任务实现……059
任务 3-5 计算 1 ~ N 的和……060
■ 任务描述……060

■ 知识储备……060
1. for 语句……060
2. range( ) 函数……061
■ 任务分析……061
■ 任务实现……061
任务 3-6 计算正整数的阶乘……062
■ 任务描述……062
■ 知识储备……062
while 语句……062
■ 任务分析……063
■ 任务实现……064
任务 3-7 跟我一起猜数字……064
■ 任务描述……064
■ 知识储备……065
1. break 语句……065
2. continue 语句……066
■ 任务分析……067
■ 任务实现……068
任务 3-8 数字组合……069
■ 任务描述……069
■ 知识储备……069
循环嵌套……069
■ 任务分析……071
■ 任务实现……071
知识梳理……072
本章习题……072
第 4 章 字符串……074
任务 4-1 制作名片……075
■ 任务描述……075
■ 知识储备……075
1. 字符串定义……075
2. 使用“%”格式化字符串……076
3. 使用 format( ) 方法格式化字符串……078
4. 使用 f-string 格式化字符串……079
■ 任务分析……080
■ 任务实现……080
任务 4-2 日期格式转换……081
■ 任务描述……081
■ 知识储备……081
1. 字符串的分割……081
2. 字符串的拼接……082
■ 任务分析……082
■ 任务实现……083
任务 4-3 过滤不良词语……083
■ 任务描述……083
■ 知识储备……084
1. 字符串的索引与切片……084
2. 字符串的查找……085
3. 字符串的替换……086
4. 计算字符串的长度……087
■ 任务分析……087
■ 任务实现……087
任务 4-4 考勤管理……088
■ 任务描述……088
■ 知识储备……089
1. 字符串的大小写转换……089
2. 子串出现次数统计……089
■ 任务分析……090
■ 任务实现……091
任务 4-5 古诗排版工具……091
■ 任务描述……091
■ 知识储备……092
1. 删除头尾的指定字符……092
2. 字符串的对齐……093
■ 任务分析……093
■ 任务实现……094
任务 4-6 密码强度检测……096
■ 任务描述……096
■ 知识储备……097
字符判断……097
■ 任务分析……098
■ 任务实现……098
知识梳理……100
本章习题……101
第 5 章 组合数据类型……102
任务 5-1 成语接龙……103

■ 任务描述…………103
■ 知识储备…………103
1. 创建列表…………103
2. 访问列表元素…………104
3. 列表的内置方法…………105
4. 修改列表元素…………108
■ 任务分析…………108
■ 任务实现…………109
任务 5-2 垃圾分类…………110
■ 任务描述…………110
■ 知识储备…………110
1. 创建元组…………110
2. 访问元组元素…………111
■ 任务分析…………112
■ 任务实现…………112
任务 5-3 单词记录本…………113
■ 任务描述…………113
■ 知识储备…………114
1. 创建集合…………114
2. 集合的内置方法…………115
■ 任务分析…………116
■ 任务实现…………117
任务 5-4 手机通讯录…………119
■ 任务描述…………119
■ 知识储备…………120
1. 创建字典…………120
2. 访问字典元素…………121
3. 字典的内置方法…………122
■ 任务分析…………125
■ 任务实现…………126
知识梳理…………130
本章习题…………131

第 6 章 函数…………133

任务 6-1 寻找缺失数字…………134
■ 任务描述…………134
■ 知识储备…………134
1. 认识函数…………134
2. 定义函数…………135
3. 调用函数…………135
■ 任务分析…………136
■ 任务实现…………136
任务 6-2 简易计算器…………137
■ 任务描述…………137
■ 知识储备…………137
1. 根据位置传递参数…………137
2. 根据关键字传递参数…………138
■ 任务分析…………139
■ 任务实现…………139
任务 6-3 求平均数…………141
■ 任务描述…………141
■ 知识储备…………141
1. 默认参数的传递…………141
2. 参数打包…………142
3. 参数解包…………143
4. 参数的混合传递…………143
5. 内置函数 round( )…………144
■ 任务分析…………145
■ 任务实现…………145
任务 6-4 智能问答机器人…………146
■ 任务描述…………146
■ 知识储备…………146
1. 局部变量…………146
2. 全局变量…………147
3. global 关键字…………147
4. nonlocal 关键字…………148
■ 任务分析…………149
■ 任务实现…………149
任务 6-5 失之毫厘，谬以千里…………152
■ 任务描述…………152
■ 知识储备…………152
递归函数…………152
■ 任务分析…………153
■ 任务实现…………154
任务 6-6 点名册…………154
■ 任务描述…………154
■ 知识储备…………155
匿名函数…………155

■ 任务分析……155
■ 任务实现……156
知识梳理……158
本章习题……159

第 7 章　面向对象编程……161

任务 7-1　航天器信息查询工具……162
■ 任务描述……162
■ 知识储备……163
1. 面向对象编程简介……163
2. 对象和类……164
3. 类的定义……164
4. 对象的创建与使用……165
5. 类属性……165
6. 实例方法……166
■ 任务分析……167
■ 任务实现……168
任务 7-2　超市管理系统……169
■ 任务描述……169
■ 知识储备……170
1. 实例属性……170
2. __init__() 方法……171
3. 类方法……172
4. 静态方法……173
■ 任务分析……174
■ 任务实现……176
任务 7-3　考勤系统……180
■ 任务描述……180
■ 知识储备……181
1. 私有成员……181
2. 封装……182
■ 任务分析……183
■ 任务实现……184
任务 7-4　人机猜拳游戏……187
■ 任务描述……187
■ 知识储备……187
1. 单继承……187
2. 多继承……188
3. 重写……190
4. super() 函数……190
5. 多态……191
■ 任务分析……191
■ 任务实现……192
知识梳理……195
本章习题……196

第 8 章　模块……197

任务 8-1　验证码……198
■ 任务描述……198
■ 知识储备……198
1. 认识模块……198
2. 模块的导入……198
3. 模块的变量……200
4. random 模块……201
■ 任务分析……203
■ 任务实现……203
任务 8-2　高考倒计时器……204
■ 任务描述……204
■ 知识储备……205
time 模块……205
■ 任务分析……209
■ 任务实现……210
任务 8-3　画奥运五环……211
■ 任务描述……211
■ 知识储备……212
1. 使用 turtle 模块创建窗口……212
2. 使用 turtle 模块设置画笔……212
3. 使用 turtle 模块绘制图形……214
■ 任务分析……216
■ 任务实现……220
任务 8-4　《西游记》人物出场次数统计……223
■ 任务描述……223
■ 知识储备……223
1. 安装第三方模块……223
2. jieba 模块……224
■ 任务分析……225
■ 任务实现……226

任务 8-5 制作词云 …… 228
■ 任务描述 …… 228
■ 知识储备 …… 229
wordcloud 模块 …… 229
■ 任务分析 …… 231
■ 任务实现 …… 232
知识梳理 …… 233
本章习题 …… 234

第 9 章 文件和目录操作 …… 235

任务 9-1 考试问卷 …… 236
■ 任务描述 …… 236
■ 知识储备 …… 236
1. 文件的打开 …… 236
2. 文件的关闭 …… 237
3. 读取文件 …… 238
4. 写入文件 …… 239
5. 文件的定位读写 …… 240
■ 任务分析 …… 241
■ 任务实现 …… 242
任务 9-2 密码管理器 …… 245
■ 任务描述 …… 245
■ 知识储备 …… 245
1. 文件和目录的重命名 …… 245
2. 获取目录的文件列表 …… 246
3. 文件的删除 …… 247
■ 任务分析 …… 248
■ 任务实现 …… 249
任务 9-3 古代发明录 …… 253
■ 任务描述 …… 253
■ 知识储备 …… 254
1. 目录的创建、删除和更改 …… 254
2. 获取当前路径 …… 255
3. 检测路径有效性 …… 256
4. 路径的拼接 …… 257
■ 任务分析 …… 258
■ 任务实现 …… 259
知识梳理 …… 266
本章习题 …… 267

第 10 章 异常 …… 268

任务 10-1 反诈查询系统 …… 269
■ 任务描述 …… 269
■ 知识储备 …… 269
1. 错误和异常概述 …… 269
2. 异常类型 …… 270
3. try-except 语句 …… 271
4. try-except-else 语句 …… 274
5. try-except-finally 语句 …… 274
■ 任务分析 …… 275
■ 任务实现 …… 276
任务 10-2 模拟网上商城 …… 279
■ 任务描述 …… 279
■ 知识储备 …… 279
1. raise 语句 …… 279
2. assert 断言语句 …… 280
3. 自定义异常 …… 281
■ 任务分析 …… 282
■ 任务实现 …… 283
知识梳理 …… 285
本章习题 …… 285

第 11 章 综合项目——银行智能柜员系统 …… 287

任务 11-1 搭建项目架构 …… 288
■ 任务描述 …… 288
■ 任务分析 …… 289
■ 任务实现 …… 289
任务 11-2 设计类 …… 290
■ 任务描述 …… 290
■ 任务分析 …… 290
■ 任务实现 …… 291
任务 11-3 显示欢迎界面 …… 293
■ 任务描述 …… 293
■ 任务分析 …… 294
■ 任务实现 …… 294
任务 11-4 管理员登录 …… 295
■ 任务描述 …… 295

■ 任务分析……295
■ 任务实现……295
任务 11-5 菜单选择……297
■ 任务描述……297
■ 任务分析……297
■ 任务实现……297
任务 11-6 实现开户功能……299
■ 任务描述……299
■ 任务分析……300
■ 任务实现……300
任务 11-7 实现查询功能……302
■ 任务描述……302
■ 任务分析……302
■ 任务实现……302
任务 11-8 实现取款功能……304
■ 任务描述……304
■ 任务分析……305
■ 任务实现……305
任务 11-9 实现存款功能……306
■ 任务描述……306
■ 任务分析……307
■ 任务实现……307
任务 11-10 实现转账功能……308
■ 任务描述……308
■ 任务分析……309
■ 任务实现……310
任务 11-11 实现锁定功能……312
■ 任务描述……312
■ 任务分析……312
■ 任务实现……312
任务 11-12 实现解锁功能……314
■ 任务描述……314
■ 任务分析……314
■ 任务实现……315
任务 11-13 实现退出功能……316
■ 任务描述……316
■ 任务分析……316
■ 任务实现……317
本章小结……317

第 1 章

搭建 Python 开发环境

- 了解 Python 的发展史，能够说出 Python 语言的发展过程。
- 了解 Python 的优缺点，能够说出 Python 语言的优点和缺点。
- 熟悉 Python 的应用领域，能够列举至少 3 个 Python 语言的应用领域。
- 掌握 Python 解释器的安装方法，能够独立在计算机中安装 Python 解释器。
- 掌握 IDLE 工具的使用方法，能够熟练使用 IDLE 工具编写并运行代码。
- 掌握 PyCharm 工具的安装方法，能够独立在计算机中安装 PyCharm 工具。
- 掌握 PyCharm 工具的使用方法，能够熟练使用 PyCharm 工具编写并运行代码。

PPT：第 1 章　搭建 Python 开发环境

教学设计：第 1 章 搭建 Python 开发环境

Python语言自诞生以来，因其简洁优美的语法、高效的开发效率、强大的功能等特点，迅速在众多领域占据一席之地，成为初学者学习编程的首选语言之一。本章通过3个任务对搭建Python开发环境的相关内容进行讲解。

任务1-1 安装Python解释器

■ 任务描述

实操微课1-1：任务1-1 安装Python解释器

解释器（Interpreter）又称直译器。它是一种计算机中的翻译程序，能够把用高级编程语言编写的代码逐行转译成计算机可以识别的机器语言。解释器好比人与计算机的翻译，它不会一次把所有的代码全部转译，而是每次只转译一行代码并运行，根据代码完成特定的操作，继续转译下一行代码并运行。如此，直至所有的代码全部转译并运行。

Python程序的执行依赖Python解释器，只有在计算机中安装Python解释器、配置好Python开发环境后，开发人员才可以编写和运行程序。Python官网针对不同平台提供了多个版本的Python解释器。本任务要求在搭载Windows系统的计算机中安装版本号为3.10.2的Python解释器。

■ 知识储备

理论微课1-1：Python的发展史

1. Python的发展史

Python语言的设计者是Guido van Rossum。由于Guido本人非常喜欢电视剧*Monty Python's Flying Circus*，所以Guido便取了其中的Python一词作为语言的名字。Python一词本身是“蟒蛇”之意，其标志以此意设计，如图1-1所示。

图1-1 Python的标志

1991年，Python第一个公开版本发行，此版本基于C语言实现，能调用C语言的库文件。

2000年10月Python 2.0发布，Python从基于Maillist的开发方式转为完全开源的开发方式，Python社区逐步成熟。2010年，Python 2.x系列发布了最后一个版本，其主版本号为2.7。Python的维护者们宣布不再继续对2.x系列中的主版本号升级，并于2020年1月1日终止了对Python 2.7的维护。

2008年12月Python 3.0版本发布，Python 3.0在语法和解释器上做了很多重大改进，解释器完全采用面向对象编程的方式实现。Python 3.0与Python 2.x系列不兼容，使用Python 2.x系列编写的库函数必须经过修改才能被Python 3.0解释器运行，Python从2.x到3.0的过渡显然是艰难的。

截至本书完稿时，Python的最新版本为2022年1月14日发布的3.10.2，本书内容使用的是Python 3.10.2。

2. Python的优缺点

Python是近几年热门的编程语言，在TIOBE编程语言排行榜一直名列前茅，这门语言能在C、C++、Java等“元老级”编程语言占领的市场夺得一席之地，必有其可取之处。接下来，对

Python 的优点和缺点进行介绍。

理论微课 1-2：Python 的优缺点

（1）Python 的优点

① 代码简洁。在实现相同功能时，Python 代码的行数比 C、C++、Java 代码的行数少很多。

② 语法优美。Python 语言接近人类语言，只要掌握由英语单词表示的助记符，就能大致读懂 Python 代码。此外，Python 通过强制缩进体现语句间的逻辑关系，Python 统一规范的代码风格保证了 Python 代码的可读性。

③ 简单易学。相比于其他编程语言，Python 是一门简单易学的编程语言，它使编程人员更注重解决问题而非语言本身的语法和结构。Python 语法大多源自 C 语言，但它摒弃了 C 语言中复杂的指针，同时秉持“使用最优方案解决问题”的原则进行了简化，降低了开发人员的学习难度。

④ 开源。Python 是 FLOSS（自由 / 开放源码软件）之一，用户可以自由地下载、复制、阅读、修改代码，并能自由发布修改后的代码，这使相当一部分用户热衷于改进、优化 Python。

⑤ 可移植。Python 具有良好的可移植性，使用 Python 语言编写的程序可以不加修改地在任何平台上运行。

⑥ 扩展性良好。Python 从高层上可引入 .py 文件，包括 Python 标准库文件或程序员自行编写的 .py 形式的文件；在底层可通过接口和库函数调用由其他高级语言（如 C、C++、Java 等）编写的代码。

⑦ 类库丰富。Python 本身拥有丰富的内置类和函数库，世界各地的程序员通过开源社区又贡献了十几万个几乎覆盖各个应用领域的第三方函数库，使开发人员能够更容易地实现一些复杂的功能。

⑧ 通用灵活。Python 是一门通用编程语言，可用于 Web 开发、科学计算、数据处理、游戏开发、人工智能、机器学习等领域。

⑨ 模式多样。Python 解释器内部采用面向对象编程实现，但在语法层面，它既支持面向对象编程又支持面向过程编程，用户可灵活选择代码的模式。

⑩ 良好的中文支持。Python 解释器采用 UTF-8 编码（该编码不仅支持英文，还支持中文、韩文、法文等文字）表示所有字符信息，使得 Python 程序对字符的处理更加灵活与简洁。

（2）Python 的缺点

执行效率不够高。在执行相同功能的程序时，Python 程序没有 C++ 程序、Java 程序高效，这是因为 Python 解释器需要逐行将代码翻译成计算机能够理解的机器语言，翻译过程非常耗时。

总而言之，Python 瑕不掩瑜。对初学者而言，它简单易学，是接触编程领域的良好选择；对有经验的开发人员而言，它通用灵活、应用领域广泛、效率能满足大多数场景的需求，是一门功能强大、代码简洁的编程语言。

3. Python 的应用领域

Python 作为一门功能强大且简单易学的编程语言得到了广泛应用，它主要应用在下面 6 个领域。

理论微课 1-3：Python 的应用领域

（1）Web 开发

Python 是 Web 开发的主流语言之一，与 JavaScript、PHP 等广泛使用的语言相比，Python 的类库丰富、使用方便，能够为一个需求提供多种方案；此外 Python 支持最新的 XML 技术，具有强大的数据处理能力。因此 Python 在 Web 开发中占有一席之地。Python 为 Web 开发领域提供的框架有 Django、Flask、Tornado 等。

（2）科学计算与数据分析

随着 NumPy、SciPy、Matplotlib 等众多库的引入和完善，Python 越来越适合进行科学计算和数据分析。Python 不仅支持各种数学运算，还可以绘制高质量的 2D 和 3D 图像。与科学计算领域流行的商业软件 MATLAB 相比，Python 采用的脚本语言的应用范围更广泛，可以处理的文件和数据的类型更丰富。

（3）自动化运维

早期运维工程师大多使用 Shell 语言编写脚本，但如今 Python 几乎可以说是运维工程师的首选编程语言，在很多操作系统里，Python 是标准的系统组件，大多数 Linux 发行版和 macOS 都集成了 Python，可以在终端下直接运行 Python。Python 标准库包含了多个调用操作系统功能的库；通过第三方软件包 pywin32，Python 能够访问 Windows 的 COM 服务及 Windows API；通过 IronPython，Python 程序能够直接调用 .NetFramework。一般来说，Python 编写的系统管理脚本在可读性、性能、代码复用率、扩展性这几方面都优于 Shell 脚本。

（4）网络爬虫

网络爬虫可以在很短的时间内获取互联网上有用的数据，节省大量的人力资源。Python 自带的 urllib 库、第三方库 requests、Scrapy 框架、pyspider 框架等让编写网络爬虫变得非常简单。

（5）游戏开发

很多游戏开发者先利用 Python 或 Lua 编写游戏的逻辑代码，再使用 C++ 语言编写图形显示等对性能要求较高的模块。Python 标准库提供了 pygame 模块，用户使用该模块可以制作 2D 游戏。

（6）人工智能

Python 是人工智能领域的主流编程语言之一，人工智能领域神经网络方向流行的神经网络框架 PyTorch 就采用了 Python。

任务分析

根据任务描述，需要先到 Python 官网下载版本为 3.10.2 的 Python 解释器安装包，再按照安装向导逐步完成 Python 解释器的安装。

任务实现

以 Windows 10 系统为例，演示在计算机中下载与安装 Python 解释器的过程，具体步骤如下。

① 在浏览器中访问 Python 解释器的下载界面，如图 1-2 所示。

下载界面展示了可供 Windows、Linux、macOS 等系统下载的最新版本的解释器 Python 3.10.2。

② 单击图 1-2 中的 Download Python 3.10.2 按钮，开始下载 Python 解释器安装包 python-3.10.2-amd64.exe 到本地，下载完成后，双击该安装包打开 Install Python 3.10.2（64-bit）界面，如图 1-3 所示。

安装界面显示了两种安装方式，分别是 Install Now 和 Customize installation。其中，Install Now 为默认安装方式；Customize installation 为自定义安装方式。

此外，界面下方有一个 Add Python 3.10 to PATH 选项。若勾选此复选框，则会将 Python 解释器的安装路径自动添加到环境变量中；若不勾选此复选框，则在使用 Python 解释器之前需要手动将 Python 解释器的安装路径添加到环境变量中。

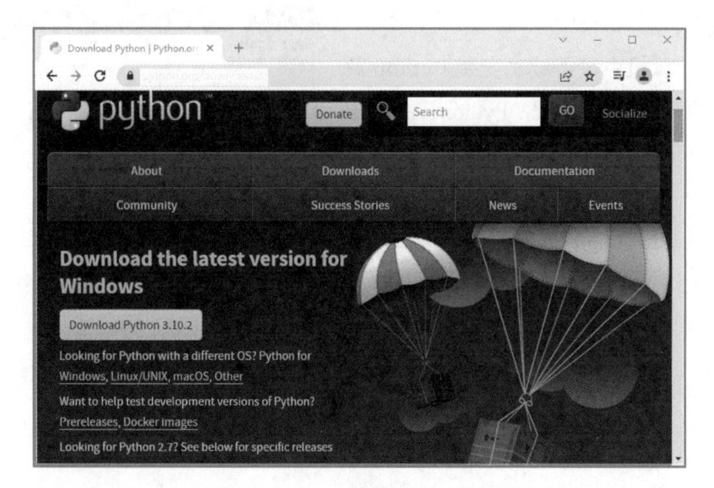

图 1-2 Python 解释器的下载界面

③ 勾选 Add Python 3.10 to PATH 选项，单击图 1-3 中的 Install Now 后进入 Setup Progress 界面，如图 1-4 所示。

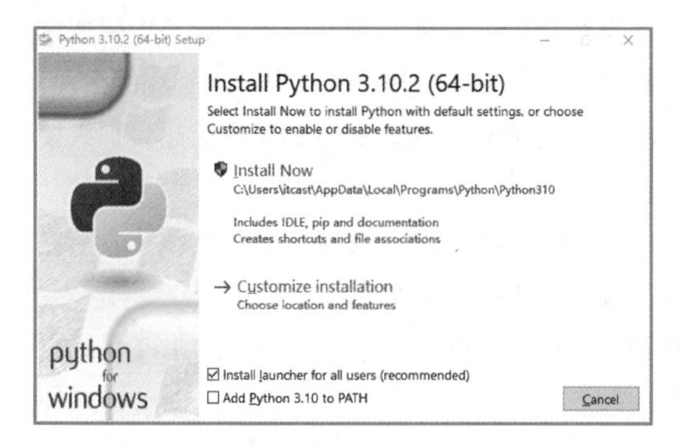

图 1-3 Install Python 3.10.2（64-bit）界面

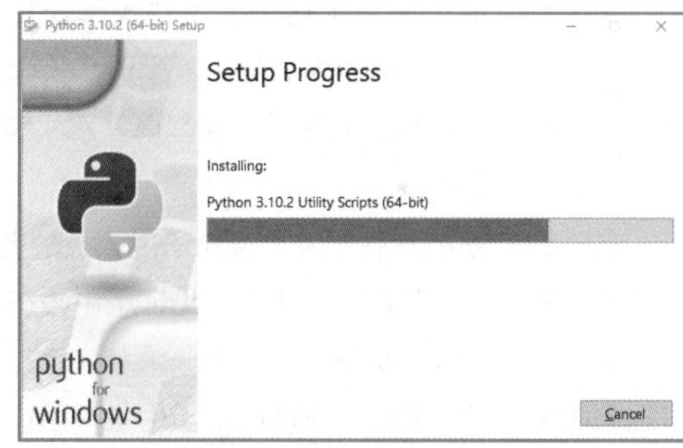

图 1-4 Setup Progress 界面

④ 在安装界面中进度条会一直动态地提示 Python 解释器的安装进度。待安装完成后进入 Setup was successful 界面，如图 1-5 所示。

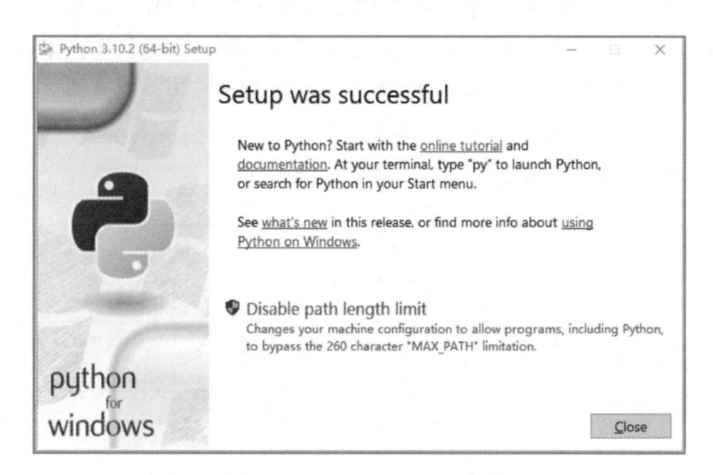

图 1-5 Setup was successful 界面

⑤ 单击图 1-5 中的 Close 按钮，关闭 Setup was successful 界面。

⑥ 为了验证计算机中是否成功安装 Python 解释器，在计算机的开始菜单中搜索 Python，并单击 Python 3.10（64-bit）打开 Python 解释器窗口，如图 1-6 所示。

```
C:\Windows\system32\cmd.exe - python
Python 3.10.2 (tags/v3.10.2:a58ebcc, Jan 17 2022, 14:12:1
5) [MSC v.1929 64 bit (AMD64)] on win32
Type "help", "copyright", "credits" or "license" for more
information.
>>>
```

图 1-6 Python 解释器窗口

从信息中可以看出，Python 解释器安装成功。如果想关闭 Python 解释器窗口，可以在 >>> 后面输入 quit( ) 或 exit( ) 命令，也可以直接单击右上角的“关闭”按钮。

任务 1-2 华智冰打招呼（一）

任务描述

实操微课 1-2：任务 1-2 华智冰打招呼（一）

华智冰是基于悟道 2.0 诞生的中国原创虚拟学生，其脸部、声音等都通过人工智能模型生成，是一个具备丰富知识、与人类有良好交互能力的虚拟人物。华智冰会创作音乐、诗词和绘画作品，并且具有持续学习的能力。

2021 年 6 月 15 日，清华大学计算机系举行华智冰成果发布会，正式宣布华智冰作为中国首个原创虚拟学生入学清华大学计算机系，开启学习和研究生涯。华智冰的出现，意味着我国超大预训练模型研发水平跨越到一个全新的阶段，并推动了国际超大训练模型的发展。

这一切成就都离不开人工智能研究人员的努力，正是因为他们敢于创新、勇于实践，不断在人工智能领域大胆探索，才让我们见证了中国在人工智能领域的显著进步。

本任务要求模拟华智冰入学第一天和大家打招呼的场景，通过 Python 自带的 IDLE 工具输出打招呼的内容“大家好，我是虚拟学生华智冰！”

知识储备

理论微课 1-4：IDLE 工具的基本使用

IDLE 工具的基本使用

默认情况下，安装 Python 解释器时会自动安装 IDLE 工具。IDLE（Integrated Development and Learning Environment，集成开发和学习环境）是 Python 自带的集成开发和学习环境，包括代码编辑器、编译器、调试器和图形用户界面等工具，可以帮助开发人员高效且便捷地编写、调试与运行代码。

打开 IDLE 工具，界面如图 1-7 所示。

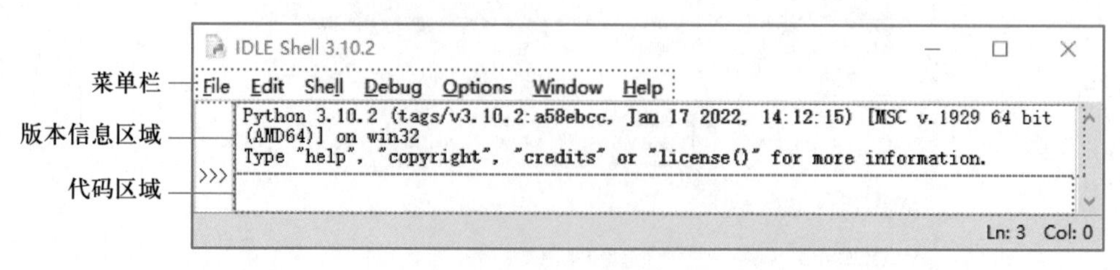

图 1-7 IDLE 工具界面

从图 1-7 中可以看出，IDLE 工具的界面由 3 部分组成，由上至下分别是菜单栏、版本信息区域、代码区域，其中版本信息区域用于展示当前 Python 的版本，代码区域用于编写代码以及输出结果。

IDLE 工具提供了两种运行 Python 代码的方式，分别是交互式和文件式。其中，交互式是指 Python 解释器实时响应用户输入的代码，输出运行结果；文件式是指用户将 Python 代码全部写在一个或多个文件中，通过启动 Python 解释器批量执行文件中的代码。

下面以代码 print("Hello World") 为例，分别演示通过交互式和文件式运行代码，具体内容如下。

（1）交互式

在代码区域中编写代码 print("Hello World")，按 Enter 键后可以看到下一行显示了运行结果。交互式运行代码的效果如图 1-8 所示。

（2）文件式

在图 1-8 的菜单栏中选择 File → New File 命令，创建并打开 untitled 界面，如图 1-9 所示。

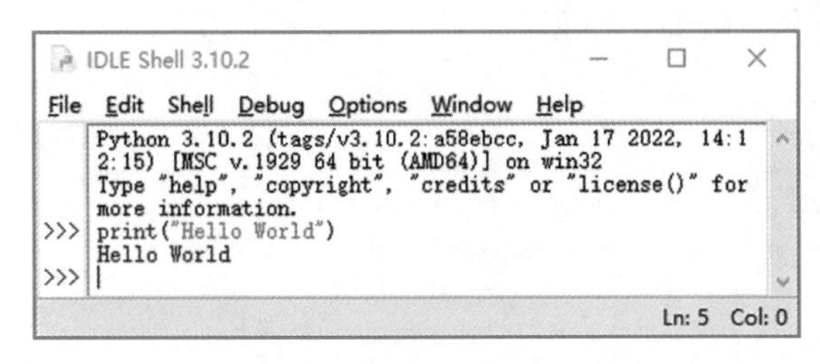

图 1-8 交互式运行代码的效果

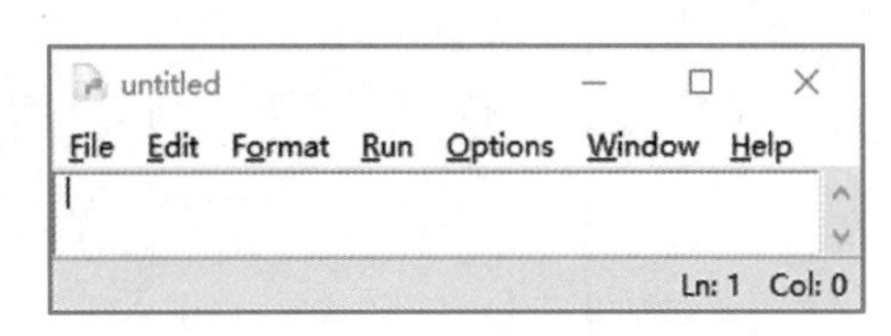

图 1-9 untitled 界面

在图 1-9 中的光标位置编写代码 print("Hello World")，选择菜单栏中的 File → Save As 命令，将代码文件以 first_app.py 命名后保存到计算机的指定位置，之后在菜单栏中选择 Run → Run Module 命令运行代码，如图 1-10 所示。

运行代码后，IDLE 工具的界面中显示了 first_app.py 文件的运行结果，如图 1-11 所示。

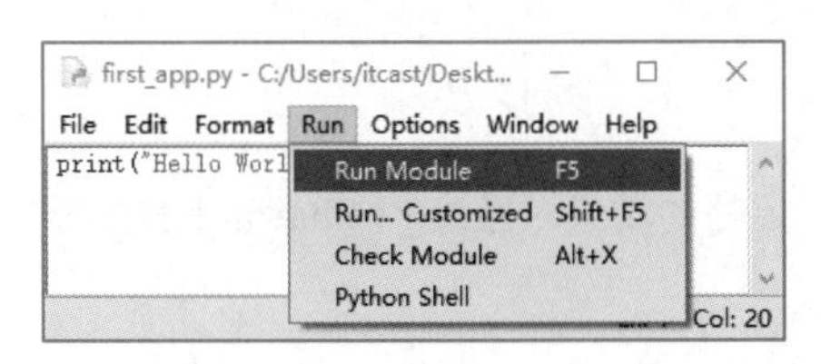

图 1-10 运行 first_app 文件

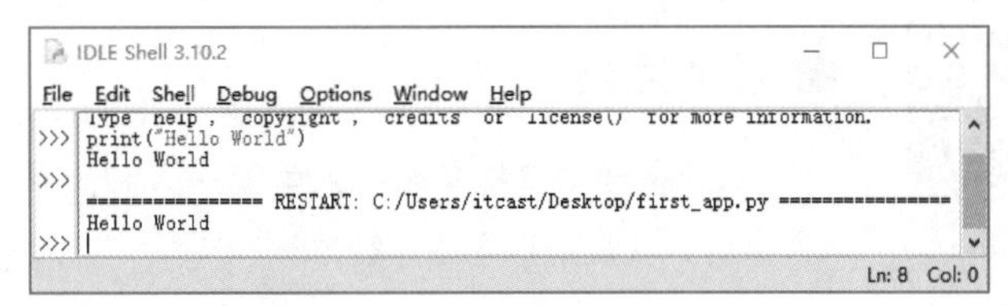

图 1-11 first_app.py 文件的运行结果

任务分析

根据任务描述，需要使用 IDLE 工具输出“大家好，我是虚拟学生华智冰！”，这句话其实就是代码的运行结果。前面在介绍 IDLE 工具时写过一行代码 print("Hello World")，这行代码的运行结果是输出 Hello World。

可以仿照这行代码的编写方式，将 Hello World 替换为“大家好，我是虚拟学生华智冰！”，即 print(" 大家好，我是虚拟学生华智冰！ ")，这样便可以得到预期的结果。

■ 任务实现

下面以交互式运行代码为例，使用IDLE工具运行代码print("大家好，我是虚拟学生华智冰！")，具体步骤如下。

① 打开IDLE工具，在IDLE工具的代码区域中编写代码print("大家好，我是虚拟学生华智冰！")，如图1-12所示。

```
*IDLE Shell 3.10.2*
File Edit Shell Debug Options Window Help
Python 3.10.2 (tags/v3.10.2:a58ebcc, Jan 17 2022, 14:12:15) [MSC v.1929 64 bit
(AMD64)] on win32
Type "help", "copyright", "credits" or "license()" for more information.
>>> print("大家好，我是虚拟学生华智冰！")
Ln: 3 Col: 23
```

图1-12　编写代码

② 按Enter键后，代码下方显示了运行结果，如图1-13所示。

```
IDLE Shell 3.10.2
File Edit Shell Debug Options Window Help
Python 3.10.2 (tags/v3.10.2:a58ebcc, Jan 17 2022, 14:12:15) [MSC v.1929 64 bit
(AMD64)] on win32
Type "help", "copyright", "credits" or "license()" for more information.
>>> print("大家好，我是虚拟学生华智冰！")
大家好，我是虚拟学生华智冰！
>>> |
Ln: 5 Col: 0
```

图1-13　运行结果

从图1-13可以看出，IDLE工具的界面上显示了打招呼的内容。

任务1-3　华智冰打招呼（二）

实操微课1-3：任务1-3　华智冰打招呼（二）

■ 任务描述

本任务要求模拟华智冰入学第一天和大家打招呼的场景，通过PyCharm工具输出“大家好，我是虚拟学生华智冰！”。

■ 知识储备

理论微课1-5：PyCharm工具的安装

1. PyCharm工具的安装

PyCharm是JetBrains公司开发的一款Python集成开发环境，由于其具有代码编辑器、智能提示、自动导入等功能，所以目前已经成为Python开发人员和初学者使用较多的开发工具。PyCharm官网提供了可供不同平台下载的安装包。以Windows 10系统为例，介绍PyCharm 2021.3.2的下载与安装过程，具体步骤如下。

① 在浏览器中打开PyCharm的下载界面，如图1-14所示。

下载界面上默认显示可供Windows系统下载的两个版本，分别是Professional和Community。其中，Professional版本提供了PyCharm的所有功能；Community版本提供了轻量级PyCharm的开发环境。

Professional 版本的特点如下：

- 提供 PyCharm 的所有功能，支持 Web 开发。
- 支持 Django、Flask、Google App 引擎、Pyramid 和 web2py。
- 支持 JavaScript、CoffeeScript、TypeScript、CSS 和 Cython 等。
- 支持远程开发、Python 分析器、数据库和 SQL 语句。
- 需要付费。

Community 版本的特点如下：

- 轻量级的 PyCharm，只支持 Python 开发。
- 免费、开源、集成 Apache2 的许可证。
- 智能编辑器、调试器，支持重构和错误检查，集成 VCS 版本控制。

② 单击 Community 版本下 Download 按钮开始下载 PyCharm 安装包，下载成功后，双击安装包 pycharm-community-2021.3.2.exe 进入 Welcome to PyCharm Community Edition Setup 界面，如图 1-15 所示。

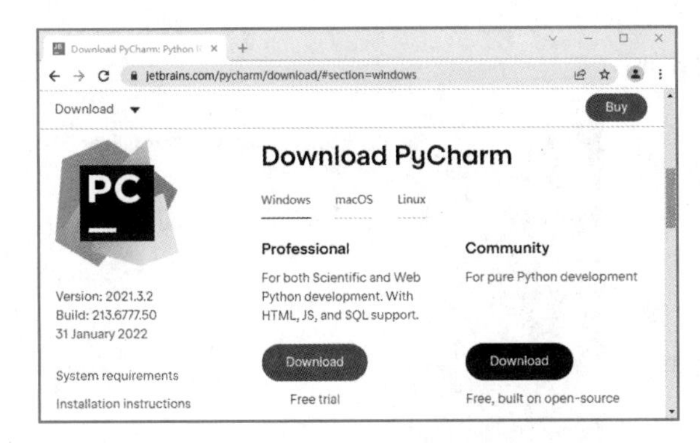

图 1-14　PyCharm 的下载界面

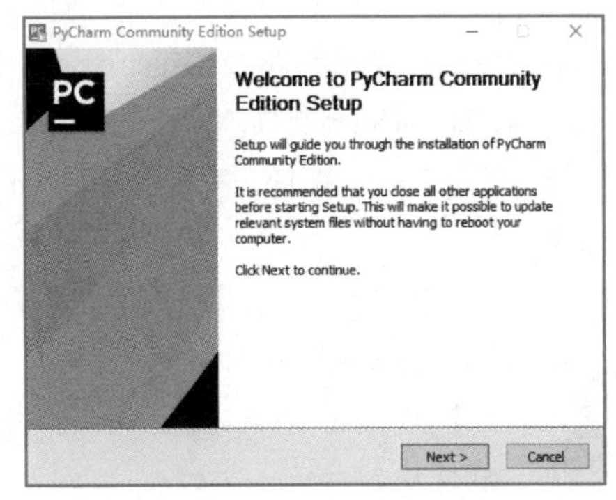

图 1-15　Welcome to PyCharm Community Edition Setup 界面

③ 单击安装界面中的 Next 按钮进入 Choose Install Location 界面，如图 1-16 所示。

④ 单击 Browse 按钮可以选择 PyCharm 工具的安装位置。这里保持默认设置，单击 Next 按钮进入 Installation Options 界面，如图 1-17 所示。

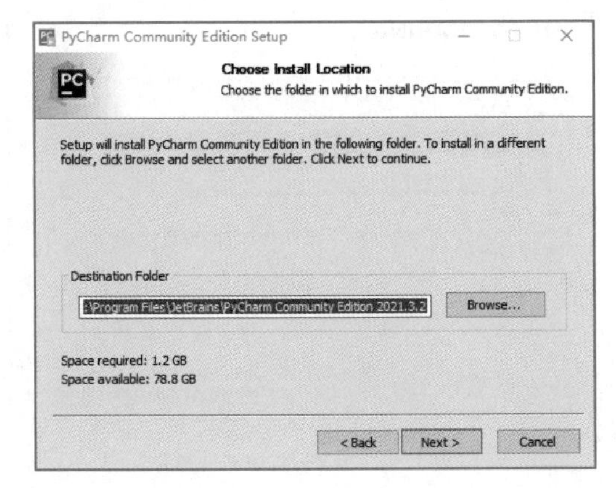

图 1-16　Choose Install Location 界面

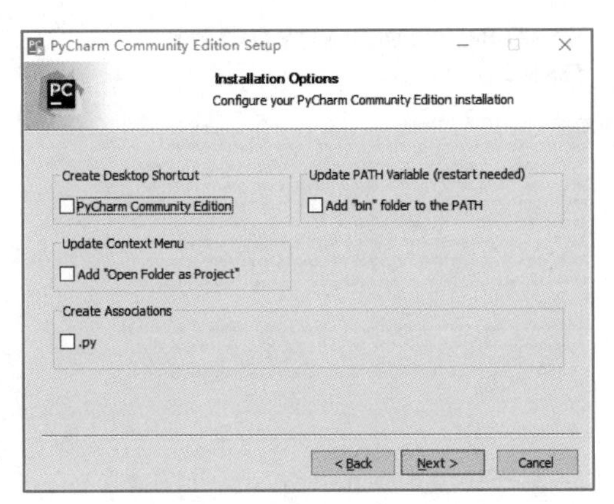

图 1-17　Installation Options 界面

⑤ 勾选所有复选框，单击 Next 按钮进入 Choose Start Menu Folder 界面，如图 1-18 所示。

⑥ 单击 Install 按钮进入 Installing 界面。该界面中会以进度条的形式显示 PyCharm 的安装进度，如图 1-19 所示。

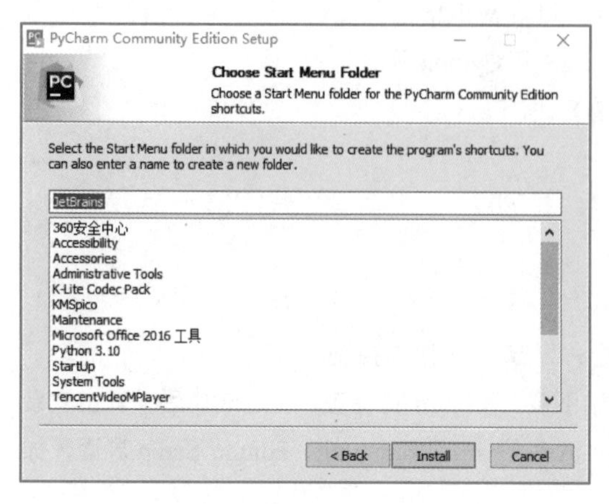

图 1-18 Choose Start Menu Folder 界面

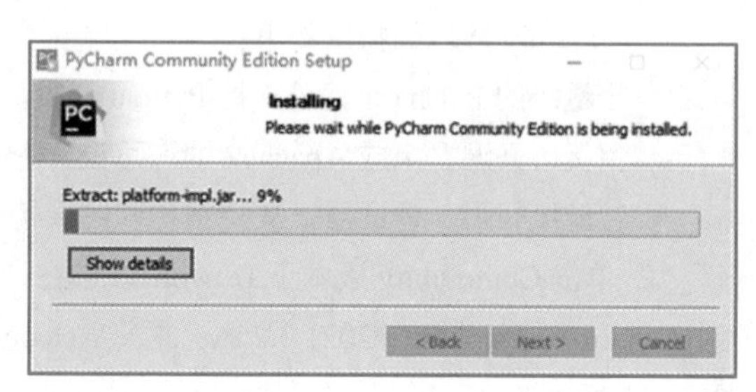

图 1-19 Installing 界面

⑦ 待安装完成后自动进入 Completing PyCharm Community Edition Setup 界面，如图 1-20 所示。

⑧ 单击 Finish 按钮，完成 PyCharm 工具的安装。

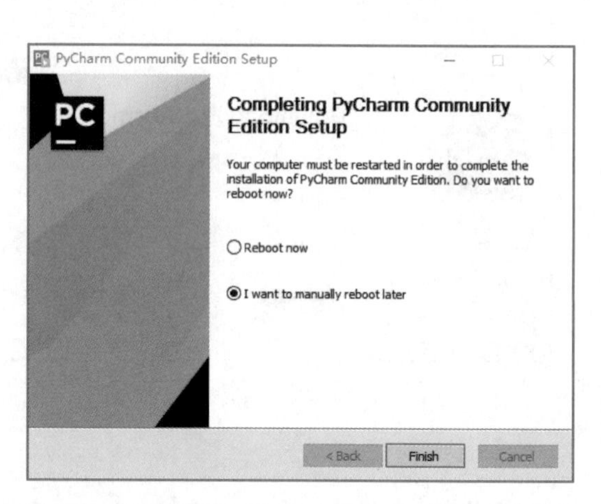

图 1-20 Completing PyCharm Community Edition Setup 界面

2. PyCharm 工具的基本使用

理论微课 1-6：PyCharm 工具的基本使用

初次使用 PyCharm 工具时，会弹出 PyCharm User Agreement 对话框，如图 1-21 所示。

勾选 I confirm that I have read and accept the terms of this User Agreement 复选框，单击 Continue 按钮进入 Data Sharing 对话框，如图 1-22 所示。

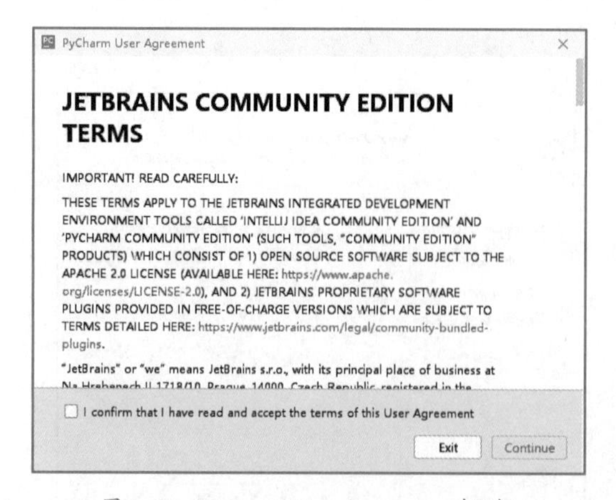

图 1-21 PyCharm User Agreement 对话框

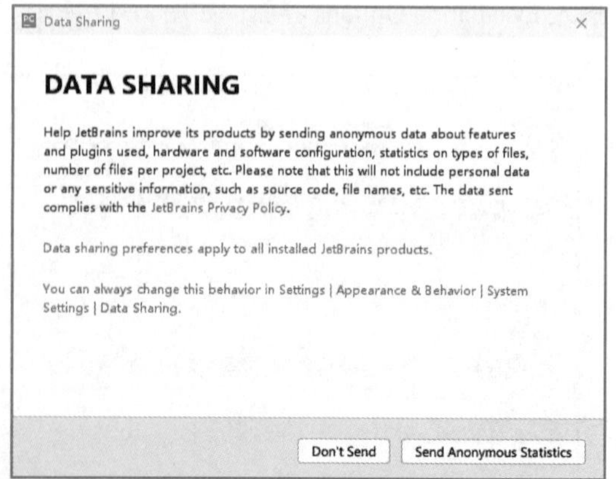

图 1-22 Data Sharing 对话框

在图 1-22 中，单击 Don’t Send 按钮启动 PyCharm，进入 Welcome to PyCharm 窗口，如图 1-23 所示。

Welcome to PyCharm 窗口的左侧面板中有 4 个选项，分别是 Projects、Customize、Plugins 和 Learn PyCharm，这 4 个选项分别表示项目、自定义配置、插件和学习 PyCharm 的帮助文档。右侧面板中有 3 个选项，分别是 New Project、Open 和 Get from VCS，这 3 个选项的功能分别是创建新项目、打开已有项目和从版本控制系统中获取项目。

下面以自定义配置和创建新项目为例，演示如何使用 PyCharm 重置颜色主题、创建新项目以及在项目中编写代码，具体步骤如下。

① 在图 1-23 中，单击窗口左侧的 Customize 选项打开自定义配置面板。在该面板中选择颜色主题为 Windows 10 Light，如图 1-24 所示。

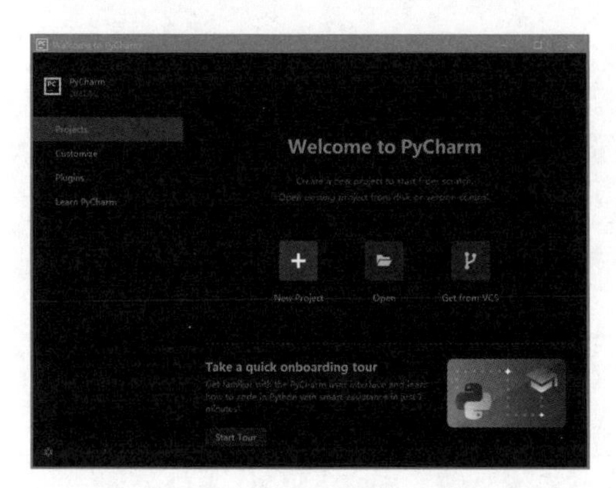

图 1-23　Welcome to PyCharm 窗口

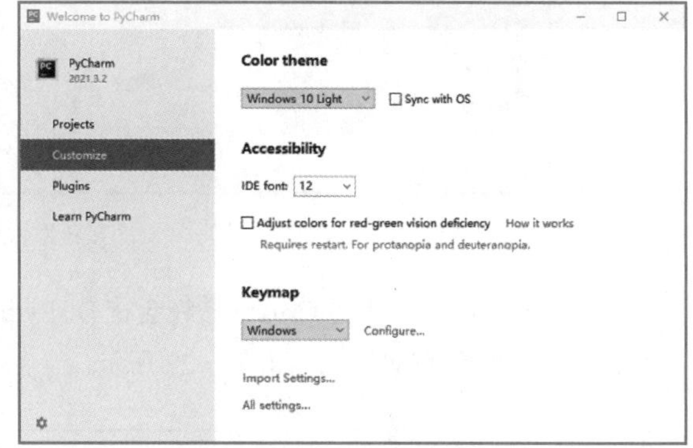

图 1-24　选择好颜色主题的窗口

② 在图 1-24 中单击窗口左侧的 Projects 选项切换回项目面板，单击该面板中的 New Project 进入 New Project 窗口，如图 1-25 所示。

图 1-25 中，Location 选项用于设置项目的名称及路径，Python Interpreter 选项用于选择新环境或 Python 解释器，若选中 New environment using 单选按钮，则会使用新创建的环境，并通过 Location 和 Base interpreter 指定新环境的位置和解释器的位置；若选中 Previously configured interpreter 单选按钮，则需要从下拉列表中选择所需的解释器。

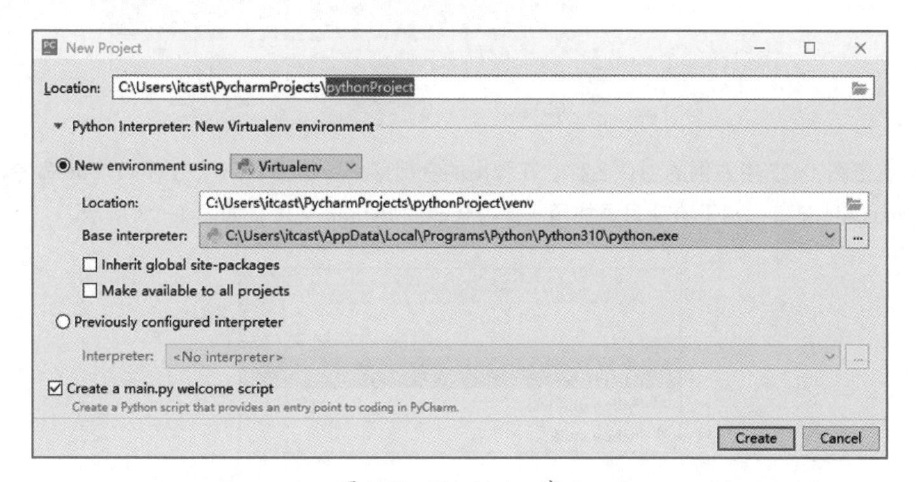

图 1-25　New Project 窗口

Create a main.py welcome script 复选框用于选择是否将 main.py 文件添加到新创建的项目中。main.py 文件包含简单的 Python 代码示例，可以作为项目的起始文件。

③ 在 New Project 窗口中，填写项目的路径为 D:\PythonProject，名称为 first_proj，取消勾选 Create a main.py welcome script 复选框，其余选项保持默认设置，如图 1-26 所示。

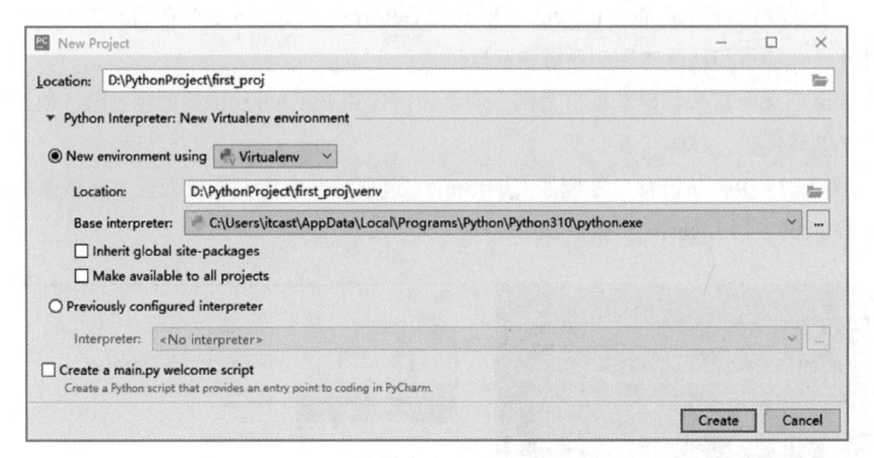

图 1-26 设置好的 New Project 窗口

④ 在图 1-26 中，单击 Create 按钮会在 D:\PythonProject 目录下创建一个名称为 first_proj 的项目，并进入项目管理窗口，如图 1-27 所示。

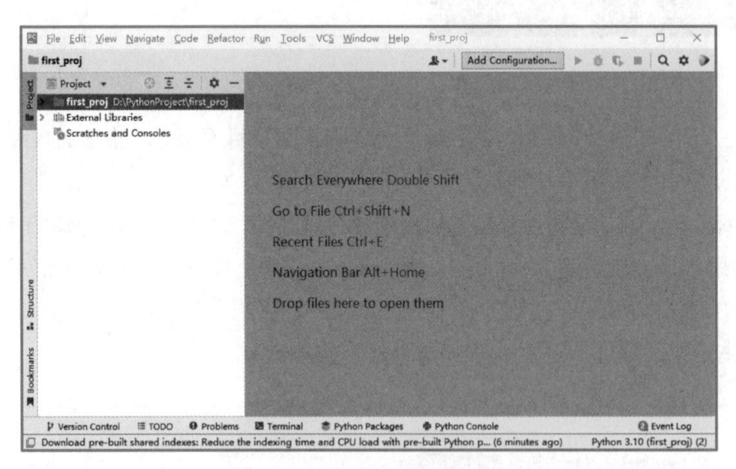

图 1-27 项目管理窗口

⑤ 右击图 1-27 中左侧的项目名称，在弹出的快捷菜单中选择 New → Python File 命令，弹出 New Python file 窗口，用于给项目添加用于保存代码的 Python 文件，如图 1-28 所示。

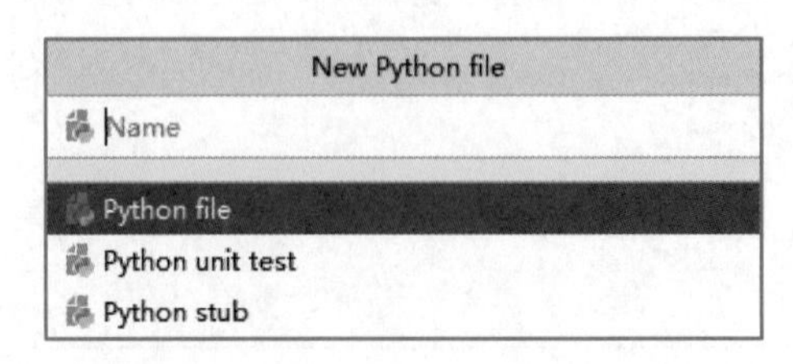

图 1-28 New Python file 窗口

若想取消添加文件，则可以单击 New Python file 窗口以外的空白区域。

⑥ 在图 1-28 中的文本框中，填写 Python 文件的名称为 first，按 Enter 键后会在 first_proj 项目的根目录下添加 first.py 文件，如图 1-29 所示。

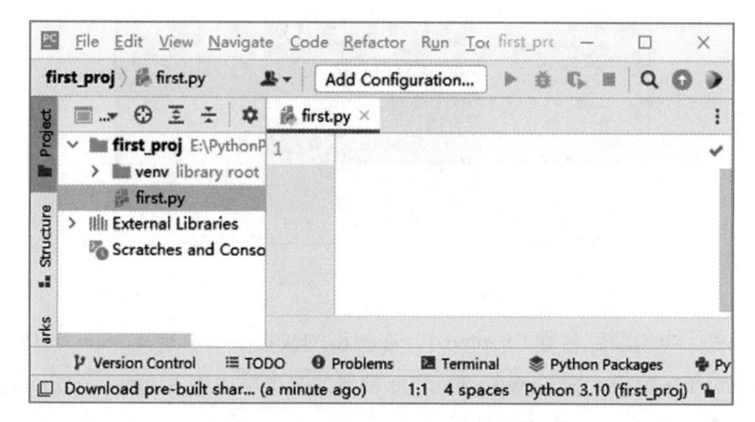

图 1-29　文件添加完成后的项目管理窗口

⑦ 此时可以在项目管理窗口右侧面板的光标位置编写如下代码：

```
print("hello world")
```

⑧ 代码编写完毕后，右击要执行的文件 first.py，在弹出的快捷菜单中选择 Run 命令会立即运行该文件，并将代码的运行结果显示在窗口下方的控制台面板中，如图 1-30 所示。

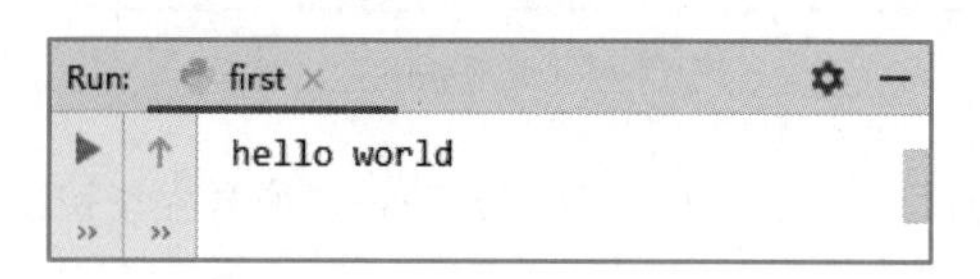

图 1-30　代码的运行结果

从图 1-30 中可以看出，控制台输出的结果为 hello world。

需要说明的是，再次启动 PyCharm 工具时会自动打开上次编辑的项目，创建新项目可单击图 1-29 所示窗口中的 File → New Project 命令。

■ 任务分析

根据任务描述可知，我们要在 PyCharm 中编写代码 print(" 大家好，我是虚拟学生华智冰！ ") 并输出打招呼的内容。实现这个任务的大致思路如下：

① 创建 Python 项目。

② 在 Python 项目中创建 Python 文件。

③ 在 Python 文件中编写代码 print(" 大家好，我是虚拟学生华智冰！ ")。

■ 任务实现

下面使用 PyCharm 工具创建项目和 Python 文件，在 Python 文件中编写代码 print(" 大家好，我是虚拟学生华智冰！")，并通过控制台展示代码的运行结果，具体步骤如下。

① 打开 PyCharm 工具，新建一个名称为 Chapter01 的项目，如图 1-31 所示。

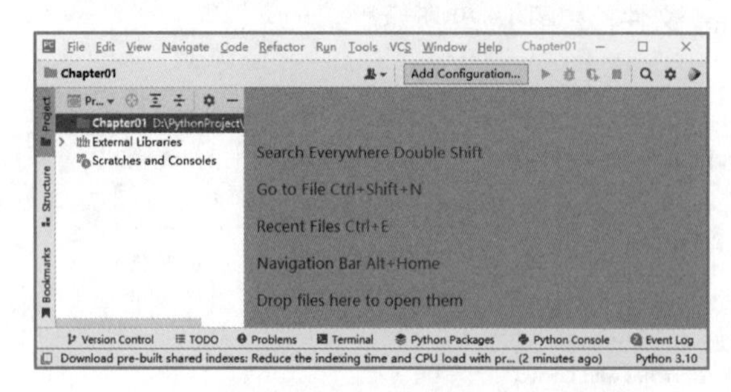

图 1-31 创建好的项目

② 右击图 1-31 中的项目名称 Chapter01，在弹出的快捷菜单中选择 New → Python File 命令，会弹出 New Python file 窗口。在 New Python file 窗口的文本框中输入 first，按 Enter 键后即可看到 Chapter01 目录下新增的 first.py 文件，如图 1-32 所示。

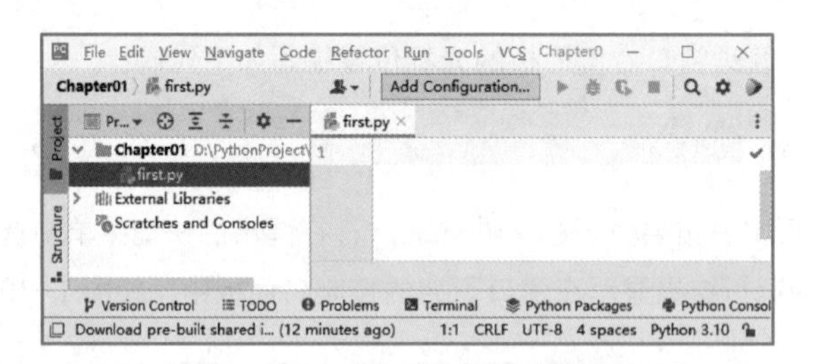

图 1-32 新增 first.py 文件

③ 在图 1-32 右侧，编写代码 print(" 大家好，我是虚拟学生华智冰！ ")，如图 1-33 所示。

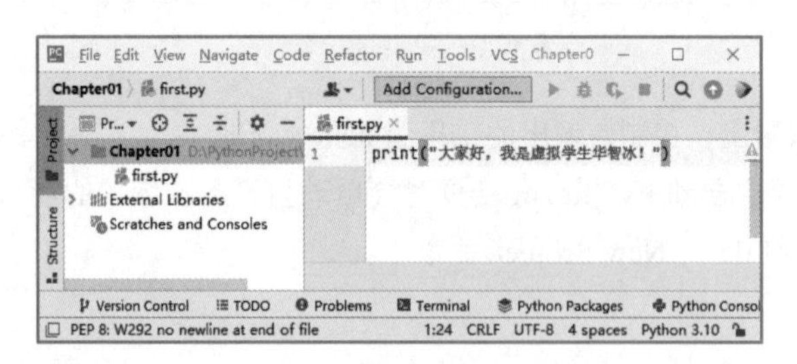

图 1-33 编写好代码的项目

④ 右击图 1-33 中的 first.py 文件，从弹出的快捷菜单中选择 Run 命令，控制台输出了 first.py 的运行结果，如图 1-34 所示。

图 1-34 first.py 的运行结果

从图 1-34 中可以看出，控制台输出了“大家好，我是虚拟学生华智冰！”，成功输出了华智冰打招呼的内容。

知识梳理

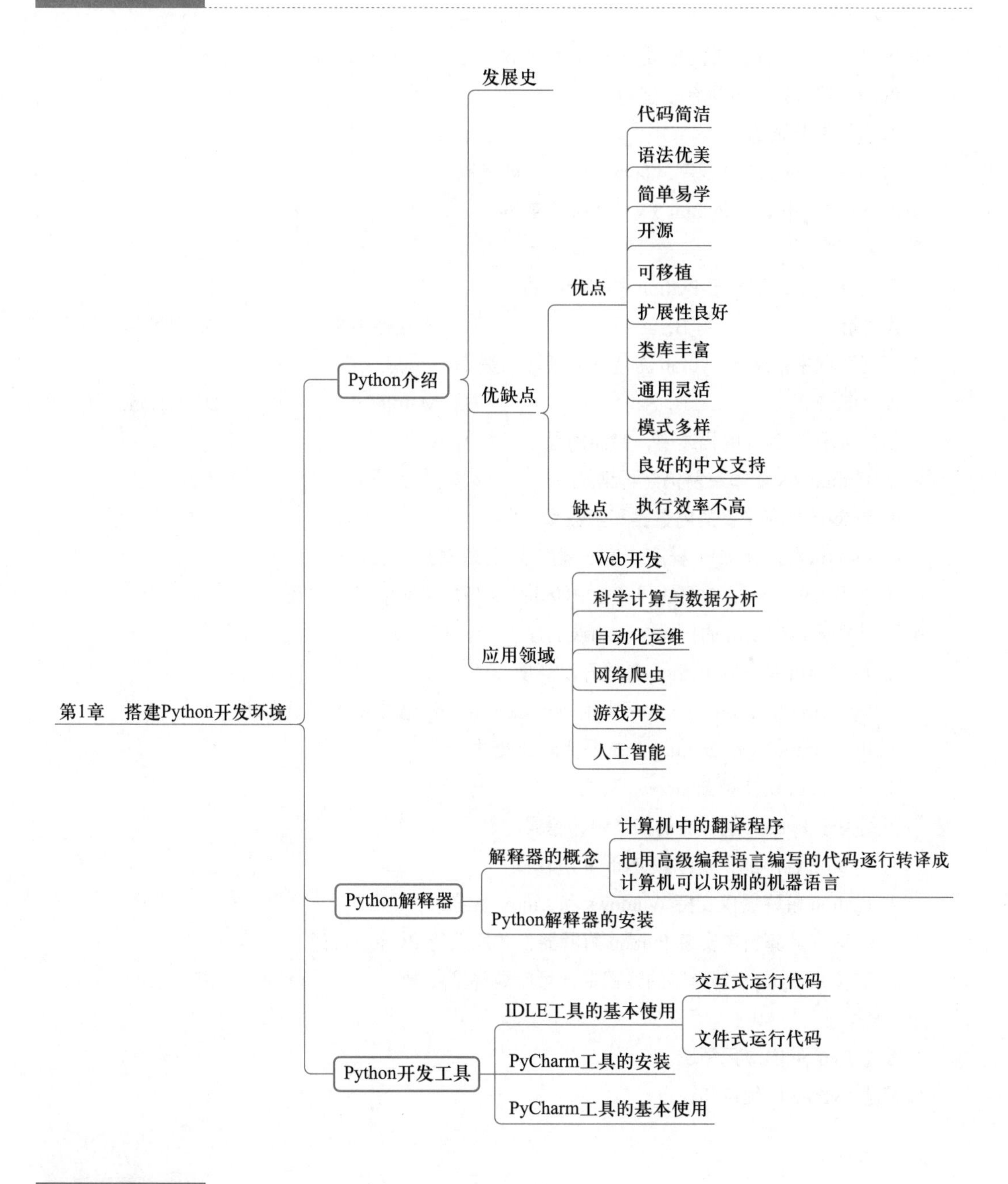

本章习题

一、填空题

① Python 是面向________的高级编程语言。

② Python 通过强制________体现语句间的逻辑关系。

③ IDLE 工具提供两种运行 Python 代码的方式，分别是交互式和________。

④ Python 在 Web 开发领域提供的框架有________、Flask、Tornado。

⑤ Python 程序的执行依赖 Python________。

二、判断题

① IDLE 是 Python 自带的集成开发环境。 ( )

② Python 可以在不同平台上运行。 ( )

③ Python 是开源的。 ( )

④ Python 程序比 C++ 程序、Java 程序执行效率高。 ( )

⑤ Python 2.x 版本与 Python 3.x 版本完全兼容。 ( )

三、选择题

① 下列选项中，不属于 Python 语言特点的是 ( )。

A. 简洁 B. 开源 C. 不支持中文 D. 可移植

② 下列选项中，属于 Python 游戏开发领域的是 ( )。

A. NumPy B. SciPy C. Matplotlib D. pygame

③ 下列关于 Python 的描述中，错误的是 ( )。

A. Python 2.x 版本目前仍然再维护

B. Python 拥有丰富的内置类和函数库

C. Python 程序比 C++ 程序、Java 程序执行效率慢

D. 使用 Python 2.x 编写的代码在 Python 3.x 环境中可能运行失败

④ 下列关于 PyCharm 的描述中，错误的是 ( )。

A. PyCharm 是一款 Python 集成开发环境

B. PyCharm 的 Professional 版本相较于 Community 版本提供了更多功能

C. PyCharm 的 Community 版本是完全免费的

D. PyCharm 仅支持 Windows 系统

⑤ 下列关于 Python 解释器的描述中，错误的是 ( )。

A. Python 程序的执行依赖 Python 解释器

B. Python 解释器仅支持 Windows 和 Linux 系统

C. 只有在计算机中安装 Python 解释器，才能运行 Python 代码

D. 在安装 Python 解释器的过程中，可设置环境变量

四、简答题

① 简述 Python 的应用领域。

② 简述 Python 的优点和缺点。

第2章 Python基础

- 了解 Python 的编码规范，熟悉注释、缩进、语句换行的规范。
- 了解 Python 的关键字，能够识别程序中的关键字。
- 掌握变量的定义方法，能够在程序中定义合法的变量。
- 熟悉变量的数据类型，能够使用 type( ) 函数查看变量的数据类型。
- 掌握类型转换函数的使用方法，能够通过类型转换函数对不同类型的数据进行转换。
- 掌握 print( ) 函数的使用方法，能够使用 print( ) 函数输出数据。
- 熟悉转义字符的作用，能够在代码中正确使用转义字符。
- 掌握 input( ) 函数的使用方法，能够通过 input( ) 函数接收从键盘输入的数据。
- 掌握运算符的用法，能够使用运算符进行数值运算。
- 熟悉运算符优先级，能够在数值运算中正确使用运算符。

PPT：第2章 Python基础

教学设计：第2章 Python基础

不积跬步，无以至千里；不积小流，无以成江海。若想使用 Python 语言编写程序，首先需要掌握 Python 基础知识，包括编码规范、变量的定义、数据类型、关键字、输入和输出函数以及运算符。本章通过 11 个任务对 Python 的基础知识进行讲解。

任务 2-1 输出古诗《望岳》

实操微课 2-1：任务 2-1 输出古诗《望岳》

■ 任务描述

唐代诗人杜甫创作的《望岳》流露出对祖国山河的热爱之情，同时也表达了不怕困难、敢攀顶峰、俯视一切的雄心和气概，以及卓然独立、兼济天下的豪情壮志。本任务要求编写代码输出古诗《望岳》，如图 2-1 所示。

```
望岳
（唐）杜甫
岱宗夫如何？齐鲁青未了。
造化钟神秀，阴阳割昏晓。
荡胸生曾云，决眦入归鸟。
会当凌绝顶，一览众山小。
```

图 2-1 古诗《望岳》

■ 知识储备

理论微课 2-1：编码规范

1. 编码规范

遵守 Python 编码规范不仅可以提高代码的可读性，还可以避免代码出现错误。为了保证编写的代码格式良好，下面对注释、缩进和语句换行的规范进行介绍。

（1）注释

注释是代码中穿插的辅助性文字，用于标识代码的作者、创建时间、含义或功能等信息。注释可提高程序的可读性。注释在程序运行时会被 Python 解释器自动忽略，并不会在运行结果中出现。Python 程序中的注释分为单行注释和多行注释。下面分别介绍这两种注释的格式和功能。

① 单行注释。

单行注释以“#”开头，用于说明当前行或之后代码的功能。单行注释既可以单独占一行，也可以放在要标识的代码右侧，示例如下。

```
# 这是一条输出语句
print('Hello,Python')                    # 输出文字 Hello,Python
```

根据 Python 官方的建议，# 与注释内容之间有一个空格。若单行注释与代码位于同一行，那么 # 和代码之间至少应有两个空格。

② 多行注释。

多行注释是由三对单引号或双引号包裹的语句，主要用于对函数（实现某个特定功能的一段代码）或类（封装了多个特定功能的代码段）的功能进行说明。例如，Python 内置函数 print( ) 中的多行注释如下所示。

```
"""
print(value, ..., sep=' ', end='\n', file=sys.stdout, flush=False)
Prints the values to a stream, or to sys.stdout by default.
Optional keyword arguments:
file:  a file-like object (stream); defaults to the current
```

```
sys.stdout.
sep:  string inserted between values, default a space.
end:  string appended after the last value, default a newline.
flush: whether to forcibly flush the stream.
"""
```

(2) 缩进

Python 中使用缩进控制代码的逻辑关系和层次结构。Python 的缩进可以使用 Tab 键或者空格键控制，但不允许 Tab 键和空格键混合使用，一般情况下使用 4 个空格表示一个缩进，并且同一级别的代码块（由一条或多条语句组成）具有相同的缩进，不允许出现无意义或不规范的缩进，否则运行时会产生错误。代码缩进的从属关系如图 2-2 所示。

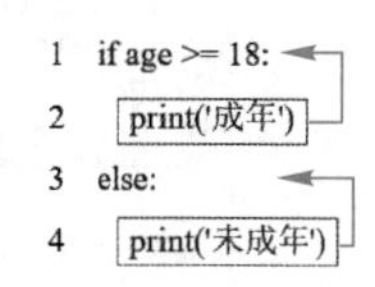

图 2-2 代码缩进的从属关系

在图 2-2 中，第 1 ~ 4 行是一个代码块，且第 1 行代码与第 3 行代码是同级关系；第 2 行代码从属于第 1 行代码；第 4 行代码从属于第 3 行代码。

(3) 语句换行

Python 官方建议一行代码不超过 79 个字符，若一行代码过长，可使用反斜杠“\”进行换行。使用反斜杠“\”换行的示例代码如下。

```
result = side_01 + side_02 > side_03 or\
         side_02 + side_03 > side_01 or\
         side_01 + side_03 > side_02
```

默认情况下，Python 会将小括号、中括号或大括号中的内容进行隐式连接，可以根据这个特点在代码外侧添加一对小括号，实现过长语句的换行显示，示例代码如下。

```
string = ("Python 是一种面向对象、解释型计算机程序设计语言,"
          "第一个公开发行版发行于 1991 年,"
        "Python 源代码同样遵循 GPL(GNU General Public License) 协议。")
```

需要注意，原本由小括号、中括号或大括号包裹的语句在换行时不需要另行添加小括号，示例代码如下。

```
total = ['one', 'two', 'three', 'four', 'five',
         'six', 'seven', 'eight']
```

2. 关键字

关键字又称保留字，它是 Python 语言预先定义好的具有特定含义的标识符，用于记录特殊值或标识程序结构。Python 3.10 关键字如下。

理论微课 2-2：关键字

False	await	else	import	pass
None	break	except	in	raise
True	class	finally	is	return
and	continue	for	lambda	try
as	def	from	nonlocal	while
assert	del	global	not	with
async	elif	if	or	yield

Python 中的每个关键字都有不同的作用，可以在命令提示符中进入 Python 环境，使用 help( ) 函数查看每个关键字的说明及使用方法。例如，使用 help( ) 函数查看关键字 if 的说明及使用方法，如图 2-3 所示。

```
C:\Windows\system32\cmd.exe - python

C:\Users\itcast>python
Python 3.10.2 (tags/v3.10.2:a58ebcc, Jan 17 2022, 14:12:15) [MSC v.1929 64 bit
 (AMD64)] on win32
Type "help", "copyright", "credits" or "license" for more information.
>>> help('if')
The "if" statement
******************

The "if" statement is used for conditional execution:

   if_stmt ::= "if" assignment_expression ":" suite
               ("elif" assignment_expression ":" suite)*
               ["else" ":" suite]
```

图 2-3　关键字 if 的说明及使用方法

3. 变量

理论微课 2-3：变量

程序运行期间可能会用到一些临时数据，程序将这些数据保存在计算机的内存单元中。如果想获取内存单元中的数据，可以通过变量实现。这就好比取快递，内存相当于货架，内存中存储的数据相当于快递包裹，变量相当于快递外包装上的标签。取快递包裹时无须知道快递包裹在货架的哪个位置，只需要知道快递标签的单号。

Python 中定义变量的方式比较简单，不需要声明数据类型，直接使用“=”赋值就实现了变量的定义，语法格式如下。

```
变量名 = 值
```

下面定义变量 num，并使用 print( ) 函数输出变量的值，具体代码如下。

```
num = 100                    # 将 100 赋值给变量 num
print(num)                   # 访问并输出变量 num
```

运行代码，输出结果如下所示。

```
100
```

需要注意的是，变量的命名并不是任意的，需要遵守一定的规则，具体如下。

① Python 中的变量名由字母、数字或下画线组成，且不能以数字开头。

② Python 中的变量名区分大小写。例如，Candy 和 candy 是不同的变量。

③ Python 不允许使用关键字作为变量名。

除上述规则外，Python 官方对于变量的命名还有以下两点建议。

① 见名知意：变量名应有意义，尽量做到看一眼便知道变量的含义。例如，使用 apple 表示苹果，使用 student 表示学生。

② 命名规则：建议常量名使用大写的单个单词或由下画线连接的多个单词（如 ORDER_LIST_LIMIT）；模块名、函数名使用小写的单个单词或由下画线连接的多个单词（如 low_with_ under）；类名使用大写字母开头的单个或多个单词（如 CapWorld）。

任务分析

根据任务描述得知，本任务的目标是将古诗《望岳》的所有内容输出到控制台，通过观察图 2-1 可知，古诗《望岳》一共有 6 行内容，每一行内容都是顶格显示的。因此，可以定义 6 个变量保存每一行的内容，之后使用 print( ) 函数依次输出每个变量的值。

任务实现

结合任务分析的思路，接下来，创建一个新的项目 Chapter02，在该项目中创建 01_ancient_poetry.py 文件，在该文件中编写代码，实现输出古诗《望岳》的任务，具体代码如下。

```
title = "望岳"                          # 定义变量 title 并赋值
author = "（唐）杜甫"                    # 定义变量 author 并赋值
first_sentence = "岱宗夫如何？齐鲁青未了。"
                                       # 定义变量 first_sentence 并赋值
second_sentence = "造化钟神秀，阴阳割昏晓。"
                                       # 定义变量 second_sentence 并赋值
third_sentence = "荡胸生曾云，决眦入归鸟。"
                                       # 定义变量 third_sentence 并赋值
fourth_sentence = "会当凌绝顶，一览众山小。"
                                       # 定义变量 fourth_sentence 并赋值
print(title)                           # 输出古诗标题
print(author)                          # 输出古诗作者
print(first_sentence)                  # 输出古诗第一句
print(second_sentence)                 # 输出古诗第二句
print(third_sentence)                  # 输出古诗第三句
print(fourth_sentence)                 # 输出古诗第四句
```

运行 01_ancient_poetry.py，结果如图 2-4 所示。

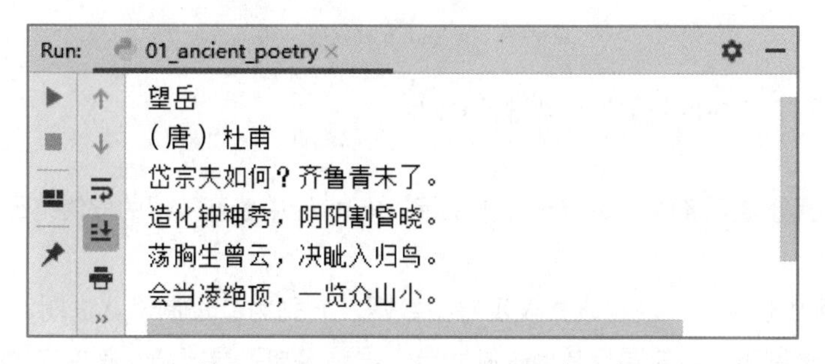

图 2-4　01_ancient_poetry.py 的运行结果

从图 2-4 中可以看出，控制台中输出了古诗《望岳》的所有内容。

任务2-2 特工“零”

实操微课2-2：任务2-2 特工“零”

■ 任务描述

在Python世界中，数字0就像是一个身份多变的“特工”，它可以与不同的符号组合成不同形式的数据，例如0.0、"0"、0j，这3个数据都包含0，但实际上它们的数据类型是不同的。

本任务要求编写代码，分别确认0、0.0、"0"、0j的真实数据类型。

■ 知识储备

理论微课2-4：变量的数据类型

1. 变量的数据类型

Python中提供了很多种数据类型，既有基础的数据类型，也有复杂的数据类型，这里只对基础数据类型进行介绍。基础数据类型分为数字类型和组合数据类型。其中，数字类型又分为整型、浮点型、复数类型和布尔类型；组合数据类型分为字符串类型、列表类型、元组类型、集合类型、字典类型。Python基础数据类型如图2-5所示。

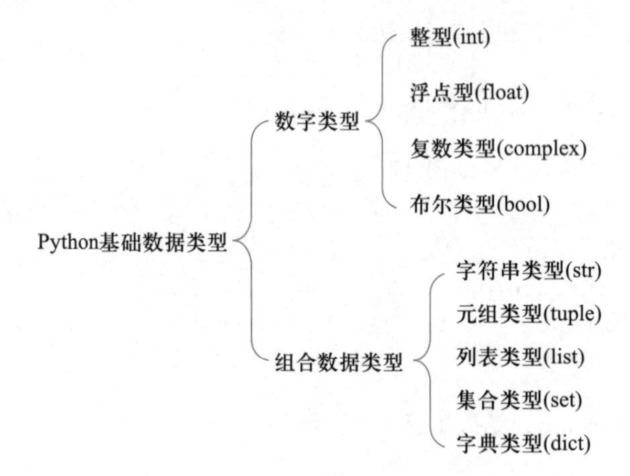

图2-5 Python基础数据类型

下面分别对图2-5中的各数据类型进行介绍。

（1）整型

整型（int）用于表示整数，如100、−101等。Python中整型数据的取值范围只与计算机的内存有关。

Python中可以使用4种进制方式表示整型数据，分别为二进制、八进制、十进制和十六进制，默认采用十进制表示。若要用其他进制表示，需要增加引导符号，其中二进制数以“0b”或“0B”开头（如0b101），八进制数以“0o”或“0O”开头（如0o510），十六进制数以“0x”或“0X”开头（如0xA7A）。

例如，分别使用不同的进制来表示整数10，示例代码如下。

```
a = 0b1010                # 二进制
```

```
b = 0o12                    # 八进制
c = 10                      # 十进制
d = 0xa                     # 十六进制
```

(2)浮点型

浮点型用来表示实数，如 1.23、3.14 等。

Python 中浮点型一般以十进制表示，由整数和小数部分组成，示例如下。

```
1.23, 10.0, 36.5
```

浮点数可以使用科学记数法表示。科学记数法会把一个数表示成 a 与 10 的 n 次幂相乘的形式，数学中科学记数法的格式为：

$a \times 10^n (1 \leqslant |a| < 10, n \in N)$

Python 使用字母 e 或 E 代表底数 10，示例代码如下。

```
-3.14e2                     # 即 -314
3.14e-3                     # 即 0.00314
```

(3)复数类型

复数由实部和虚部组成，它的一般形式为 real+imagj，如 3+2j、3.1+4.9j，其中 real 为实部，imag 为虚部，j 为虚部单位。

例如，定义一个实部是 3、虚部是 2 的复数，示例代码如下。

```
print(3+2j)
```

运行代码，结果如下所示。

```
(3+2j)
```

使用内置函数 complex(real,imag) 可以通过传入实部（real）和虚部（imag）的方式定义复数。若没有传入虚部，则虚部默认为 0j，示例代码如下。

```
a = complex(3, 2)           # 定义一个复数，复数的实部为 3，虚部为 2
print(a)
b = complex(5)              # 定义一个复数，复数的实部为 5
print(b)
```

运行代码，结果如下所示。

```
(3+2j)
(5+0j)
```

通过点字符可以单独获取复数的实部和虚部。例如，分别获取以上定义的复数 a 的实部和虚部，示例代码如下。

```
print(a.real)               # 获取实部
print(a.imag)               # 获取虚部
```

运行代码，结果如下。

```
3.0
2.0
```

（4）布尔类型

Python 中的布尔类型只有 True 和 False 两个取值，常见的布尔值为 False 的情况如下。

- None。
- 任何为 0 的数字类型，如 0、0.0、0j。
- 任何空序列，如空字符串 ""、空元组 ( )、空列表 []。
- 空字典，如 {}。

使用 bool( ) 函数可以查看数据的布尔值，示例代码如下。

```
print(bool(""))                    # 查看 "" 的布尔值
print(bool("this is a test"))      # 查看 "this is a test" 的布尔值
print(bool(42))                    # 查看 42 的布尔值
print(bool(0))                     # 查看 0 的布尔值
```

运行代码，结果如下所示。

```
False
True
True
False
```

（5）字符串类型

字符串是一个由单引号、双引号或者三引号（三单引号或三双引号）包裹的字符序列，示例代码如下。

```
'Love the motherland and the people'         # 使用单引号包裹
"Love the motherland and the people"         # 使用双引号包裹
'''Love the motherland and the people'''     # 使用三单引号包裹
"""Love the motherland and the people"""     # 使用三双引号包裹
```

（6）列表类型

列表可以保存任意数量、任意类型的元素，且可以被修改。Python 中一般使用“[]”创建列表，列表中的元素以逗号分隔，示例如下。

```
[1, 4.5, 'python']                           # 这是一个列表
```

（7）元组类型

元组与列表的作用相似，它也可以保存任意数量、任意类型的元素，但不可以被修改。Python 中一般使用“( )”创建元组，元组中的元素以逗号分隔，示例如下。

```
(1, 4.5, 'python')                           # 这是一个元组
```

（8）集合类型

集合与列表、元组的作用类似，也可以保存任意数量、任意类型的元素，不同的是集合中的

元素无序且唯一。Python 中一般使用“{}”创建集合，示例如下。

```
{'apple', 'orange', 1}          # 这是一个集合
```

（9）字典类型

字典可以保存任意数量的元素，元素是“Key: Value”形式的键值对，键不能重复。Python 中一般使用“{}”创建字典，字典中的各元素以逗号分隔，示例如下。

```
# 这是一个字典
{'第二十四届冬季奥运会':'中国北京', '举办时间':'2022 年 2 月 4 日'}
```

2. type( ) 函数

在 Python 中，变量在定义时无须显式指定数据类型，但是 Python 解释器会根据变量保存的数据自动确定数据类型。如果想知道变量的数据类型，可以通过 type( ) 函数查看，示例代码如下。

理论微课 2-5：type() 函数

```
data = ['绿水青山就是金山银山','爱国，是人世间最深层、最持久的情感']
print(type(data))          # 使用 type() 函数查看变量 data 的数据类型
```

运行代码，结果如下所示。

```
<class 'list'>
```

通过以上输出结果可知，变量 data 保存的数据的类型是 list，属于列表类型。

■ 任务分析

根据任务描述得知，本任务的目标是确认 0、"0"、0.0、0j 的真实数据类型。为了能够判断这 4 个数据的类型，可以先定义变量存储这些数据，再通过 type( ) 函数查看这些数据的类型，并使用 print( ) 函数输出变量的数据类型。

■ 任务实现

结合任务分析的思路，接下来在 Chapter02 项目中创建 02_data_type.py 文件，在该文件中编写代码，确认 0、"0"、0.0、0j 的数据类型，具体代码如下。

```
variable01 = 0             # 定义变量 variable01，并赋值 0
variable02 = "0"           # 定义变量 variable02，并赋值 "0"
variable03 = 0.0           # 定义变量 variable03，并赋值 0.0
variable04 = 0j            # 定义变量 variable04，并赋值 0j
# 输出各个变量的数据类型
print('variable01 的数据类型是: ', type(variable01))
print('variable02 的数据类型是: ', type(variable02))
print('variable03 的数据类型是: ', type(variable03))
print('variable04 的数据类型是: ', type(variable04))
```

运行 02_data_type.py，控制台输出以上变量的数据类型，如图 2-6 所示。

```
Run: 02_data_type
variable01的数据类型是： <class 'int'>
variable02的数据类型是： <class 'str'>
variable03的数据类型是： <class 'float'>
variable04的数据类型是： <class 'complex'>
```

图 2-6 02_data_type.py 的运行结果

从图 2-6 中可以看出，变量的数据类型依次为 int、str、float 和 complex，即整型、字符串类型、浮点型和复数类型。

任务 2-3 模拟超市结账抹零

实操微课 2-3：任务 2-3 模拟超市结账抹零

■ 任务描述

在开学之际，小明去超市购买行李箱。经过精心挑选后，小明选择了一款价格为 239.5 元的行李箱。结账时，超市老板为了吸引回头客，在收取小明现金时优惠了 0.5 元。

本任务要求编写程序，模拟上述场景中超市结账抹零。

■ 知识储备

理论微课 2-6：类型转换函数

类型转换函数

Python 中变量之间的数据类型可根据具体需求进行转换。变量的数据类型之间的转换可分为显式转换和隐式转换。其中，显式转换是指使用内置函数进行强制转换，如将整型数据转换为浮点型数据；隐式转换是由 Python 自动进行转换，无须人工操作。下面，主要介绍数字类型和组合数据类型的转换函数。

（1）数字类型的转换函数

数字类型的转换函数有 int( )、float( )、complex( )，这些函数的功能说明如表 2-1 所示。

表 2-1 数字类型的转换函数

函数	说明
int(x)	将 x 转换为一个整型数据
float(x)	将 x 转换为一个浮点型数据
complex(x)	将 x 转换为一个复数类型的数据

需要注意的是，浮点型数据转换为整型数据后只会保留整数部分，小数部分将被直接舍去。下面演示表 2-1 中各函数的用法，示例代码如下。

```
int_num = 10                    # 整型数据
float_num = 5.6                 # 浮点型数据
print(int(float_num))           # 将浮点型数据转换为整型数据
```

```
print(float(int_num))          # 将整型数据转换为浮点型数据
print(complex(int_num))        # 将整型数据转换为复数类型的数据
```

运行代码，结果如下所示。

```
5
10.0
(10+0j)
```

（2）组合数据类型的转换函数

组合数据类型的转换函数有 str( )、list( )、tuple( ) 和 set( )，这些函数的功能说明如表 2-2 所示。

表 2-2　组合数据类型的转换函数

函数	说明
str(x)	将 x 转换为字符串类型的数据
list(x)	将 x 转换为列表类型的数据
tuple(x)	将 x 转换为元组类型的数据
set(x)	将 x 转换为集合类型的数据

需要注意的是，字符串类型、列表类型、元组类型和集合类型之间可以相互转换。下面演示表 2-2 中各函数的用法，示例代码如下。

```
string = 'hello'                        # 定义一个字符串
li = ['hello']                          # 定义一个列表
# 将列表类型的数据转换为字符串类型
print(str(li))
print(type(str(li)))
# 将字符串类型的数据转换为元组类型
print(tuple(string))
print(type(tuple(string)))
# 将字符串类型的数据转换为集合类型
print(set(string))
print(type(set(string)))
# 将字符串类型的数据转换为列表类型
print(list(string))
print(type(list(string)))
```

运行代码，结果如下所示。

```
['hello']
<class 'str'>
('h', 'e', 'l', 'l', 'o')
<class 'tuple'>
{'h', 'l', 'e', 'o'}
<class 'set'>
['h', 'e', 'l', 'l', 'o']
<class 'list'>
```

任务分析

根据任务描述得知，小明应该支付的金额为 239.5 元，实际支付时，抹掉了 0.5 元，实际支付金额是 239 元。通过比较 239.5 和 239 可知，239.5 是浮点型数据，239 是整型数据，将浮点型数据转换成整型数据，其实就实现了超市结账抹零行为。浮点型数据转换成整型数据可以借助 int( ) 函数实现。

任务实现

结合任务分析的思路，接下来在 Chapter02 项目中创建 03_discount.py 文件，在该文件中编写代码，实现模拟超市抹零结账的任务，具体步骤如下。

① 定义变量并赋值为消费总金额，将消费的实际金额进行输出，具体代码如下。

```
total_money = 239.5                          # 消费总金额
print('商品总金额为：')
print(total_money, '元')
```

② 将用户消费的总金额转换为整型类型，即用户实际支付金额，并将实际支付金额进行输出，具体代码如下。

```
pay_money = int(total_money)                 # 进行抹零处理
print('实际支付金额为：')
print(pay_money, '元')
```

③ 运行 03_discount.py，结果如图 2-7 所示。

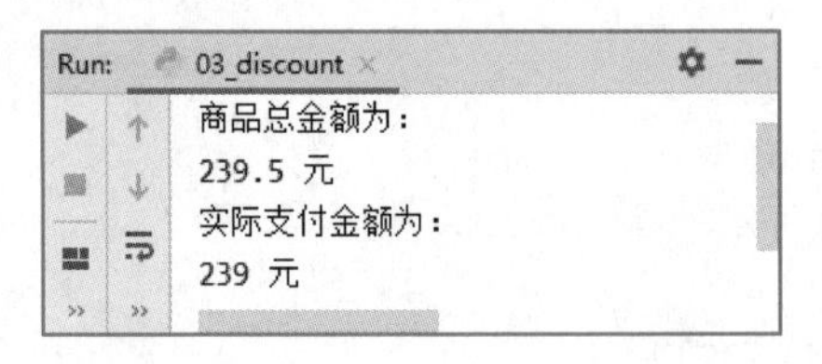

图 2-7 03_discount.py 的运行结果

从图 2-7 中可以看出，控制台中输出了商品总金额 239.5 元和实际支付金额 239 元。

任务 2-4 输出《歌唱祖国》部分歌词

实操微课 2-4：任务 2-4 输出《歌唱祖国》部分歌词

任务描述

为了迎接国庆节的到来，歌颂祖国所取得的伟大成就，某高校组织了一场千人大合唱，希望用歌声表达对祖国的美好祝福和热爱。

本任务要求读者编写程序输出《歌唱祖国》部分歌词。《歌唱祖国》部分歌词如图 2-8 所示。

五星红旗迎风飘扬
胜利歌声多么嘹亮
歌唱我们亲爱的祖国
从今走向繁荣富强
五星红旗迎风飘扬
胜利歌声多么嘹亮
歌唱我们亲爱的祖国
从今走向繁荣富强
……

图 2-8 《歌唱祖国》部分歌词

知识储备

1. print( ) 函数

理论微课 2-7：print() 函数

print( ) 函数用于向控制台中输出数据，它可以输出任何类型的数据，其语法格式如下所示。

```
print(*objects, sep=' ', end='\n', file=sys.stdout, flush=False)
```

以上语法格式中常用参数的含义如下。

① objects：表示输出的对象。多个对象之间使用逗号分隔。

② sep：每个输出对象的文本之间插入的字符串，默认值为空格。

③ end：用于设定输出以什么结尾，默认值为换行符 \n。

④ file：表示数据要写入的文件对象，默认值为 sys.stdout，标准输出流。

接下来，通过输出 2022 年冬奥会举办城市和吉祥物的示例演示 print( ) 函数的使用，示例代码如下。

```
info = '第二十四届冬季奥运会举办城市：中国北京'
mascot = '2022 年北京冬季奥运会的吉祥物：冰墩墩、雪容融'
# 输出变量 info 和 mascot 的值，并设置分隔符为换行符
print(info, mascot, sep='\n')
```

运行代码，结果如下所示。

```
第二十四届冬季奥运会举办城市：中国北京
2022 年北京冬季奥运会的吉祥物：冰墩墩、雪容融
```

2. 转义字符

理论微课 2-8：转义字符

print( ) 函数的参数 end 的默认值为“\n”，该参数值表示转义字符中的换行符。那么，什么是转义字符呢？转义字符由反斜杠与 ASCII 字符组合而成，使组合后的字符产生新的含义。转义字符通常用于表示一些无法显示的字符，如换行符、回车符等。常用的转义字符如表 2-3 所示。

表 2-3　常用的转义字符

转义字符	功能说明
\b	退格符
\n	换行符
\v	纵向制表符
\t	横向制表符
\r	回车符
\'	单引号符
\"	双引号符

例如，在“北京举办第二十四届冬季奥运会冬奥吉祥物：冰墩墩、雪容融”文字中使用换行

符，将这段文字分为两行输出，示例代码如下。

```
# 在文字中添加换行符 \n
info = '北京举办第二十四届冬季奥运会 \n 冬奥吉祥物：冰墩墩、雪容融'
print(info)
```

运行代码，结果如下所示。

```
北京举办第二十四届冬季奥运会
冬奥吉祥物：冰墩墩、雪容融
```

任务分析

通过观察图2-8得知，《歌唱祖国》歌词采用多行显示的方式，可以将《歌唱祖国》的全部歌词看作字符串里面的内容，为了实现每句歌词之后的换行，可以在每句歌词之后添加一个换行符“\n”，如此一来，当使用print( )函数输出包含部分歌词和换行符的字符串时，每遇到一个换行符便会另起一行。

任务实现

接下来，在Chapter02项目中创建04_lyrics.py文件，在该文件中编写代码，实现输出《歌唱祖国》部分歌词的任务，具体代码如下。

```
lyrics = '五星红旗迎风飘扬 \n 胜利歌声多么嘹亮 \n 歌唱我们亲爱的祖国 \n 从今走向繁
    荣富强
         \n 五星红旗迎风飘扬 \n 胜利歌声多么嘹亮 \n 歌唱我们亲爱的祖国 \n 从今走向繁
    荣富强 \n......'
print(lyrics)
```

运行04_lyrics.py文件，运行结果如图2-9所示。

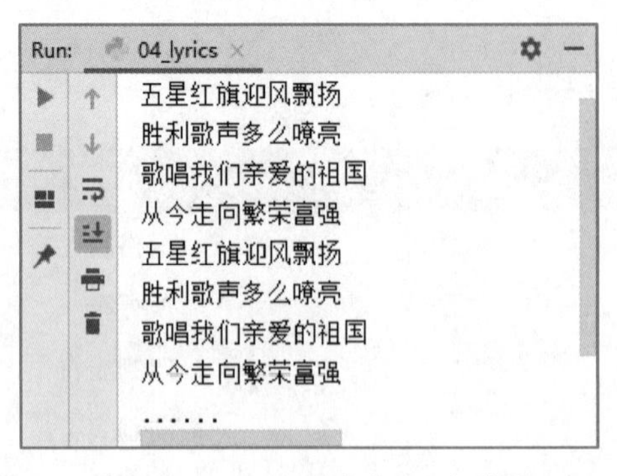

图2-9 04_lyrics.py文件的运行结果

从图2-9中可以看出，控制台中输出了《歌唱祖国》的部分歌词，且每句歌词独占一行。

任务 2-5　毛遂自荐

任务描述

典故“毛遂自荐”主要讲的是秦军围困赵国的都城邯郸，赵国的平原君打算在门下食客中选取二十名文武兼备的人，一起去楚国求助。可是选来选去，却仅仅凑了十九人，这时，门客毛遂自告奋勇跟随平原君前往楚国游说，最终毛遂说服楚王同意合纵，解了赵国都城邯郸之围。

实操微课 2-5：任务 2-5　毛遂自荐

“毛遂自荐”的典故告诉我们，机会不会自己送上门来，我们要抓住每个可以让自己发光发亮的机会，发挥自己的才智，即便别人没有提供机会，也要主动出击，创造机会。同时，这个典故也告诉我们自信的重要性，羞羞答答，畏缩不前，只会在碌碌无为中泯灭自己的才华和本领。我们只有积极主动地表现自己的才华，才能在人才济济的社会里一展所长。

本任务要求实现一个接收用户输入的个人信息，并将个人信息输出至控制台的自我介绍程序。个人信息的最终格式如下所示。

```
姓名：×××
年龄：×××
自我简介：×××
```

知识储备

input( ) 函数

程序中若要实现人机交互功能，则需要接收用户输入的数据。Python 提供了 input( ) 函数接收用户从键盘输入的数据，返回一个字符串类型的数据。input( ) 函数的语法格式如下所示。

理论微课 2-9：input() 函数

```
input([prompt])
```

以上语法格式中的 prompt 是 input( ) 函数的参数，用于设置接收用户输入时的提示信息，可以省略。

接下来，通过示例代码演示 input( ) 函数的使用方法，具体如下。

```
name = input("请输入您的姓名：")
print('用户输入的内容是：', name)
```

当运行上述代码时，程序会暂时停止在第一行代码处，只有在 PyCharm 控制台中输入数据，并按 Enter 键后，程序才会继续执行后续代码。

运行代码，结果如下所示。

```
请输入您的姓名：毛遂
用户输入的内容是：毛遂
```

■ 任务分析

根据任务描述得知，本任务需要接收用户输入的个人信息，并按照一定格式输出至控制台。接收用户输入的个人信息可以使用input( )函数实现；将用户的个人信息输出到控制台可以通过print( )函数实现。

个人信息包括姓名、年龄和自我简介，为了帮助用户了解输入的内容是姓名、年龄还是自我简介，可以在接收个人信息时加上提示信息。

■ 任务实现

结合任务分析的思路，接下来，在Chapter02项目中创建05_recommend.py文件，在该文件中编写代码，实现毛遂自荐的任务，具体代码如下。

```
# 使用input()函数接收用户输入的数据，并赋值给相应的变量
name = input("请输入你的姓名：")
age = input("请输入你的年龄：")
introduction = input('请输入自我简介：')
# 使用print()函数输出input()函数接收的数据
print("姓名：", name)
print("年龄：", age)
print("自我简介：", introduction)
```

运行05_recommend.py，在控制台中根据提示信息分别输入“李朋”“22”和“我是一名应届毕业生，性格活泼开朗。”，按Enter键后结果如图2-10所示。

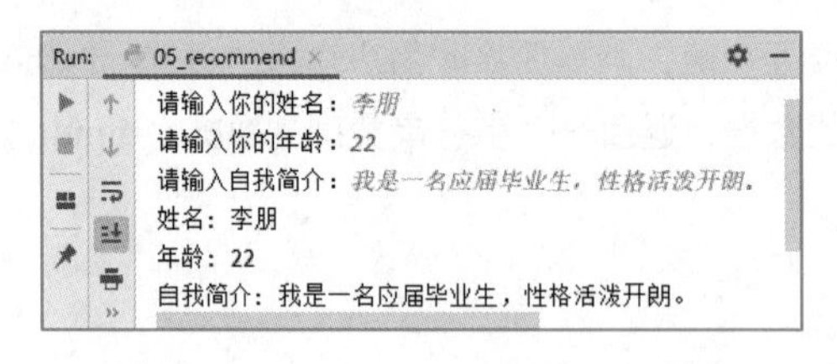

图2-10 05_recommend.py的运行结果

从图2-10中可以看出，控制台中输出了用户从键盘输入的姓名、年龄和自我简介。

任务2-6 体质指数

■ 任务描述

实操微课2-6：任务2-6 体质指数

“身体是革命的本钱”的意思是一个人如果要想做成一件事，那么必须要具备勇往直前、有胆识、意志坚强、有勇有谋等品质，但所有这些都必须依托于一个前提条件，即要有健康的体魄。一个人只有拥有了健康的体魄，才有精力去做好其他事。

人们为了了解自己的健康状况，一般会选择专业的仪器对身体进行检测，但在没有专业仪器的情况下，也可以通过一些衡量人体健康的计算公式检测自身的健康状况。例

如，通过体重和身高可以计算出体质指数（Body Mass Index，BMI）。BMI 是国际上常用的衡量人体胖瘦程度以及是否健康的一个标准，它可以检测一个人是否过瘦或过胖。BMI 计算公式如下所示。

```
体质指数（BMI）= 体重（kg）÷ 身高（m）÷ 身高（m）
```

计算出 BMI 值后，通过比对 BMI 范围可得出健康状况。成年人的 BMI 范围如表 2-4 所示。

表 2-4 成年人 BMI 范围

体质指数	说明
<18.5	消瘦
18.5 ~ 23.9	正常
24 ~ 27.9	超重
>=28	肥胖

本任务要求编写接收用户输入的体重和身高数据，并计算 BMI 值的程序。

知识储备

1. 算术运算符

理论微课 2-10：算术运算符

Python 中的算术运算符包括 +、-、*、/、//、% 和 **，它们都是双目运算符。只要在终端输入由两个操作数和一个算术运算符组成的表达式，Python 解释器就会解析表达式，并输出计算结果。

以操作数 a = 4，b = 2 为例，Python 中各个算术运算符的功能及示例如表 2-5 所示。

表 2-5 算术运算符

运算符	说明	示例
+	加：使两个操作数相加，获取操作数的和	a + b，结果为 6
-	减：使两个操作数相减，获取操作数的差	a -b，结果为 2
*	乘：使两个操作数相乘，获取操作数的积	a * b，结果为 8
/	除：使两个操作数相除，获取操作数的商	a / b，结果为 2.0
//	整除：使两个操作数相除，获取商的整数部分	a // b，结果为 2
%	取余：使两个操作数相除，获取余数	a % b，结果为 0
**	幂：使两个操作数进行幂运算，获取 a 的 b 次幂	a ** b，结果为 16

Python 在对不同类型的数据进行运算时，会强制将数据的类型进行临时类型转换，这些转换遵循如下规则：

① 布尔类型在进行算术运算时，被视为数值 0 或 1。

② 整型与浮点型在进行运算时，会将整型转换为浮点型。

③ 其他类型与复数类型运算时，会将其他类型转换为复数类型。

简单来说，混合运算中类型相对简单的操作数会被转换为与复杂的操作数相同的类型，示例代码如下。

```
num1 = 3 * 4.5                  # 整型与浮点型相乘
num2 = 5.5 - (2+3j)             # 浮点型与复数类型相减
num3 = True + (1+2j)            # 布尔类型与复数类型相加
print(num1)
print(num2)
print(num3)
```

运行代码，结果如下所示。

```
13.5
(3.5-3j)
(2+2j)
```

需要注意的是，浮点型数据在进行运算时可能会出现精度损失（即计算结果并不是很准确），这是因为浮点型的精度是有限的（默认长度为17位），示例代码如下。

```
print(1.1+2.2)
```

运行代码，结果如下所示。

```
3.3000000000000003
```

2. 赋值运算符

理论微课2-11：赋值运算符

赋值运算符是将右侧的表达式或对象赋给左侧的变量。“=”是基本的赋值运算符，此外“=”可与算术运算符组合成复合赋值运算符。Python中的复合赋值运算符有+=、-=、*=、/=、//=、%=、**=，它们的功能相似，例如，a+=b等价于a=a+b，a-=b等价于a=a-b，诸如此类。

赋值运算符也是双目运算符，以a = 4，b = 2为例，Python中各个赋值运算符的功能及示例如表2-6所示。

表2-6 赋值运算符的功能及示例

运算符	功能	示例
=	等：将右值赋给左值	a = 4，a为4
+=	加等：使右值与左值相加，将和赋给左值	a += b，a为6
-=	减等：使右值与左值相减，将差赋给左值	a -= b，a为2
*=	乘等：使右值与左值相乘，将积赋给左值	a *= b，a为8
/=	除等：使右值与左值相除，将商赋给左值	a /= b，a为2.0
//=	整除等：使右值与左值相除，将商的整数部分赋给左值	a //= b，a为2
%=	取余等：使右值与左值相除，将余数赋给左值	a %= b，a为0
**=	幂等：获取左值的右值次方，将结果赋给左值	a **= b，a为16

在表2-6中的示例中，左值a发生了改变，但右值b其实是没有被修改的。以+=运算符为

例进行验证，代码如下。

```
a = 4
b = 2
a += b
print('a 的值为：', a)
print('b 的值为：', b)
```

运行代码，结果如下所示。

```
a 的值为：6
b 的值为：2
```

从上述输出结果可以看出，a 的值变成 a 加 b 的结果，b 的值仍然是 2，没有发生任何改变。

任务分析

根据任务描述得知，本任务需要接收用户输入的身高和体重数据，接收用户输入数据可以使用 input( ) 函数实现。为了能够根据用户输入的数据计算 BMI 值，需要先将接收的身高和体重数据转换为浮点型数据，转换完成之后可以按照计算公式计算 BMI 值，通过比对 BMI 值与表 2-4 中的范围可得出健康状况。

任务实现

结合任务分析的思路，接下来，在 Chapter02 项目中创建 06_BMI.py 文件，在该文件中编写代码，分步骤实现计算体质指数的任务，具体步骤如下。

① 使用 input( ) 函数接收用户输入的身高和体重，并将身高和体重转换为浮点型数据，具体代码如下。

```
height = float(input('请输入您的身高（m）:'))
weight = float(input('请输入您的体重（kg）:'))
```

② 根据计算公式求 BMI 值，具体代码如下。

```
"""
根据身高体重计算某个人的 BMI 指数：
体质指数（BMI）= 体重（kg）÷ 身高（m）÷ 身高（m）
"""
bmi = weight / height / height
print('您的 BMI 值为：', bmi)
```

③ 运行 06_BMI.py，体质指数的运行结果如图 2-11 所示。

```
Run:  06_BMI
请输入您的身高(m) 1.75
请输入您的体重(kg) 75
您的BMI值为：24.489795918367346
```

图 2-11　06_BMI.py 的运行结果

从图 2-11 中可以看出，程序首先接收了用户输入的身高和体重，然后输出了根据 BMI 计算公式得到的 BMI 值。

任务 2-7 判断是否罚款

任务描述

实操微课 2-7：任务 2-7 判断是否超速

交通安全不仅关系自己的生命和安全，而且也关系他人的生命和安全，是构建和谐社会的重要因素，因此大家在驾驶车辆时，应严格遵守交通规则，安全意识常驻心间。

发生交通事故的原因有很多种，其中车辆超速行驶是主要原因之一。假设某高速路段限速 120 km/h，如果车速没有超过规定限制速度的 10%，则不会超速。本任务要求编写程序，接收用户输入的车速，并判断是否罚款。

知识储备

理论微课 2-12：比较运算符

比较运算符

Python 中的比较运算符有 ==、!=、>、<、>=、<=，比较运算符同样是双目运算符，它与两个操作数构成一个表达式。比较运算符的操作数可以是表达式或对象。以 a = 7，b = 8 为例，比较运算符的功能与相关示例如表 2-7 所示。

表 2-7 比较运算符

运算符	功能	示例
==	比较左值和右值，若相同，则为 True，否则为 False	a == b 不成立，结果为 False
!=	比较左值和右值，若不相同，则为 True，否则为 False	a != b 成立，结果为 True
>	比较左值和右值，若左值大于右值，则为 True，否则为 False	a > b 不成立，结果为 False
<	比较左值和右值，若左值小于右值，则为 True，否则为 False	a < b 成立，结果为 True
>=	比较左值和右值，若左值大于或等于右值，则为 True，否则为 False	a >= b 不成立，结果为 False
<=	比较左值和右值，若左值小于或等于右值，则为 True，否则为 False	a<= b 成立，结果为 True

需要注意的是，比较运算符只对操作数进行比较，不会对操作数自身造成影响，即经过比较运算符运算后的操作数不会被修改。比较运算符与操作数构成的表达式的结果只能是 True 或 False，这种表达式通常用于布尔测试。

■ 任务分析

根据任务描述得知，某高速路段上的最大限制速度为 120 km/h，而被罚款的标准是车速超过最大限制速度的 10%，即 120+120×10%。要想知道司机是否会被罚款，可以利用运算符“> =”比较当前车速是否大于或等于被罚款的标准，如果比较结果为 True，说明会被处罚，比较结果为 False，说明不会被罚款。

■ 任务实现

结合任务分析的思路，接下来，在 Chapter02 项目中创建 07_speed.py 文件，在该文件中编写代码，判断是否会罚款，具体代码如下。

```
SPEED_LIMIT = 120                    # 最大限制速度
speed = float(input('输入被检测的速度值(单位: km/h):'))
# 计算输入的速度值是否超速
result = speed >= SPEED_LIMIT + SPEED_LIMIT * 0.1
print(result)
```

运行 07_speed.py，结果如图 2-12 所示。

图 2-12　07_speed.py 的运行结果

从图 2-12 中可以看出，程序接收了用户从键盘输入的速度值 130 km/h，之后输出了比较结果 False，说明用户驾驶的车辆速度为 130 km/h，不会被罚款。但在日常驾车时要遵守交通规则，低于限制速度安全驾驶。

任务 2-8　判断能否组成三角形

■ 任务描述

实操微课 2-8：任务 2-8　判断能否组成三角形

在平面几何图形中，三角形是最稳定的，在心理学中三角形也寓意着团结、凝聚力，同时在社会生活中三角形也有很多用途。本任务要求编写程序，根据用户输入的三条边的长度判断能否组成三角形。

■ 知识储备

理论微课 2-13：逻辑运算符

逻辑运算符

Python 中的逻辑运算符可以把多个条件按照一定的逻辑进行连接，变成更复杂的条件。Python 中分别使用 and、or、not 这 3 个关键字作为逻辑运算符。

下面以 x=0，y=20 为例，介绍逻辑运算符的功能及示例，如表 2-8 所示。

表 2-8 逻辑运算符的功能及示例

运算符	逻辑表达式	功能	示例
and	x and y	若操作数 x 和 y 的布尔值均为 True，则结果为 y，否则返回 x 的值	x and y 的结果为 0
or	x or y	若操作数 x 的布尔值为 True，则返回 x 的值，否则返回 y 的值	x or y 的结果为 20
not	not x	若操作数 x 的布尔值为 True，则结果为 False	not x 的结果为 True

任务分析

根据任务描述得知，需要判断用户输入的三条边的长度能否组成三角形，可以根据定理“任意两边之和大于第三边”进行判断。假设三条边的长度分别是 a、b、c，那么它们根据定理可以组合成 3 个表达式，分别是 a+b>c、a+c>b、c+b>a，这几个表达式可以使用逻辑运算符 and 连接，若返回结果为 True，则表明能组成三角形；若返回结果为 False，则表明不能组成三角形。

任务实现

结合任务分析的思路，接下来，在 Chapter02 项目中创建一个 08_triangle.py 文件，在该文件中编写代码，判断能否组成三角形，具体步骤如下。

① 接收用户输入的三条边的长度，具体代码如下。

```
side_01 = float(input('请输入第一条边的长度：'))
side_02 = float(input('请输入第二条边的长度：'))
side_03 = float(input('请输入第三条边的长度：'))
```

② 根据定理“任意两边之和大于第三边”判断能否组成三角形，具体代码如下。

```
# 根据"任意两边之和大于第三边"判断三条边能否组成三角形
result = side_01 + side_02 > side_03 and\
         side_02 + side_03 > side_01 and\
         side_01 + side_03 > side_02
print(result)
```

③ 运行 08_triangle.py，在控制台分别输入三条边的长度，按 Enter 键后结果如图 2-13 所示。

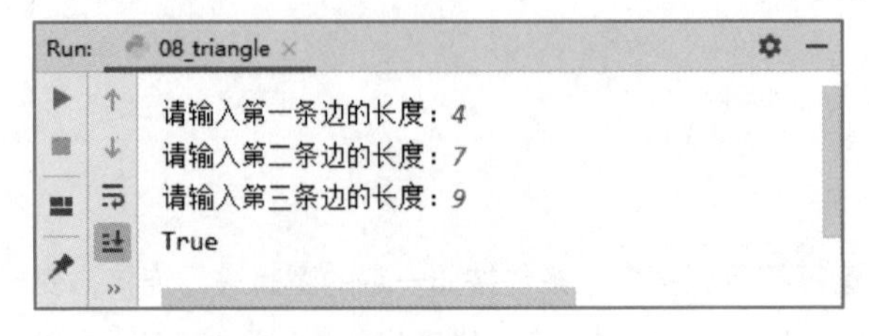

图 2-13 08_triangle.py 的运行结果

从图 2-13 中可以看出，程序输出的判断结果为 True，说明当三条边的长度为 4、7 和 9 时可以组成三角形。

任务 2-9 判断奇偶数

任务描述

所有的整数可以分为奇数和偶数两大类，其中能被 2 整除的数叫作偶数；不能被 2 整除的数叫作奇数。本任务要求编写程序，接收用户输入的数字，通过位运算符判断输入的数字是否为偶数。

实操微课 2-9：任务 2-9 判断奇偶数

知识储备

理论微课 2-14：位运算符

位运算符

位运算符用于按二进制位进行逻辑运算，它的操作数必须为整数。下面以 a=2，b=3 为例，介绍位运算符的功能及示例，具体如表 2-9 所示。

表 2-9 位运算符的功能及示例

运算符	功能	示例
<<	按位左移	a<<b，结果为 16
>>	按位右移	a>>b，结果为 0
&	按位与	a&b，结果为 2
|	按位或	a|b，结果为 3
^	按位异或	a^b，结果为 1
~	按位取反	~ a，结果为 -3

下面逐一介绍表 2-9 中罗列的位运算符。

（1）按位左移运算符 <<

按位左移是指将二进制形式操作数的所有位全部左移 n 位，移出位丢弃，移入位补 0。以十进制数 9 为例，9 转换为二进制数是 00001001，将转换后的二进制数左移 4 位，其过程和结果如图 2-14 所示。

0 0 0 0 1 0 0 1 <<4
丢弃 补0
0 0 0 0 1 0 0 1 0 0 0 0
1 0 0 1 0 0 0 0

图 2-14 按位左移

从图 2-14 中可以看出，二进制数 00001001 左移 4 位的结果为 10010000。接下来，通过代码实现将 00001001 左移 4 位，示例如下。

```
a = 9
print(bin(a<<4))                    # 利用 << 将 00001001 左移 4 位
```

运行代码，结果如下所示。

```
0b10010000
```

左移 n 位相当于操作数乘以 2 的 n 次方，根据此原理可借助乘法运算符实现左移功能。例如，10 左移 3 位，利用乘法运算符进行计算即 10×2^3。

（2）按位右移运算符 >>

按位右移是指将二进制形式操作数的所有位全部右移 n 位，移出位丢弃，移入位补 0。以十进制数 8 为例，8 转换为二进制数是 00001000，将转换后的二进制数右移 2 位，其过程和结果如图 2-15 所示。

0 0 0 0 1 0 0 0 >>2
补0 丢弃
0 0 0 0 0 0 1 0 0 0
0 0 0 0 0 0 1 0

图 2-15 按位右移

从图 2-15 中可以看出，二进制数 00001000 右移 2 位的结果为 00000010。接下来，通过代码实现将 00001000 右移 2 位，示例如下。

```
a = 8
print(bin(a>>2))                    # 利用 >> 将 00001000 右移 2 位
```

运行代码，结果如下所示。

```
0b10
```

右移 n 位相当于操作数除以 2 的 n 次方，根据此原理可借助除法运算符实现右移功能。例如，10 右移 2 位，利用除法运算符进行计算即 $10 \div 2^2$。

（3）按位与运算符 &

按位与是指将参与运算的两个操作数对应的二进制位进行“与”操作。当对应的两个二进制位均为 1 时，结果位就为 1，否则为 0。以十进制数 9 和 3 为例，它们转换为二进制数分别是 00001001 和 00000011，转换后的二进制数进行按位与操作的结果如图 2-16 所示。

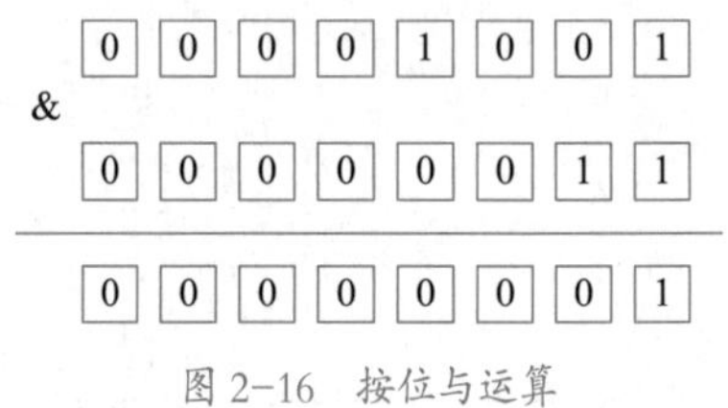

图 2-16 按位与运算

从图 2-16 中可以看出，二进制数 00001001 和 00000011 进行按位与操作后的结果为 00000001。接下来，通过代码实现 00001001 和 00000011 的按位与操作，示例如下。

```
a = 9
b = 3
print(bin(a & b))              # 利用 & 将 00001001 和 00000011 进行按位与操作
```

运行代码，结果如下所示。

```
0b1
```

（4）按位或运算符 |

按位或是指将参与运算的两个操作数对应的二进制位进行“或”操作。若对应的两个二进制位有一个为 1 时，结果位就为 1。若参与运算的数值为负数，参与运算的两个数均以补码出现。以十进制数 8 和 3 为例，8 和 3 转换为二进制数分别是 00001000 和 00000011，转换后的二进制数进行按位或操作的结果如图 2-17 所示。

从图 2-17 中可以看出，二进制数 00001000 和 00000011 进行按位或操作后的结果为 00001011。

接下来，通过代码实现 00001000 和 00000011 的按位或操作，示例如下。

```
a = 8
b = 3
print(bin(a | b))          # 利用 | 将 00001000 和 00000011 进行按位或操作
```

运行代码，结果如下所示。

```
0b1011
```

（5）按位异或运算符 ^

按位异或是指将参与运算的两个操作数对应的二进制位进行“异或”操作。当对应的两个二进制位中一个为 1，另一个为 0 时，结果为 1，否则结果为 0。以十进制数 8 和 4 为例，8 和 4 转换为二进制数分别是 00001000 和 00000100，转换后的二进制数进行按位异或操作的结果如图 2-18 所示。

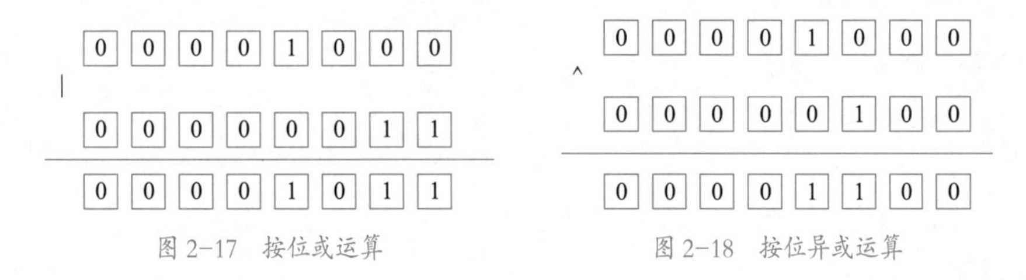

图 2-17 按位或运算　　图 2-18 按位异或运算

从图 2-18 中可以看出，二进制数 00001000 和 00000100 进行按位异或操作后的结果为 00001100。接下来，通过代码实现对 00001000 和 00000100 进行异或运算，示例如下。

```
a = 8
b = 4
print(bin(a ^ b))          # 利用 ^ 将 00001000 和 00000100 进行按位异或运算
```

运行代码，结果如下所示。

```
0b1100
```

（6）按位取反运算符 ~

按位取反是指将二进制的每一位进行取反，0 取反为 1，1 取反为 0。按位取反操作首先会获取这个数的补码，然后对补码进行取反，最后将取反结果转换为原码。例如，对 9 按位取反的计算过程如下。

① 获取补码。9 的二进制数是 00001001，因为 9 属于正数，计算机中正数的原码、反码和补码相等，所以 9 的补码仍然为 00001001。

② 取反操作。对 9 的补码 00001001 进行取反操作，即 0 变为 1,1 变为 0，取反后结果为 11110110。

③ 转换原码。将 11110110 转换为原码时，转换规则为符号位不变，其他位取反，末位加一，经过一系列操作后会得到原码。因此，11110110 再次取反后的结果为 10001001，之后末位加一后得到的结果为 10001010，即 −10。

正数 9 按位取反的计算过程如图 2-19 所示。

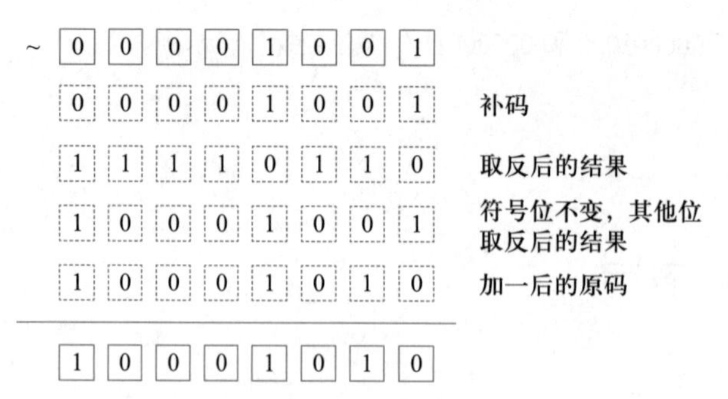

图 2-19 按位取反运算

从图 2-19 中可以看出，9 对应的二进制数 00001001 按位取反后的结果为 10001010。接下来，通过代码实现 00001001 按位取反操作，示例如下。

```
a = 9
print(bin( ~ a))              # 利用 ~ 对 00001001 进行按位取反操作
```

运行代码，结果如下所示。

```
-0b1010
```

■ 任务分析

奇数和偶数可以根据二进制数的特点进行判断：若某个数的二进制数最低位为 1 时，其对应的十进制数为奇数；若某个数的二进制数最低位为 0 时，其对应的十进制数为偶数。

在位运算符中，按位与运算符的特点是当对应的两个二进制位均为 1 时，结果就为 1，否则为 0。例如，7 的二进制数 00000111 和 10 的二进制数 00001010，分别与 1 的二进制数 00000001 进行按位“与”运算，结果分别是 1 和 0，因此可以得出：一个数与 1 进行按位与运算，当结果为 0 时，说明这个数为偶数；当结果为 1 时，说明这个数为奇数。

■ 任务实现

结合任务分析的思路，接下来，在 Chapter02 项目中创建 09_odd_even.py 文件，在该文件中编写代码，实现判断奇偶数的任务，具体代码如下。

```
judge_num = int(input('请输入一个整数：'))
print(judge_num & 1 == 0)
```

运行 09_odd_even.py，在控制台输入 10，按 Enter 键后输出的结果，如图 2-20 所示。

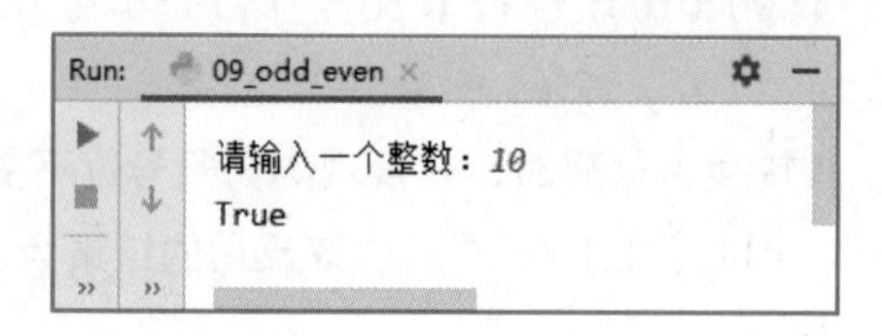

图 2-20 09_odd_even.py 的运行结果

从图 2-20 中可以看出，10 的判断结果为 True，说明 10 为一个偶数。

任务 2-10　径赛项目查询

任务描述

2008 年北京成功举办了奥林匹克运动会。在赛场上，中国健儿顽强拼搏、为国争光，取得了卓越的成绩。我们要向中国健儿学习，发扬奥林匹克更快、更高、更强的精神，奋发有为，努力拼搏，为实现中华民族的伟大复兴而努力奋斗。

实操微课 2-10：任务 2-10　径赛项目查询

奥运会项目众多，其中径赛项目主要包括 100 米、200 米、400 米、800 米、1500 米、5000 米、10000 米、马拉松、3000 米障碍赛（男子）、100 米栏（女子）、110 米栏（男子）、400 米栏、10 千米竞走（女子）、20 千米竞走、50 千米竞走（男子）、4×100 米接力、4×400 米接力。

本任务要求编写程序，判断用户输入的运动项目是否属于径赛项目。

知识储备

成员运算符

理论微课 2-15：成员运算符

Python 中的成员运算符包括 in 和 not in，主要用于测试给定数据是否存在于序列（如列表、字符串）中。关于成员运算符的介绍如下。

① in：如果指定元素在序列中，返回 True，否则返回 False。

② not in：如果指定元素不在序列中，返回 True，否则返回 False。

接下来，通过一些示例演示成员运算符的使用，代码如下。

```
x = 'Python'
y = [1, 2, 3, 4]
print('P' in x)              # 判断 'P' 是否在字符串 x 中
print(5 not in y)            # 判断 5 是否不在列表 y 中
```

运行代码，结果如下所示。

```
True
True
```

任务分析

根据任务描述得知，径赛项目种类众多，可以将径赛项目存储到列表中，便于对所有的径赛项目进行统一管理。要想判断用户输入的运动项目是否属于径赛项目，可以利用 in 运算符判断该运动项是否在径赛项目列表中，若返回 True，则说明该运动项目属于径赛项目；若返回 False，则说明该运动项目不属于径赛项目。

任务实现

结合任务分析，接下来，在Chapter02项目中创建10_race.py文件，在该文件中编写代码，实现径赛项目查询的任务，具体步骤如下。

① 使用列表保存所有径赛项目，具体代码如下。

```
# 创建一个列表，包含径赛项目的名称
track_events = [
    '100米', '200米', '400米', '800米', '1500米',
    '5000米', '10000米', '马拉松', '3000米障碍赛（男子）',
    '100米栏（女子）', '110米栏（男子）', '400米栏', '10千米竞走（女子）',
    '20千米竞走', '50千米竞走（男子）', '4×100米接力', '4×400米接力'
]
```

② 接收用户输入的运动项目，判断该运动项目是否在径赛项目列表中，具体代码如下。

```
sport_event = input('输入运动项目：')
# 使用in运算符判断用户输入的运动项目是否在列表中
result = sport_event in track_events
print(result)
```

③ 运行10_race.py文件，在控制台输入乒乓球，按Enter键后的结果，如图2-21所示。

图2-21　10_race.py的运行结果

从图2-21中可以看出，程序输出的结果为False，说明乒乓球不属于径赛运动。

任务2-11　计算正五角星的面积

任务描述

实操微课2-11：任务2-11　计算正五角星的面积

五角星是一种有五只尖角，由10条边围起来，内角和为180°的图形。本任务要求计算边长为7 cm的五角星的面积，五角星如图2-22所示。

在图2-22中，五角星内部的虚线为辅助线，这些辅助线将五角星划分为10个完全相同的三角形，每个三角形的边长分别为7 cm、4 cm和9 cm。

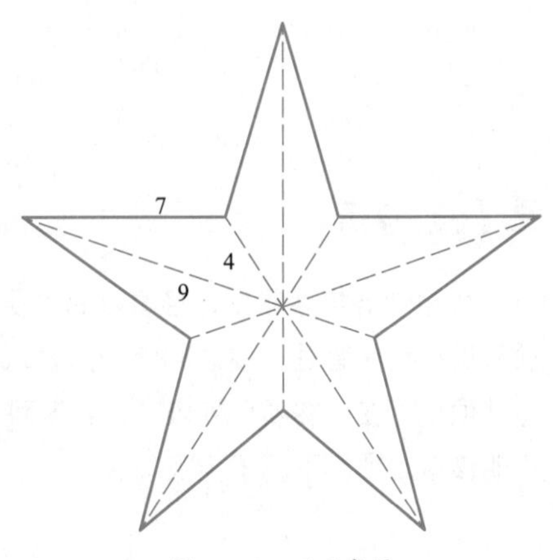

图2-22　正五角星

知识储备

运算符优先级

Python 支持使用多个不同的运算符连接表达式实现相对复杂的功能。为了避免含有多个运算符的表达式出现歧义，Python 为每种运算符都设定了优先级。运算符优先级确定了运算符在表达式中的运算顺序。

理论微课 2-16：运算符优先级

运算符优先级如表 2-10 所示。

表 2-10 运算符优先级

运算符	描述
**	幂（最高优先级）
*、/、//、%	乘、除、整除、取余
+、-	加法、减法
<<、>>	按位左移、按位右移
&	按位与
^	按位异或
		按位或
in、not in、is、is not	成员运算符
<、<=、>、>=、!=、==	比较运算符
not、and、or	逻辑运算符

需要说明的是，如果表达式中包含小括号，那么解释器会优先执行小括号里面的内容。赋值运算符是一种特殊的运算符，它不具备优先级，主要的作用是将运算符右方的值或计算后的结果赋值给运算符左边的变量。

接下来，通过一些示例演示运算符优先级的使用，示例代码如下。

```
demo_01 = -3 ** 2          # 执行幂运算
demo_02 = (-3) ** 2        # 将小括号内的数据看作一个整体，然后执行幂运算
demo_03 = 12 / 2 % 4       # 先执行除法运算， 再执行取余运算
demo_04 = 8+7-6+12/2%4     # 先执行除法运算、取余运算，再按顺序执行加法、减法运算
print(demo_01)
print(demo_02)
print(demo_03)
print(demo_04)
```

运行代码，结果如下所示。

```
-9
9
2.0
11.0
```

任务分析

计算五角星面积的实现思路如下。

① 计算单个三角形的面积。

② 计算正五角星的面积。

由于只知道每个三角形的边长，所以这里可以通过海伦公式计算三角形的面积，参考公式如下。

```
# a、b、c为三角形三条边的边长，p为半周长（周长的一半）
p = (a+b+c)*0.5
# s为三角形的面积
s = (p*(p-a)*(p-b)*(p-c))**0.5
```

任务实现

结合任务分析的思路，接下来，在Chapter02项目中创建11_star.py文件，在该文件中编写代码，计算正五角星的面积，具体步骤如下。

（1）计算单个三角形的面积

根据海伦公式，计算边长分别为7、4、9的三角形的面积，具体代码如下。

```
# 计算三角形的周长
p = (4 + 7 + 9) * 0.5
# 计算三角形的面积
triangle_area = (p * (p - 4) * (p - 7) * (p - 9))**0.5
```

（2）计算正五角星的面积

有了一个三角形面积，乘以10就可以计算出正五角星的面积，具体代码如下。

```
# 计算正五角星的面积
start_area = triangle_area * 10
print('正五角星的面积是：',start_area)
```

运行11_star.py，结果如图2-23所示。

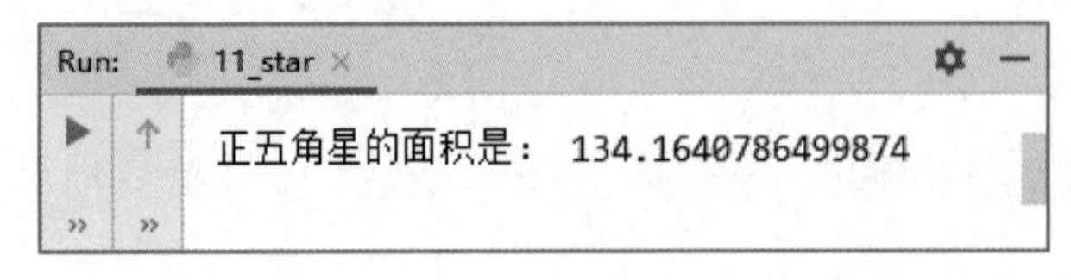

图2-23 11_star.py的运行结果

知识梳理

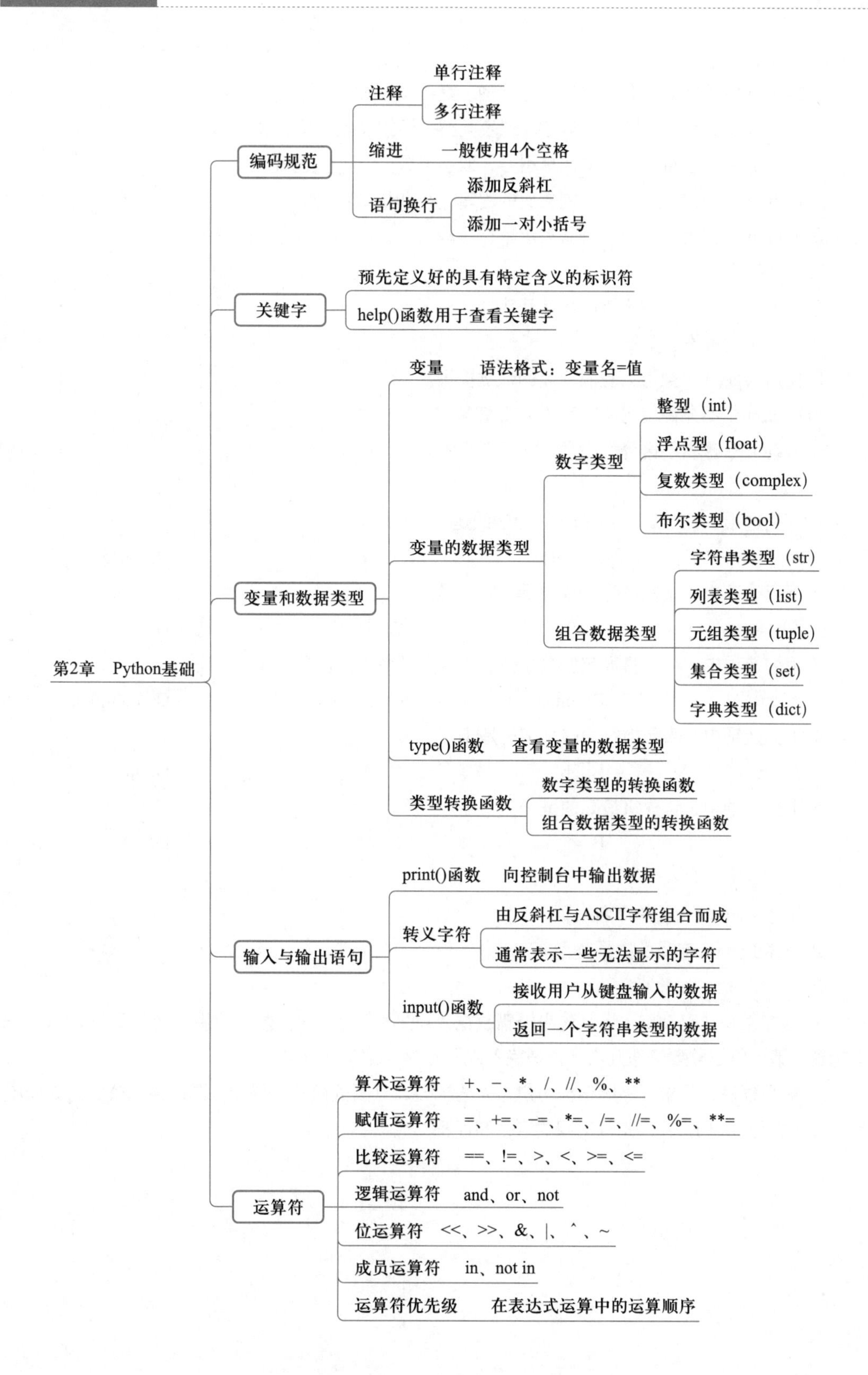
第2章 Python基础
编码规范
注释
单行注释
多行注释
缩进
一般使用4个空格
语句换行
添加反斜杠
添加一对小括号
关键字
预先定义好的具有特定含义的标识符
help()函数用于查看关键字
变量和数据类型
变量
语法格式：变量名=值
变量的数据类型
数字类型
整型（int）
浮点型（float）
复数类型（complex）
布尔类型（bool）
组合数据类型
字符串类型（str）
列表类型（list）
元组类型（tuple）
集合类型（set）
字典类型（dict）
type()函数
查看变量的数据类型
类型转换函数
数字类型的转换函数
组合数据类型的转换函数
输入与输出语句
print()函数
向控制台中输出数据
转义字符
由反斜杠与ASCII字符组合而成
通常表示一些无法显示的字符
input()函数
接收用户从键盘输入的数据
返回一个字符串类型的数据
运算符
算术运算符
+、-、*、/、//、%、**
赋值运算符
=、+=、-=、*=、/=、//=、%=、**=
比较运算符
==、!=、>、<、>=、<=
逻辑运算符
and、or、not
位运算符
<<、>>、&、|、^、~
成员运算符
in、not in
运算符优先级
在表达式运算中的运算顺序

本章习题

一、填空题

① Python中数字类型分为整型、浮点型、复数类型和________。

② 组合数据类型分为字符串类型、列表类型、元组类型、集合类型和________。

③ Python中的字符串可以使用单引号、双引号或________包裹。

④ Python中使用________控制代码的逻辑关系和层次结构。

⑤ Python中使用________符号表示单行注释。

二、判断题

① Python中变量名称不能以数字开头。 ( )

② 字典中的键不能重复。 ( )

③ 使用type( )函数可以查看变量的数据类型。 ( )

④ Python中不允许使用关键字作为变量名。 ( )

⑤ Python变量名不区分大小写。 ( )

三、选择题

① 下列选项中，不属于Python关键字的是（ ）。

A. private B. False C. for D. raise

② 下列选项中，布尔值为True的是（ ）。

A. None B. 0 C. 1 D. {}

③ 下列选项中，用于将数字型数据转换为浮点型数据的函数是（ ）。

A. str( ) B. int( ) C. float( ) D. complex( )

④ 下列选项中，表示换行的转义字符是（ ）。

A. \n B. \b C. \r D. \t

⑤ 下列选项中，优先级最高的是（ ）。

A. + B. ^ C. ** D. ( )

四、简答题

① 简述Python变量的命名规则。

② 简述Python变量的数据类型。

五、编程题

① 已知某煤场有29.5 t煤，先用一辆载重4 t的汽车运3次，剩下的用一辆载重为2.5 t的汽车运送，请计算还需要运送几次才能送完？编写程序，解答此问题。

② 编写程序，要求程序能根据用户输入的半径计算圆的面积（提示：圆的面积公式为$S=\pi r^2$，其中π取值为3.14），并分别输出圆的直径和面积。

第 3 章 流程控制

- 掌握 if 语句的用法，能够使用 if 语句处理单一情况的逻辑。
- 掌握 if-else 语句的用法，能够使用 if-else 语句处理两种情况的逻辑。
- 掌握 if-elif-else 语句的用法，能够使用 if-elif-else 语句处理多种情况的逻辑。
- 掌握 if 语句嵌套的用法，能够使用 if 嵌套语句处理逻辑中的嵌套逻辑。
- 掌握 for 语句的用法，能够根据业务需求使用 for 语句实现循环操作。
- 掌握 range( ) 函数的用法，能够使用 range( ) 函数和 for 语句实现特定功能。
- 掌握 while 语句的用法，能够根据业务需求使用 while 语句实现循环操作。
- 掌握跳转语句的用法，能够使用 break 和 continue 语句控制循环跳转。
- 掌握循环嵌套的用法，能够使用循环嵌套语句处理多层循环逻辑。

PPT：第 3 章　流程控制

教学设计：第 3 章　流程控制

程序中的语句默认自上而下顺序执行。流程控制是指在程序执行时，通过一些特定的指令变更程序中语句的执行顺序，使程序产生跳跃、回溯等现象。本章将通过 8 个任务对流程控制的相关内容进行详细讲解。

任务 3-1 回文数

实操微课 3-1：任务 3-1 回文数

任务描述

回文数指的是数字正序排列和逆序排列都是同一数值的数。例如，数字 1221 按正序和逆序排列都为 1221，因此 1221 就是一个回文数。而数字 1234 按正序排列是 1234，按逆序排列是 4321，1234 与 4321 不是同一个数，因此 1234 就不是一个回文数。

本任务要求编写程序，判断用户输入的 4 位整数是否为回文数。

理论微课 3-1：if 语句

知识储备

if 语句

Python 中 if 语句由关键字 if、条件表达式、冒号和代码段组成，其语法格式如下。

```
if 条件表达式：
    代码段
```

执行 if 语句时，若 if 语句的条件表达式成立，即条件表达式的布尔值为 True，则执行 if 语句内的代码段；若 if 语句的条件表达式不成立，即条件表达式的布尔值为 False，则跳过 if 语句内的代码段，继续向下执行。if 语句的执行流程如图 3-1 所示。

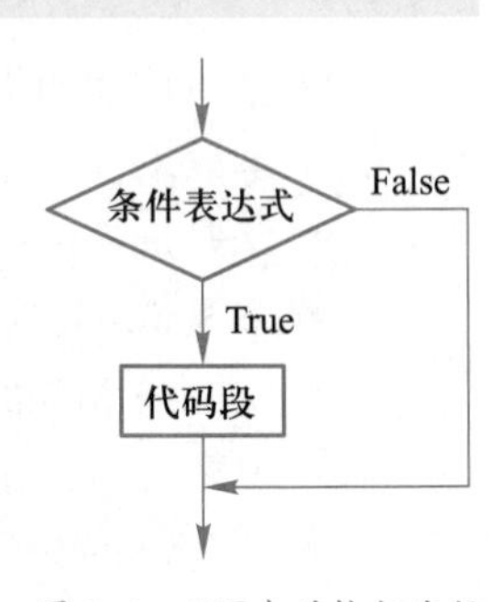

图 3-1 if 语句的执行流程

下面使用 if 语句实现判断今天是否是工作日的程序。用户根据提示输入整数 1 ~ 7，程序根据输入的整数进行判断。若输入的整数为 1 ~ 5，则判定今天是工作日；若输入的整数为 6、7，则判定今天不是工作日。具体代码如下。

```
1. day = int(input("今天是工作日吗（请输入整数 1 ~ 7）？"))
2. if day in [1, 2, 3, 4, 5]:
3.         print("今天是工作日")
4. if day in [6, 7]:
5.         print("今天不是工作日")
```

上述代码中，第 1 行代码获取了用户输入的整数，第 2 ~ 5 行代码使用了两个 if 语句。第 2、3 行代码是第一个 if 语句，用于判断用户输入的整数是否在列表 [1,2,3,4,5] 中，若存在，则输出“今天是工作日”；第 4、5 行代码是第二个 if 语句，用于判断用户输入的整数是否在列表 [6,7] 中，若存在，则输出“今天不是工作日”。

任务分析

根据任务描述的需求可知，本任务需要判断用户输入的 4 位整数是否回文数。对于 4 位整数来说，可以先获取该整数千位、百位、十位、个位上的数字，之后将这几个数字逆序排列后重新组合成新的 4 位整数，比较原来的 4 位数与新 4 位数，如果它们相等，则说明原来的 4 位数是回文数；反之，说明原来的 4 位数不是回文数。本任务的实现思路如下。

（1）获取用户输入的 4 位整数

通过 input( ) 函数可接收用户输入的数字，需要注意的是，input( ) 函数会返回一个字符串类型的数据，为了能够获取 4 位整数的各位数字，需要使用 int( ) 函数将其转换为整数类型。

（2）获取原来 4 位数的各位数字

因为回文数正序排列与逆序排列相等，为了判断逆序后的整数与原来的整数是否相等，所以需要获取原来数字千位、百位、十位、个位上的数字。

例如，abcd 是一个 4 位整数，使用 abcd//1000 可以获取千位上的数字 a，使用 abcd//100%10 可以获取百位上的数字 b，使用 abcd//10%10 可以获取十位上的数字 c，使用 abcd%10 可以获取个位上的数字 d。

（3）组合新 4 位数，与原来的 4 位数比较是否相等

获取各位上的数字后，可通过 d*1000+c*100+b*10+a 方式重新组合得到逆序排列的 4 位数。此时可通过两个 if 语句分别判断 abcd 与 dcba 是否相等。若相等，则用户输入的数字是回文数；若不相等，则用户输入的数字不是回文数。

任务实现

结合任务分析的思路，接下来，创建一个新的项目 Chapter03，在该项目中创建一个 01_palindrome_num.py 文件，在该文件中编写代码，判断数字是否是回文数，具体步骤如下。

① 获取用户输入的数字并转换为整数类型，依次获取整数千位、百位、十位和个位上的数字，具体代码如下。

```
num = int(input("请输入一个四位数："))
thousands_place = num // 1000                    # 获取千位上的数字
hundreds_place = num // 100 % 10                 # 获取百位上的数字
tens_place = num // 10 % 10                      # 获取十位上的数字
ones_place = num % 10                            # 获取个位上的数字
```

② 根据回文数的定义，将获取的千位、百位、十位和个位上的数字组合成一个新的数字，将组合成的新数字与用户输入的数字进行比较。如果相等，那么说明这个数字是回文数；如果不相等，那么说明这个数字不是回文数。具体代码如下。

```
# 根据回文数规律组合新 4 位数
reverse_order = ones_place * 1000 + tens_place * 100\
                  + hundreds_place * 10 + thousands_place
if num == reverse_order:
      print(num, "是回文数")
```

```
if num != reverse_order:
        print(num, "不是回文数")
```

运行 01_palindrome_num.py，从键盘输入 1221，按 Enter 键后的结果，如图 3-2 所示。

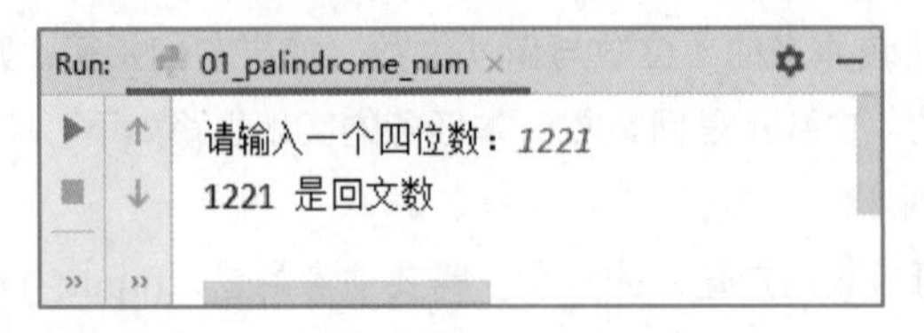

图 3-2 01_palindrome_num.py 的运行结果

从图 3-2 中可以看出，当用户输入 1221 之后，程序判断出该数字是一个回文数。

任务 3-2 登录验证

任务描述

实操微课 3-2：任务 3-2 登录验证

夏明在学习编程时，想通过编写代码实现一个登录验证功能：若用户在登录时输入正确的用户名和密码，则提示登录成功；若用户输入错误的用户名或密码，则提示登录失败。假设，夏明设定了一名用户的用户名为 admin，密码为 admin-1234。那么，夏明该如何实现登录验证功能呢?

本任务要求编写程序，帮助夏明实现登录验证功能。

知识储备

理论微课 3-2：if-else 语句

if-else 语句

虽然 if 语句能够处理条件表达式为 True 的情况，但是对于未能满足条件表达式的情况，使用一个 if 语句是不能处理的。为了能够同时处理满足条件表达式和不满足条件表达式两种情况，须使用 if-else 语句。

if-else 语句的语法格式如下。

```
if 条件表达式:
    代码段 1
else:
    代码段 2
```

执行 if-else 语句时，若 if 子句的条件表达式值为 True，执行代码段 1；若 if 子句的条件表达式值为 False，执行代码段 2。if-else 语句的执行流程如图 3-3 所示。

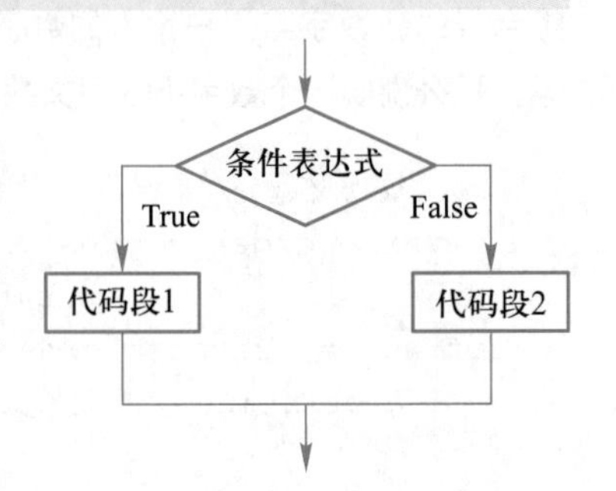

图 3-3 if-else 语句的执行流程

接下来，使用 if-else 语句优化判断当天是否为工作日的程序，使得程序可以同时兼顾工作日和非工作日两种情况，优化后的代码具体如下。

```
day = int(input("今天是工作日吗（请输入整数 1 ~ 7）? "))
if day in [1, 2, 3, 4, 5]:
      print("今天是工作日")
else:
      print("今天不是工作日")
```

运行程序，输入数字 4，结果如下所示。

```
今天是工作日
```

运行程序，输入数字 6，结果如下所示。

```
今天不是工作日
```

通过比较两次输出结果可知，当输入数字 4 时，程序执行了 if 子句的代码段，输出了“今天是工作日”；当输入数字 6 时，程序执行了 else 子句的代码段，输出了“今天不是工作日”。

任务分析

根据任务描述得知，本任务需要验证用户从键盘输入的用户名是否为 admin，密码是否为 admin-1234，若两者都满足，则表示登录成功，否则表示登录失败。根据夏明设计的登录验证功能的逻辑，可绘制出用户登录验证程序的流程图，如图 3-4 所示。

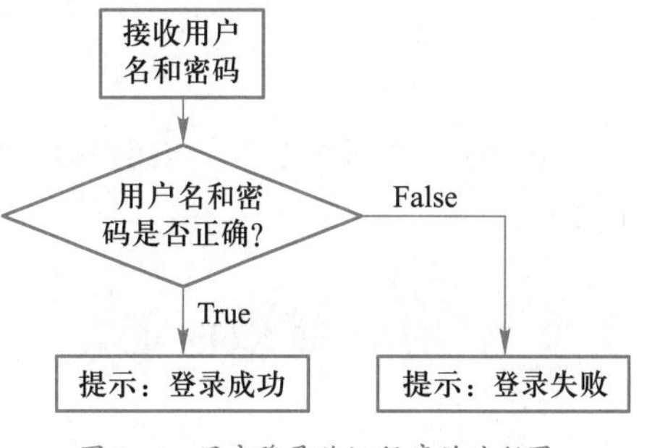

图 3-4 用户登录验证程序的流程图

由图 3-4 可知，用户登录验证功能的实现思路如下。

（1）存储设定的用户名和密码

在任务描述中，已经设定了用户名和密码，我们需要将用户名和密码保存到变量中，为后续登录判断做准备。

（2）获取用户名和密码

因为需要对用户输入的用户名和密码进行判断，所以需要使用 input( ) 函数获取用户输入的用户名和密码。

（3）判断用户名和密码是否正确

获取用户输入的用户名和密码之后，便可以判断输入的用户名和密码与设定的用户名和密码是否相同，判断后会产生“登录成功”和“登录失败”两种情况，因此此处可使用 if-else 语句进行判断。

需要注意的是，登录成功需要同时满足输入的用户名与设定的用户名相同且输入的密码与设定的密码相同。因此在连接这两个条件时，需要使用逻辑运算符 and。

任务实现

结合任务分析的思路，接下来，在 Chapter03 项目中创建 02_login.py 文件，在该文件中编写代码，实现登录验证的任务，具体代码如下。

```
user = 'admin'                          # 定义用户名为admin
password = 'admin-1234'                 # 定义密码为admin-1234
user_name = input('输入用户名：')       # 接收用户输入的用户名
pwd = input('输入密码：')               # 接收用户输入的密码
#判断用户名和密码是否正确
if user_name == user and pwd == password:
    print('登录成功')
else:
    print('登录失败')
```

运行02_login.py，在控制台中分别输入用户名为admin，密码为admin-1234，回车后结果如图3-5所示。

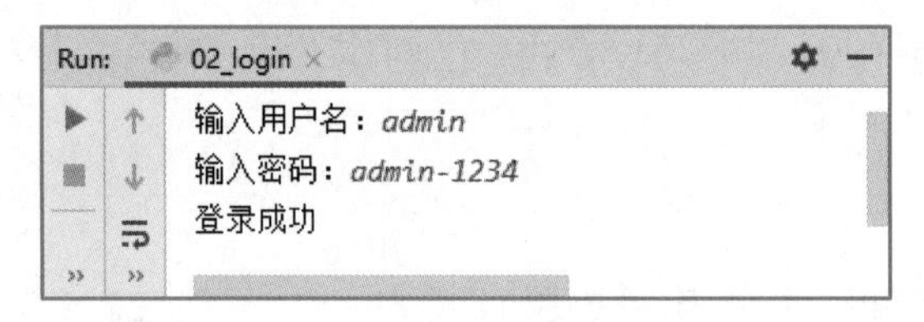

图3-5 02_login.py的运行结果

从图3-5中可以看出，当用户输入的用户名为admin，密码为admin-1234时，输出“登录成功”。

任务3-3 绩效评定

任务描述

实操微课3-3：任务3-3 绩效评定

绩效评定是依据绩效分数对员工绩效结果评级，它与评定绩效的标准有关，也与企业考核的评价主体和方式有关。在做到公正、客观对员工绩效进行评价的基础上，绩效等级会对员工绩效薪酬分配产生很大影响。

某公司的绩效评定共分为A、B、C、D 4个等级，每个等级对应着不同分数范围，如表3-1所示。

表3-1 绩效评定表

绩效范围	评级
90≤分数≤100	A
80≤分数<90	B
70≤分数<80	C
60≤分数<70	D

本任务要求编写程序，帮助该公司对员工的绩效进行评定。

■ 知识储备

理论微课 3-3：if-elif-else 语句

if-elif-else 语句

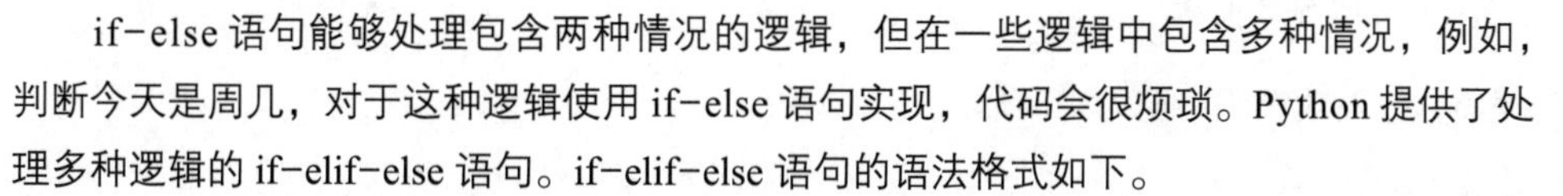

if-else 语句能够处理包含两种情况的逻辑，但在一些逻辑中包含多种情况，例如，判断今天是周几，对于这种逻辑使用 if-else 语句实现，代码会很烦琐。Python 提供了处理多种逻辑的 if-elif-else 语句。if-elif-else 语句的语法格式如下。

```
if 条件表达式 1:
    代码段 1
elif 条件表达式 2:
    代码段 2
…
elif 条件表达式 n:
    代码段 n
else:
    代码段 n+1
```

以上格式的 if 关键字与条件表达式 1 构成一个逻辑，elif 关键字与其他条件表达式构成若干个逻辑，else 语句构成最后一个逻辑。

执行 if-elif-else 语句时，若 if 子句的条件表达式成立，执行 if 子句之后的代码段 1。若 if 子句的条件表达式不成立，判断 elif 子句的条件表达式 2，若条件表达式 2 成立，则执行 elif 子句之后的代码段 2，否则继续向下执行。以此类推，直至所有的条件表达式均不成立，执行 else 子句之后的代码段。if-elif-else 语句的执行流程如图 3-6 所示。

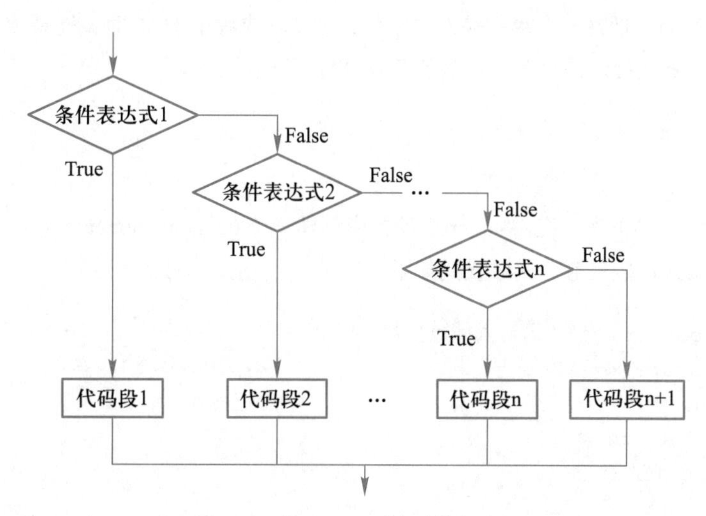

图 3-6 if-elif-else 语句的执行流程

在使用 if-else 语句实现判断当天是否是工作日的程序中，忽略了当用户输入的数字不是 1 ~ 7 的情况，接下来使用 if-elif-else 语句继续优化判断当天是否为工作日的程序，改后的代码如下。

```
day = int(input("今天是工作日吗（请输入整数 1 ~ 7）？ "))
if day in [1, 2, 3, 4, 5]:
    print("今天是工作日")
```

```
elif day in [6, 7]:
      print("今天不是工作日")
else:
      print("输入有误")
```

运行程序，输入数字4，结果如下所示。

```
今天是工作日
```

运行程序，输入数字6，结果如下所示。

```
今天不是工作日
```

运行程序，输入数字8，结果如下所示。

```
输入有误
```

任务分析

根据任务描述得知，本任务要求对公司员工绩效分数进行评定，因此可使用input( )函数接收输入的绩效分数，由于input( )函数返回字符串类型的数据，而绩效分数中可能会包含小数，所以需要使用float( )函数将接收的绩效分数由字符串类型转换为浮点型。

通过观察表3-1可知，绩效分数共划分为4个范围，可以使用if-elif-else语句判定绩效分数的评级。

为了提升程序的合理性，当用户输入的分数大于100或者小于60时，需要给用户输出相应的提示信息，此处设置的提示信息为“输入的绩效分数不正确”。

任务实现

结合任务分析，接下来，在Chapter03项目中创建一个03_achievements.py文件，在该文件中编写代码，实现绩效评定任务，具体代码如下。

```
score = float(input("请输入绩效分数："))
if 90 <= score <= 100:                    # 判断输入的分数范围
      grade = 'A'                         # 设置绩效等级
elif 80 <= score < 90:
      grade = "B"
elif 70 <= score < 80:
      grade = "C"
elif 60 <= score < 70:
      grade = "D"
else:
      grade = '输入的绩效分数不正确'
print("对应的绩效等级为:", grade)
```

运行03_achievements.py，在控制台中输入90，回车后结果如图3-7所示。

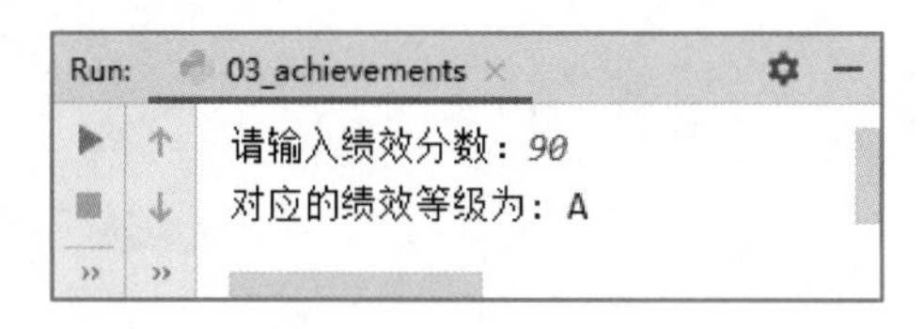

图 3-7　03_achievements.py 的运行结果

从图 3-7 中可以看出，当输入的绩效分数为 90 时，对应的绩效评级为 A。

任务 3-4　快递收费

■ 任务描述

实操微课 3-4：任务 3-4　快递收费

物流作为国民经济不可或缺的一部分，近年来，随着我国公路、铁路的迅猛发展，物流行业也得到快速发展。时至今日，中国物流行业的规模已经在世界名列前茅。

已知某快递点提供华东地区、华南地区、华北地区的寄件服务。其中华北地区编号为 01、华东地区编号为 02、华南地区编号为 03。该快递点寄件价目表具体如表 3-2 所示。

表 3-2　寄件价目表

地区编号	首重（≤ 2kg）/（元）	续重 /（元 /kg）
01（华北地区）	12	2
02（华东地区）	13	3
03（华南地区）	14	3

假如用户在华北地区邮寄 4kg 商品，快递收费公式为：首重 + 续重 ×2，即 12 +（4-2）×2，共计 16 元。

本任务要求编写代码，接收用户输入的快递重量和发货地区，实现根据表 3-2 的价格计算快递费用的程序。

■ 知识储备

理论微课 3-4：if 嵌套

if 嵌套

在实际开发中，我们经常会遇到某个判断是在另外一个判断的基础上进行的情况。例如，获取某月的天数，由于闰年和平年 2 月份的天数是不同的，所以需要先判断月份是否是 2 月，若是，再判断年份是平年还是闰年，像这种多重判断的情况可以通过 if 嵌套完成。

if 嵌套是指在 if 语句、if-else 语句或 if-elif-else 语句中嵌套 if 语句、if-else 语句或 if-elif-else 语句，if 嵌套的一般语法格式具体如下。

```
if 条件表达式 1:
    代码段 1
    if 条件表达式 2:
        代码段 2
```

```
    else:
        代码段 3
else:
    代码段 4
```

执行 if 嵌套时，先判断条件表达式 1 是否成立，若成立，则执行代码段 1，并判断条件表达式 2 是否成立，若成立，则执行代码段 2。若不成立，则执行代码段 3。若条件表达式 1 不成立，则执行代码段 4。if 嵌套的执行流程如图 3-8 所示。

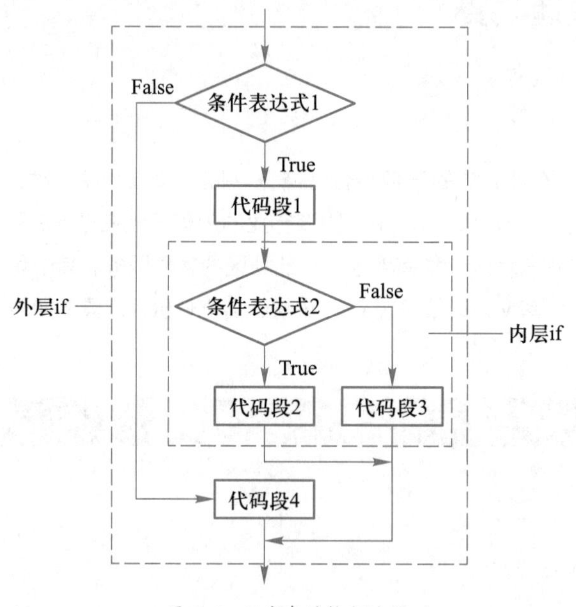

图 3-8 if 嵌套的执行流程

接下来，通过一个示例演示如何使用 if 嵌套实现根据用户输入的年份和月份计算当月一共有多少天的程序，具体代码如下。

```
year = int(input('请输入年份：'))
month = int(input("请输入月份："))
if month in [1, 3, 5, 7, 8, 10, 12]:
    print("%d年%d月有 31 天 " % (year, month))
elif month in [4, 6, 9, 11]:
    print("%d年%d月有 30 天 " % (year, month))
elif month == 2:
    #  判断用户输入的年份是否是闰年
    if year % 400 == 0 or year % 4 == 0 and year % 100 != 0:
        print("%d年%d月有29天" % (year, month))
    else:
        print("%d年%d月有28天" % (year, month))
```

上述代码中，首先定义了两个变量 year 和 month，分别用于接收用户输入的年份和月份，然后对月份进行判断：若月份为 1、3、5、7、8、10、12，输出“* 年 * 月有 31 天”；若月份为 4、6、9、11，输出“* 年 * 月有 30 天”；若月份为 2 月，则需要对年份进行判断，年份为闰年时输出“* 年 * 月有 29 天”，年份为平年时输出“* 年 * 月有 28 天”。

运行代码，依次输入年份 2022，输入月份 2，结果如下所示。

```
请输入年份：2022
请输入月份：2
2022 年 2 月有 28 天
```

运行程序，依次输入年份 2024，输入月份 2，结果如下所示。

```
请输入年份：2024
请输入月份：2
2024 年 2 月有 29 天
```

任务分析

根据任务描述得知，用户在邮寄快递时，程序需要获取用户输入的快递重量和发货地区，之后需要先判断用户邮寄的快递是否超重，若没有超出首重，则继续判断用户选择的发货地区，根据用户选择的发货地区计算快递费用。若超出首重，则继续判断用户选择的发货地区，根据用户选择的发货地区计算快递费用。计算快递费用的逻辑须使用 if 嵌套实现。

任务实现

结合任务分析，接下来，在 Chapter03 项目中创建 04_express_charges.py 文件，在该文件中编写代码，实现快递收费的任务，具体代码如下。

```
weight = float(input("请输入快递重量："))
print('编号 01：华北地区  编号 02：华东地区  编号 03：华南地区')
place = input("请输入地区编号：")
if weight <= 2:                          # 判断快递重量是否超出首重
    if place == '01':                    # 判断用户选择的地区编号是否为 01
        print('快递费为 12 元')
    elif place == '02':                  # 判断用户选择的地区编号是否为 02
        print('快递费 13 元')
    elif place == '03':                  # 判断用户选择的地区编号是否为 03
        print('快递费 14 元')
else:
    excess_weight = weight - 2           # 计算续重
    if place == '01':                    # 计算 01 地区的快递费用
        many = excess_weight * 2 + 12
        print('快递费用为：', many, '元')
    elif place == '02':                  # 计算 02 地区的快递费用
        many = excess_weight * 3 + 13
        print('快递费用为：', many, '元')
    elif place == '03':                  # 计算 03 地区的快递费用
        many = excess_weight * 3 + 14
        print('快递费用为：', many, '元')
```

运行 04_express_charges.py，在控制台中输入快递重量为 4 kg，地区编号为 01，按 Enter 键后结果如图 3-9 所示。

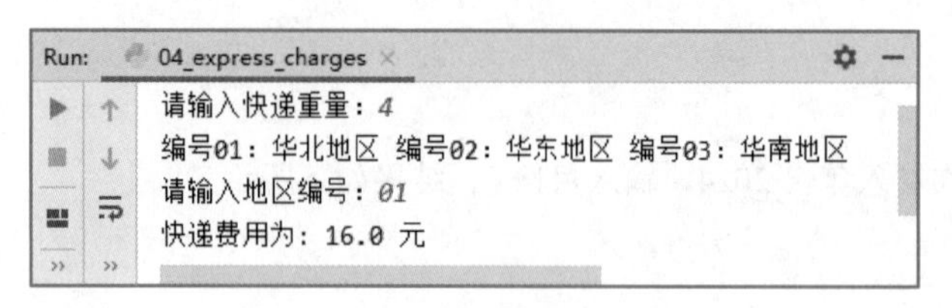

图 3-9 04_express_charges.py 的运行结果

从图 3-9 中可以看出，当用户输入的快递重量为 4 kg，地区编号为 01 时，计算出的快递费用为 16.0 元。

任务 3-5 计算 1 ~ N 的和

■ 任务描述

实操微课 3-5：任务 3-5 计算 1~N 的和

高斯是一位伟大的数学家，他在上小学时，有一位老师布置了一道算术题，让学生计算 1+2+3+…+100 的和，只有第一个计算出正确结果的学生可以获得奖励。当其他学生还在努力计算的时候，高斯已经计算出了正确的结果，他通过观察数字之间的规律快速地计算出结果，而我们可以通过编写程序快速得到计算结果。

本任务要求编写程序，运用 for 语句与 range( ) 函数计算 1 ~ N 的和。

■ 知识储备

理论微课 3-5：for 语句

1. for 语句

for 语句用于遍历可迭代对象（如字符串、列表、字典、集合）中的元素，并依次访问可迭代对象中的每一个元素。for 语句的语法格式如下。

```
for 临时变量 in 目标对象 :
    代码段
```

以上格式中的目标对象通常为可迭代对象，临时变量用于保存每次循环时访问的目标对象中的元素，目标对象的元素个数决定了循环的次数，目标对象中的元素被访问完之后循环结束。

接下来，使用 for 循环遍历字符串 Python，具体代码如下。

```
for word in "Python":
    print(word)
```

运行代码，结果如下所示。

```
P
y
t
```

```
h
o
n
```

2. range( ) 函数

理论微课 3-6：range( ) 函数

range( ) 函数常与 for 语句搭配使用，用于控制循环中代码段的执行次数。range( ) 函数会生成一个由整数组成的递增列表。range( ) 函数的语法格式如下。

```
range(start, stop[, step])
```

以上格式中各参数的含义如下。

① start：表示计数的起始位置，该参数可以省略，默认从 0 开始。

② stop：表示计数的结束位置，但不包括 stop。

③ step：表示计数的步长，该参数可以省略，默认为 1。例如，range(0,5) 效果等同于 range(0,5,1)。

接下来，通过一个示例演示 range( ) 函数与 for 语句的搭配使用，具体代码如下。

```
for i in range(3):
    print(i)
```

运行代码，结果如下所示。

```
0
1
2
```

任务分析

根据任务描述得知，本任务要求编写计算 1 ~ N 的和的程序，具体实现思路如下。

（1）获取用户从键盘输入的整数

整数需要由用户输入，即使用 input( ) 函数进行接收，而 input( ) 函数返回的是一个字符串类型的数据，这里需要使用 int( ) 函数将字符串类型的数据转换为整型数据。

（2）计算 1 ~ N 的和

在计算整数的累加和前，需要定义一个值为 0 的变量，该变量用于保存累加的和，因为计算的是 1 ~ N 的和，所以可使用 for 语句与 range( ) 函数实现。range( ) 函数传入的起始值为 1，结束值为用户输入的数字加 1。

任务实现

结合任务分析的思路，接下来，在 Chapter03 项目中创建 05_sum_num.py 文件，在该文件中编写代码，计算 1 ~ N 的和，具体代码如下。

```
num = int(input("输入一个任意整数:"))
result = 0
for i in range(1, num + 1):
```

```
        result = result + i              # 计算累加和
    print("总和为: ", result)
```

运行 05_sum_num.py，在控制台中输入整数 100，按 Enter 键后结果如图 3-10 所示。

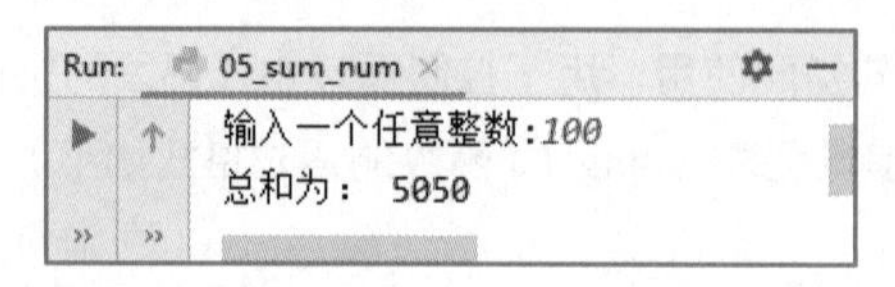

图 3-10 05_sum_num.py 的运行结果

从图 3-10 中可以看出，当输入的数字为 100 时和为 5050。

使用 for 循环对 1 ~ 100 累加，要循环 100 次，这种算法的效率较低。按照高斯的方式计算，代码如下所示。

```
num = int(input("输入一个任意整数 :"))
result = int((1 + num)* num /2)          # 高斯求和公式
print("总和为: ", result)
```

运行该代码，在控制台中输入整数 100，按 Enter 键后得到结果 5050，和使用 for 循环得到的结果相等，但不需要循环计算 100 次，计算效率很高。可见，同一问题求解，可能存在几种不同的算法，计算效率会有差异。

任务 3-6 计算正整数的阶乘

■ 任务描述

实操微课 3-6：任务 3-6 计算正整数的阶乘

小明在学习数学知识的过程中，了解了正整数阶乘的概念以及计算方式。一个正整数的阶乘是小于及等于该数的正整数的积。假设 n 为正整数，n 的阶乘写作 n!，它的计算方式如下。

```
n!=1×2×3×...×(n-1)×n
```

当计算阶乘的正整数值较小时，小明可通过笔算的方式计算阶乘结果，但当计算阶乘的正整数值较大时，再通过笔算的方式计算结果较为困难。

本任务要求编写程序，运用 while 语句帮助小明计算正整数的阶乘。

■ 知识储备

理论微课 3-7：while 语句

while 语句

while 语句是条件循环语句，当条件满足时重复执行 while 循环中的代码段，直到条件不满足为止。while 循环的语法格式如下。

```
while 循环条件 :
      代码段
```

执行 while 语句时，首先判断循环条件的结果是否为 True。若为 True，则执行一次 while 循环中的代码段，然后判断循环条件的结果，若为 True，则再执行一次 while 循环中的代码段，直到循环条件的结果为 False 时结束循环。while 语句的执行流程如图 3-11 所示。

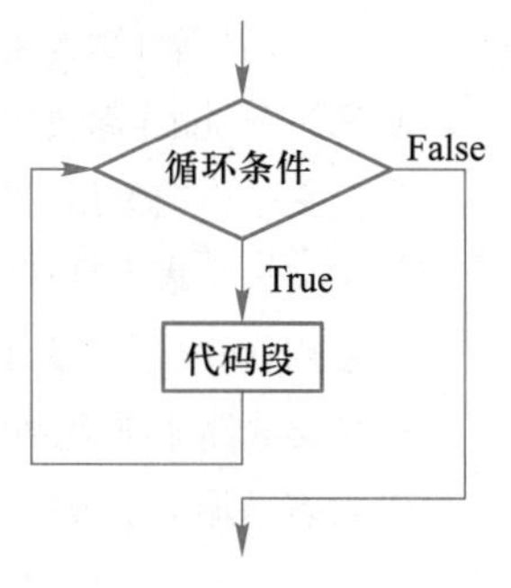

图 3-11 while 语句的执行流程

接下来，通过输出 10 以内的偶数，演示 while 语句的使用方法，具体代码如下。

```
i = 0
while i < 10:
    if i % 2 == 0:              # 判断数字取余的结果是否为 0
        print(i)                # 输出偶数
    i += 1                      # 每次循环将变量 i 的值加 1
```

运行代码，结果如下所示。

```
0
2
4
6
8
```

若希望程序可以一直重复操作，则可以将循环条件的值设为 True，如此便进入无限循环。无限循环的示例代码如下。

```
while True:
    print('我是无限循环 ...')
```

以上示例代码执行后会在控制台中一直输出“我是无限循环 ...”。若希望程序能够停止输出，则需要通过单击终止运行按钮或其他方式手动终止程序。

需要注意的是，虽然在实际开发中有些程序需要无限循环，例如游戏的主程序、操作系统中的监控程序等，但无限循环会占用大量内存，影响程序和系统的性能，开发者须酌情使用。

■ 任务分析

根据任务描述得知，正整数的阶乘计算方式是 $n!=1\times2\times3\times\cdots\times(n-1)\times n$，假设要计算 5 的阶乘，根据此计算方式可以推断出 $5!=1\times2\times3\times4\times5$，整个计算过程可以拆解成如下 4 步：

① 计算 1×2 的积，结果为 2。

② 计算 2×3 的积，结果为 6。

③ 计算 6×4 的积，结果为 24。

④ 计算 24×5 的积，结果为 120。

经过以上操作后，可以得出 5! 的结果为 120。观察每步操作可知，每一步都在重复地计算两个数的乘积，直到乘数为 5 为止，这个重复的操作可以通过 while 循环完成，循环的终止条件是循环次数大于或等于求阶乘的正整数。本任务的实现思路如下。

① 通过 input( ) 函数接收用户输入，并通过 int( ) 函数将其转换为整型数据。

② 定义一个变量用于保存两个数相乘的结果，并设置初始值为 1。

③ 定义一个表示循环次数的变量，并设置初始值为 1。

④ 使用 while 语句实现循环，循环条件为循环次数小于求阶乘的正整数。

⑤ 将接收阶乘结果的变量与循环次数的变量加 1 进行相乘。

⑥ 将表示循环次数的变量加 1，并重新赋值给该变量。

■ 任务实现

结合任务分析的思路，接下来在 Chapter03 项目中创建 06_factorial.py 文件，在该文件中编写代码，实现计算正整数阶乘的任务，具体代码如下。

```
user_num = int(input('计算阶乘的正整数：'))
num = 1                              # 用于保存阶乘的结果
count = 1                            # 循环的次数
while count < user_num:              # 判断循环次数是否小于用户输入的数字
    num = num * (count + 1)          # 从 1x2 开始计算阶乘
    count = count + 1                # 对阶乘的数字加 1
print('阶乘结果为：', num)
```

运行 06_factorial.py，在控制台中输入正整数 5，按 Enter 键后结果如图 3-12 所示。

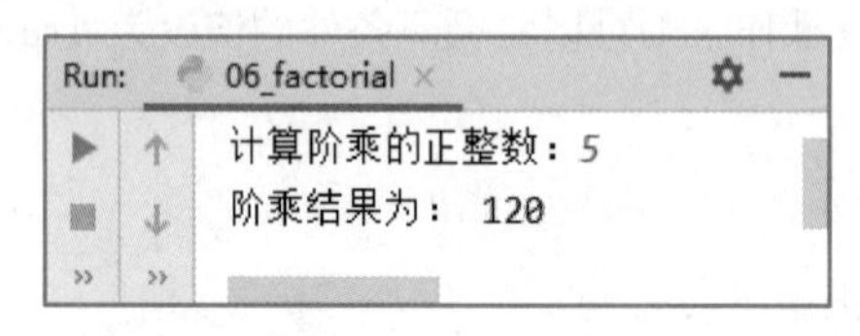

图 3-12 06_factorial.py 的运行结果

从图 3-12 中可以看出，当输入的正整数为 5 时，计算的阶乘结果为 120。

任务 3-7 跟我一起猜数字

■ 任务描述

实操微课 3-7：任务 3-7 跟我一起猜数字

猜数游戏是一个古老的密码破译类小游戏。由两个人参与，并指定猜测次数，一个人设置一个数字，一个人猜数字，当猜数字的人说出一个数字，由设置数字的人告知是否猜中。若猜测的数字大于设置的数字，设置数字的人提示“很遗憾，你猜大了”；若猜测的数字小于设置的数字时，设置数字的人提示“很遗憾，你猜小了”；若猜数字的人在规定的次数内猜中设置的数字，设置数字的人提示“恭喜，猜数成功”。

本任务要求编写程序，实现符合上述规则的猜数字游戏，并限制数字的范围为 100 以内，猜数机会只有 5 次。

知识储备

1. break 语句

理论微课 3-8：break 语句

循环语句在条件满足的情况下会一直执行，但在某些情况下需要跳出循环，类似音乐播放器单曲循环模式的切歌功能。Python 中 break 语句用于结束循环，若程序中使用了 break 语句，当程序执行到 break 语句时会结束循环。接下来，分别通过示例演示如何在 for 语句和 while 语句中使用 break 语句。

（1）在 for 语句中使用 break 语句

使用 for 语句遍历输出字符串 Python，一旦遍历到字符 h，使用 break 语句结束循环，示例代码如下。

```
for i in 'Python':
    if i == 'h':
        break
    else:
        print(i)
```

以上代码使用 for 语句遍历字符串 Python 中的字符，当遍历到字符 h 时，满足 if 语句中的条件表达式，因此会执行 if 语句中的 break 语句，结束循环。

运行代码，结果如下所示。

```
P
y
t
```

从输出结果可以看出，程序只输出了字符 h 前面的 3 个字符，说明程序遍历到字符 h 时结束了循环。

（2）在 while 语句中使用 break 语句

使用 while 语句输出数字 1 ~ 5，当遇到循环中的数字为 3 时，结束循环，示例代码如下。

```
i = 1
while i <= 5:
    if i == 3:
        break
    print(i)
    i += 1
```

以上代码首先定义变量 i，然后将 i ≤ 5 作为循环的条件表达式，当 i 的值小于或等于 5 时会执行 while 循环中的代码段。使用 if 语句判断 i 的值是否等于 3，若等于 3，则会执行 break 语句结束循环，若 i 的值不等于 3，则会输出 i 的值。每执行完一次循环后都对变量 i 的值加 1。

运行代码，结果如下所示。

```
1
2
```

理论微课 3-9：continue 语句

从输出结果可以看出，程序只输出了数字 3 前面的两个数字（1 和 2），说明程序在数字是 3 时结束了循环。

2. continue 语句

continue 语句用于跳过本次循环，执行下一次循环。当执行到 continue 语句时，程序会忽略当前循环中剩余的代码，重新开始执行下一次循环。continue 语句与 break 语句的用法大致相同，也可以在 for 语句和 while 语句中使用。接下来，分别演示如何在 for 语句和 while 语句中使用 continue 语句。

（1）在 for 语句中使用 continue 语句

使用 for 语句遍历输出字符串 Python，一旦遍历到字符 h，使用 continue 语句跳出本次循环，示例代码如下。

```
for i in 'Python':
    if i == 'h':
        continue
    else:
        print(i)
```

以上代码使用 for 语句遍历字符串 Python 中的字符。当遍历到字符 h 时，满足 if 语句中的条件表达式，会执行 if 语句中的 continue 语句，跳过当次循环。

运行代码，结果如下所示。

```
P
y
t
o
n
```

从输出结果可以看出，程序没有输出字符“h”，说明程序遍历到字符“h”时跳过了当前的循环。

（2）在 while 语句中使用 continue 语句

使用 while 语句输出数字 1 ~ 5，当循环中的数字为 3 时，跳过本次循环，示例代码如下。

```
i = 1
while i <= 5:
    if i == 3:
        i += 1
        continue
    print(i)
    i += 1
```

以上代码首先定义变量 i，然后将 $i \leqslant 5$ 作为执行 while 语句的条件，当 i 的值小于或等于 5 时会执行 while 循环中的代码段。使用 if 条件语句判断 i 的值是否等于 3，若等于 3，则变量 i 的值加 1 并跳出本次循环；若 i 的值不等于 3，则输出 i 的值。然后对变量 i 的值加 1。

运行代码，结果如下所示。

```
1
2
4
5
```

从输出结果可以看出，程序没有输出数字 3，说明程序在满足数字是 3 的条件时跳过了当次循环。

任务分析

通过任务描述得知，设定数字范围在 1 ~ 100，猜数字的次数最多为 5 次，当在 5 次内猜对时，游戏结束。根据任务描述中的游戏规则，可绘制出猜数字游戏的执行流程，如图 3-13 所示。

结合图 3-13 的执行流程，猜数字游戏的实现步骤如下。

（1）设定猜数的数值

对于设定的猜测数字，可以使用 input( ) 函数接收用户输入，因为本任务是对整数进行猜测，所以还需要将接收后的数据使用 int( ) 函数转换为整数类型。

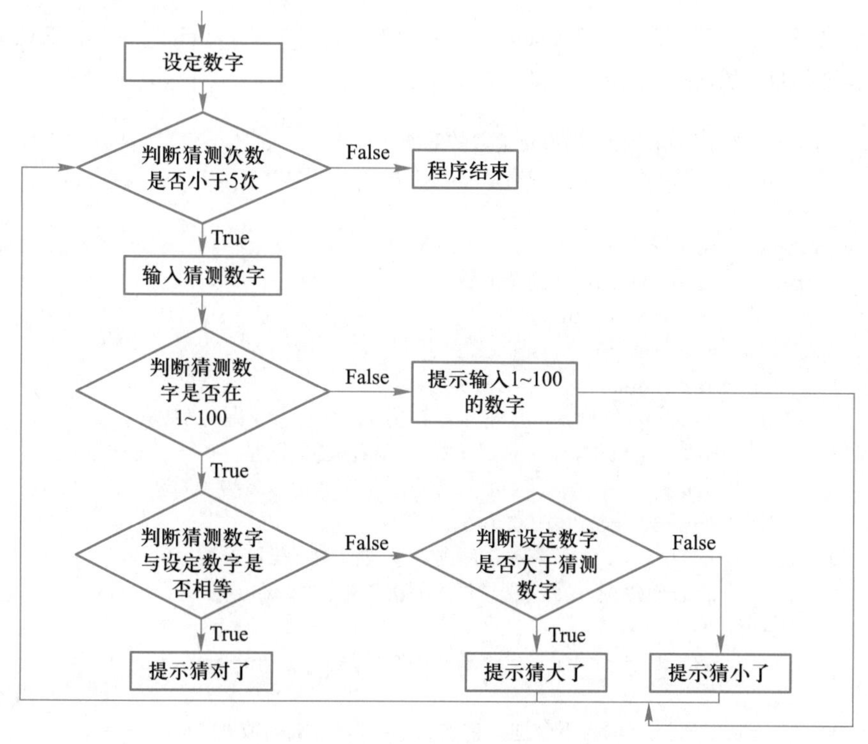

图 3-13 猜数字游戏的执行流程

（2）控制循环次数

定义表示循环次数的变量，该变量的初始值为 0。

（3）设定循环次数

因为在任务描述中已经确定了最多的猜测次数为 5 次，所以可使用 while 语句实现循环，循环条件为控制循环次数的变量小于 5。

（4）接收猜测数字

猜测人猜测的数字同样使用 input( ) 函数进行接收，并使用 int( ) 函数转换为整数类型。

（5）判断猜测数字的范围

任务描述中明确给定数字的范围是 1 ~ 100，因此需要使用 if-else 语句判断猜测的数字是否在该范围内，如果猜测的数字小于或等于 0，或者大于 100，那么便输出提示“请输入 1 ~ 100 的数字”，若输入的猜测数字在指定范围内，则执行猜测数字与设定数字大小比较的逻辑代码。

（6）判断猜测数字与设定数字是否相等

当接收了猜测的数字之后，便可以将猜测的数字与设定的数字进行比较，如果这两个数相等，那么说明猜测者猜测的数字正确，当猜测正确后使用 break 语句结束程序的循环。

（7）判断猜测数字与设定数字的大小

若猜测的数字与设定的数字不相等，则需要对猜测者进行提示，如果猜测的数字小于设定的数字，那么提示“猜小了！，已经猜测的次数是：X”，否则提示“猜大了！，已经猜测的次数是：X”。

■ 任务实现

结合任务分析的思路，接下来在 Chapter03 项目中创建 07_guess_num.py 文件，在该文件中编写代码，实现猜数字的任务，具体代码如下。

```
guess_num = int(input("请设定猜数的数值:"))
                              # 设定猜测的数字
guess_count = 0
while guess_count < 5:
      number = int(input("猜测的数字:"))
      if 0 < number <= 100:
          guess_count = guess_count + 1
          if guess_num == number:
                              # 判断猜测的数字与设定的数字是否相等
              print("恭喜你，猜对了！已经猜测的次数是：", guess_count)
              break           # 猜测数字与设定的数字相等，结束循环
          elif guess_num > number:
                              # 判断猜测的数字是否大于设定的数字
              print("猜小了！已经猜测的次数是：", guess_count)
          else:
              print("猜大了！已经猜测的次数是：", guess_count)
      else:
          print("数字输入不合理，请输入 1-100 范围的数")
```

运行 07_guess_num.py，在控制台中输入设定的数字 35，然后依次输入猜测的数字 50、25 和 35，结果如图 3-14 所示。

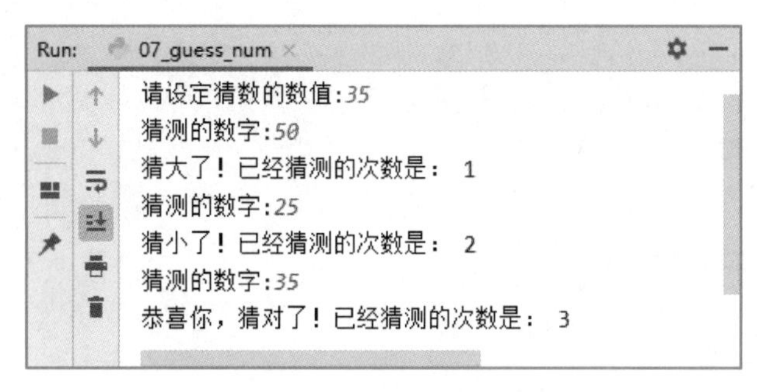

图 3-14 07_guess_num.py 的运行结果

从图 3-14 中可以看出，当输入的猜测数字为 35 时，猜数成功并显示猜测次数。

任务 3-8 数字组合

任务描述

实操微课 3-8：任务 3-8 数字组合

小明在做数学试卷时遇到一个数字组合的问题：已知数字 1、2、3 可以组成 6 个互不相同且无重复数字的三位数字，那么求数字 1、2、3、4 可以组成多少个互不相同且无重复数字的三位数字。

本任务要求编写程序，帮助小明完成上述提到的数字组合的问题，并输出数字 1、2、3、4 能够组成的互不相同且无重复数字的三位数。

知识储备

理论微课 3-10：循环嵌套

循环嵌套

循环嵌套是指在循环语句中再次使用循环语句，从而实现更为复杂的逻辑。循环嵌套按不同的循环语句可以分为 while 循环嵌套和 for 循环嵌套，关于它们的介绍如下。

（1）for 循环嵌套

for 循环嵌套的语法格式如下。

```
for 临时变量 1 in 目标对象 :                    # 外层循环
    代码段 1
    for 临时变量 2 in 目标对象 :                # 内层循环
        代码段 2
```

执行 for 循环嵌套时，程序首先会访问外层循环中目标对象的首个元素作为临时变量 1，执行代码段 1。接着访问内层循环中目标对象的首个元素作为临时变量 2，执行代码段 2。然后访问内层循环中的下一个元素作为临时变量 2、执行代码段 2……如此往复，直至访问完内层循环中目标对象的最后一个元素并执行完代码段 2 后结束内层循环，转而继续访问外层循环中的目标对象的下一个元素作为临时变量 1，访问完外层循环中目标对象的最后一个元素并执行完循环中所有代码后结束外层循环。由此可见，外层循环每执行一次，都会将内层目标对象全部循环一遍。

使用 for 循环嵌套输出由 * 组成的直角三角形，示例代码如下所示。

```
for i in range(1, 6):                 # 用于控制行数
    for j in range(i):                # 用于控制每行 * 的数量
        print("*", end=' ')
    print()
```

运行程序，结果如下所示。

```
*
* *
* * *
* * * *
* * * * *
```

（2）while 循环嵌套

while 循环嵌套的语法格式如下。

```
while 循环条件 1:                     # 外层循环
    代码段 1
    while 循环条件 2:                 # 内层循环
        代码段 2
```

当执行 while 循环嵌套时，程序首先会判断外层循环的循环条件 1 是否成立，如果成立，则执行代码段 1。执行内层循环时，判断循环条件 2 是否成立，如果成立则执行代码段 2。

例如，使用 while 循环嵌套输出由 * 组成的直角三角形，示例代码如下所示。

```
i = 1                                 # 表示行数，它的初始值为 1
while i <= 5:                         # 用于控制行数
    j = 1                             # 表示每行 * 的数量，它的初始值为 1
    while j <= i:                     # 用于控制符号 * 的数量
        print("* ", end='')
        j += 1
    print(end="\n")
    i += 1
```

运行程序，结果如下所示。

```
*
* *
* * *
* * * *
* * * * *
```

值得一提的是，无论是 for 循环嵌套还是 while 循环嵌套，只要循环嵌套的格式是正确的，嵌套的形式和层数都不受到限制。如果嵌套的层数太多，代码会变得十分复杂，难以理解，此时最好调整一下代码结构将循环嵌套的层数控制在 3 层以内。

任务分析

根据任务描述得知，本任务需要输出数字 1、2、3、4 能够组成的互不相同且无重复数字的三位数，并统计个数。本任务的实现思路具体如下。

（1）准备用于统计个数的计数器

由于任务要求统计组合成的三位数的个数，因此需要定义一个变量作为计数器，每组成一个符合要求的数字，该变量值加 1。

（2）获取三个数字

通过 for 语句和 range( ) 函数可以获取单个数字，若想同时获取 3 个数字，则可以使用包含 3 个 for 语句和 range( ) 函数的循环嵌套实现。

（3）组合成互不相同且无重复数字的三位数

因为要求组成的这些三位数互不相同且无重复数字，所以需要判断每个循环中获取的数字是否相等，如果不相等，那么使用这三个数字组成一个三位数，并将计数器加 1。

任务实现

结合任务分析的思路，接下来在 Chapter03 项目中创建 08_num_combine.py 文件，在该文件中编写代码，实现数字组合的任务，具体代码如下。

```
counter = 0                                     # 定义表示计数器的变量
for i in range(1, 5):                           # 获取数字 1、2、3、4
      for j in range(1, 5):
          for k in range(1, 5):
              if i != j and j != k and i != k:
                                                # 判断 3 个数字是否互不相等
                  print(i * 100 + j * 10 + k)
                                                # 组合成三位数字
                  counter += 1                  # 符合要求，计数器加 1
print("可以组成个数为：", counter)
```

运行 08_num_combine.py，结果如图 3-15 所示。

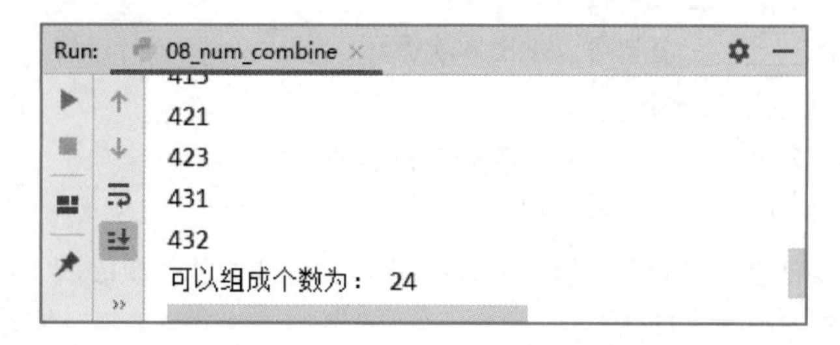

图 3-15　08_num_combine.py 的运行结果

从图 3-15 中可以看出，程序输出了数字 1、2、3、4 组成的互不相同且无重复数字的三位数，个数为 24。

知识梳理

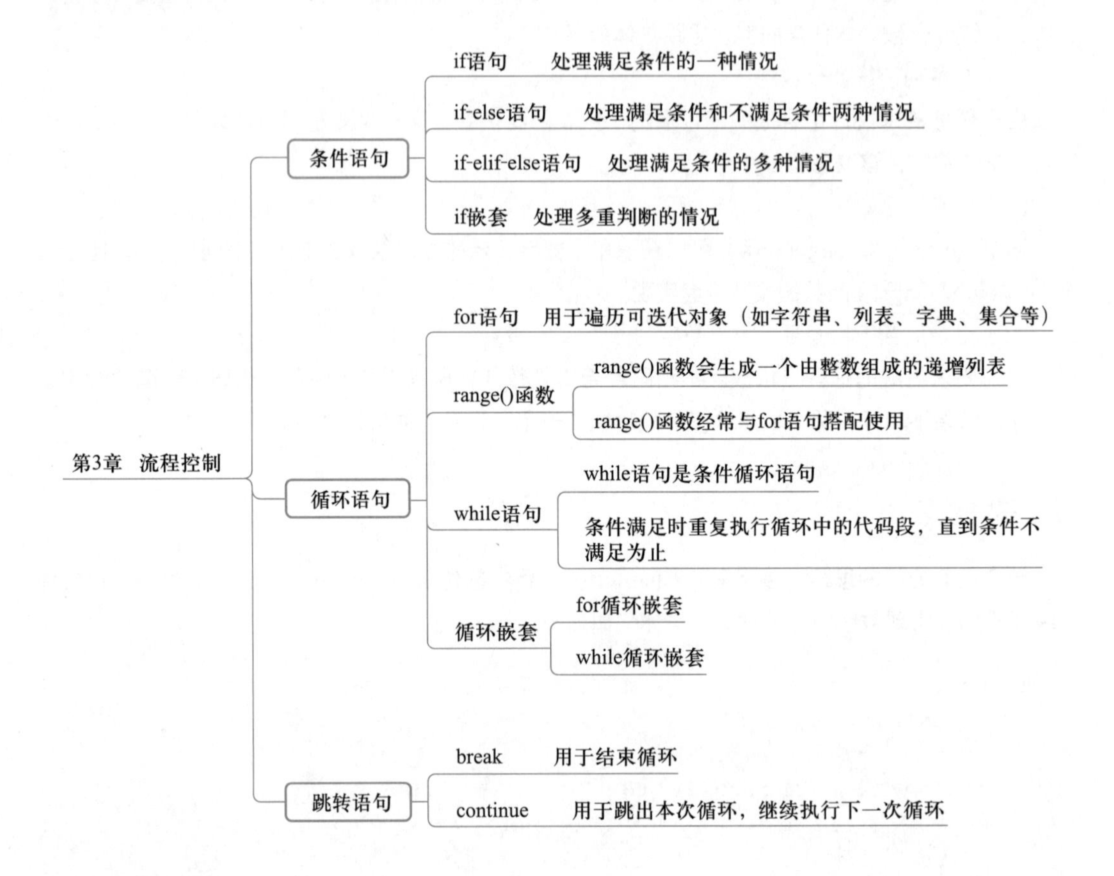

本章习题

一、填空题

① Python 中实现循环的语句包括 for 语句和________语句。

② Python 中使用________语句可以终止循环。

③ Python 中使用________语句可以跳出本次循环。

④ range( ) 函数可以返回一个________。

⑤ if 语句由关键字 if、________、冒号和代码段组成。

二、判断题

① 若 if 语句中条件表达式的布尔值为 False，执行 if 语句内的代码段。 (　　)

② if-else 语句可以处理多种情况。 (　　)

③ elif 语句不能单独使用。 (　　)

④ for 循环只能遍历字符串。 (　　)

⑤ while 语句用于遍历可迭代对象。 (　　)

三、选择题

① 下列关于条件语句的描述中，错误的是（　　）。

A. if 语句中只有一个条件表达式

B. if-else 语句只能处理满足条件表达式的情况

C. 当程序中出现多种情况的逻辑，可使用 if-elif-else 语句

D. 若 if-else 语句中条件表达式的值为 False，则会执行 else 子句中的代码段

② 现有如下代码：

```
sum = 0
for i in range(100):
    if i % 10:
        continue
    sum = sum + i
print(sum)
```

若运行代码，输出的结果为（　　）。

A. 5050　　B. -450　　C. 450　　D. 45

③ 下列关于循环语句的描述中，错误的是（　　）。

A. for 语句和 while 语句均可实现循环

B. while 语句主要用于条件循环

C. 当 while 语句的循环条件值为 True 时，会执行 while 语句中的代码段

D. while 循环语句和 for 循环语句没有任何区别

④ 下列语句中，用于跳出本次循环的是（　　）。

A. continue　　B. break　　C. if　　D. while

⑤ 下列关于 range( ) 函数的描述中，错误的是（　　）。

A. 参数 step 表示步长，该参数可以省略，默认值为 1

B. 参数 stop 表示计数的结束位置，结束位置包括 stop

C. 参数 start 表示计数的起始位置，该参数可以省略，默认从 0 开始

D. range( ) 函数可以与 for 语句搭配使用

四、简答题

① 简述 break 和 continue 语句的区别。

② 简述 while 和 for 语句的区别。

五、编程题

① 编写程序，使用 while 语句计算 100 以内所有奇数的和。

② 编写程序，输出 1000 以内的所有回文数。

第4章 字符串

学习目标

- 掌握字符串的定义方式，能够准确定义字符串类型的变量。
- 掌握格式化字符串的方式，能够使用%、format()和f-string这3种方式格式化字符串。
- 掌握字符串的分割操作，能够使用split()方法实现字符串的分割操作。
- 掌握字符串的拼接操作，能够使用join()方法或“+”运算符实现字符串的拼接操作。
- 熟悉字符串的索引和切片，能够使用索引和切片访问字符串的字符或子串。
- 掌握字符串的查找与替换操作，能够使用find()与replace()方法实现字符串的查找与替换操作。
- 掌握字符串长度的计算方法，能够使用len()函数实现计算字符串长度。
- 掌握字符串大小写转换操作，能够使用upper()与lower()方法对字符串中字母进行大小写转换。
- 掌握子串出现次数统计方法的使用，能够使用count()方法实现子串出现次数统计操作。
- 掌握删除头尾字符的方法，能够使用strip()、lstrip()和rstrip()方法删除字符串头部或尾部的指定字符。
- 掌握字符串对齐方法，能够使用center()、ljust()和rjust()方法实现字符串对齐。
- 掌握字符判断方法，能够使用这些方法对字符串中的字符进行判断。

PPT：第4章　字符串

PPT

教学设计：第4章 字符串

生活中我们经常会看见一些文本信息，例如电子邮件、评论、个人资料等。程序中若需要保存这些信息，可以使用字符串保存。本章将通过 6 个任务对字符串相关的知识进行详细讲解。

任务 4-1 制作名片

任务描述

实操微课 4-1：任务 4-1 制作名片

名片在当今社会交往活动中有着广泛的应用，名片上面印有个人的姓名、职位、单位名称、电话、邮箱等信息，便于向新朋友快速有效地介绍自己，起到联络感情、架设友谊桥梁的作用。

本任务要求将用户输入的姓名、职位、电话、邮箱套用统一格式的模板制作一张个人名片。名片模板的格式如下。

```
==============================
姓名：XXXXXXXXXX
职位：XXXXXXXXXX
电话：XXXXXXXXXX
邮箱：XXXXXXXXXX
==============================
```

知识储备

理论微课 4-1：字符串定义

1. 字符串定义

字符串是由字母、符号或数字组成的字符序列，Python 支持使用单引号、双引号和三引号（包括三单引号和三双引号）定义字符串。定义字符串的示例代码如下。

```
print('使用单引号定义的字符串')                # 使用单引号定义字符串
print("使用双引号定义的字符串")                # 使用双引号定义字符串
print("""使用三双引号定义的字符串""")          # 使用三双引号定义字符串
```

运行代码，结果如下所示。

```
使用单引号定义的字符串
使用双引号定义的字符串
使用三双引号定义的字符串
```

如果字符串的内容中包含单引号，例如，英文语句 let's learn Python 中包含了一个单引号，这时若仍然使用单引号定义包含该英文语句的字符串，则 Python 解释器会将 let's learn Python 中的单引号与定义字符串的第一个单引号进行配对，认为字符串包裹的内容至此结束，因此会出现语法错误，错误示例如下。

```
print('let's learn Python')
```

运行代码，报错结果如下所示。

```
File "E:/python_study/test.py", line 1
    print('let's learn Python')
              ^
SyntaxError: invalid syntax
```

当遇到以上报错时，可以选择使用双引号或三引号定义字符串。例如，将上述示例中定义字符串时使用的单引号修改为双引号或三双引号，改后的代码如下。

```
print("let's learn Python")
print("""let's learn Python""")
```

运行代码，结果如下所示 。

```
let's learn Python
let's learn Python
```

同理，若字符串包裹的内容中包含双引号，则可以使用单引号或三引号定义字符串。若字符串包裹的内容包含三引号，则可以使用双引号定义字符串，以确保 Python 解释器可按对应的引号进行配对。

除此之外，还可以利用反斜杠“\”对引号转义。将字符串内容中的引号使用反斜杠“\”转义，此时 Python 解释器会将转义后的引号视为字符串内容中的一个字符。示例代码如下 。

```
print('let\'s learn Python')            # 使用"\"转义字符串中的单引号
```

运行代码，结果如下所示 。

```
let's learn Python
```

以上代码是对字符串中的单引号进行转义，此方法同样适用于对字符串中的双引号或反斜杠转义，示例代码如下。

```
# 使用"\"转义字符串中的双引号
print("How do you spell the word \"Python\"?")
# 使用"\"转义字符串中的反斜杠
print("E:\Python\\new_features.txt")
```

运行代码，结果如下所示。

```
How do you spell the word "Python"?
E:\Python\new_features.txt
```

理论微课 4-2：使用“%”格式化字符串

2. 使用“%”格式化字符串

格式化字符串是指将指定的字符串转换为想要的格式。字符串具有一种特殊的内置操作，它可以使用“%”进行格式化，其使用格式如下。

```
format % values
```

上述格式中，format 表示需要被格式化的字符串，该字符串中包含单个或多个真实数据占位的格式符。values 表示单个或多个真实数据，多个真实数据以元组的形式进行存储。“%”代表执行格式化操作，即将 format 中的格式符替换为 values。

Python 中常见的格式符如表 4-1 所示。

表 4-1　常见的格式符

格式符	说明
%c	将对应的数据格式化为字符
%s	将对应的数据格式化为字符串
%d	将对应的数据格式化为整数
%u	将对应的数据格式化为无符号整型
%o	将对应的数据格式化为无符号八进制数
%x	将对应的数据格式化为无符号十六进制数
%f	将对应的数据格式化为浮点数，可指定小数点后的精度，默认保留 6 位小数

表 4-1 中罗列的格式符均由“%”和字符组成，“%”后面的字符表示真实数据被转换的类型。

下面以格式符 %d 为例，通过一个示例为大家演示如何使用“%”对字符串进行格式化操作，具体代码如下。

```
age = 10
format_str = '我今年 %d 岁。'
print(format_str % age)          # 使用 % 格式化字符串
```

上述代码中，首先定义了一个变量 age 和一个字符串 format_str，该字符串中包含一个格式符 %d，然后使用“%”对字符串 format_str 进行格式化操作，将字符串 format_str 中的格式符 %d 替换为变量 age 的值。

运行代码，结果如下所示。

```
我今年 10 岁。
```

需要注意的是，如果被替换的数据类型不能转换为格式符中指定的数据类型，那么程序会出现类型错误。例如，将上述示例中变量 age 的值修改为字符串 '10'，再次运行代码后，结果如下所示。

```
Traceback (most recent call last):
  File "E:\python_study\test.py", line 3, in <module>
    print(format_str % age)  # 使用 % 格式化字符串
TypeError: %d format: a real number is required, not str
```

从上述结果的最后一条信息“TypeError: %d format: a real number is required, not str”可以看出，当程序使用格式符 %d 格式化字符串时，需要传入的数据是一个整数，而不是字符串。

此外，如果字符串中包含多个格式符，那么“%”后面需要跟上一个元组，该元组中存储了需要替换的多个真实数据，示例代码如下。

```
name = '小明'
age = 10
format_str = '我叫 %s, 今年 %d 岁。'   # 通过两个格式符 %s 和 %d 为真实数据占位
print(format_str % (name, age))
```

运行代码，结果如下所示。

```
我叫小明，今年 10 岁。
```

理论微课 4-3：使用 format( ) 方法格式化字符串

3. 使用 format( ) 方法格式化字符串

虽然使用“%”可以对字符串进行格式化操作，但是这种方式并不是很直观，一旦开发人员遗漏了替换数据或选择了不匹配的格式符，就会导致字符串格式化失败。为了能更直观、便捷地格式化字符串，Python 为字符串提供了一个格式化方法 format( )，format( ) 方法的语法格式如下。

```
str.format(values)
```

以上方法中，str 表示需要被格式化的字符串，字符串中包含单个或多个为真实数据占位的符号“{}”。values 表示单个或多个待替换的真实数据，多个数据之间以逗号分隔。

接下来，通过一个示例来演示如何使用 format( ) 方法格式化字符串，具体代码如下。

```
name = '小明'
string = '我叫 {}'
print(string.format(name))      # 使用 format() 方法格式化字符串
```

运行代码，结果如下所示。

```
我叫小明
```

从以上输出结果可以看出，字符串中的占位符号“{}”替换为变量 name 存储的数据“小明”。

字符串中也可以有多个占位符号“{}”，这样在使用 format( ) 方法格式化字符串时，Python 解释器会按照从左到右的顺序将占位符号“{}”逐个替换为真实的数据，示例代码如下。

```
name = '小明'
age = 25
string = '我叫 {}, 今年 {} 岁。'
print(string.format(name, age))
```

运行代码，结果如下所示。

```
我叫小明，今年 25 岁。
```

从以上输出结果可以看出，字符串 string 中的第一个占位符号“{}”替换为变量 name 存储的数据“小明”，第二个 {} 替换为变量 age 存储的数据 25。由此可见，使用 format( ) 方法格式化字符串时无须关注替换数据的类型。

字符串的占位符号“{}”中可以明确地指定编号，这样在使用 format( ) 方法格式化字符串时，Python 解释器会按照编号取出 values 中相应位置的变量替换“{}”，values 中数据的编号是从 0 开

始的，示例代码如下。

```
name = '小明'
age = 25
string = '我叫{1}，今年{0}岁。'
print(string.format(age, name))
```

运行代码，结果如下所示。

```
我叫小明，今年25岁。
```

从以上输出结果可以看出，字符串中的第一个“{}”替换为 values 中编号 1 对应的 name 存储的数据“小明”，第二个“{}”替换为 values 中编号 0 对应的 age 存储的数据 25。

字符串的占位符“{}”中可以指定变量名称，这样在使用 format( ) 方法格式化字符串时，Python 解释器会使用变量的值替换，示例代码如下。

```
name = '小明'
age = 25
string = '我叫{name}，今年{age}岁。'
print(string.format(name=name, age=age))
```

运行代码，结果如下所示。

```
我叫小明，今年25岁。
```

从以上输出结果可以看出，字符串中的第一个“{}”替换为名称为 name 的变量存储的数据“小明”，第二个“{}”替换为名称为 age 的变量存储的数据 25。

字符串中的“{}”可以指定替换的浮点型数据的精度，浮点型数据在被格式化时会按指定的精度进行替换，示例代码如下。

```
points = 19
total = 22
print('所占百分比：{:.2%}'.format(points/total))        # 保留两位小数
```

运行代码，结果如下所示。

```
所占百分比：86.36%
```

4. 使用 f-string 格式化字符串

f-string 提供了一种更为简洁的格式化字符串的方式，它在形式上以修饰符 f 或 F 引领字符串，在字符串的指定位置使用 { 变量名 } 标明被替换的真实数据。f-string 的语法格式如下。

理论微课 4-4：使用 f-string 格式化字符串

```
f'{变量名}' 或 F'{变量名}'
```

使用 f-string 格式化字符串的示例代码如下。

```
name = '小明'
```

```
age = 25
string = f'我叫{name}，今年{age}岁。'        # 使用f-string格式化字符串
print(string)
```

运行代码，结果如下所示。

```
我叫小明，今年25岁。
```

任务分析

观察任务描述的名片模板可知，名片模板可以划分为3部分，分别是上分割线、用户基本信息和下分割线，其中用户基本信息包括姓名、职位、电话和邮箱，每条信息独占一行且格式均为“XX：XX”。

若想套用模板制作名片，则需先获取用户的基本信息，有了用户的基本信息之后便可以将这些基本信息插入到名片模板的指定位置。这个过程可以拆解成如下两步。

（1）获取用户基本信息

用户的基本信息包括姓名、职位、电话和邮箱，这些信息可以借助input( )函数从控制台获取。为了保证用户能够按照“姓名→职位→电话→邮箱”的顺序录入基本信息，在调用input( )函数时可以设置提示信息，以提醒用户当前需要录入哪条信息。

（2）插入用户基本信息

用户的基本信息可以通过格式化字符串实现，每条信息可以当作一个字符串，每条模板中冒号后面的“XX”作为占位符，标注姓名、职位、电话和邮箱所在的位置。这样在对字符串进行格式化操作时会将真实的值替换到“XX”所在的位置。此处使用f-string格式化字符串。

任务实现

结合任务分析的思路，接下来创建一个新的项目Chapter04，在Chapter04项目中新建一个01_visitingcard.py文件，在该文件中编写代码实现制作名片的任务，具体步骤如下。

（1）获取用户的基本信息

通过input( )函数依次获取用户从控制台输入的姓名、职位、电话和邮箱，具体代码如下所示。

```
name = input('请输入您的姓名：')           # 姓名
position = input('请输入您的职位：')       # 职位
phone = input('请输入您的电话：')          # 电话
email = input('请输入您的邮箱：')          # 邮箱
```

（2）插入用户的基本信息

创建名片模板，通过f-string将名片模板中每行用户基本信息作为字符串，字符串中包含使用“{变量名}”标注的占位符，以便在格式化字符串时将“{变量名}”标注的占位符替换为用户输入的基本信息，具体代码如下所示。

```
print('================================')
```

```
print(f'姓名：{name}')                  # 使用{name}标注姓名插入的位置
print(f'职位：{position}')              # 使用{position}标注职位插入的位置
print(f'电话：{phone}')                 # 使用{phone}标注电话插入的位置
print(f'邮箱：{email}')                 # 使用{email}标注邮箱插入的位置
print('==============================')
```

运行 01_visitingcard.py 文件，在控制台中依次输入姓名、职位、电话和邮箱，输入完成以后会看到根据这些信息制作的个人名片，如图 4-1 所示。

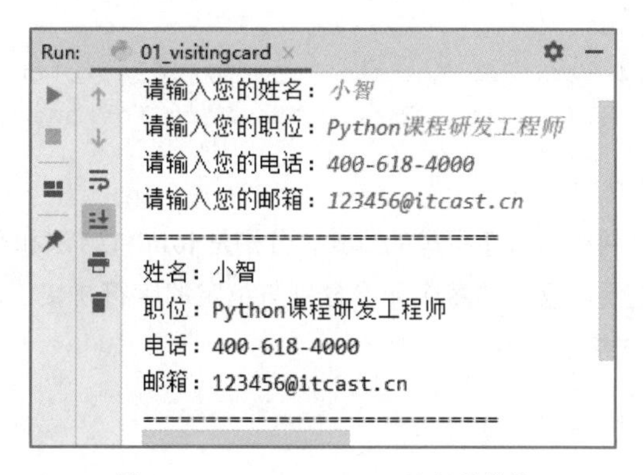

图 4-1 01_visitingcard.py 运行的结果

任务 4-2 日期格式转换

任务描述

日期一般有多种表现形式，例如 2022 年 2 月 4 日、2022-2-4、2022/2/4、2022.2.4。本任务要求编写代码，将各种表现形式的日期均转换为“X 年 X 月 X 日”的日期格式。

实操微课 4-2：任务 4-2 日期格式转换

知识储备

1. 字符串的分割

split( ) 方法可以按照指定分隔符对字符串进行分隔并拆成一个列表。split( ) 方法的语法格式如下所示。

理论微课 4-5：字符串的分割

```
str.split(sep=None, maxsplit=-1)
```

以上方法中各参数的含义如下。

① sep：表示分隔符。如果没有指定分隔符或者值为 None，那么分隔符默认是空白字符或空字符串。

② maxsplit：分隔次数，默认值为 -1，表示不限制分隔次数。

例如，分别以空格、字母“m”和字母“e”为分隔符对字符串“The more efforts you make, the more fortune you get.”进行分隔，示例代码如下。

```
string_example = 'The more efforts you make, the more fortune you
    get.'
print(string_example.split())          # 以空格作为分隔符
print(string_example.split('m'))       # 以字母 m 作为分隔符
print(string_example.split('e', 2))    # 以字母 e 作为分隔符，并分隔 2 次
```

运行代码，结果如下所示。

```
['The', 'more', 'efforts', 'you', 'make,', 'the', 'more', 'fortune',
'you', 'get.']
['The ', 'ore efforts you ', 'ake, the ', 'ore fortune you get.']
['Th', ' mor', ' efforts you make, the more fortune you get.']
```

理论微课 4-6：字符串的拼接

2. 字符串的拼接

Python 中有两种拼接字符串的方式，分别是 join( ) 方法和运算符“+”，其中 join( ) 方法用于将可迭代对象中的每个元素分别与指定的字符拼接，并生成一个新的字符串。join( ) 方法的语法格式如下。

```
str.join(iterable)
```

以上格式中，参数 iterable 表示可迭代对象，例如字符串、列表、元组、字典等都是可迭代对象。

例如，使用“*”拼接字符串“Python”中的各个字符，示例代码如下。

```
symbol = '*'
word = 'Python'
print(symbol.join(word))
```

运行代码，结果如下所示。

```
P*y*t*h*o*n
```

运算符“+”也可以拼接字符串，它会将两个字符串拼接后生成一个新的字符串，示例代码如下。

```
start = 'Py'
end = 'thon'
print(start + end)
```

运行代码，结果如下所示。

```
Python
```

■ 任务分析

观察任务描述中 2022-2-4、2022/2/4、2022.2.4 这 3 种形式的日期可以发现，它们都是以年、月、日的形式组合的，只是日期里面的分隔符不同。以 2022-2-4 为例，先来分析一下如何将这

种形式的日期转换成 2022 年 2 月 4 日，再分析如何将其他形式的日期转换成 2022 年 2 月 4 日。

观察 2022-2-4 可知，它里面的数字都是以“-”进行分隔的，因此可以利用 split( ) 方法将 2022-2-4 分隔成包含年、月、日的列表，列表中的前 3 个元素分别是年、月、日。因此可以利用列表的索引（第 5 章会有详细介绍）取出年、月、日，再按照“X 年 X 月 X 日”的格式利用“+”运算符进行拼接。

其他形式的日期也可以按照上面的思路进行转换，除分隔符不同之外，具体的实现思路都是相似的。为此，可以利用一个列表来保存 3 种分隔符“-”“、”“.”，遍历列表取出分隔符，使用 in 运算符判断分隔符是否存在于用户输入的日期中，存在则按照以上思路实现，并在拼接完成后使用 break 语句结束循环，避免拼接完日期以后继续判断其他分隔符。

■ 任务实现

结合任务分析的思路，接下来在 Chapter04 项目中创建一个 02_dateformat.py 文件，在该文件中编写代码实现日期格式转换的任务，具体代码如下。

```
date_str = input('请输入日期（如 2022-2-4、2022/2/4、2022.2.4）：')
sep_list = ['-', '/', '.']
for sep in sep_list:
    if sep in date_str:
        year = date_str.split(sep)[0]       # 获取年份
        month = date_str.split(sep)[1]      # 获取月份
        day = date_str.split(sep)[2]        # 获取日
        # 按照标准形式的日期拼接年、月、日
        print(year + '年' + month + '月' + day + '日')
        break
```

运行 02_dateformat.py 文件，在控制台输入 2022-2-4，按 Enter 键后转换结果如图 4-2 所示。

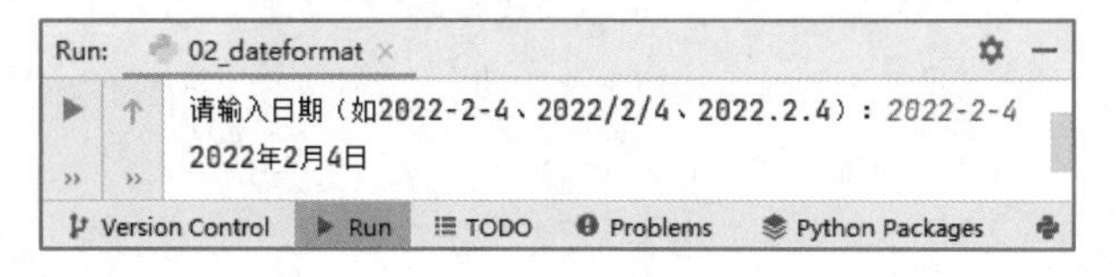

图 4-2　02_dateformat.py 的运行结果

任务 4-3　过滤不良词语

■ 任务描述

实操微课 4-3：任务 4-3　过滤不良词语

在互联网发展的初期，违法违规乱象不断发生，严重危害了网络环境，侵犯了人民的正当权益。为了保障网络安全、维护国家和人民的利益、推动信息化发展，大多数网络平台会采取不良词语屏蔽的策略来营造一个风清气正的网络环境。

在很多品牌宣传中存在过度宣传、没有客观依据证明的现象，给消费者造成消费诱导。过度宣传的用词属于不良词语的一种。内容的生产者和发布者都是互联网生态的一分子，应该保持网络环境的健康纯洁。

本任务要求检测一段文本，一旦文本中出现过度宣传词语“最优秀”，就将该词语替换成“较优秀”，从而实现过滤过度宣传词语的功能。文本内容如下：

我们拥有多年的品牌战略规划及标志设计、商标注册经验；专业提供公司标志设计与商标注册一条龙服务。我们拥有最优秀且具有远见卓识的设计师，使我们的策略分析严谨，设计充满创意。我们有信心为您缔造最优秀的品牌形象设计服务，将您的企业包装得更富价值。

知识储备

理论微课 4-7：字符串的索引与切片

1. 字符串的索引与切片

在程序的开发过程中，可能需要对一组字符串中的某些字符进行特定的操作，Python 中通过字符串的索引与切片功能可以提取字符串中的特定字符或子串，下面分别对字符串的索引和切片进行讲解。

（1）索引

字符串是一个由元素组成的序列，每个元素所处的位置是固定的，并且对应一个位置编号。编号从 0 开始，这个依次递增的位置编号称为索引或者下标。下面以字符串“Python”为例，通过一张示意图来描述字符串的索引，如图 4-3 所示。

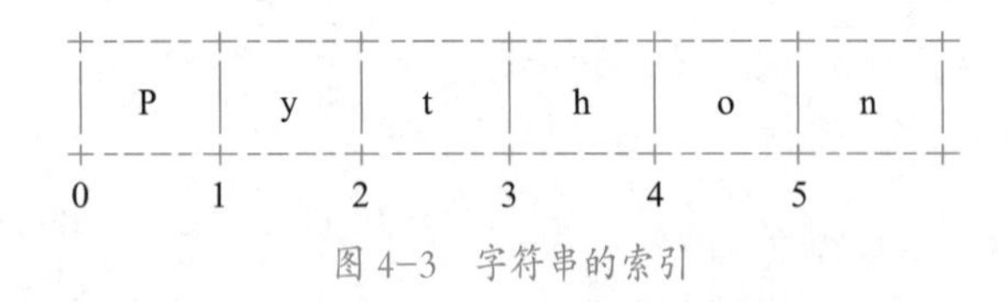

图 4-3 字符串的索引

在图 4-3 中，索引自 0 开始从左至右依次递增，这样的索引称为正向索引，如果索引自 -1 开始，从右至左依次递减，则称为反向索引。反向索引如图 4-4 所示。

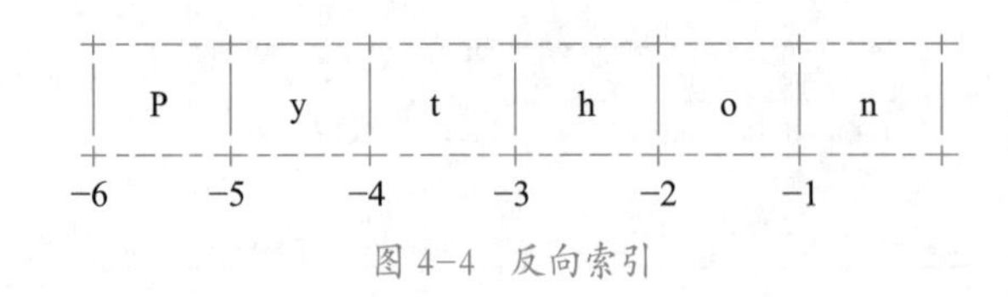

图 4-4 反向索引

通过索引可以获取字符串中指定位置的字符，语法格式如下。

```
字符串 [ 索引 ]
```

如何通过索引获取字符串中的指定字符？可以这么理解，每个字符都放在一个盒子中，索引相当于盒子的开口方向，开口方向均在盒子左侧。获取某个索引位置的字符，相当于从某个盒子获取字符。

假设变量 str_python 的值为“Python”，使用正向索引和反向索引获取该变量中的字符“'P'”，示例代码如下。

```
str_python[0]                    # 利用正向索引获取字符 'P'
str_python[-6]                   # 利用反向索引获取字符 'P'
```

需要注意的是，当通过索引访问字符串中的字符时，索引的范围不能越界，否则程序会提示索引越界异常。

（2）切片

切片用于截取字符串中一部分子串，其语法格式如下。

```
字符串［起始索引：结束索引：步长］
```

上述格式中，中括号里面从左到右依次是起始索引、结束索引和步长 3 项，这 3 项之间以冒号进行分隔，且可以省略，关于它们的介绍如下。

- 起始索引：表示截取字符的起始位置（包含起始索引），取值可以是正向索引或反向索引。
- 结束索引：表示截取字符的结束位置（不包含结束索引），取值可以为正向索引或反向索引。
- 步长：表示每隔指定数量的字符截取一次字符串，取值正负数均可，默认值为 1。若步长为正数，则会按照从左到右的顺序取值；若步长为负数，则会按照从右到左的顺序取值。

需要注意的是，切片选取的区间属于左闭右开型，切下的子串包含起始索引，但不包含结束索引。示例代码如下。

```
string = 'Python'
print(string[2::])          # 从索引为 2 处开始，到右端点处结束，步长为 1
print(string[:5:])          # 从左端点处开始，到索引为 5 处结束，步长为 1
print(string[2:5:])         # 从索引为 2 处开始，到索引为 5 处结束，步长为 1
print(string[2:5:2])        # 从索引为 2 处开始，到索引为 5 处结束，步长为 2
print(string[5:2:-1])       # 从索引为 5 处开始，到索引为 2 处结束，步长为 -1
print(string[-5:-2:1])      # 从索引为 -5 处开始，到索引为 -2 处结束，步长为 1
print(string[::])           # 从左端点处开始，到右端点处结束，步长为 1
```

运行代码，结果如下所示。

```
thon
Pytho
tho
to
noh
yth
Python
```

2. 字符串的查找

Python 提供了实现字符串查找操作的 find( ) 方法，该方法可查找字符串中是否包含子串，若包含子串则返回子串首次出现的索引位置，否则返回 -1。find( ) 方法的语法格式如下所示。

理论微课 4-8：字符串的查找

```
str.find(sub[, start[, end]])
```

以上方法中各参数的含义如下。

① sub：指定要查找的子串。

② start：开始索引，默认为 0。

③ end：结束索引，默认为字符串的长度。

例如，查找 t 是否在字符串 Python 中，具体代码如下。

```
word = 't'
string = 'Python'
result = string.find(word)
print(result)
```

运行代码，结果如下所示。

```
2
```

从输出结果可以看出，字符 t 在字符串 Python 中，且首次出现在索引为 2 的位置。

理论微课 4-9：字符串的替换

3. 字符串的替换

Python 中提供了实现字符串替换操作的 replace( ) 方法，该方法可将当前字符串中的指定子串替换成新的子串，并返回替换后的新字符串。replace( ) 方法的语法格式如下所示。

```
str.replace(old, new[, count])
```

以上方法中各参数的含义如下。

① old：被替换的旧子串。

② new：替换旧子串的新子串。

③ count：表示替换旧子串的次数，默认会替换字符串中的所有旧子串。

下面演示如何使用 replace( ) 方法实现字符串替换，示例代码如下。

```
string = 'All things Are difficult before they Are easy.'
new_string = string.replace('Are', 'are')            # 不指定替换次数
print(new_string)
```

运行代码，结果如下所示。

```
All things are difficult before they are easy.
```

从上述结果可以看出，字符串中的 Are 全部被替换为 are。

使用 replace( ) 方法的 count 参数可以指定替换子串的次数，示例代码如下。

```
string = 'He said, "you have to go forward, Then turn left, ' \
    'Then go forward, and Then turn right."'
new_string = string.replace('Then', 'then', 2)      # 指定替换两次
print(new_string)
```

运行代码，结果如下所示。

```
He said, "you have to go forward, then turn left, then go forward, and
Then turn right."
```

从上述结果可以看出，字符串中的前两个 Then 被替换为 then，最后一个 Then 并没有被替换。

4. 计算字符串的长度

理论微课 4-10：计算字符串的长度

Python 中提供了计算字符串长度的函数 len( )，该函数的语法格式如下。

```
len(s)
```

上述函数中，s 表示待计算长度的序列，它的值可以是字符串、元组、列表等。

下面以字符串“ab23*&”和“ab23 汉字”为例，演示如何通过 len( ) 函数计算字符串的长度，示例代码如下。

```
string = 'ab23*&'          # 字符串中包含字母、数字、特殊符号
print(len(string))
string = 'ab23汉字'         # 字符串中包含字母、数字、汉字
print(len(string))
```

运行代码，结果如下所示。

```
6
6
```

任务分析

根据任务描述可知，需要先准备一段文本，之后在这段文本中查找词语“最优秀”，若找到则会将词语“最优秀”替换为“较优秀”，这个过程可以分成两步完成，分别是查找目标词语和替换该词语，关于它们的分析如下。

（1）查找目标词语

查找目标词语可以通过 find( ) 方法实现，查找结果可以根据 find( ) 方法的返回值是否为 -1 进行判断。若 find( ) 方法的返回值是 -1，则说明没有从文本中找到词语“最优秀”，反之说明从文本中找到了词语“最优秀”。

（2）替换词语

替换词语可以通过 replace( ) 方法实现，并将替换后的结果进行返回。若文本中包含目标词语“最优秀”，则可以通过 replace( ) 方法将该文本中的“最优秀”替换成“较优秀”。

任务实现

结合任务分析的思路，接下来在 Chapter04 项目中创建一个 03_bad_words.py 文件，在该文件中编写代码实现过滤词语的功能，具体代码如下。

```
1. text = '我们拥有多年的品牌战略规划及标志设计、商标注册经验；' \
2.        '专业提供公司标志设计与商标注册一条龙服务。' \
3.        '我们拥有最优秀且具有远见卓识的设计师，使我们的策略分析严谨，' \
4.        '设计充满创意。我们有信心为您缔造最优秀的品牌形象设计服务，' \
5.        '将您的企业包装得更富价值。'
6. sensitive_word = '最优秀'              # 设立目标词语
7. replace_word = '较优秀'                # 替换后词语
```

```
8. result = text.find(sensitive_word)  # 在文本中查找目标词语是否存在
9. if result != -1:                    # 找到目标词语
10.     text = text.replace(sensitive_word, replace_word)     # 替换目标词语
11.     print('过滤后的文本：\n' + text)
12. else:                              # 没有找到目标词语
13.     print("无目标词语！ ")
```

上述代码中，第 1 ~ 5 行代码定义了一个字符串 text，该字符串中的内容为待过滤的文本。

第 6 ~ 7 行代码定义了一个表示目标词语和替换后词语的变量 sensitive_word 和 replace_word，第 8 行代码通过调用 find( ) 方法查找文本中是否包含目标词语“最优秀”，并将查找结果返回给 result。

第 9 ~ 13 行代码使用 if-else 语句判断查找结果是否为 -1，若等于 -1，说明没有从当前文本中找到目标词语，此时会执行第 13 行代码输出提示信息；若不等于 -1，说明从当前文本中找到了目标词语，此时会调用 replace( ) 方法将文本中变量 sensitive_word 中的内容替换为变量 replace_word 中的内容，最后使用 print( ) 函数输出过滤后的文本内容。

运行 03_bad_words.py 文件，结果如图 4-5 所示。

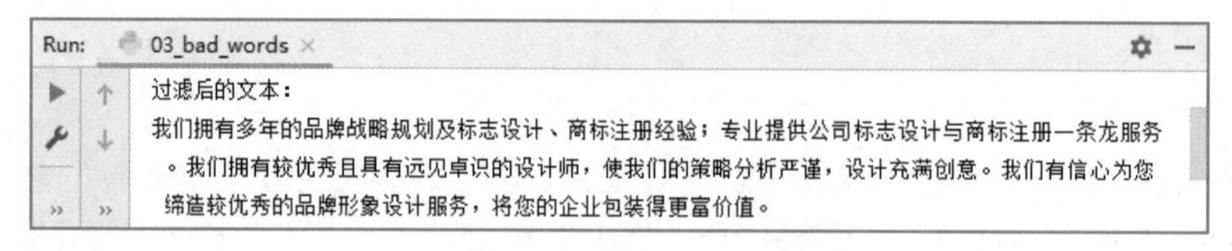

图 4-5 03_bad_words.py 的运行结果

任务 4-4 考勤管理

实操微课 4-4：任务 4-4 考勤管理

■ 任务描述

为了严肃工作纪律，避免公司员工发生早退、迟到、旷工等违纪行为，有效提高员工工作的积极性和责任心，做到奖罚分明，某公司结合自身的实际情况制定了考勤管理制度。考勤管理制度奖罚金额明细如表 4-2 所示。

表 4-2 考勤管理制度奖罚金额明细

缺勤 A/ 次	迟到 L/ 次	奖罚金额 / 元
0	0	200
0	≤ 2	0
1	≤ 2	-100
2	≤ 2	-200
>2	—	-500

在表 4-2 中，A 代表缺勤次数，L 代表迟到次数。已知 1 月份的工作日为 22 天，假设用 P 代表考勤正常，员工小明 1 月份的出勤情况为 PPPpPPPPLPPPPPPpPPPPPP。本任务要求读者编写程

序，输出小明 1 月是否可以拿到奖金。

知识储备

理论微课 4-11：字符串的大小写转换

1. 字符串的大小写转换

在一些特定情况下会对英文单词的大小写形式有着特殊的要求。例如，专有名词的简称必须是字母全大写，包括 CBA、CCTV 等；英文人名的每个单词首字母必须大写，如 Thomas Alva Edison。Python 中支持字母大小写转换的方法有 upper( )、lower( )、capitalize( ) 和 title( )，关于这些方法的功能说明如表 4-3 所示。

表 4-3　大小写转换方法的功能说明

方法	功能说明
upper( )	将字符串中的小写字母全部转换为大写字母，并生成一个新的字符串
lower( )	将字符串中的大写字母全部转换为小写字母，并生成一个新的字符串
capitalize( )	将字符串中首个单词的首个字母转换为大写，其余字母转换为小写，并生成一个新的字符串
title( )	将字符串中每个单词的首字母转换为大写形式，其余字母转换为小写形式，并生成一个新的字符串

下面以字符串 hello woRld 为例，演示如何通过表 4-3 中的方法对该字符串进行大小写转换操作，示例代码如下。

```
old_string = 'hello woRld'
upper_str = old_string.upper()          # 所有字母转换为大写字母
lower_str = old_string.lower()          # 所有字母转换为小写字母
cap_str = old_string.capitalize()       # 首字母转换为大写字母
# 每个单词的首字母转换为大写字母，其余字母转换成小写字母
title_str = old_string.title()
print(f'upper 方法: {upper_str}')
print(f'lower 方法: {lower_str}')
print(f'capitalize 方法: {cap_str}')
print(f'title 方法: {title_str}')
```

运行代码，结果如下所示。

```
upper 方法: HELLO WORLD
lower 方法: hello world
capitalize 方法: Hello world
title 方法: Hello World
```

理论微课 4-12：子串出现次数统计

2. 子串出现次数统计

Python 中提供了用于统计字符串中子串出现次数的 count( ) 方法，count( ) 方法的语法格式如下所示。

```
str.count(sub[, start[, end]])
```

以上方法中各参数的含义如下。

① sub：待统计出现次数的子串。

② start：开始索引，默认值为 0，表示从第一个字符开始搜索。

③ end：结束索引，默认值为字符串长度，表示到最后一个字符停止搜索，统计结果不包括结束索引的字符。

下面以字符串 hello woRld 为例，演示如何通过 count( ) 方法统计字符串中子串 o 的出现次数，代码如下所示。

```
string = 'hello woRld'
sub_str = 'o'                                    # 待统计出现次数的子串
# 从字符串的开头位置到结尾位置统计子串出现的次数
print(string.count(sub_str))
# 从字符串中索引 5 处的位置到结尾位置统计子串出现的次数
print(string.count(sub_str, 5))
# 从字符串中索引 5 到索引 7 的范围内统计子串出现的次数
print(string.count(sub_str, 5, 7))
```

运行代码，结果如下所示。

```
2
1
0
```

观察输出结果可知，第 1 个输出结果为 2，说明字符串中子串 o 出现了 2 次；第 2 个输出结果为 1，说明字符串中索引 5 到结尾的范围内子串 o 出现了 1 次；第 3 个输出结果为 0，说明字符串中索引 5 到索引 7 的范围内子串 o 出现了 0 次。

■ 任务分析

根据任务描述可知，需要根据考勤管理制度的要求对员工小明当月的出勤情况进行处理，这个过程可以拆解成两步，第 1 步是获取当月的出勤情况，第 2 步是根据考勤管理制度处理当月的出勤情况，关于它们的分析如下。

（1）获取当月的出勤情况

通过一个变量来保存小明的出勤情况。为了保证代表出勤情况的字符串中全部是大写字母，此时需要通过 upper( ) 函数将所有的字母全部转换为大写字母。

（2）根据考勤管理制度处理当月的出勤情况

由于 1 月份的工作日有 22 天，所以代表出勤情况的字符串中应包含 22 个字母，若不是 22 个字母，则无须再根据考勤管理制度的要求对出勤情况进行任何处理。此种情况可以通过 if 嵌套处理，外层 if 用于判断出勤天数是否等于 22 天，内层 if 用于根据考勤管理制度的要求对出勤情况进行处理。

根据表 4-2 可知，员工当月的出勤情况可以分成 5 种情况，这 5 种情况可以使用 if-elif 语句完成。在 if-elif 语句中，每个子句都需要统计字母 A 和字母 L 出现的次数，统计字母出现的次数通过 count( ) 方法实现。

为了提高程序的通用性，使程序不仅能够对 1 月份的考勤情况进行处理，还能够对其他月份的考勤情况进行处理，因此可以将程序中的出勤天数保存到变量中，使出勤天数跟随月份同步发生变化。

任务实现

结合任务分析的思路，接下来在 Chapter04 项目中创建一个 04_attendance.py 文件，在该文件中编写代码完成考勤管理的任务，具体代码如下所示。

```
1. days = 22                              # 当月工作日天数
2. attendances = 'PPPpPPPPLPPPPPPpPPPPPP'.upper()
3. if len(attendances) == days:           # 判断当月出勤情况是否满足法定工作日天数
4.     if attendances.count('A') == 0 and attendances.count('L') == 0:
5.         print('奖励 200 元！ ')
6.     elif attendances.count('A') == 0 and attendances.count('L') <= 2:
7.         print('再接再厉！ ')
8.     elif attendances.count('A') == 1 and attendances.count('L') <= 2:
9.         print('扣除 100 元！ ')
10.    elif attendances.count('A') == 2 and attendances.count('L') <= 2:
11.        print('扣除 200 元！ ')
12.    elif attendances.count('A') > 2:
13.        print('扣除 500 元！ ')
14.else:
15.    print('考勤统计有误，请核对！')
```

上述代码中，第 1 行代码定义了一个表示当月工作日天数的变量 days，第 2 行代码定义一个变量 attendances，用于保存调用 upper( ) 方法后字母全部转换成大写字母的出勤情况。

第 3 ~ 15 行代码通过分支嵌套对当月的出勤情况进行了相应的处理，其中外层分支用于判断 attendances 的长度是否等于 days，若等于 days，则进一步处理出勤情况；若不等于 days，则输出“考勤统计有误，请核对！”。

第 4 ~ 13 行代码通过 if-elif 语句对 5 种出勤情况进行了处理，并调用 count( ) 方法统计了字母 A 和字母 L 出现的次数。

运行 04_attendance.py 文件，考勤管理的结果如图 4-6 所示。

图 4-6 04_attendance.py 的运行结果

从图 4-6 可以看出，员工小明 1 月份考勤的处理结果为“再接再厉！”。

任务 4-5 古诗排版工具

任务描述

古诗是中国文化的瑰宝，是中国祖先智慧的结晶，它饱含着丰富的文化内涵和审美意蕴，历

实操微课 4-5：任务 4-5 古诗排版工具

经了时代的风雨，更臻醇厚，历久弥新。

古诗分为古体诗和近体诗，古体诗有四言体、五言体、七言体和杂言体等几种形式，近体诗包括绝句、律诗、排律这 3 种形式，常见的有五言绝句、七言绝句、五言律诗、七言律诗等。

本任务要求按照格式要求完成一个古诗排版工具。古诗的排版范例如图 4-7 所示。

龟虽寿
（东汉）曹操
神龟虽寿，犹有竟时。
腾蛇乘雾，终为土灰。
老骥伏枥，志在千里。
烈士暮年，壮心不已。
盈缩之期，不但在天。
养怡之福，可得永年。
幸甚至哉，歌以咏志。

(a) 四言诗

春晓
（唐）孟浩然
春眠不觉晓，处处闻啼鸟。
夜来风雨声，花落知多少。

(b) 五言诗

赤壁
（唐）杜牧
折戟沉沙铁未销，自将磨洗认前朝。
东风不与周郎便，铜雀春深锁二乔。

(c) 七言诗

图 4-7 古诗的排版范例

知识储备

理论微课 4-13：删除头尾的指定字符

1. 删除头尾的指定字符

字符串头部或尾部可能会包含一些无用的字符，例如空格，当在程序中处理这种字符串时往往需要先删除这些字符。Python 中的 strip( )、lstrip( ) 和 rstrip( ) 方法可以删除字符串头部或尾部的指定字符，关于这 3 个方法的说明如表 4-4 所示。

表 4-4 删除字符串指定字符的方法

方法	功能说明
strip(chars)	删除字符串头尾的指定字符 chars，默认为空格
lstrip(chars)	删除字符串头部的指定字符 chars，默认为空格
rstrip(chars)	删除字符串尾部的指定字符 chars，默认为空格

例如，分别删除字符串中头部或尾部的空格，具体代码如下。

```
old_string = '      Experience is the best teacher      '
strip_str = old_string.strip()          # 删除字符串头尾的空格
lstrip_str = old_string.lstrip()        # 删除字符串头部的空格
rstrip = old_string.rstrip()            # 删除字符串尾部的空格
print(f'使用strip方法删除字符串头尾空格：{strip_str}。')
print(f'使用lstrip方法删除字符串头部空格：{lstrip_str}。')
print(f'使用rstrip方法删除字符串尾部空格：{rstrip}。')
```

运行代码，结果如下所示。

```
使用strip方法删除字符串头尾空格：Experience is the best teacher。
使用lstrip方法删除字符串头部空格：Experience is the best teacher      。
```

```
使用 rstrip 方法删除字符串尾部空格：      Experience is the best teacher。
```

2. 字符串的对齐

理论微课 4-14：字符串的对齐

在使用 Word 处理文档时可能需要对文档的格式进行调整，如标题居中显示、左对齐、右对齐等。Python 中提供了设置字符串对齐方式的方法，分别是 center( )、ljust( ) 和 rjust( )，关于这 3 个方法的语法格式及功能说明如表 4-5 所示。

表 4-5　字符串对齐的方法

方法	功能说明
center(width[,fillchar])	返回长度为 width 的字符串，原字符串居中显示
ljust(width[,fillchar])	返回长度为 width 的字符串，原字符串左对齐显示
rjust(width[,fillchar])	返回长度为 width 的字符串，原字符串右对齐显示

表 4-5 罗列的方法中都有相同的参数 width 和 fillchar，其中参数 width 表示字符串的长度，如果参数 width 指定的长度小于或等于原字符串的长度，那么以上各方法会返回原字符串；参数 fillchar 表示填充的字符，默认为空格。

接下来，使用表 4-5 中的方法对字符串 hello world 进行对齐操作，示例代码如下。

```
sentence = 'hello world'
center_str = sentence.center(13,'-')  # 长度为 13，居中显示，使用 - 补齐
ljust_str = sentence.ljust(13, '*')   # 长度为 13，左对齐，使用 * 补齐
rjust_st = sentence.rjust(13, '%')    # 长度为 13，右对齐，使用 % 补齐
print(f'居中显示：{center_str}')
print(f'左对齐显示：{ljust_str}')
print(f'右对齐显示：{rjust_st}')
```

运行代码，结果如下所示。

```
居中显示：-hello world-
左对齐显示：hello world**
右对齐显示：%%hello world
```

■ 任务分析

根据任务描述的需求可知，我们需要先从键盘分别输入古诗的标题、作者和诗句，再按照范例的样式对四言诗、五言诗和七言诗进行排版。本任务的实现思路可以分成以下 3 步。

（1）获取古诗的标题、作者和诗句

古诗的标题、作者和诗句是用户从键盘输入的，这里可以借助 input( ) 函数完成。为了避免用户在输入标题、作者或诗句时输入多余的空格，我们可以通过 strip( ) 方法去除标题和作者头尾的空格，通过 replace( ) 方法去除诗句里面的可能出现的所有空格。

（2）记录一行诗的字数

由于四言诗、五言诗和七言诗中一行诗的字数各不相同，为了使古诗的标题和作者始终能够

居中显示，可以先记录一行诗的字数，之后参照这个字数对齐标题行和作者行。观察任务描述的范例可知，四言诗的一句有 4 个字，一行有 8 个汉字和两个标点符号。五言诗的一句有 5 个字，一行有 10 个汉字和两个标点符号；七言诗的一句有 7 个字，一行有 14 个汉字和两个标点符号。

为了区分用户输入的诗句是哪种形式的古诗，可以先使用 replace( ) 方法将古诗里面的句号、分号或感叹号替换成逗号，再使用 split( ) 方法根据逗号将古诗分割成一句诗，若一句诗里面有 4、5 或 7 个字，就代表古诗是四言诗、五言诗或七言诗，然后按照四言诗、五言诗或七言诗的特点记录一行诗的字数。

需要注意的是，有些古诗里面一句诗不够 4 个、5 个或 7 个字，为了让程序也能排版这样的古诗，可以利用 for 循环取出每一句诗，只要其中有一句诗的字数是 4、5 或 7，就会记录一行诗的字数，并在记录完成后使用 break 语句结束循环。

（3）按范例样式排版古诗

观察任务描述的范例可知，古诗的标题和作者都采用居中对齐的形式显示，居中的位置是由一行诗的字数决定的。居中对齐操作可以通过 center( ) 方法实现。

排版后的古诗每行诗末尾的标点符号都是句号，根据这个特点，可以先利用 replace( ) 方法将用户输入的古诗里面的分号或感叹号替换为句号，再利用 split( ) 方法以句号为分隔符将古诗分隔成若干行诗，并使用 print( ) 函数逐行输出。由于经过 split( ) 方法分隔后的每行诗的末尾没有标点符号，所以需要在输出的时候加上句号。

■ 任务实现

接下来在 Chapter04 项目中创建一个名为 05_poetry_typesetting.py 的文件，在该文件中编写代码分步骤制作古诗排版工具，具体步骤如下。

（1）获取古诗的标题、作者和诗句

获取用户从键盘分别输入的古诗的标题、作者和诗句，并对标题、作者头尾和诗句里面的空格进行删除，具体代码如下。

```
# 获取古诗的标题、作者和诗句
title = input('请输入古诗的标题：').strip()
author = input('请输入古诗的作者，如（唐）李白：').strip()
content_old = input('请输入诗句：').replace(' ', '')
```

上述代码中，首先调用 input( ) 函数接收用户从键盘分别输入的标题、作者和诗句，然后调用 strip( ) 方法去除标题头尾、作者头尾、诗句里面多余的空格，之后赋值给变量 title、author 和 content_old。

（2）记录一行诗的字数

根据范例中四言诗、五言诗和七言诗的特点，判断用户输入的是哪种形式的古诗，然后根据判断结果计算字数并记录下来，具体代码如下。

```
1. # 将诗句里面的句号、分号、感叹号替换成逗号，按逗号分隔字符串
2. content_new = content_old.replace('。', ',').replace(';',
3.                 ',').replace('!', ',').split(',')
```

```
4. # 记录一行诗的字数
5. count = 0
6. four, five, seven = 4, 5, 7
7. for i in content_new:
8.     if len(i) == four:     # 当前要排版的古诗是四言诗
9.         count = four * 2 + 2
10.        break
11.    elif len(i) == five:   # 当前要排版的古诗是五言诗
12.        count = five * 2 + 2
13.        break
14.    elif len(i) == seven: # 当前要排版的古诗是七言诗
15.        count = seven * 2 + 2
16.        break
```

上述代码中，第 2、3 行代码先调用 replace( ) 方法将诗句中的所有句号、分号、感叹号替换为逗号，再调用 split( ) 方法将处理完标点符号后的古诗按逗号进行分隔，返回一个列表 content_new，该列表中除末尾元素外其他元素对应古诗中的一句诗。

第 5 行代码定义了变量 count，用于记录一行诗的字数，第 6 行代码定义了变量 four、five、seven，分别表示四言诗、五言诗和七言诗中一句诗的字数。

第 7 ~ 16 行代码通过 for 循环遍历取出列表 content_new 中的每句诗，将每句诗的字数分为以下 3 种情况进行处理。

① 若字数等于 four，说明当前要排版的古诗是四言诗，则根据四言诗中一行诗的特点记录字数，即 four * 2 + 2。

② 若字数等于 five，说明当前要排版的古诗是五言诗，则根据五言诗中一行诗的特点记录字数，即 five * 2 + 2。

③ 若字数等于 seven，说明当前要排版的古诗是七言诗，则根据七言诗中一行诗的特点记录字数，即 seven * 2 + 2。

（3）按范例样式排版古诗

按照范例中四言诗、五言诗和七言诗的格式要求对古诗进行排版，其中标题和作者居中对齐，每行诗左对齐，具体代码如下。

```
1. # 排版标题
2. print(title.center(count, '　'))
3. # 排版作者
4. print(author.center(count, '　'))
5. # 排版诗句
6. content = content_old.replace('；', '。').replace('！', '。')
7. sentence_list = content.split('。')
8. for sentence in sentence_list:
9.     if sentence != '':
10.        new_sentence = sentence + '。'
11.        print(new_sentence)
```

上述代码中，第 2 行代码通过调用 center( ) 方法生成了一个包含标题的新字符串，该字符串的长度为变量 count 的值，标题居中显示，标题两侧均为空格。需要注意的是，这里使用的是全角空格，目的是防止汉字和半角空格在混排时因为宽度不同而出现文字对不齐的问题。

第 4 行代码通过调用 center( ) 方法生成了一个包含作者的新字符串，该字符串的长度为 count，作者居中显示，作者两侧均为空格。

第 6 ~ 11 行代码首先调用 replace( ) 方法将用户输入的诗句中的全部分号、感叹号替换为句号，然后调用 split( ) 方法以句号为分隔符分隔诗句，将分隔后的每行诗保存到 sentence_list 列表中，最后通过 for 循环遍历 sentence_list 列表取出每个元素，若该元素的值不是一个空字符串，说明该元素的值是一行诗，此时需要在诗的末尾加上句号。

① 运行代码，四言诗排版后的效果如图 4-8 所示。

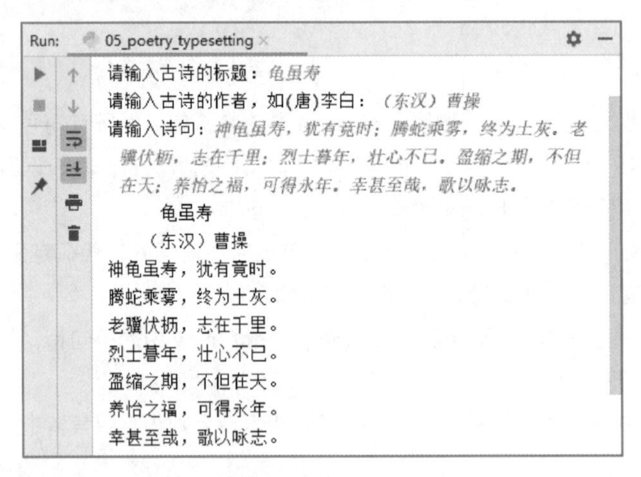

图 4-8 四言诗排版后的效果

② 五言诗排版后的效果如图 4-9 所示。

③ 七言诗排版后的效果如图 4-10 所示。

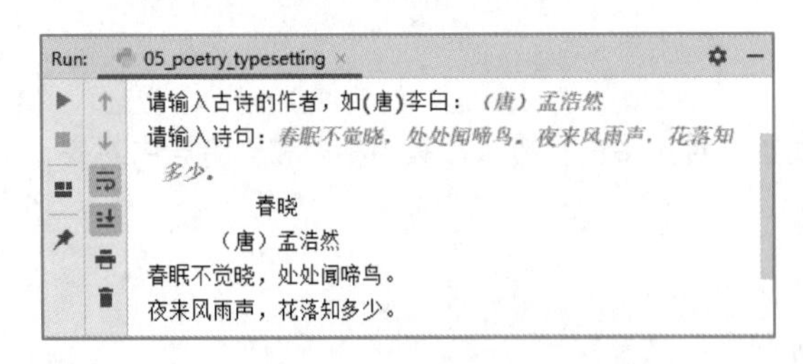

图 4-9 五言诗排版后的效果

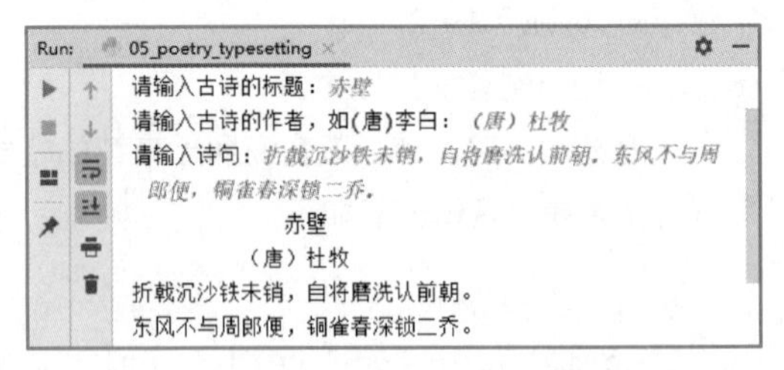

图 4-10 七言诗排版后的效果

任务 4-6 密码强度检测

■ 任务描述

随着计算机和通信技术的快速发展，互联网越来越便捷、高效，使得人们对信息网络的使用程度越来越高。与此同时，信息安全成为重要问题。

我国在密码技术领域展开了深入研究。2004 年中国密码学研究团队提出了模差分比特分析法，并用此方法攻破了国际上公认安全的 MD5 算法，随后又连续攻破了 MD4、RIPEMD、HAVAL-128 等几个常用的加密算法，一时间业界哗然。此外，中国密码学研究团队设计的 SM3 算法，也在 2018 年被成功纳入 ISO/IEC 国际密码算法标准。

实操微课 4-6：任务 4-6 密码强度检测

中国密码学研究团队的钻研精神值得我们学习，虽然现在的我们还无法参透复杂的密码学，但合抱之木，生于毫末。相信大家日积月累的学习一定会为计算机学带来质的飞跃。

采用高强度密码是保障信息安全的手段之一。本任务要求完成一个密码强度检测程序，密码强度有四种级别，分别是弱、中、强和极强，具体介绍如下：

① 弱、中、强和极强这 4 个级别对应的分值分别是 1、2、3、4。

② 如果仅包含数字、大写字母、小写字母或符号中的 2 种，或者字符长度小于 8，那么强度为弱。

③ 如果同时包含数字、大写字母、小写字母或符号中的 2 种，且字符长度不小于 8，那么强度为中。

④ 如果同时包含数字、大写字母、小写字母或符号中的 3 种，且字符长度不小于 8，那么强度为强。

⑤ 如果同时包含数字、大写字母、小写字母和符号，且字符长度不小于 8，那么强度为极强。

请编写程序，对用户输入的密码进行强度检测，并根据检测结果给予提示信息。

知识储备

字符判断

网站对用户填写的注册信息有着一定的字符要求，例如有的网站要求用户只能填写字母或数字，有的网站要求用户不能填写汉字，如果用户在输入框中填写了不符合要求的字符，会看到输入框右侧显示的错误信息。Python 中为字符串提供了一些字符判断的方法，关于这些方法的功能说明如表 4-6 所示。

理论微课 4-15：字符判断

表 4-6 字符判断的方法

方法	功能说明
isdecimal()	判断字符串中是否只包含十进制数字（0 ~ 9），若是返回 True，否则返回 False
isdigit()	判断字符串中是否只包含数字，包括 0 ~ 9、上角标数字（如 ¹、²、³）、带圆圈的数字（如①、②、③），若是返回 True，否则返回 False
islower()	判断字符串中是否全部为小写字母，若是返回 True，否则返回 False
isupper()	判断字符串中是否全部为大写字母，若是返回 True，否则返回 False
isalpha()	判断字符串中是否全部为字母，若是返回 True，否则返回 False
isalnum()	判断字符串中是否全部为字母或数字（0 ~ 9、上角标数字、带圆圈的数字），若是返回 True，否则返回 False
isspace()	判断字符串中是否全部为空格，若是返回 True，否则返回 False

下面以表 4-6 中的几个方法为例，演示如何使用这些方法检查字符串中的字符，示例代码如下。

```
string = '123456'
print(string.isdigit())          # 判断字符串中是否只包含数字
string = 'abcdef'
print(string.islower())          # 判断字符串中是否只包含小写字母
string = 'abcDEF'
print(string.isupper())          # 判断字符串中是否只包含大写字母
string = 'abEF@！ '
print(string.isalpha())          # 判断字符串中是否只包含字母
```

运行代码，结果如下所示。

```
True
True
False
False
```

任务分析

根据任务描述可知，密码强度检测程序会根据字符种类和长度两个方面评估密码的强度。

（1）字符种类

字符种类分为数字、小写字母、大写字母、符号共4种情况，为此，可以使用下列方法对字符种类进行判断。

① 使用isdecimal( )方法判断字符是否为数字。

② 使用islower( )方法判断字符是否为小写字母。

③ 使用isupper( )方法判断字符是否为大写字母。

④ 使用in运算符检测字符是否在字符串"!\"#$%&'( )*+, -./:;<=>?@[\\]^_`{|} ~"中，若在该字符串中，说明字符为符号。

如果满足以上任何一种情况，则会记录1分；如果满足以上两种情况，则会累加1分，以此类推。

（2）字符长度

使用len( )函数判断密码长度，如果长度小于8，则直接将分数设置为1，否则直接将分数设置为累加后的值。

判断最终得到的分值是否等于1、2、3或4，若等于，则判定密码的强度为弱、中、强或极强。

任务实现

结合任务分析的思路，接下来在Chapter04项目中创建一个06_password.py文件，在该文件中编写代码完成密码强度检测的任务，具体代码如下所示。

```
1. # 定义一个字符串，它里面是特殊符号
2. symbol_str = """!\"#$%&'()*+, -./:;<=>?@[\\]^_`{|} ~ """
3. password = input('请输入密码：')
```

```
4. # 记录每种字符的分数或总分数
5. score = num = lower = upper = symbol = 0
6. for char in password:
7.     if char.isdecimal():             # 判断字符是否为数字
8.         num = 1
9.     elif char.islower():             # 判断字符是否为小写字母
10.        lower = 1
11.    elif char.isupper():             # 判断字符是否为大写字母
12.        upper = 1
13.    elif char in symbol_str:         # 判断字符是否为符号
14.        symbol = 1
15.if len(password) < 8:
16.    score = 1
17.else:
18.    score = num + lower + upper + symbol
19.if score == 1:
20.    print('密码强度：弱')
21.elif score == 2:
22.    print('密码强度：中')
23.elif score == 3:
24.    print('密码强度：强')
25.elif score == 4:
26.    print('密码强度：极强')
```

上述代码中，第 2 行代码定义了一个字符串 symbol_str，该字符串里面的字符都是符号。第 3 行代码接收了用户从键盘输入的密码并赋值给了 password。第 5 行代码定义了 5 个变量 score、num、lower、upper、symbol，分别用于记录最终得分、数字字符的分值、小写字母的分值、大写字母的分值和符号的分值。

第 6 ~ 14 行代码使用 for 语句遍历了 password 中的每个字符并赋值给临时变量，第 7 ~ 8 行代码调用 isdecimal( ) 方法判断 char 是否为数字，若是数字，则将 num 的值修改为 1。第 9、10 行代码调用 islower( ) 方法判断字符是否为小写字母，若是小写字母，则将 lower 的值修改为 1。第 11、12 行代码调用 isupper( ) 方法判断字符是否为大写字母，若是大写字母，则将 upper 的值修改为 1。第 13、14 行代码使用 in 检测字符是否在 symbol_str 中，若在，则将 symbol 的值修改为 1。

运行 06_password.py 文件，从键盘输入要检测的密码 123HGJabc123*&%888，按 Enter 键后控制台输出密码强度检测的结果，如图 4-11 所示。

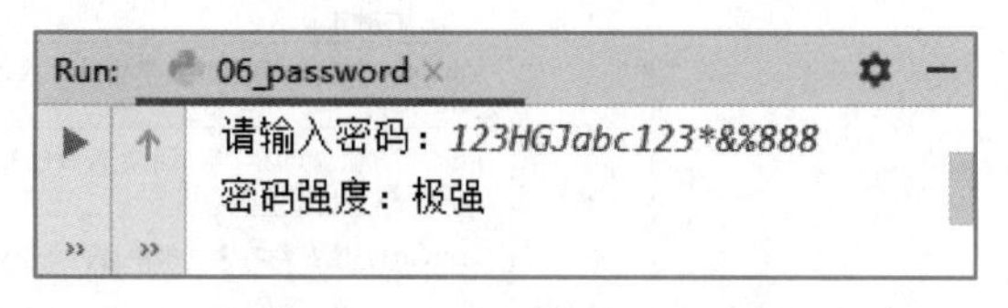

图 4-11　06_password.py 的运行结果

知识梳理

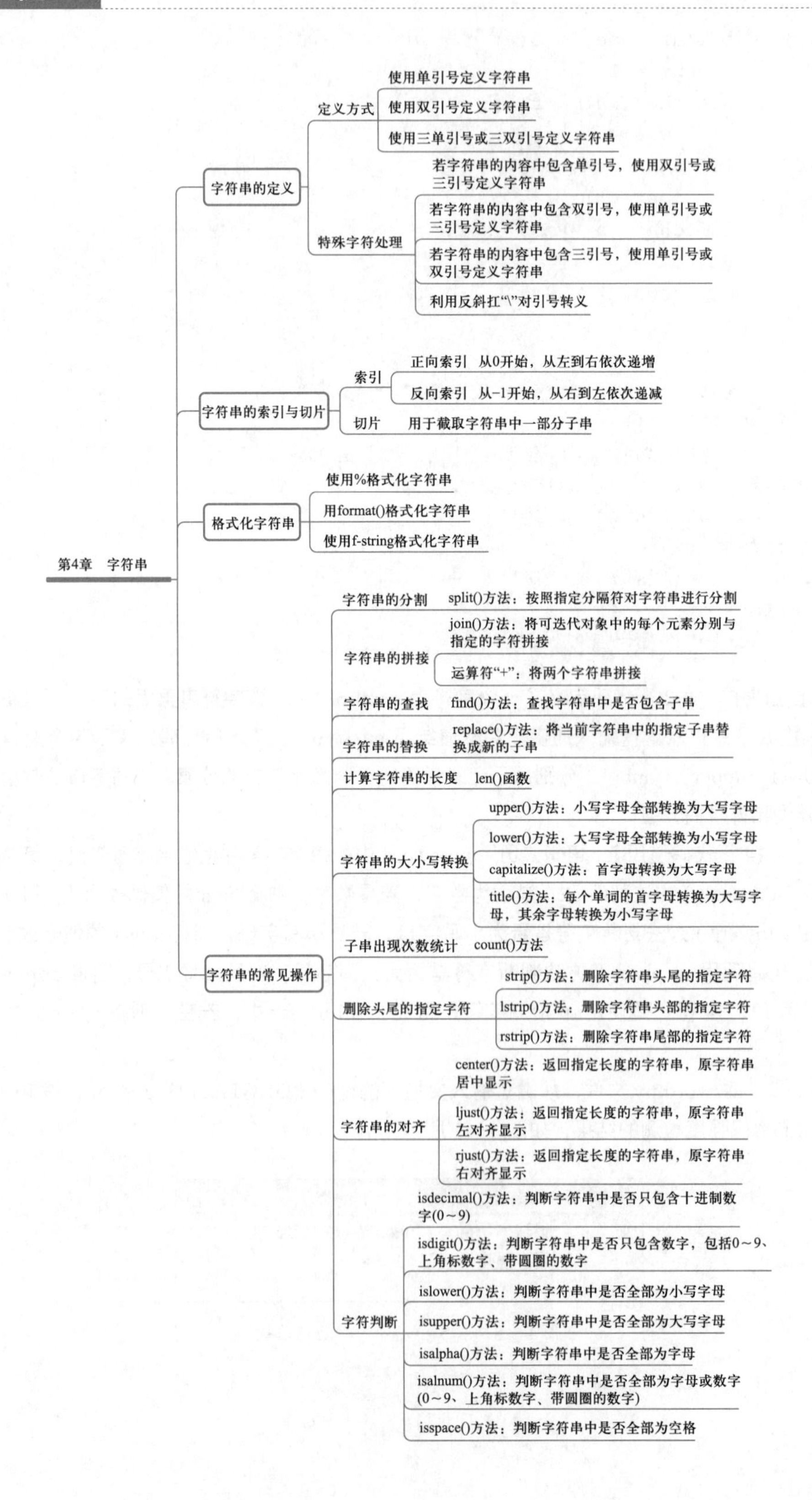
第4章 字符串
字符串的定义
定义方式
使用单引号定义字符串
使用双引号定义字符串
使用三单引号或三双引号定义字符串
特殊字符处理
若字符串的内容中包含单引号，使用双引号或三引号定义字符串
若字符串的内容中包含双引号，使用单引号或三引号定义字符串
若字符串的内容中包含三引号，使用单引号或双引号定义字符串
利用反斜杠“\”对引号转义
字符串的索引与切片
索引
正向索引 从0开始，从左到右依次递增
反向索引 从-1开始，从右到左依次递减
切片 用于截取字符串中一部分子串
格式化字符串
使用%格式化字符串
用format()格式化字符串
使用f-string格式化字符串
字符串的常见操作
字符串的分割 split()方法：按照指定分隔符对字符串进行分割
字符串的拼接
join()方法：将可迭代对象中的每个元素分别与指定的字符拼接
运算符“+”：将两个字符串拼接
字符串的查找 find()方法：查找字符串中是否包含子串
字符串的替换 replace()方法：将当前字符串中的指定子串替换成新的子串
计算字符串的长度 len()函数
字符串的大小写转换
upper()方法：小写字母全部转换为大写字母
lower()方法：大写字母全部转换为小写字母
capitalize()方法：首字母转换为大写字母
title()方法：每个单词的首字母转换为大写字母，其余字母转换为小写字母
子串出现次数统计 count()方法
删除头尾的指定字符
strip()方法：删除字符串头尾的指定字符
lstrip()方法：删除字符串头部的指定字符
rstrip()方法：删除字符串尾部的指定字符
字符串的对齐
center()方法：返回指定长度的字符串，原字符串居中显示
ljust()方法：返回指定长度的字符串，原字符串左对齐显示
rjust()方法：返回指定长度的字符串，原字符串右对齐显示
字符判断
isdecimal()方法：判断字符串中是否只包含十进制数字(0～9)
isdigit()方法：判断字符串中是否只包含数字，包括0～9、上角标数字、带圆圈的数字
islower()方法：判断字符串中是否全部为小写字母
isupper()方法：判断字符串中是否全部为大写字母
isalpha()方法：判断字符串中是否全部为字母
isalnum()方法：判断字符串中是否全部为字母或数字(0～9、上角标数字、带圆圈的数字)
isspace()方法：判断字符串中是否全部为空格

本章习题

一、填空题

① ________方法可以按照指定分隔符对字符串进行分割。

② 使用运算符“+”或________方法可以对字符串进行拼接。

③ 字符串的正向索引________从开始，反向索引从________开始。

④ 使用 find( ) 方法查找字符串中的子串时，若没有查询到则返回________。

⑤ 使用________方法可以实现字符串替换操作。

二、判断题

① 字符串属于不可变的数据类型。 (　　)

② split( ) 函数可以设置分割的次数。 (　　)

③ 字符串只有正向索引，没有反向索引。 (　　)

④ 使用 replace( ) 方法对字符串进行替换时，会对原字符串进行修改。 (　　)

⑤ capitalize( ) 方法会将字符串中所有字母转换为大写字母。 (　　)

三、选择题

① 下列选项中，可以将数据格式化为整数的格式符是 (　　)。

A. %c　　B. %s　　C. %d　　D. %f

② 下列选项中，用于删除字符串头部和尾部指定的字符是 (　　)。

A. strip( )　　B. lstrip( )　　C. rstrip( )　　D. trip( )

③ 下列选项中，用于统计子串出现次数的方法是 (　　)。

A. upper( )　　B. count( )　　C. lower( )　　D. title( )

④ 下列选项中，用于将字符串中的字母全部转换为小写字母的是 (　　)。

A. upper( )　　B. title( )　　C. capitalize( )　　D. lower( )

⑤ 下列选项中，用于判断字符串中是否只包含数字的是 (　　)。

A. isdecimal( )　　B. isdigit( )　　C. isupper( )　　D. isalpha( )

四、简答题

① 简述字符串定义的几种方式。

② 简述字符串中使用索引和切片的方式。

五、编程题

① 编写程序，接收用户输入的字符串，并输出字符串所有偶数位的字符，例如：输入 1A3bc3D523eF，输出 Ab353F。

② 编写程序，检查字符串 Life is short. I use python 中是否包含字符串 python，若包含则替换为 Python 后输出新字符串，否则输出原字符串。

第5章 组合数据类型

学习目标

- 掌握创建列表的方式，能够使用两种方式创建列表。
- 掌握访问列表元素的方式，能够通过索引和切片访问列表元素。
- 掌握列表的内置方法，能够对列表元素排序以及添加、删除列表元素。
- 掌握修改列表元素的方法，能够通过索引修改列表元素。
- 掌握创建元组的方式，能够使用两种方式创建元组。
- 掌握访问元组元素的方式，能够通过索引和切片访问元组元素。
- 掌握创建集合的方式，能够使用两种方式创建集合。
- 掌握集合的内置方法，能够根据业务需求添加或删除集合中的元素。
- 掌握创建字典的方式，能够使用两种方式创建字典。
- 掌握访问字典元素的方式，能够通过指定键和 get( ) 方法访问字典元素。
- 掌握字典的内置方法，能够添加、修改和查看字典中的元素。

PPT：第5章　组合数据类型

PPT

教学设计：第5章　组合数据类型

实际开发中，程序中要处理的不仅有数字、字符串这些类型的数据，还需要处理一些混合数据。为此，Python 定义了可以表示混合数据的组合数据类型。使用组合数据类型定义和记录数据，不仅可以简化程序员的开发工作，也可大大提升程序的效率。接下来，本章将通过 4 个任务对 Python 中的组合数据类型进行讲解。

任务 5-1　成语接龙

任务描述

成语接龙是中华民族传统的文字游戏，它不仅有着悠久的历史和广泛的社会基础，同时还是我国文字、文化、文明的一个缩影，是老少皆宜的民间文化娱乐活动。成语接龙游戏的规则如下。

实操微课 5-1：任务 5-1　成语接龙

① 成语必须由 4 个字组成。

② 除第 1 个成语外，其余成语的第一个字，都是上一个成语的最后一个字。例如，叶公好龙、龙马精神、神采飞扬、扬眉吐气、气壮山河。

③ 每轮成语不能有重复的。

现有一组成语：万事如意、发愤图强、笑容满面、意气风发、强颜欢笑。本任务要求编写程序，以“万事如意”为第 1 个成语，完成其余成语的自动接龙。

知识储备

1. 创建列表

理论微课 5-1：创建列表

列表是 Python 中最灵活的数据结构之一。它没有长度的限制，可以存储任意类型的元素。开发人员可以对列表中的元素进行添加、删除、修改等操作。

Python 中创建列表的方式非常简单，既可以使用中括号“[]”创建，也可以使用 list( ) 函数创建，具体介绍如下。

（1）使用中括号“[]”创建列表

当使用中括号“[]”创建列表时，只需要将需要存储的元素添加到中括号中，并且各个元素之间使用逗号分隔。如果创建列表时没有向中括号里面添加任何元素，那么该列表是一个空列表。示例代码如下。

```
list_demo1 = []                          # 使用 [] 创建空列表
list_demo2 = ['Python', 'Java']          # 列表中存储两个类型相同的元素
list_demo3 = ['Python', 0, 1.1]          # 列表中存储 3 个不同类型的元素
```

（2）使用 list( ) 函数创建列表

使用 list( ) 函数同样可以创建列表，该函数接收的参数必须是一个可迭代类型的数据，常见可迭代类型包括字符串、列表、元组、字典、集合，示例代码如下。

```
li_demo1 = list()                        # 使用 list() 函数创建空列表
li_demo2 = list('Python')                # 使用 list() 函数时传入字符串类型的参数
```

```
print(li_demo1)
print(li_demo2)
```

运行代码，结果如下所示。

```
[]
['P', 'y', 't', 'h', 'o', 'n']
```

理论微课 5-2:
访问列表元素

需要注意的是，若使用 list( ) 函数创建列表时传入的参数为字符串类型的数据，则会将字符串中的每个字符作为列表中的元素。

2. 访问列表元素

列表中的元素可以通过索引和切片两种方式访问，具体介绍如下。

（1）通过索引访问列表中的元素

Python 中的列表支持双向索引，即正向索引和反向索引，其中正向索引从 0 开始，反向索引从 -1 开始。以包含 5 个元素的列表为例，介绍正向索引和反向索引的结构，如图 5-1 所示。

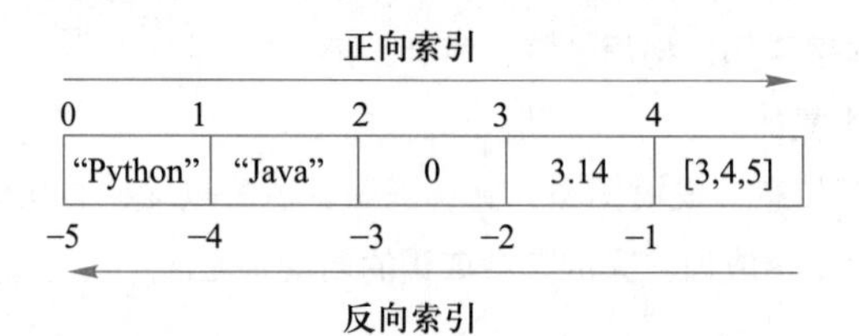

图 5-1 正向索引和反向索引

在图 5-1 中，正向索引从左向右依次递增，第一个元素的索引为 0，第二个元素的索引为 1，以此类推。反向索引从右向左依次递减，从右数第一个元素的索引为 -1，第二个元素的索引为 -2，以此类推。

通过索引可以获取列表中指定位置的元素，使用索引访问列表的语法格式如下。

```
列表[索引]
```

假设现有列表 ["Python", "Java", 0, 3.14, [3, 4, 5]]，分别使用正向索引和反向索引访问该列表的第一个元素和最后一个元素，示例代码如下。

```
li = ["Python", "Java", 0, 3.14, [3, 4, 5]]
print(li[0])                    # 使用正向索引访问第一个元素
print(li[-1])                   # 使用反向索引访问最后一个元素
```

运行代码，结果如下所示。

```
Python
[3, 4, 5]
```

（2）通过切片访问列表中的元素

使用切片可以截取列表中的元素，得到一个新列表。切片的完整格式如下所示。

```
列表[起始索引:结束索引:步长]
```

上述格式中，中括号里面从左到右依次是起始索引、结束索引和步长 3 项，这 3 项之间以冒号进行分隔，且可以省略，关于它们的介绍如下。

- 起始索引：表示截取列表的起始位置（包含起始索引），取值可以是正向索引或反向索引。
- 结束索引：表示截取列表的结束位置（不包含结束索引），取值可以为正向索引或反向索引。
- 步长：表示每隔指定步数截取元素，取值正负数均可，默认值为 1。若步长为正数，则会按照从左到右的顺序取值；若步长为负数，则会按照从右到左的顺序取值。

使用切片访问列表中的元素，示例代码如下。

```
li_one = ['p', 'y', 't', 'h', 'o', 'n']
print(li_one[1:4:2])       # 获取列表中索引为 1 至索引为 4 且步长为 2 的元素
print(li_one[2:])          # 获取列表中索引为 2 至末尾的元素
print(li_one[:3])          # 获取列表中索引为 0 至索引为 3 的元素
print(li_one[:])           # 获取列表中的所有元素
```

运行代码，结果如下所示。

```
['y', 'h']
['t', 'h', 'o', 'n']
['p', 'y', 't']
['p', 'y', 't', 'h', 'o', 'n']
```

3. 列表的内置方法

理论微课 5-3：列表的内置方法

为了便于开发人员操作列表中的元素，Python 为列表提供了多种内置方法或函数，用于实现一些常见的列表操作，包括列表排序、添加列表元素、删除列表元素，关于它们的介绍如下。

（1）列表排序

列表排序是将列表中的元素按照某种规定进行排列。Python 中常用的排序方法或函数有 sort( )、reverse( )、sorted( )，关于这 3 个排序方法的介绍如下。

① sort( ) 方法能够对列表元素排序，排序后的列表会覆盖原来的列表，该方法的语法格式如下。

```
list.sort(key=None, reverse=False)
```

以上格式中各参数的含义如下。

- key：表示指定的排序规则，该参数可以是列表支持的函数，默认值为 None。
- reverse：表示控制列表元素排序的方式，该参数可以取值 True 或者 False，默认值为 False。如果参数 reverse 的值为 True，表示降序排列。如果参数 reverse 的值为 False，表示升序排列。

下面通过一个示例演示如何使用 sort( ) 方法对列表排序，示例代码如下。

```
li = [1, 2, 5, 8, 7, 3]
li.sort()                      # 对列表元素升序排列
print(li)
li.sort(reverse=True)          # 对列表元素降序排列
print(li)
```

运行代码，结果如下所示。

```
[1, 2, 3, 5, 7, 8]
[8, 7, 5, 3, 2, 1]
```

② sorted( ) 函数用于将列表中的元素排列，该函数会返回排列后的新列表，具体语法格式如下。

```
sorted(iterable, /, *, key=None, reverse=False)
```

以上格式中各参数的含义如下。

- iterable：表示可迭代对象。
- key：可选，表示指定的排序规则，该参数可以是列表支持的函数，默认值为 None。
- reverse：可选，表示控制列表元素排序的方式，该参数可以取值 True 或者 False，默认值为 False。如果参数 reverse 的值为 True，表示降序排列。如果参数 reverse 的值为 False，表示升序排列。

下面通过一个示例演示如何使用 sorted( ) 函数对列表排序，示例代码如下。

```
li_one = ['p', 'Y', 't', 'h', 'o', 'n']
li_two = sorted(li_one)
# 按照小写英文字母顺序进行排序
li_three = sorted(li_one, key=str.lower)
# 按照小写英文字母顺序进行降序排序
li_four = sorted(li_one, key=str.lower, reverse=True)
print(li_two)
print(li_three)
print(li_four)
```

运行代码，结果如下所示。

```
['Y', 'h', 'n', 'o', 'p', 't']
['h', 'n', 'o', 'p', 't', 'Y']
['Y', 't', 'p', 'o', 'n', 'h']
```

③ reverse( ) 方法用于将列表中的元素倒序排列，即把列表中的元素按照从右至左的顺序依次排列，排序后的列表会覆盖原来的列表。示例代码如下。

```
li_one = ['Python', 'Java', 'C++', 'C']
li_one.reverse()                    # 对列表中的元素进行倒序排列
print(li_one)
```

运行代码，结果如下所示。

```
['C', 'C++', 'Java', 'Python']
```

（2）添加列表元素

添加列表元素是比较常见的一种列表操作，既可以在列表末尾追加一个或多个元素，也可以在列表的指定位置插入元素。Python 中添加列表元素的常用方法有 append( )、extend( ) 和 insert( )，关于这些方法的具体介绍如下。

① append( ) 方法用于在列表末尾添加新的元素，示例代码如下。

```
list_one = [1, 2, 3, 4]
list_one.append(5)                          # 在列表末尾添加元素 5
print(list_one)
```

运行代码，结果如下所示。

```
[1, 2, 3, 4, 5]
```

② extend( ) 方法用于在列表末尾一次性添加另一个列表中的所有元素，即使用新列表扩展原来的列表，示例代码如下。

```
list_str01 = ['a', 'b']
list_str02 = ['c', 'd']
list_str01.extend(list_str02)  # 对列表 list_str01 进行扩展
print(list_str01)
print(list_str02)
```

运行代码，结果如下所示。

```
['a', 'b', 'c', 'd']
['c', 'd']
```

③ insert( ) 方法用于将元素插入列表的指定位置，示例代码如下。

```
li = ['Python', 'C']
li.insert(0, 'Java')               # 在列表索引 0 的位置添加元素 'Java'
print(li)
```

运行代码，结果如下所示。

```
['Java', 'Python', 'C']
```

（3）删除列表元素

Python 中删除列表元素的常用方法有 remove( )、pop( ) 和 clear( )，关于这 3 个方法的具体介绍如下。

① remove( ) 方法用于删除列表中的某个元素，若列表中有多个匹配的元素，只会删除匹配到的第一个元素，示例代码如下。

```
chars = ['h', 'e', 'l', 'l', 'o']
chars.remove('l')          # 删除第一个匹配的元素 'l'
print(chars)
```

运行代码，结果如下所示。

```
['h', 'e', 'l', 'o']
```

② pop( ) 方法用于删除列表中的某个元素，可通过传入元素索引指定要删除的元素，如果不指定具体要删除的元素，那么会删除列表中的最后一个元素，示例代码如下。

```
numbers = [1, 2, 3, 4, 5]
print(numbers.pop())      # 删除列表中的最后一个元素
print(numbers)
print(numbers.pop(1))     # 删除列表中索引为 1 的元素
print(numbers)
```

运行代码，结果如下所示。

```
5
[1, 2, 3, 4]
2
[1, 3, 4]
```

③ clear( ) 方法用于清空列表中的所有元素，示例代码如下。

```
li_chars = ['h', 'e', 'l', 'l', 'o']
li_chars.clear()              # 清空列表
print(li_chars)
```

理论微课 5-4：修改列表元素

运行代码，结果如下所示。

```
[]
```

4. 修改列表元素

修改列表中的元素就是通过索引获取元素并对该元素重新赋值，示例代码如下。

```
li_one = ['ython', 'Java', 'C++', 'C']
li_one[0] = 'Python'      # 将索引为 0 的元素 'ython' 修改为 'Python'
print(li_one)
```

以上代码通过索引获取列表中的第 1 个元素“ython”，并将该元素重新赋值为“Python”，达到修改列表元素的效果。

运行代码，结果如下所示。

```
['Python', 'Java', 'C++', 'C']
```

■ 任务分析

根据任务描述可知，本任务需要对 5 个成语完成接龙。为了便于读者理解成语接龙的实现思路，可以按照从简到难先来完成两个成语的接龙，再完成 5 个成语的接龙。

1. 两个成语的接龙

两个成语的接龙相对比较简单，只需要按照成语接龙的规则，首先获取首个成语“万事如意”的末尾文字“意”，然后获取另一个成语的开头文字，最后判断另一个成语的开头文字是否为“意”。如果另一个成语的开头文字是“意”，那么可以将另一个成语接到首个成语的后面，如此便完成了两个成语的接龙。整个过程的实现思路如下。

① 每个成语可以视为一个字符串，成语的末尾文字或开头文字可以通过字符串的索引进行

获取。

② 完成接龙的两个成语具有一定的顺序，所以可以使用列表来保存这两个成语，起初列表中只有首个成语，即 ['万事如意']。

③ 使用 if 语句判断另一个成语是否符合接龙的条件，符合则需要通过列表的 append( ) 方法将该成语添加到首个成语的后面。

2. 5 个成语的接龙

5 个成语的接龙过程比较复杂，具体如下。

① 从发愤图强、笑容满面、意气风发、强颜欢笑中找开头文字是“意”的成语意气风发，找到后把该成语接到成语万事如意的后面，记录成语意气风发的末尾文字“发”。

② 从发愤图强、笑容满面、强颜欢笑中找开头文字是“发”的成语发愤图强，找到后把该成语接到前一个成语意气风发的后面，记录成语发愤图强的末尾文字“强”。

③ 从笑容满面、强颜欢笑中找开头文字是“强”的成语强颜欢笑，找到后把该成语接到前一个成语发愤图强的后面，记录成语强颜欢笑的末尾文字“笑”。

④ 找到开头文字是“笑”的成语笑容满面，把该成语接到前一个成语强颜欢笑的后面，记录成语强颜欢笑的末尾文字“面”。

以上过程可以使用 for 循环嵌套实现，外层循环用于控制查找成语的次数，具体次数取决于待连接成语的总数量，内层循环用于控制每次查找时比对的成语数量，具体数量取决于剩余成语的数量。

为了让程序找到符合的成语后不再继续比对其他成语，提高效率，可以在内层循环中使用 break 结束内层循环。

由于每次找到符合的成语后，需要把这个成语移除，避免下次继续查找一遍这个成语，所以可以使用列表存储待连接的所有成语，当找到符合的成语后便通过列表的 remove( ) 方法删除该成语。

■ 任务实现

结合任务分析的思路，接下来创建一个 Chapter05 项目，在该项目中创建一个 01_idiom.py 文件，在该文件中编写代码，实现成语接龙的任务，具体代码如下。

```
first_idiom = '万事如意'           # 首个成语
end_str = first_idiom[-1]          # 获取首个成语的末尾文字
new_li = [first_idiom]             # 保存拼接后的成语
li = ['发愤图强', '笑容满面', '意气风发', '强颜欢笑']
                                   # 包含成语的列表
for index in range(len(li)):
    for i in li:
        # 判断前面成语的末尾文字与后续成语的首文字是否相同
        if end_str == i[0]:
            # 添加到用于存储拼接后成语的列表中
            new_li.append(i)
            li.remove(i)           # 删除已经拼接的成语
            end_str = i[-1]        # 重新记录最后一个文字
```

```
            break
print(new_li)
```

运行 01_idiom.py，运行结果如图 5-2 所示。

图 5-2 01_idiom.py 运行的结果

从图 5-2 中可以看出，除第 1 个成语外，其他成语的第一个字是前一个成语的最后一个字。

任务 5-2 垃圾分类

实操微课 5-2：任务 5-2 垃圾分类

■ 任务描述

垃圾分类能减少对环境的污染，还能减少垃圾的占地面积。根据垃圾的属性，垃圾分为可回收垃圾、厨余垃圾、有害垃圾和其他垃圾，如表 5-1 所示。

表 5-1 垃圾种类及常见实物列举

垃圾种类	实物名称
可回收垃圾	废纸、塑料瓶、塑料桶、易拉罐、金属元件、玻璃瓶、废旧衣物、废弃家具、旧数码产品、旧家电
厨余垃圾	食材废料、菜帮菜叶、剩菜、剩饭、蔬菜水果、瓜果皮核、蛋壳、鸡骨、鱼骨、过期食品
有害垃圾	废电池、废灯管、消毒棉棒、废油漆、废杀虫剂
其他垃圾	砖瓦灰土、餐巾纸、保鲜膜

小明周末聚餐后，需要将废纸、塑料瓶、食材废料、餐巾纸等垃圾分类投入垃圾桶，请使用程序模拟垃圾分类工作。

■ 知识储备

理论微课 5-5：创建元组

1. 创建元组

元组是 Python 中另一个比较重要的数据类型，它与列表类似，也是由一系列按特定顺序排列的元素组成，但它里面的元素是不能修改的。元组的表现形式为一组包含在小括号“()”中、以逗号分隔的元素。元组中元素的个数、类型不受限制。

Python 中元组的创建有两种方式，既可以通过小括号“( )”创建，也可以通过内置的 tuple( ) 函数创建，关于这两种创建方式的介绍如下。

（1）使用小括号“()”创建元组

当使用小括号“( )”创建元组时，只需要将需要存储的元素添加到小括号中，并使用逗号分隔各个元素。如果创建元组时没有向小括号里面添加任何元素，那么该元组是一个空元组。

```
tu_one = ()                                   # 创建空元组
tu_two = (1,)                                 # 创建包含 1 个整型数据的元组
tu_three = ('P', 'y', 't', 'h', 'o', 'n')
                     # 创建包含多个字符串类型元素的元组
tu_four = (0.3, 1, 'python', '&')             # 创建包含多个不同类型元素的元组
```

需要注意的是，当使用小括号“( )”创建元组时，如果元组中只包含一个元素，那么需要在该元素的后面添加逗号，保证 Python 解释能够识别其为元组类型。

（2）使用 tuple( ) 函数创建元组

使用 tuple( ) 函数创建元组时，如果不向该函数中传入任何数据，就会创建一个空元组；如果要创建包含一个或多个元素的元组，就必须要传入可迭代对象。示例代码如下。

```
tuple_null = tuple()              # 创建空元组
print(tuple_null)
tuple_str = tuple('abc')          # 向 tuple() 函数传入字符串类型的数据
print(tuple_str)
tuple_list = tuple([1, 2, 3])  # 向 tuple() 函数传入列表类型的数据
print(tuple_list)
```

运行程序，结果如下所示。

```
()
('a', 'b', 'c')
(1, 2, 3)
```

2. 访问元组元素

与访问列表元素的方式相同，Python 也支持通过索引与切片访问元组中的元素，下面分别介绍通过索引访问元组元素和通过切片访问元组元素。

理论微课 5-6：访问元组元素

（1）通过索引访问元组元素

索引在元组中与列表中的使用方式相同，通过索引的方式访问元组中的元素，示例代码如下。

```
tuple_demo = ('hello', 100, 'Python')
print(tuple_demo[0])              # 访问索引为 0 的元素
print(tuple_demo[1])              # 访问索引为 1 的元素
print(tuple_demo[2])              # 访问索引为 2 的元素
```

运行代码，结果如下所示。

```
hello
100
Python
```

（2）通过切片访问元组元素

切片在元组中的使用方式与在列表中的使用方式相同，可以通过切片的形式访问元组中的元素，示例代码如下。

```
example_tuple = ('p', 'y', 't', 'h', 'o', 'n')
print(example_tuple[2:5])                    # 以切片方式访问元组元素
```

运行代码，结果如下所示：

```
('t', 'h', 'o')
```

需要注意的是，元组是不可变的数据类型，元组中的元素不能修改，即它不支持添加元素、删除元素或排序等操作。

任务分析

根据任务描述得知，要对废纸、塑料瓶、食材废料、餐巾纸这4种垃圾进行分类，首先使用列表存储垃圾名称，然后判断每种垃圾名称属于哪类，最后输出垃圾分类信息。本任务的实现思路具体如下。

（1）定义变量保存垃圾名称

因为待分类的垃圾名称有多个，所以可以定义一个列表类型的变量存储待分类的垃圾名称。

（2）定义变量保存不同的垃圾种类

为了能够判断待分类垃圾的所属分类，需要使用4个数据结构分别保存表5-1中4种不同的垃圾种类。每个分类下有多个垃圾名称，且是固定不变的，所以这种数据结构可以是元组。

（3）判断用户输入垃圾的种类

可以使用for语句遍历包含待分类垃圾的列表，取出每个垃圾名称，依次使用运算符in判断垃圾名称是否在元组中，若存在，则输出该垃圾的所属分类。

任务实现

结合任务分析的思路，接下来在Chapter05项目中创建02_refuse.py文件，在该文件中编写代码，实现垃圾分类的任务，具体代码如下。

```
waste_li = ['废纸', '塑料瓶', '食材废料', '餐巾纸']
# 可回收垃圾
recyclable_waste = ('废纸', '塑料瓶', '塑料桶', '易拉罐', '金属元件',
                    '玻璃瓶', '废旧衣物', '废弃家具', '旧数码产品', '旧
                    家电')
# 厨余垃圾
kitchen_waste = ('食材废料', '菜帮菜叶', '剩菜', '剩饭', '蔬菜水果', '瓜
                 果皮核','蛋壳', '鸡骨', '鱼骨', '过期食品')
# 有害垃圾
harmful_waste = ('废电池', '废灯管', '消毒棉棒', '废油漆','废杀虫剂')
# 其他垃圾
other_waste = ('砖瓦灰土', '餐巾纸', '保鲜膜')
if len(waste_li) == 0:
    print('内容不能为空')
else:
```

```
    for waste in waste_li:
        if waste in recyclable_waste:
            print(f'{waste} 是可回收垃圾 ')
        elif waste in kitchen_waste:
            print(f'{waste} 是厨余垃圾 ')
        elif waste in harmful_waste:
            print(f'{waste} 是有害垃圾 ')
        elif waste in other_waste:
            print(f'{waste} 是其他垃圾 ')
        else:
            print(" 没有找到所属分类 ")
```

运行 02_refuse.py，运行结果如图 5-3 所示。

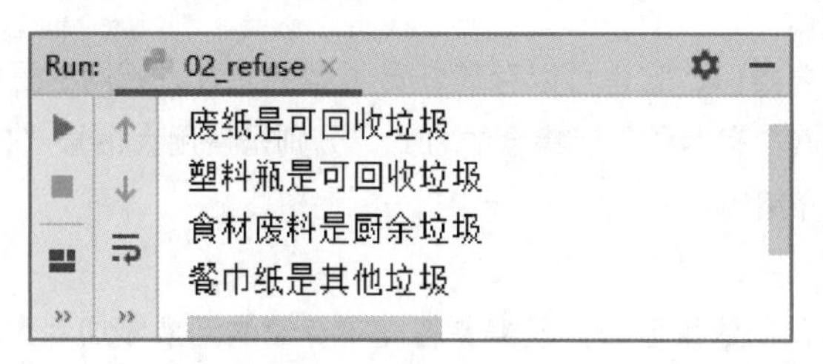

图 5-3　02_refuse.py 的运行结果

任务 5-3　单词记录本

■ 任务描述

实操微课 5-3：任务 5-3　单词记录本

背单词是英语学习中最基础的一环，不少学生在背诵单词的过程中会整理自己的单词记录本，这有助于不断丰富自己的词汇量。单词记录本的常见功能如图 5-4 所示。

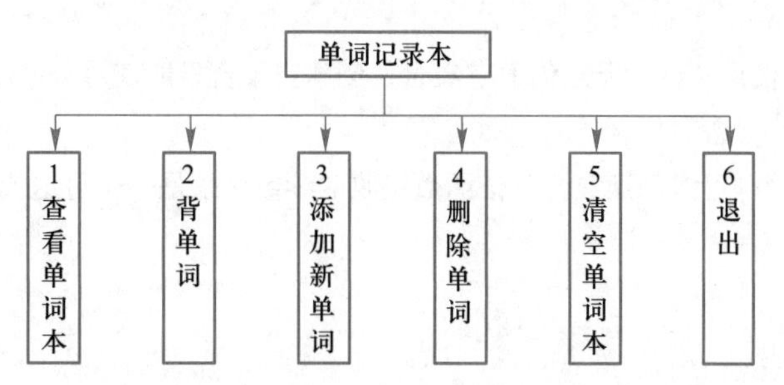

图 5-4　单词记录本的常见功能

在图 5-4 中，单词记录本共有 6 个功能，每个功能对应编号如图 5-4 所示，用户选择某个编号后程序会执行相应的功能。单词记录本中各功能的介绍如下。

① 查看单词本：展示单词本中全部的单词。若单词本中没有单词，则提示“单词本内容为空”。

② 背单词：从单词列表中一次取出一个单词，要求用户输入相应的翻译。若用户输入正确提示“太棒了”，输入错误提示“再想想”。

③ 添加新单词：用户分别输入新单词和翻译，输入完成后展示添加的新单词和翻译，并提示用户“单词添加成功”。若用户输入的单词已经存在于生词本中，提示“此单词已存在”。

④ 删除单词：展示单词列表，根据用户输入的单词选择要删除的生词，若输入的单词不存在提示“删除的单词不存在”，单词删除成功后提示“删除成功”。

⑤ 清空单词本：若单词列表为空，则提示“单词本内容为空”，否则清空单词本中的全部单词，并提示“单词本已清空”。

⑥ 退出单词本：退出程序。如果用户不主动选择退出，那么可以一直使用单词记录本。

本任务要求编写代码，实现具有以上功能的单词记录本。

知识储备

理论微课 5-7：创建集合

1. 创建集合

集合与列表类似，它也可以存储任意类型的元素，不同的是集合中的元素无序但必须唯一。Python 中有两种创建集合的方式，分别是使用大括号“{}”创建和使用 set( ) 函数创建，具体介绍如下。

（1）使用大括号“{}”创建集合

当使用大括号“{}”创建集合时，只需要将需要存储的元素添加到大括号中，并且各个元素之间使用逗号分隔。示例代码如下。

```
set_one = {'Python', 'Java'}                # 创建包含相同类型元素的集合
set_two = {0.3, 1, 'Python'}                # 创建包含不同类型元素的集合
print(set_one)
print(set_two)
```

运行代码，结果如下所示。

```
{'Java', 'Python'}
{0.3, 1, 'Python'}
```

需要注意的是，使用“{}”无法创建空集合，创建空集合只能使用 set( ) 函数。

（2）使用 set( ) 函数创建集合

使用 set( ) 函数同样可以创建集合，该函数接收的参数必须是一个可迭代类型的数据，示例代码如下。

```
set_demo1 = set([1, 1, 2, 3])                # 传入列表
set_demo2 = set((2, 3, 4))                   # 传入元组
set_demo3 = set('Python')                    # 传入字符串
set_demo4 = set()                            # 创建空集合
print(set_demo1)
print(set_demo2)
print(set_demo3)
print(set_demo4)
```

运行代码，结果如下所示。

```
{1, 2, 3}
{2, 3, 4}
{'P', 't', 'h', 'o', 'n', 'y'}
set()
```

2. 集合的内置方法

集合是一种可变的数据类型，它支持添加集合元素、删除集合元素等一些操作，关于它们的介绍如下。

理论微课 5-8：集合的内置方法

（1）添加集合元素

Python 中向集合中添加元素的方法有 add( ) 和 update( )，关于这两个方法的介绍具体如下。

① add( ) 方法用于向集合中添加元素，且每次只能添加一个元素。若要添加的元素已经存在，则不做任何处理。示例代码如下。

```
set_one = set()              # 创建一个空集合
set_one.add('Python')        # 使用 add() 方法向集合中添加元素
print(set_one)
set_one.add('Python')        # 使用 add() 方法向集合中添加同一个元素
print(set_one)
```

运行代码，结果如下所示。

```
{'Python'}
{'Python'}
```

从输出结果可以看出，程序两次输出的集合中只有一个元素，说明第一次成功向集合中添加了新元素，第二次没有向集合中添加元素。

② update( ) 方法用于一次向集合添加多个元素，示例代码如下。

```
set_demo = set()             # 创建一个空集合
set_demo.update({"Python", "Java", "C++"})
                             # 使用 update() 方法向集合中添加元素
print(set_demo)
```

运行代码，结果如下所示。

```
{'Python', 'C++', 'Java'}
```

（2）删除集合元素

Python 中删除集合元素的方法有 remove( ) 方法、pop( ) 方法、discard( ) 方法和 clear( ) 方法，关于这 4 个方法的介绍具体如下。

① remove( ) 方法用于删除集合中的某个元素，且只删除匹配到的第一个元素。如果待删除的元素不存在，则程序会报错。示例代码如下。

```
set_demo = {"Python", "Java", "C++"}
set_demo.remove("Python")              # 删除集合元素 "Python"
print(set_demo)
```

运行代码，结果如下所示。

```
{'C++', 'Java'}
```

② pop( ) 方法用于随机删除集合中的某个元素，如果集合为空，则程序会报错。示例代码如下。

```
set_demo = {"Python", "Java", "C++"}
set_demo.pop()                          # 随机删除集合中一个元素
print(set_demo)
```

运行代码，结果如下所示。

```
{'C++', 'Java'}
```

③ discard( ) 方法用于删除集合中指定的元素，若指定的元素不存在，该方法不会执行任何操作，示例代码如下。

```
set_demo = {"Python", "Java", "C++"}
set_demo.discard("Python")              # 删除集合中的元素"Python"
print(set_demo)
```

运行代码，结果如下所示。

```
{'C++', 'Java'}
```

④ clear( ) 方法用于清空集合中所有的元素，示例代码如下。

```
set_demo = {"Python", "Java", "C++"}
set_demo.clear()                        # 清空集合中的元素
print(set_demo)
```

运行代码，结果如下所示。

```
set()
```

■ 任务分析

根据任务描述可知，单词记录本记录时需要删减或添加单词，且单词也不能重复。因此需要定义一个集合来存储所有的单词。

用户不主动退出可以一直使用单词记录本进行操作，所以可以将所有功能代码在 while 循环中实现，在 while 循环中使用 input( ) 函数接收用户输入的编号，根据编号去执行相应的功能。单词记录本各功能的实现思路如下。

（1）查看单词本功能

查看单词本功能的逻辑是：使用 len( ) 函数判断单词集合的长度是否为 0，若长度为 0，则提示“单词本内容为空”。若长度不为 0，则输出当前单词记录本中的所有单词。

（2）背单词功能

背单词功能的逻辑是：判断单词记录本中单词集合的长度是否为 0，若长度为 0，则提示“单词本内容为空”。若长度不为 0，则通过 for 语句遍历单词集合，将单词集合中的每个单词以“:”进行分隔，分隔完成后通过索引获取要考核的单词及翻译，接收用户从键盘输入的翻译，通过 if 语句判断用户输入的翻译是否与单词集合中的翻译相同。若相同输出“太棒了”，不相同则输出“再想想”。

（3）添加新单词功能

添加新单词功能的逻辑是：首先使用 input( ) 函数接收要添加的单词，获取添加的单词后，通过 for 语句遍历单词集合，判断要添加的单词是否在单词集合中。若要添加的单词在单词集合中，则提示“添加单词重复”后结束循环。若不存在，则提示用户继续输入要添加单词的翻译，以“单词：翻译”格式拼接成字符串，拼接完成后保存到单词集合中，并提示“单词添加成功”。

（4）删除单词功能

删除单词功能的逻辑是：判断单词集合的长度是否为 0，若长度为 0，则提示“单词本为空”。若长度不为 0，则首先展示单词集合中的所有单词，然后接收用户要删除的单词，将单词集合的数据类型转换为列表类型，通过 for 语句遍历单词集合，判断用户要删除的单词是否与单词集合中的单词相同。若相同，则使用 discard( ) 函数删除集合中的单词，并提示“删除单词成功”。若输入的单词不存在单词集合中，则提示“删除的单词不存在”。

（5）清空单词本功能

清空单词本功能的逻辑是：判断单词集合的长度是否为 0，若长度为 0，则提示“单词本为空”；若长度不为 0，则使用 clear( ) 函数清空单词集合中的数据。

（6）退出功能

退出功能的逻辑是：结束单词记录本程序，通过在 while 循环中使用 break 语句即可结束单词记录本程序。

为了便于用户在每次输入编号之前，知道该编号对应的功能，可以在 while 循环之前输出功能菜单，展示单词记录本支持的所有功能及其对应的编号。

■ 任务实现

结合任务分析的思路，接下来在 Chapter05 项目中创建一个 03_word_notebook.py 文件，在该文件中编写代码，分步骤实现单词记录本的任务，具体步骤如下。

① 定义单词集合以及展示功能菜单，具体代码如下。

```
data_set = set()                # 单词集合
print('=' * 20)
print('欢迎使用单词记录本')
print('1.查看单词本')
print('2.背单词')
print('3.添加新单词')
print('4.删除单词')
print('5.清空单词本')
print('6.退出')
print('=' * 20)
```

② 查看单词本功能的代码如下。

```
while True:
    fun_num = input('请输入功能编号：')
    if fun_num == '1':                          # 查看生词本功能
        if len(data_set) == 0:                  # 判断单词集合的长度是否为 0
            print('单词本内容为空')
        else:
            print(data_set)                     # 输出保存所有单词的集合
```

③ 背单词功能的代码如下。

```
    elif fun_num == '2':                        # 背单词功能
        if len(data_set) == 0:
            print('单词本内容为空')
        else:
            for random_words in data_set:
                word = random_words.split(':')
                in_words = input("请输入" + word[0] + '翻译' + ': \n')
                if in_words == word[1].strip():
                    print('太棒了')
                else:
                    print('再想想')
```

④ 添加新单词功能的代码如下。

```
    elif fun_num == '3':          # 添加新单词功能
        new_words = input('请输入新单词：')
        for i in data_set:
            # 判断输入的单词是否在单词集合中
            if new_words in i.split(':')[0]:
                print('添加单词重复')
                break
        else:
            new_chinese = input('请输入单词翻译：')
            # 将单词和翻译拼接成字符串
            words = new_words + ':' + new_chinese
            # 将单词添加到单词集合中
            data_set.add(words)
            print('单词添加成功')
```

⑤ 删除单词功能的代码如下。

```
    elif fun_num == '4':                        # 删除单词功能
        if len(data_set) == 0:
            print('单词本为空')
        else:
            print(data_set)
            del_wd = input("请输入要删除的单词:")
            world_li = []
```

```
        for i in data_set:
            word_li.append(i.split(':')[0])
        if del_wd not in word_li:
            print('删除的单词不存在')
        else:
            for i in list(data_set):
                if del_wd in i:
                    data_set.discard(i)
                    print('删除成功!')
```

⑥ 清空单词本功能的代码如下。

```
    elif fun_num == '5':                          # 清空单词功能
        if len(data_set) == 0:
            print('单词本为空')
        else:
            data_set.clear()
            print('单词本清空成功')
```

⑦ 退出功能的代码如下。

```
    elif fun_num == '6':                          # 退出功能
        print('退出成功')
        break
```

运行 03_word_notebook.py 结果如图 5-5 所示。

图 5-5　03_word_notebook.py 的运行结果

任务 5-4　手机通讯录

■ 任务描述

手机通讯录记录了联系人的联系方式和基本信息，人们在手机通讯录中通过姓名可以方便地查

实操微课 5-4：任务5-4 手机通讯录

看相关联系人的手机号、电子邮箱、联系地址等信息，也可以自由编辑联系人信息，包括新增、修改、删除联系人等。下面是手机通讯录常见的功能，如图 5-6 所示。

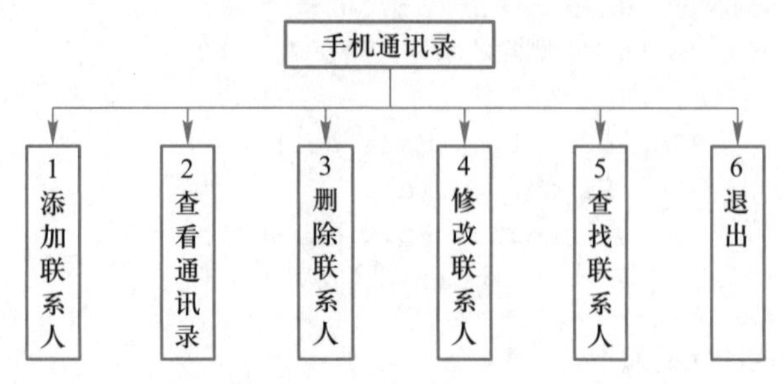

图 5-6 手机通讯录常见的功能

图 5-6 中的通讯录包含 6 个功能，每个功能都对应一个序号，用户选择序号，程序会执行相应的操作。手机通讯录中各功能的介绍如下。

① 添加联系人：用户根据提示分别输入联系人的姓名、手机号、电子邮箱和联系地址，输入完成后提示“保存成功”。注意，若输入的用户信息为空，会提示“请输入正确信息”。

② 查看通讯录：按固定的格式输出通讯录中每个联系人的信息。若通讯录中还没有添加过联系人，提示“通讯录无信息”。输出通讯录联系人信息格式如下。

```
姓名：李四
手机号：123
电子邮箱：123
联系地址：北京
```

③ 删除联系人：用户根据提示“请输入要删除的联系人姓名：”输入联系人的姓名，若该联系人在通讯录中，则删除该联系人，提示“删除成功”，否则提示“该联系人不在通讯录中”。注意，若通讯录中还没有添加过联系人，提示“通讯录无信息”。

④ 修改联系人：用户根据提示输入要修改的联系人的姓名，之后按照提示分别输入该联系人的新姓名、新手机号、新电子邮箱、新联系地址，并输出此时的通讯录信息。注意，若通讯录中还没有添加过联系人，提示“通讯录无信息”。

⑤ 查找联系人：用户根据提示“请输入要查找的联系人姓名”输入联系人的姓名，若该联系人存在于通讯录中，则输出该联系人的所有信息，否则提示“该联系人不在通讯录中”。注意，若通讯录中还没有添加过联系人，则提示“通讯录无信息”。

⑥ 退出：退出手机通讯录。如果用户不主动选择退出，那么可以一直使用手机通讯录。

本任务要求编写程序，实现具有上述功能的手机通讯录。

■ 知识储备

理论微课 5-9：创建字典

1. 创建字典

字典的表现形式为一组包含在大括号“{}”中的键值对，每个键值对为一个字典元素，每个字典元素通过逗号分隔，每个键值对通过“:”分隔。字典的值可以是任意类型，但键不能是可变类型（例如，列表、字典、集合），并且键值对必须是唯一的。

Python 中可以使用大括号“{}”和 dict( ) 函数创建字典，这两种创建字典的方式介绍如下。

(1) 使用大括号“{}”创建字典

在使用大括号“{}”创建字典时，只需要将元素以“键 : 值”形式存储到大括号中，每个键值对之间使用逗号进行分隔，示例代码如下。

```
dict_demo1 = {'姓名': '李四'}                    # 字典中存储 1 个元素
dict_demo2 = {'年龄':20, '性别':'男'}            # 字典中存储 2 个元素
```

(2) 使用 dict( ) 函数创建字典

在使用 dict( ) 函数创建字典时，需要将键和值使用“=”进行连接后传入 dict( ) 函数，其语法格式如下。

```
dict(键 1= 值 1, 键 2= 值 2, ...)
```

例如，使用 dict( ) 函数创建一个记录个人信息的字典，示例代码如下。

```
info = dict(name='李朋', age=21, addr='北京')
print(info)
```

运行代码，结果如下所示。

```
{'name': '李朋', 'age': 21, 'addr': '北京'}
```

2. 访问字典元素

理论微课 5-10：访问字典元素

Python 中通过指定的键和 get( ) 方法可以访问字典中的元素，关于这两种方式的使用具体如下。

(1) 通过指定的键访问字典元素

因为字典中的键是唯一的，所以可以通过字典的键获取对应的值，示例代码如下。

```
color_dict = {'purple': '紫色', 'green': '绿色', 'black': '黑色'}
print(color_dict['purple'])                  # 获取键 purple 对应的值
```

运行代码，结果如下所示。

```
紫色
```

(2) 通过 get( ) 方法访问字典元素

get( ) 方法可以根据指定的键从字典中访问对应的值，若指定的键不存在，则返回默认值，该方法的语法格式如下。

```
dict.get(key[,default])
```

以上格式中各参数的含义如下：

① key：表示要访问字典中的键。

② default：表示设置的默认值，若未设置默认值，则默认为 None。

下面通过代码演示如何使用 get( ) 方法访问字典中的值，示例代码如下。

```
color_dict = {'purple': '紫色', 'green': '绿色', 'black': '黑色'}
print(color_dict.get('purple'))        # 获取键 purple 对应的值
```

运行代码，结果如下所示。

```
紫色
```

理论微课 5-11：字典的内置方法

3. 字典的内置方法

为了便于开发人员操作字典中的元素，Python 提供了一些内置方法，通过这些内置方法实现常见的字典操作，包括添加字典元素、修改字典元素、删除字典元素，关于它们的介绍如下。

（1）字典元素的添加和修改

Python 中支持使用 update( ) 方法或通过指定键的方式向字典中添加元素或修改字典的元素，若要添加的键已存在，则会修改键对应的值。下面分别演示如何修改和添加字典元素。

① 在使用 update( ) 方法修改或添加元素时，需要将要修改的或要添加的元素以“键 = 值”的形式传入 update( ) 方法，示例代码如下。

```
add_dict = {'stu1': '李明', 'stu2':'赵刚'}
add_dict.update(stu2='赵军')                # 使用 update() 方法修改元素
print(add_dict)
add_dict.update(stu3='李思')                # 使用 update() 方法添加元素
print(add_dict)
```

运行代码，结果如下所示。

```
{'stu1': '李明', 'stu2': '赵军'}
{'stu1': '李明', 'stu2': '赵军', 'stu3': '李思'}
```

② 通过“字典 [键]= 值”可以根据指定键修改或添加元素，若要添加的键已存在，则会修改字典中对应键的值，示例代码如下。

```
add_dict = {'stu1': '李明', 'stu2': '赵刚'}
add_dict['stu2'] = '赵军'               # 通过指定键修改元素
print(add_dict)
add_dict['stu3'] = '李思'               # 通过指定键添加元素
print(add_dict)
```

运行代码，结果如下所示。

```
{'stu1': '李明', 'stu2': '赵军'}
{'stu1': '李明', 'stu2': '赵军', 'stu3': '李思'}
```

（2）删除字典元素

Python 中使用 pop( )、popitem( ) 和 clear( ) 方法可以删除字典中的元素，下面分别介绍这 3 个方法的具体功能。

① pop( ) 方法用于根据指定键删除字典中的元素，若删除成功，该方法返回刚刚删除的元素，示例代码如下。

```
per_info = {'001': '张三', '002': '李四', '003': '王五',
            '004': '赵六', }
# 使用pop()方法删除键为001的元素
print(f'删除的数据: {per_info.pop("001")}')
print(per_info)
```

运行代码，结果如下所示：

```
删除的数据: 张三
{'002': '李四', '003': '王五', '004': '赵六'}
```

② popitem( ) 方法用于删除字典中的最后一个元素，若删除成功，该方法会返回刚刚删除的元素，示例代码如下。

```
per_info = {'001': '张三', '002': '李四', '003': '王五',
            '004': '赵六'}
# 使用popitem()方法删除最后一个键值对
print(f'删除的数据: {per_info.popitem()}')
print(per_info)
```

运行代码，结果如下所示。

```
删除的数据: ('004', '赵六')
{'001': '张三', '002': '李四', '003': '王五'}
```

③ clear( ) 方法用于清空字典中的元素，示例代码如下。

```
per_info = {'001': '张三', '002': '李四', '003': '王五',
            '004': '赵六', }
# 使用clear()方法清空字典中的元素
per_info.clear()
print(per_info)
```

运行代码，结果如下所示。

```
{}
```

（3）查看字典

Python 中使用 keys( )、values( ) 和 items( ) 方法可以查看字典中的所有键、值或键值对的具体信息，下面分别介绍这 3 个方法的功能。

① 使用 items( ) 方法可以查看字典中所有的键值对，示例代码如下。

```
per_info = {'001': '张三', '002': '李四', '003': '王五' }
print(per_info.items())          # 查看字典中所有的键值对
```

运行代码，结果如下所示。

```
dict_items([('001', '张三'), ('002', '李四'), ('003', '王五')])
```

items( ) 方法会返回一个 dict_items 对象，该对象支持迭代操作，可以通过 for 语句遍历 dict_ items 对象中的键值对并以 (key,value) 的形式显示，示例代码如下。

```
per_info = {'001': '张三', '002': '李四', '003': '王五' }
for i in per_info.items():
    print(i)
```

运行代码，结果如下所示。

```
('001', '张三')
('002', '李四')
('003', '王五')
```

② 使用 keys( ) 方法可以查看字典中所有的键，示例代码如下。

```
print(per_info.keys())
```

运行代码，结果如下所示。

```
dict_keys(['001', '002', '003'])
```

keys( ) 方法会返回一个 dict_keys 对象，该对象也支持迭代操作，可以通过 for 语句遍历输出字典中所有的键，示例代码如下。

```
for i in per_info.keys():
    print(i)
```

运行代码，结果如下所示。

```
001
002
003
```

③ 使用 values( ) 方法可以查看字典中所有的值，示例代码如下。

```
print(per_info.values())
```

运行代码，结果如下所示。

```
dict_values(['张三', '李四', '王五'])
```

values( ) 方法会返回一个 dict_values 对象，该对象支持迭代操作，可以使用 for 语句遍历输出字典中所有的值，示例代码如下。

```
per_info = {'001': '张三', '002': '李四', '003': '王五'}
for i in per_info.values():
    print(i)
```

运行代码，结果如下所示。

```
张三
李四
```

```
王五
```

任务分析

根据任务描述可知，通讯录程序所包含的大多数功能都会涉及联系人的相关操作，因此在实现各个功能之前，需要定义一个用于存储所有联系人信息的列表，并在这个列表中以字典的形式存储每个联系人的信息，列表的格式如下。

```
[{'姓名':'李平','手机号':'123','邮箱':'123@123.com','地址':'河北'},
  {'姓名':'张雷','手机号':'345','邮箱':'345@123.com','地址':'天津'}]
```

因为用户不主动退出可以一直使用手机通讯录进行各种操作，所以可以将所有功能代码放到循环中，在循环中使用 input( ) 函数接收用户输入的编号，根据编号去执行相应的功能。通讯录各功能的实现思路如下。

（1）添加联系人功能

添加联系人功能的逻辑是：首先使用 input( ) 函数接收用户输入的联系人姓名、手机号、电子邮箱和联系地址，然后使用 strip( ) 函数去除用户输入姓名中的空格，并使用 if 语句判断去除空格后的字符串是否为空，若为空，则提示“请输入正确信息”，并结束本次循环。若输入的联系信息符合规范，则将用户输入的联系人信息添加到用于存储联系人信息的字典中，并提示“保存成功”。

（2）查询通讯录功能

查询通讯录功能的逻辑是：使用 if 语句判断用于存储所有联系人信息的列表长度是否为 0，若长度为 0，则提示“通讯录无信息”。若长度不为 0，则使用 for 循环嵌套遍历展示所有联系人信息，其中外层循环用于遍历存储所有联系人信息的列表，内层循环用于遍历存储单个联系人信息的字典。

（3）删除联系人功能

删除联系人功能的逻辑是：首先判断存储所有联系人信息的列表长度是否为 0，不为 0 则接收用户输入的要删除的联系人，然后通过 for 语句遍历联系人列表，并判断用户要删除的联系人是否在联系人列表中，若存在，则使用 remove( ) 方法删除联系人列表中的联系人信息，并提示“删除成功”。若要删除的联系人不在联系人列表中，则提示“该联系人不在通讯录中”。若存储所有联系人信息的列表长度为 0，则提示“通讯录无信息”。

（4）修改联系人功能

修改联系人功能的逻辑是：首先判断存储所有联系人信息的列表长度是否为 0。若不为 0，则接收用户输入的要修改联系人的姓名，接着使用 for 语句遍历联系人列表，查找要修改的联系人信息，因为单个联系人信息保存在字典中，所以可通过 for 语句将联系人信息以“姓名：张三”格式输出，然后提示用户输入新的姓名、手机号、电子邮箱、联系地址，最后使用 update( ) 方法修改联系人信息。若列表长度为 0，输出“通讯录无信息”。

（5）查找联系人功能

查找联系人功能的逻辑是：先判断存储所有联系人信息的列表长度是否为 0。若不为 0，则接收用户输入的要查找联系人的姓名，接着使用 for 语句遍历联系人列表，查找相应的联系人信息，因为单个联系人信息保存在字典中，所以可通过 for 语句遍历将联系人信息以“姓名：张三”格式输出，并结束当前循环。若列表长度为 0，输出“通讯录无信息”。

（6）退出功能

退出功能的逻辑比较简单，只需要在while循环中使用break语句结束循环即可，如此便可以退出手机通讯录程序。

为了便于用户在每次输入编号之前，知道该编号对应的功能，可以在while循环之前输出功能菜单，通过功能菜单展示手机通讯录支持的所有功能及其对应的编号。

任务实现

结合任务分析的思路，接下来在Chapter05项目中创建04_address_book.py文件，在该文件中编写代码，分步骤实现手机通讯录的功能，具体步骤如下。

① 定义存储联系人列表，输出功能菜单，具体代码如下。

```
person_info = []
print("=" * 20)
print('欢迎使用通讯录：')
print("1. 添加联系人")
print("2. 查看通讯录")
print("3. 删除联系人")
print("4. 修改联系人")
print("5. 查找联系人")
print("6. 退出")
print("=" * 20)
```

② 添加联系人功能的代码如下。

```
while True:
    per_dict = {}
    fun_num = input('请输入功能序号：')
    if fun_num == '1':
        per_name = input('请输入联系人的姓名：')
        phone_num = input('请输入联系人的手机号：')
        per_email = input('请输入联系人的邮箱：')
        per_address = input('请输入联系人的地址：')
        # 判断用户输入的姓名是否为空
        if per_name.strip() == '':
            print('请输入正确信息')
            continue
        else:
            per_dict.update({'姓名': per_name,
                             '手机号': phone_num,
                             '电子邮箱': per_email,
                             '联系地址': per_address})
            person_info.append(per_dict)
                             # 保存到列表中
            print('保存成功')
```

③ 查询通讯录功能的代码如下。

```
elif fun_num == '2':
    if len(person_info) == 0:
        print('通讯录无信息')
    for i in person_info:
        for title, info in i.items():
            print(title + ':' + info)
```

④ 删除联系人功能的代码如下。

```
elif fun_num == '3':                # 删除联系人
    if len(person_info) != 0:
        del_name = input('请输入要删除的联系人姓名：')
        for i in person_info:
            if del_name in i.values():
                person_info.remove(i)
                print(person_info)
                print('删除成功')
                break
            else:
                print('该联系人不在通讯录中')
    else:
        print('通讯录无信息')
```

⑤ 修改联系人信息功能的代码如下。

```
elif fun_num == '4':      # 修改联系人
    if len(person_info) != 0:
        modi_info = input('请输入要修改联系人姓名：')
        for i in person_info:
            if modi_info in i.values():
                # 获取所在元组在列表中的索引位置
                index_num = person_info.index(i)
                dict_cur_perinfo = person_info[index_num]
                for title, info in dict_cur_perinfo.items():
                    print(title + ':' + info)
                modi_name = input('请输入新的姓名：')
                modi_phone = input('请输入新的手机号：')
                modi_email = input('请输入新的邮箱：')
                modi_address = input('请输入新的地址：')
                dict_cur_perinfo.update(姓名=modi_name)
                dict_cur_perinfo.update(手机号=modi_phone)
                dict_cur_perinfo.update(电子邮箱=modi_email)
                dict_cur_perinfo.update(联系地址=modi_address)
    else:
        print('通讯录无信息')
```

⑥ 查找联系人功能的代码如下。

```
    elif fun_num == '5':              # 查找联系人
        if len(person_info) != 0:
            query_name = input('请输入要查找的联系人姓名：')
            for i in person_info:
                if query_name in i.values():
                    index_num = person_info.index(i)
                    for title, info in person_info[index_num].items():
                        print(title + ':' + info)
                    break
            else:
                print('该联系人不在通讯录中')
        else:
            print('通讯录无信息')
```

⑦ 退出功能的代码如下。

```
    elif fun_num == '6':              # 退出
        print('退出成功')
        break
```

运行04_address_book.py，执行“添加联系人”和“查看通讯录”功能，运行结果如图5-7所示。

执行“修改联系人”和“删除联系人”功能，运行结果如图5-8所示。

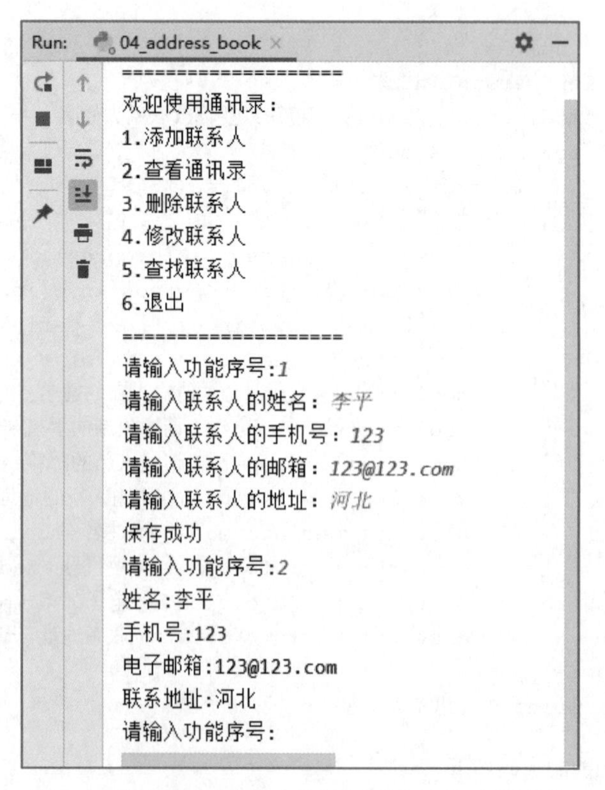

图5-7 “添加联系人”和“查看通讯录”功能，运行结果

图 5-8 “修改联系人”和“删除联系人”功能的运行结果

执行“查找联系人”和“退出”功能，运行结果如图 5-9 所示。

图 5-9 “查找联系人”和“退出”功能的运行结果

知识梳理

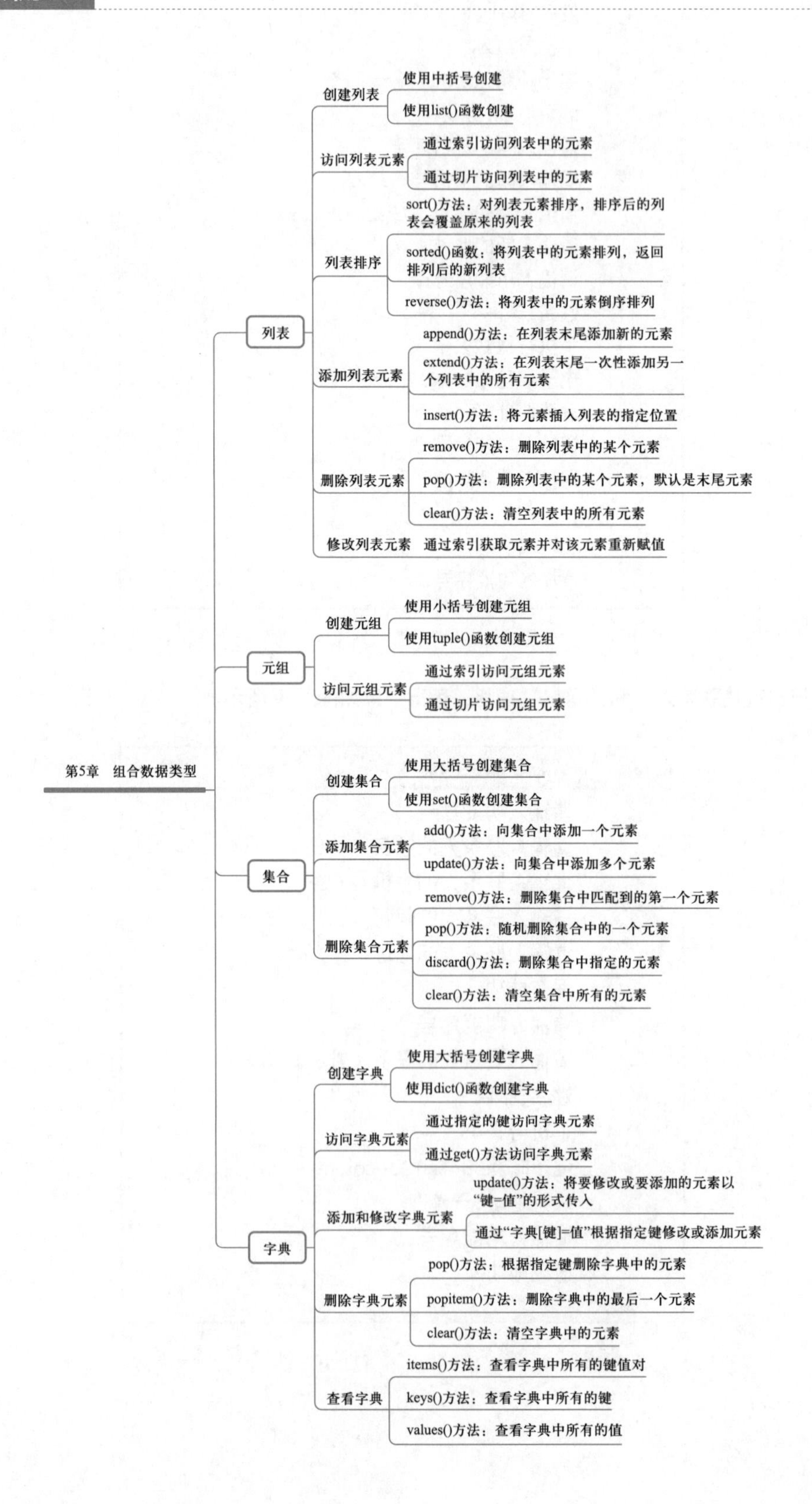
第5章 组合数据类型
列表
创建列表
使用中括号创建
使用list()函数创建
访问列表元素
通过索引访问列表中的元素
通过切片访问列表中的元素
列表排序
sort()方法：对列表元素排序，排序后的列表会覆盖原来的列表
sorted()函数：将列表中的元素排列，返回排列后的新列表
reverse()方法：将列表中的元素倒序排列
添加列表元素
append()方法：在列表末尾添加新的元素
extend()方法：在列表末尾一次性添加另一个列表中的所有元素
insert()方法：将元素插入列表的指定位置
删除列表元素
remove()方法：删除列表中的某个元素
pop()方法：删除列表中的某个元素，默认是末尾元素
clear()方法：清空列表中的所有元素
修改列表元素
通过索引获取元素并对该元素重新赋值
元组
创建元组
使用小括号创建元组
使用tuple()函数创建元组
访问元组元素
通过索引访问元组元素
通过切片访问元组元素
集合
创建集合
使用大括号创建集合
使用set()函数创建集合
添加集合元素
add()方法：向集合中添加一个元素
update()方法：向集合中添加多个元素
删除集合元素
remove()方法：删除集合中匹配到的第一个元素
pop()方法：随机删除集合中的一个元素
discard()方法：删除集合中指定的元素
clear()方法：清空集合中所有的元素
字典
创建字典
使用大括号创建字典
使用dict()函数创建字典
访问字典元素
通过指定的键访问字典元素
通过get()方法访问字典元素
添加和修改字典元素
update()方法：将要修改或要添加的元素以“键=值”的形式传入
通过“字典[键]=值”根据指定键修改或添加元素
删除字典元素
pop()方法：根据指定键删除字典中的元素
popitem()方法：删除字典中的最后一个元素
clear()方法：清空字典中的元素
查看字典
items()方法：查看字典中所有的键值对
keys()方法：查看字典中所有的键
values()方法：查看字典中所有的值

本章习题

一、填空题

① 使用内置的________函数可创建一个列表。

② 使用内置的________方法可以将列表中元素倒序排列。

③ ________方法用于在列表末尾一次性添加另一个列表中的所有元素。

④ 集合中的元素无序并且________。

⑤ 字典中的键具有________性。

二、判断题

① remove( ) 方法会删除列表中所有匹配的元素。 (　　)

② 列表支持索引和切片操作。 (　　)

③ 集合可以通过大括号“{}”或 set( ) 函数创建。 (　　)

④ 列表只能存储字符串类型的数据。 (　　)

⑤ 如果元组中只包含一个元素，那么需要在该元素的后面添加逗号。 (　　)

三、选择题

① 一个字典中若包含多个元素，可使用（　　）方法清空字典中的所有元素。

A. clear( )　　B. popitem( )　　C. pop( )　　D. remove( )

② 下列选项中，关于列表的描述错误的是（　　）。

A. 使用中括号创建列表时，只需要将元素添加到中括号中，并使用逗号进行分隔

B. Python 中的列表支持双向索引

C. 使用 insert( ) 方法可以将元素插入到列表的指定位置

D. 默认情况下，pop( ) 方法会删除列表中第一个元素

③ 下列选项中，关于集合的描述错误的是（　　）。

A. 集合中的元素是可以重复的

B. 使用 set( ) 函数创建集合时，需向该函数传入可迭代对象

C. 使用 add( )、update( ) 方法均可以向集合中添加元素

D. 集合可以存储任意类型的数据

④ 下列选项中，关于字典的描述说法错误的是（　　）。

A. 字典中的值可以是任意类型　　B. 字典的键可以是列表类型

C. 字典的键是唯一的　　D. 使用 dict( ) 函数可以创建一个字典

⑤ 下列选项中，关于元组的描述说法错误的是（　　）。

A. 通过小括号 ( ) 或 tuple( ) 函数创建元组

B. 使用 tuple( ) 函数创建元组时，需向该函数传入可迭代对象

C. 使用内置方法可以向元组中添加元素

D. 元组支持索引和切片操作

四、简答题

① 简述组合数据类型有哪些，并说明它们的创建方式。

② 简述对列表排序的方法，并说明各个方法的区别。

五、编程题

① 编写程序，判断列表 li = [1,2,3,4,2,3] 是否包含重复的数据，若包含，则输出重复的数据。

② 编写程序，将列表 li = [2,5,3,4,6,3,2,5] 中索引值为奇数的数字变成数字的平方，索引值为偶数的数字不变，并输出改变后的列表。

第 6 章

函数

- 了解函数的概念，能够了解程序中使用函数的好处。
- 掌握函数的定义和调用，能够熟练定义和调用函数。
- 掌握参数的传递方式，能够通过各种类型的参数向函数传递数据。
- 熟悉作用域的概念，能够区分程序中的全局变量和局部变量。
- 掌握 global 和 nonlocal 关键字的用法，能够通过这两个关键字修改变量的作用域。
- 掌握递归函数的使用，能够运用递归函数解决阶乘的问题。
- 掌握匿名函数的使用，能够运用匿名函数简化函数的定义。

PPT：第 6 章　函数

PPT

教学设计：第 6 章　函数

在开发程序时有些功能的逻辑十分相似或完全相同，只要使用这个功能，就需要在相应的位置执行相似或者重复的代码块。如果一个代码块存在问题，那么所有的代码块都要同步修改。这不仅会让程序存在大量重复的代码块，而且增加了代码的维护成本。函数解决了这些问题，它会将相似或重复的代码封装成特定功能的代码模块，使整个程序的结构变得清晰。本章通过6个任务对函数相关的知识进行详细讲解。

任务6-1 寻找缺失数字

实操微课6-1：任务6-1 寻找缺失数字

■ 任务描述

现有一组数字1～10，我们先从这组数字中抽出一个数字8，再将剩余数字的顺序全部打乱，打乱顺序后得到的一组数字为10、1、4、3、6、9、2、5、7。

本任务要求编写一个函数，用于从打乱顺序后的这组数字中寻找缺失数字8。

■ 知识储备

1. 认识函数

理论微课6-1：认识函数

在程序开发中，函数是组织好的、实现单一功能或相关联功能的代码段。在前面的章节中我们已经接触过一些函数，例如，用于向控制台输出语句的print( )函数、用于接收用户输入的input( )函数等。可以将函数视为一段有名字的代码，这类代码可以在程序需要的地方以“函数名( )”的形式调用。

为了帮助大家更直观地理解使用函数的好处，下面分别以非函数和函数两种形式编写实现输出边长分别为2*2、3*3、4*4个星号的正方形程序的代码，具体如图6-1所示。

```
# 输出2*2个星号的正方形
for i in range(2):
    for i in range(2):
        print('*', end=' ')
    print()
# 输出3*3个星号的正方形
for i in range(3):
    for i in range(3):
        print('*', end=' ')
    print()
# 输出4*4个星号的正方形
for i in range(4):
    for i in range(4):
        print('*', end=' ')
    print()
```

(a) 未使用函数的程序

```
# 输出正方形的函数
def print_square(length):
    for i in range(length):
        for i in range(length):
            print('*', end=' ')
        print()
```

```
# 使用函数，输出2*2个星号的正方形
print_square(2)
# 使用函数，输出3*3个星号的正方形
print_square(3)
# 使用函数，输出4*4个星号的正方形
print_square(4)
```

(b) 使用函数的程序

图6-1 未使用和使用函数的程序

对比图6-1(a)和图6-1(b)可知，使用函数的程序结构更加清晰、代码更加精简。

试想一下，程序若希望再输出一个边长为5*5个星号的正方形，对于未使用函数的程序而言，需要重新编写一段冗余代码。对于使用函数的程序而言，只需要调用输出正方形的函数 print_square( )，将参数修改为 5 即可。

综上所述，相较之前的编程方法，函数式编程将程序模块化，既减少了冗余代码，又让程序结构更为清晰。既能提高开发人员的编程效率，又方便程序后期的维护与扩展。

理论微课 6-2：定义函数

2. 定义函数

print( ) 和 input( ) 都属于 Python 的内置函数，这些函数由 Python 定义。开发人员也可以根据自己的需求定义函数，Python 中使用关键字 def 来定义函数，其语法格式如下。

```
def 函数名([参数列表]):
    ["""文档字符串"""]
    函数体
    [return 语句]
```

以上语法格式的相关说明如下。

① 关键字 def：标记函数的开始。

② 函数名：函数的唯一标识，遵循变量名称的命名规则。

③ 参数列表：负责接收传入函数中的数据，可以包含一个或多个参数，也可以为空。

④ 冒号：标记函数体的开始。

⑤ 文档字符串：由一对三引号包裹的、用于说明函数功能的字符串，可以省略。

⑥ 函数体：实现函数功能的具体代码。

⑦ return 语句：返回函数的处理结果给调用者，同时标志着函数的结束。若函数没有返回值，可以省略 return 语句。

例如，定义一个计算两个数之和的函数 add_modify( )，代码如下：

```
def add_modify(a, b):
    result = a + b
    return result
```

3. 调用函数

理论微课 6-3：调用函数

函数在定义完成后不会立刻执行，直到被程序调用时才会执行。调用函数的方式非常简单，其语法格式如下。

```
函数名([参数列表])
```

例如，调用 add_modify( ) 函数，代码如下：

```
add_modify(10, 20)
```

实际上，程序在执行 add_modify(10, 20) 时经历了以下四个步骤。

① 程序在调用函数的位置暂停执行。

② 将数据传递给函数参数。

③ 执行函数体中的语句。

④ 程序回到暂停处继续执行。

下面使用一张图来描述程序执行 add_modify(10, 20) 的整个过程，如图 6-2 所示。

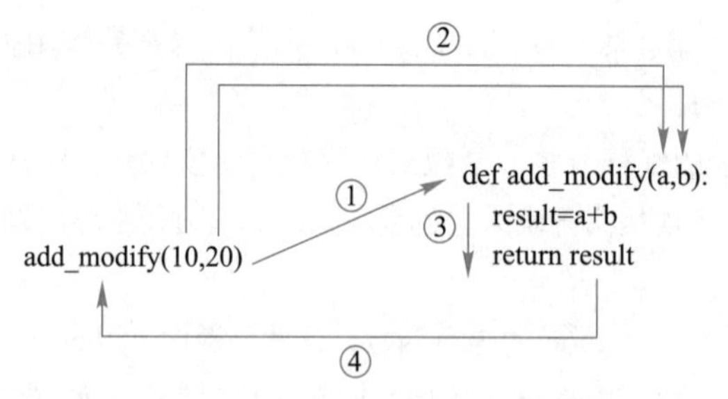

图 6-2 程序执行“add_modify(10, 20)”的过程

任务分析

结合任务描述可知，本任务的目标是从打乱顺序的一组数字 10、1、4、3、6、9、2、5、7 中找出缺失的数字 8。观察这组数字可以发现，最小的数字是 1，若是加入缺失的数字 8，按从小到大排列后的这组数字是递增 1 的，这跟列表索引的特点相似。

我们可以先创建一个包含 10 个元素的列表，该列表中的元素都是 0，再将打乱顺序的这组数字（10、1、4、3、6、9、2、5、7）减去 1 的值（9、0、3、2、5、8、1、4、6）作为该列表的索引，根据这些索引将相应位置的元素修改为 1，此时列表中只有一个元素 0，该元素所在位置的索引就是 7。因为前面将这组数字当索引使用时减去 1，所以 7 加上 1 所得的结果便是缺失的数字。寻找缺失数字的逻辑如图 6-3 所示。

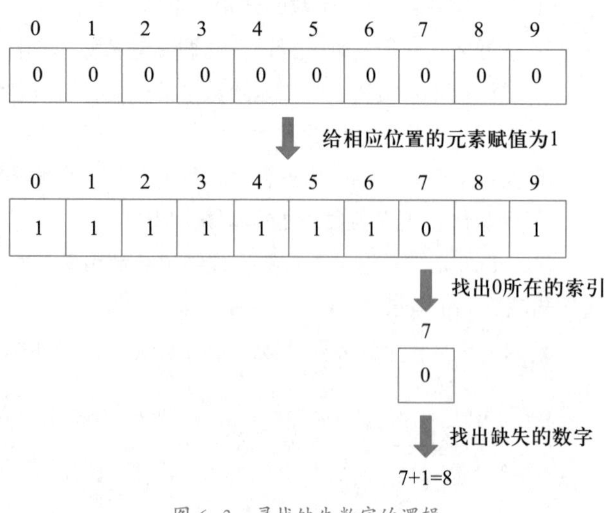

图 6-3 寻找缺失数字的逻辑

任务实现

结合任务分析的思路，接下来创建一个新的项目 Chapter06，在该项目中创建 01_missing_num.py 文件，在该文件中编写代码实现寻找缺失数字的任务，具体步骤如下。

① 定义一个寻找缺失数字的函数 find_miss_number( )，该函数包含一个参数，用于接收一组乱序数字，具体代码如下所示。

```
def find_miss_number(tup):
    # 创建新列表，列表里面的元素全部为 0
    tag_list = []
    for i in range(len(tup) + 1):
        tag_list.append(0)
    for item in tup:
        # 将 tag_list 中相应位置的元素值修改为 1
```

```
        tag_list[item - 1] = 1
    return tag_list.index(0) + 1
```

在上述函数中，首先创建了一个空列表 tag_list，通过 for 循环向该列表中添加了 10 个元素 0，然后通过 for 循环遍历取出 tup 中的每个元素 item，将 item-1 的值作为 tag_list 列表的索引，依次将这些索引对应的元素修改为 1，最后通过 tag_list 调用 index( ) 方法获取了元素 0 对应的索引，并使用 return 关键字返回了该索引加 1 的结果。

② 创建一个包含一组数字 10、1、4、3、6、9、2、5、7 的元组，通过调用 find_miss_number( ) 函数查找这组数字中的缺失数字，具体代码如下所示。

```
# 创建元组，用于保存一组乱序的数字
num_tup = (10, 1, 4, 3, 6, 9, 2, 5, 7)
# 调用函数，寻找缺失的数字
print(find_miss_number(num_tup))
```

③ 运行 01_missing_num.py 文件，控制台输出了找到的缺失数字，如图 6-4 所示。

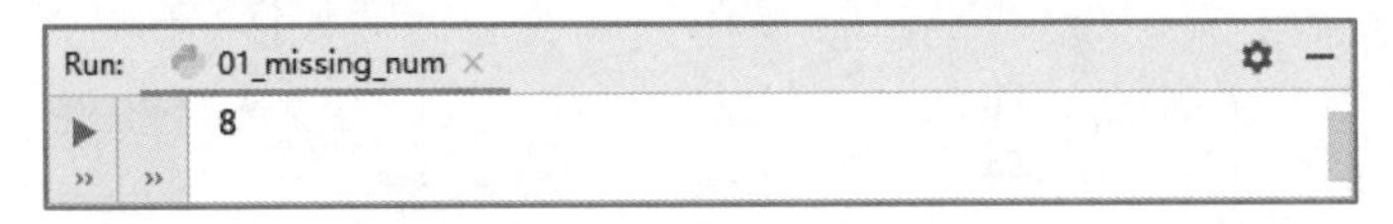

图 6-4　01_missing_num.py 的运行结果

任务 6-2　简易计算器

任务描述

实操微课 6-2：任务 6-2　简易计算器

计算器是帕斯卡发明的可以进行数字运算的机器。本任务要求运用函数知识，编写一个简易计算器程序，要求如下。

① 程序只支持两个数字的四则运算，数字和运算符由用户从键盘输入。

② 用户输入 quit 会退出程序。

知识储备

理论微课 6-4：根据位置传递参数

1. 根据位置传递参数

通常将定义函数时设置的参数称为形式参数（形参），将调用函数时传入的参数称为实际参数（实参）。函数的参数传递是指将实际参数传递给形式参数的过程。

调用函数时，解释器会将函数的实际参数按照位置顺序依次传递给形式参数，即将第 1 个实际参数传递给第 1 个形式参数，将第 2 个实际参数传递给第 2 个形式参数，以此类推。

定义一个计算两数之商的函数 division( )，具体代码如下。

```
def division(num_one, num_two):
    print(num_one / num_two)
```

使用以下代码调用 division( ) 函数：

```
division(6, 2)          # 位置参数传递
```

上述代码调用 division( ) 函数时传入实际参数 6 和 2，根据实际参数和形式参数的位置关系，6 被传递给形式参数 num_one，2 被传递给形式参数 num_two。

运行代码，结果如下所示。

```
3
```

理论微课 6-5：根据关键字传递参数

2. 根据关键字传递参数

使用位置参数传值时，如果函数中存在多个参数，开发人员记住每个参数的位置及其含义并不是一件容易的事，此时可以使用关键字参数进行传递。关键字参数传递通过“形式参数 = 实际参数”的格式将实际参数与形式参数相关联，根据形参的名称进行参数传递。

假设当前有一个函数 info( )，该函数包含 3 个形式参数，具体代码如下。

```
def info(name, age, address):
    print(f'姓名:{name}')
    print(f'年龄:{age}')
    print(f'地址:{address}')
```

上述代码中的 info( ) 函数含有 3 个形式参数，分别为 name、age、address。当调用 info( ) 函数，通过实际参数为不同的形式参数传值，具体代码如下。

```
info(name="李婷婷", age=23, address="山东")
```

运行代码，结果如下所示。

```
姓名:李婷婷
年龄:23
地址:山东
```

大家此时可能会产生一个疑问，无论程序通过位置参数的方式传递实参，还是通过关键字参数的方式传递实参，每个形参都是有名称的，怎么区分用哪种方式传递呢？Python 3.8 中新增了仅限位置形参的语法，使用符号“/”来限定部分形参只接收通过位置传递方式的实参，示例代码如下。

```
def func(a, b, /, c):    # / 指明前面的参数 a、b 均为仅限位置形参
    print(a, b, c)
```

以上定义的 func( ) 函数中，符号“/”之前的 a、b 必须接收采用位置参数的方式传递的实参，符号“/”之后的 c 为普通形参，它可以接收采用位置传递方式或关键字传递方式的实参。

例如，调用上面定义的 func( ) 函数，代码如下所示。

```
# 错误的调用方式
# func(a=10, 20, 30)
```

```
# func(10, b=20, 30)
# 正确的调用方式
func(10, 20, c=30)
func(10, 20, 30)
```

运行代码，结果如下所示：

```
10 20 30
10 20 30
```

任务分析

根据任务描述可知，简易计算器程序支持四则运算，包括加法运算、减法运算、乘法运算和除法运算。除法运算比较特殊，需要避免出现除数为 0 的情况。为了使程序的结构变得较为清晰，可以将每种运算封装为一个独立的函数，每个函数需要有两个参数，分别用于接收用户从键盘输入的第一个数和第二个数。关于这 4 种运算函数的设计如下。

① add( )：用于计算两个数字相加。

② subtract( )：用于计算两个数字相减。

③ multiply( )：用于计算两个数字相乘。

④ divide( )：用于计算两个数字相除。

⑤ main( )：用于控制一次使用简易计算器的完整流程。

为了丰富程序中函数的用法，add( ) 函数和 subtract( ) 函数的参数设置为仅限位置传递方式的参数。

除非用户输入 quit 主动退出简易计算器，简易计算器程序会一直运行，为此我们可以在 main( ) 函数中增加一个无限循环，并通过一个 if 语句判断用户输入的内容是否为 quit，若为 quit，则使用 break 语句结束循环。

任务实现

结合任务分析的思路，接下来在 Chapter06 项目中创建 02_calculator.py 文件，在该文件中编写代码实现简易计算器的功能，具体步骤如下。

① 定义计算两个数字相加的函数 add( )，该函数有两个仅限位置传递方式的参数，这两个参数用于接收参与加法运算的两个操作数，代码如下所示。

```
def add(parm_one, parm_two, /):         # 计算两个数字相加的结果
      return parm_one + parm_two
```

② 定义减法运算的函数 subtract( )，该函数有两个仅限位置传递方式的参数，这两个参数用于接收参与减法运算的两个操作数，代码如下所示。

```
def subtract(parm_one, parm_two, /):    # 计算两个数字相减的结果
      return parm_one - parm_two
```

③ 定义乘法运算的函数 multiply( )，该函数有两个参数，这两个参数用于接收参与乘法运算

的两个操作数，代码如下所示。

```
def multiply(parm_one, parm_two):      # 计算两个数字相乘的结果
    return parm_one * parm_two
```

④ 定义除法运算的函数 divide( )，该函数有两个参数，这两个参数用于接收参与除法运算的两个操作数，代码如下所示。

```
def divide(parm_one, parm_two):        # 计算两个数字相除的结果
    if parm_two == 0:
        print('除数不能为0')
    else:
        return parm_one / parm_two
```

⑤ 定义用于控制简易计算器使用流程的 main( ) 函数，该函数中会接收用户输入的两个数字和一个运算符，并根据运算符执行相应的数学运算，具体代码如下所示。

```
def main( ):
    while True:
        num_one = int(input('请输入第一个数：'))
        num_two = int(input('请输入第二个数：'))
        operator = input('请选择要执行的运算符：+、-、*、/' + '\n')
        if operator == "+" :
            # 调用 add( ) 函数计算两个数相加的结果
            print("计算结果为：", add(num_one, num_two))
        elif operator == '-':
            # 调用 subtract( ) 函数计算两个数相减的结果
            print("计算结果为：", subtract(num_one, num_two))
        elif operator == '*':
            # 调用 multiply( ) 函数计算两个数相乘的结果
            print("计算结果为：", multiply(parm_one=num_one, parm_two=
                num_two))
        elif operator == '/':
            # 调用 divide( ) 函数计算两个数相除的结果
            print("计算结果为：", divide(parm_one=num_one, parm_two=num_
                two))
        if operator == 'quit':   # 退出简易计算器
            break
```

⑥ 调用 main( ) 函数，具体代码如下所示。

```
main()
```

运行 02_calculator.py 文件，控制台输出了四则运算的结果，如图 6-5 所示。

```
请输入第一个数:1
请输入第二个数:2
请选择要执行的运算符：+、-、*、/
+
计算结果为: 3
请输入第一个数:3
请输入第二个数:4
请选择要执行的运算符：+、-、*、/
-
计算结果为: -1
请输入第一个数:5
请输入第二个数:6
请选择要执行的运算符：+、-、*、/
*
计算结果为: 30
请输入第一个数:10
请输入第二个数:5
请选择要执行的运算符：+、-、*、/
/
计算结果为: 2.0
请输入第一个数:0
请输入第二个数:0
请选择要执行的运算符：+、-、*、/
quit

Process finished with exit code 0
```

图 6-5　02_calculator.py 的运行结果

任务 6-3　求平均数

■ 任务描述

实操微课 6-3：任务 6-3　求平均数

平均数是统计学中常用的统计量，用于表明一组数据中相对集中较多的中心位置，计算方式为一组数据中所有数据之和除以这组数据的个数。

本任务要求读者编写代码，实现求平均数的函数，具体要求如下。

① 输入数的数量是任意的。

② 最终平均数的结果默认保留两位小数，也可以指定保留小数的位数。

■ 知识储备

1. 默认参数的传递

理论微课 6-6：默认参数的传递

定义函数时可以指定形式参数的默认值，调用函数时，若没有给带有默认值的形式参数传值，直接使用参数的默认值。若给带有默认值的形式参数传值，实际参数的值会覆盖默认值。

定义一个 connect( ) 函数，该函数有两个参数，分别是 ip 与 port，其中 port 指定默认值 3306，示例代码如下：

```
def connect(ip, port=3306):
      print(f"地址为：{ip}")
      print(f"端口号为：{port}")
      print("连接成功")
```

调用 connect( ) 函数，示例代码如下：

```
connect('127.0.0.1')                          # 第一种，形式参数使用默认值
connect(ip='127.0.0.1', port=8080)            # 第二种，形式参数使用传入值
```

运行代码，结果如下所示：

```
地址为：127.0.0.1
端口号为：3306
连接成功
地址为：127.0.0.1
端口号为：8080
连接成功
```

分析以上输出结果可知，第一次调用 connect( ) 函数时，参数 port 使用默认值 3306。第二次调用 connect( ) 函数时，参数 port 使用实际参数的值 8080。

需要注意的是，函数中的默认参数必须放在参数列表末尾。

理论微课 6-7：参数打包

2. 参数打包

如果函数在定义时无法确定需要接收多少个数据，那么可以在定义函数时为形参添加“*”或“**”。如果形参的前面加上“*”，那么它可以接收以元组形式打包的多个实参。如果形参的前面加上“**”，那么它可以接收以字典形式打包的多个实参。

定义一个形参为 *args 的函数，示例代码如下。

```
def test(*args):
    print(args)
```

调用 test() 函数时传入多个实参，多个实参会在打包后被传递给形参。示例代码如下。

```
test(11, 22, 33, 44, 55)
```

运行代码，结果如下所示：

```
(11, 22, 33, 44, 55)
```

由以上运行结果可知，Python 解释器将传给 test( ) 函数的所有值打包成元组后传递给了形参 *args。

定义一个形参为 **kwargs 的函数，示例代码如下。

```
def test(**kwargs):
    print(kwargs)
```

调用 test( ) 函数时传入多个绑定关键字的实参，示例代码如下。

```
test(a=11, b=22, c=33, d=44, e=55)
```

运行代码，结果如下所示。

```
{'a': 11, 'b': 22, 'c': 33, 'd': 44, 'e': 55}
```

由以上运行结果可知，Python 解释器将传给 test( ) 函数的所有具有关键字的实参打包成字典

后传递给了形参 **kwargs。

值得一提的是，虽然函数中添加“*”或“**”的形参可以是符合命名规范的任意名称，但这里建议使用 *args 和 **kwargs。若函数没有接收到任何数据，参数 *args 和 **kwargs 为空，即它们为空元组和空字典。

3. 参数解包

理论微课 6-8：参数解包

如果函数在调用时接收的实参是元组类型的数据，那么可以使用“*”将元组拆分成多个值，并将每个值按照位置参数传递的方式赋值给形参；如果函数在调用时接收的实参是字典类型的数据，那么可以使用“**”将字典拆分成多个键值对，并将每个值按照关键字参数传递的方式赋值给与键名称对应的形参。

定义一个带有 5 个形参的函数，示例代码如下。

```
def test(a, b, c, d, e):
    print(a, b, c, d, e)
```

调用 test( ) 函数时传入一个包含 5 个元素的元组，并使用“*”对该元组执行解包操作，示例代码如下。

```
nums = (11, 22, 33, 44, 55)
test(*nums)
```

运行代码，结果如下所示。

```
11 22 33 44 55
```

由以上运行结果可知，元组被解包成多个值。

调用 test( ) 函数时传入一个包含 5 个元素的字典，并使用“**”对该字典执行解包操作，示例代码如下。

```
nums = {"a":11, "b":22, "c":33, "d":44, "e":55}
test(**nums)
```

运行代码，结果如下所示。

```
11 22 33 44 55
```

由以上运行结果可知，字典被解包成多个值。

4. 参数的混合传递

理论微课 6-9：参数的混合传递

前面介绍的参数传递的方式在定义函数或调用函数时可以混合使用，但是需要遵循一定的规则，具体规则如下。

① 优先按位置参数传递的方式。

② 然后按关键字参数传递的方式。

③ 之后按默认参数传递的方式。

④ 最后按打包传递的方式。

在定义函数时，带有默认值的参数必须位于普通参数（不带默认值或标识的参数）之后，带有“*”标识的参数必须位于带有默认值的参数之后，带有“**”标识的参数必须位于带有“*”

标识的参数之后。

例如，定义一个混合了多种形式的参数的函数，具体代码如下。

```
def test(a, b, c=33, *args, **kwargs):
    print(a, b, c, args, kwargs)
```

调用 test( ) 函数，依次传入不同个数和形式的参数，示例代码如下。

```
test(1, 2)
test(1, 2, 3)
test(1, 2, 3, 4)
test(1, 2, 3, 4, e=5)
```

运行代码，结果如下所示。

```
1 2 33 () {}
1 2 3 () {}
1 2 3 (4,) {}
1 2 3 (4,) {'e': 5}
```

test( ) 函数共有 5 个参数，以上代码多次调用 test( ) 函数并传入不同数量的参数，下面结合代码运行结果逐个说明函数调用过程中参数的传递情况。

① 第一次调用 test( ) 函数时，该函数接收到实参 1、2，这两个实参被位置参数 a 和 b 接收。剩余 3 个形参 c、*args、**kwargs 没有接收到实参，都使用默认值，分别是 33、“( )”和“{}”。

② 第二次调用 test( ) 函数时，该函数接收到实参 1、2、3，前三个实参被位置参数 a、b、c 接收。剩余两个形参 *args、**kwargs 没有接收到实参，都使用默认值，分别为“( )”和“{}”。

③ 第三次调用 test( ) 函数时，该函数接收到实参 1、2、3、4，前四个实参被形参 a、b、c、*args 接收。形参 **kwargs 没有接收到实参，默认值为“{}”。

理论微课 6-10：内置函数 round()

④ 第四次调用 test( ) 函数时，该函数接收到实参 1、2、3、4 和关联形参 e 的实参 5，所有的实参被相应的形参接收。

5. 内置函数 round( )

Python 中内置函数 round( ) 用于根据指定的位数对浮点数进行四舍五入操作，它的返回值是浮点数四舍五入后的结果。round( ) 函数的语法格式如下。

```
round( x [, n]  )
```

round( ) 函数中各参数的含义如下。

① x：表示数值表达式。

② n：可选项，表示保留的小数点位数，默认值为 0。

例如，使用 round( ) 函数对浮点数进行四舍五入操作，示例代码如下。

```
result = round(80.23456, 2)
print(f"80.23456 保留两位小数的结果为：{result}")
result = round(80.23456, 3)
print(f"80.23456 保留三位小数的结果为：{result}")
```

```
result = round(100.000056, 3)
print(f"100.000056保留三位小数的结果为：{result}")
result = round(-100.000056, 3)
print(f"-100.000056保留三位小数的结果为：{result}")
```

运行代码，结果如下所示。

```
80.23456保留两位小数的结果为：80.23
80.23456保留三位小数的结果为：80.235
100.000056保留三位小数的结果为：100.0
-100.000056保留三位小数的结果为：-100.0
```

任务分析

根据任务描述可知，函数的功能是求一组数的平均数，要求输入数字的数量是不固定的，因此函数的第一个参数可以设为可变参数，负责接收任意数量的数据。平均数默认保留两位小数，所以函数的第二个参数为默认参数，参数的值为 2。

任务实现

结合任务分析的思路，接下来，在 Chapter06 项目中创建 03_variable_parameter.py 文件，在该文件中编写代码实现求平均数的任务，具体代码如下。

```
1.  # 求一组数的平均数，默认保留两位小数
2.  def average(*args, precision=2):
3.      total = 0
4.      counts = len(args)                          # 获取一组数的数量
5.      for num in args:
6.          total = total + num                     # 求一组数的和
7.      average_num = total / counts                # 计算一组数的平均数
8.      return round(average_num, precision)        # 保留精度
9.  # 求一组数的平均数，保留两位小数
10. result = average(2.7, 3.9021, 4.79793, 5.808, 6.08)
11. print(f"保留两位小数的平均数为：{result}")
12. # 求一组数的平均数，保留三位小数
13. result = average(2.7, 3.9021, 4.79793, 5.808, 6.08, precision=3)
14. print(f"保留三位小数的平均数为：{result}")
```

上述代码中，第 2 ~ 8 行代码定义了一个函数 average( )，该函数有两个参数 *args 和 precision，其中 *args 是可变参数，用于接收一组数量不固定的数。precision 是默认参数，参数的默认值为 2。

在函数 average( ) 中，第 5、6 行代码计算了一组数的和，第 7 行代码根据一组数的和与数量计算了平均数 average_num，第 8 行代码调用 round( ) 函数让平均数 average_num 保留 precision 位小数。

第 10 ~ 14 行代码是测试代码，其中第 10 行代码调用 average( ) 函数求平均数，同时传入了 5 个浮点数，并默认平均数的精度为 2。第 13 行代码调用 average( ) 函数求平均数，同时传入了 5

个浮点数，并指定平均数的精度为 3。

运行 03_variable_parameter.py 文件，控制台输出了平均数，如图 6-6 所示。

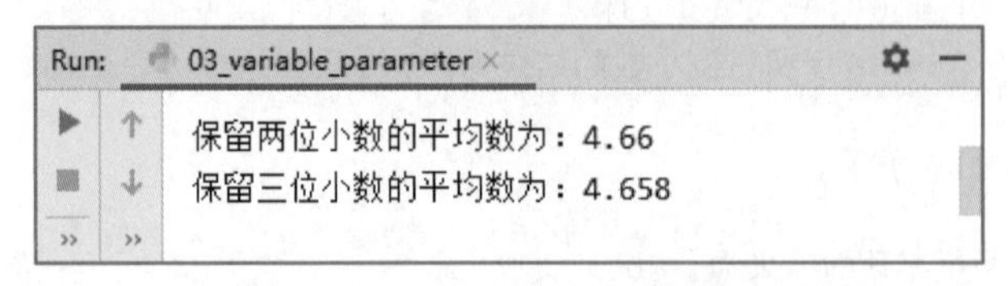

图 6-6　03_variable_parameter.py 的运行结果

从图 6-6 中可以看出，第一个平均数为 4.66，保留了两位小数。第二个平均数为 4.658，保留了 3 位小数。

任务 6-4　智能问答机器人

■ 任务描述

实操微课 6-4：任务 6-4　智能问答机器人

智能问答机器人目前已经在自动化客服领域得到了广泛的应用，它一般采用一问一答的方式处理用户提出的日常问题，以减少人力成本。

智能问答机器人通过大规模知识库进行精准的语义分析，定位用户的问题或意图，生成针对用户特定问题的解答。机器人碰到不会的问题怎么办？它会自动转发给机器人应答小组成员来帮助回答，并且把答案记下来以供下次使用，这使得智能问答机器人变得越来越“聪明”。

本任务要求读者编写程序实现一个简易智能问答机器人——小智，用于帮助用户解答百科知识的问题，具体要求如下。

① 智能问答机器人默认会解答 5 个问题，这 5 个问题分别是诗仙是谁、中国第一个朝代、三十六计的第一计是什么、天府之国是中国的哪个地方、中国第一长河，答案分别是李白、夏朝、瞒天过海、四川、长江。

② 智能机器人启动后会向用户展示一个功能菜单。

③ 智能问答机器人有 3 项功能，分别是训练、对话和离开，若用户从键盘输入 t，说明用户想训练机器人，此时机器人需要记录训练的新问题及答案；若用户从键盘输入 c，说明用户想跟机器人对话，此时机器人需要回答用户提出的问题；若用户从键盘输入 l，说明让机器人离开，此时机器人需要退出程序。

■ 知识储备

理论微课 6-11：局部变量

1. 局部变量

局部变量是在函数内定义的变量，它只在定义它的函数内生效。例如，函数 use_var( ) 中定义了一个局部变量 name，在函数内与函数外分别访问变量 name，示例代码如下。

```
def use_var():
    name = 'python'                    # 局部变量
```

```
    print(name)                          # 函数内访问局部变量
use_var()
print(name)                              # 函数外访问局部变量
```

上述代码首先在 use_var( ) 函数中定义了变量 name，并使用 print( ) 函数输出变量 name 的值，然后调用函数 use_var( )，最后使用 print( ) 函数输出变量 name 的值。

运行代码，结果如下所示。

```
python
Traceback (most recent call last):
  File "<stdin>", line 1, in <module>
NameError: name 'name' is not defined
```

结合输出结果分析代码，当调用函数 use_var( ) 时，解释器成功访问并输出了变量 name 的值。在函数 use_var( ) 外部直接访问 name 时，出现“name ‘name’ is not defined”的错误信息，说明局部变量不能在函数外部使用。由此可知，局部变量只在函数内部有效。

2. 全局变量

全局变量是在函数外定义的变量，它在程序中的任何位置都可以被访问。例如，定义一个全局变量 count，分别在函数 use_var( ) 内与函数 use_var( ) 外访问，示例代码如下。

理论微课 6-12：全局变量

```
count = 10                               # 全局变量
def use_var():
    print(count)                         # 函数内访问全局变量
use_var()
print(count)                             # 函数外访问局部变量
```

运行代码，结果如下所示。

```
10
10
```

根据以上运行结果可知，程序中的任何位置都能够访问全局变量。

需要注意的是，函数内部只能访问全局变量，但不能直接修改全局变量。例如，在上述示例中 use_var( ) 函数内部的末尾位置增加一行代码 count+= 1，用于将全局变量的值增加 1，再次运行代码会出现如下报错信息。

```
UnboundLocalError: local variable 'count' referenced before assignment
```

以上错误信息提示程序中使用了未声明的变量 count，之所以出现这个报错信息，是因为函数内部的变量 count 视为局部变量，而在执行 count+=1 这行代码之前并未声明过局部变量 count。由此可见，函数内部只能访问全局变量，而无法直接修改全局变量。

3. global 关键字

理论微课 6-13：global 关键字

global 关键字用于将局部变量声明为全局变量，这样便可以在函数内部修改全局变量。global 关键字的使用方法如下。

```
global 变量
```

下面在 use_var( ) 函数中使用 global 关键字声明全局变量 count，然后在该函数中重新给 count 赋值，具体代码如下。

```
count = 10                      # 定义全局变量
def use_var():
    global count                # 使用 global 声明变量 count 为全局变量
    count += 1                  # 修改全局变量 count 的值
    print(count)
use_var()
print(count)
```

运行代码，结果如下所示。

```
11
11
```

理论微课 6-14：nonlocal 关键字

从上述结果可以看出，代码能正常运行，说明使用 global 关键字修饰后可以在函数中修改全局变量。

4. nonlocal 关键字

在嵌套函数中，嵌套的内层函数内部无法直接修改外层函数的变量。为了解决这个问题，Python 提供了 nonlocal 关键字，该关键字用于将内层函数的变量声明为外层函数的变量。nonlocal 关键字的使用方法如下。

```
nonlocal 变量
```

下面通过代码演示 nonlocal 关键字的作用，具体代码如下。

```
def test():
    number = 10
    def test_in():
        nonlocal number
        number = 20
    test_in()
    print(number)
test()
```

上述代码中，test_in( ) 函数定义在 test( ) 函数内部。在 test( ) 函数中定义了一个变量 number，test_in( ) 函数中使用 nonlocal 关键字修饰了变量 number，并将 number 的值修改为 20，调用 test_in( ) 函数，输出变量 number 的值。

运行代码，结果如下所示。

```
20
```

从上述输出结果可以看出，程序在调用 test_in( ) 函数时成功地修改了变量 number，并且输出了 number 的值。

任务分析

结合任务描述可知，智能问答机器人启动后会展示一个功能菜单，用户可以根据自己的需要从键盘输入功能选项，并执行该选项对应的功能。

智能问答机器人的功能主要有 3 项，分别是训练机器人、跟机器人对话和让机器人离开。其中训练机器人和跟机器人对话的功能比较复杂，因此我们可以将这两个功能的代码封装为独立的函数。这样一来，只需要在合适的地方调用相应的函数即可。训练机器人和跟机器人对话功能的函数设计如下。

（1）训练机器人功能的函数 train( )

训练机器人功能是指增加机器人的对应答案储备量。只要用户选择训练机器人的功能，就会从键盘输入新的问题和答案，机器人需要将新问题及其答案进行存储。因此，train( ) 函数有两个参数，分别用于接收新问题及其答案。

（2）跟机器人对话功能的函数 exchange( )

跟机器人对话功能是指向机器人提问问题，机器人搜索自己的问题库后视情况给出答复。若在问题库中找到这个问题，则输出相应的答案，否则输出“小智：抱歉，这个问题我还不会回答！”。exchange( ) 函数需要有一个参数，用于接收用户提出的问题。

智能问答机器人启动后，若用户不主动要求程序结束，则程序会一直处于运行中。因此，我们可以将智能问答机器人的对答放到一个循环中。

智能问答机器人有一个问题库，问题库中默认有 5 个问题，若用户训练机器人，则会往问题库中添加新问题和答案。可见，问题库是一个可变的数据结构，它可以包含无数个问题，又因为问题与答案之间属于对应关系，所以这里使用字典存储问题和答案。

任务实现

结合任务分析的思路，接下来，在 Chapter06 项目中创建 04_answer_robot.py 文件，在该文件中编写代码分步骤实现智能问答机器人的任务，具体步骤如下。

① 创建一个表示问题库的字典，字典中默认包含 5 个问题及其答案，具体代码如下所示。

```
# 问题库，用来保存所有的问题和答案
problem_dict = {
        "诗仙是谁": "李白",
        "中国第一个朝代": "夏朝",
        "三十六计的第一计是什么": "瞒天过海",
        "天府之国是中国的哪个地方": "四川",
        "中国第一长河": "长江"
}
```

② 定义两个全局变量，用于保存机器人的初始状态，具体代码如下。

```
flag = "c"                    # 初始状态，默认为聊天状态
work = True                   # 让机器人默认工作
```

③ 定义训练机器人的 train( ) 函数，具体代码如下所示。

```
1. # 训练机器人
2. def train(arg_question, arg_answer):
3.     # 记录问题和答案
4.     problem_dict[arg_question] = arg_answer
5.     print(f"小智：训练成功，我现在会回答{len(problem_dict)}个问题了！")
6.     print("--------------------")
7.     num = 1
8.     for key in problem_dict.keys():
9.         print(str(num) + "、" + key)
10.        num += 1
11.    print("--------------------")
```

上述函数中，第 4 行代码向字典 problem_dict 中添加了键值对。第 5 行代码通过 len( ) 函数统计了 problem_dict 中键值对的数量。将这些数量插入到字符串中进行输出。第 6 ~ 11 行代码按照“序号、问题”的格式输出了问题库中的所有问题。

④ 定义跟机器人对话的 exchange( ) 函数，具体代码如下所示。

```
1. # 跟机器人对话
2. def exchange(words):
3.     global work
4.     for key in problem_dict.keys():
5.         if words == key:
6.             work = True
7.             print(f"小智：{problem_dict[key]}")
8.             break
9.         else:
10.            work = False
11.    # 如果机器人不工作，重置状态为 True
12.    if not work:
13.        print("小智：抱歉，这个问题我还不会回答！")
14.        work = True
```

上述函数中，第 3 行代码使用 global 关键字声明了 work 为全局变量，第 4 ~ 10 行代码遍历了问题库 problem_dict 中的键 key，判断键 key 是否等于参数 words，若等于则将全局变量 work 的值修改为 True，输出键 key 对应的值后终止循环。若不等于则将全局变量 work 的值修改为 False。

第 12 ~ 14 行代码处理了 work 值为 False 的情况，调用 print( ) 函数输出“小智：抱歉，这个问题我还不会回答！”，并将全局变量 work 的值修改为 True。

⑤ 使用 while 循环控制智能问答机器人的工作流程，具体代码如下。

```
1. print("小智：你好，我是小智！")
2. while flag == "c" or "t":
3.     flag = input("你可以选择—\n和我聊天（c）\n训练对话（t）\n"
4.                  "让我离开（l）\n我：")
5.     if flag == "t":              # 训练
6.         question = input("小智：请输入问题—")
7.         answer = input("小智：请输入答案—")
```

```
8.          train(question, answer)
9.          continue
10.     elif flag == "c":
11.         if len(problem_dict) == 0:
12.             print("小智：我现在还不会回答哦，请先训练我！")
13.             continue
14.         char_word = input("小智：很开心和你聊天，你想对我说些什么？
                              \n我：")
15.         exchange(char_word)
16.     elif flag == "l":
17.         print("小智：好的，下次再见！")
18.         break
19.     else:                           # 不合法信息
20.         print("小智：请输入正确的指令！")
```

上述代码中，第 3 ~ 4 行代码调用 input( ) 函数接收用户从键盘输入的标志并存入变量 flag 中，第 5 ~ 20 行代码将变量 flag 的值分成以下几种情况处理。

- 若 flag 的值为“t”，说明用户想训练机器人，此时先调用 input( ) 函数接收新的问题变量 question 及其对应的答案变量 answer，再调用 train( ) 函数训练机器人，同时将 question 及 answer 变量传入该函数中。
- 若 flag 的值为“c”，说明用户想跟机器人对话，此时判断变量 problem_dict 的长度是否为 0。若为 0，说明机器人的问题库为空，输出“小智：我现在还不会回答哦，请先训练我！”。若不为 0，则先调用 input( ) 函数接收用户提出的问题，再调用 exchange( ) 函数跟机器人对话。
- 若 flag 的值为“l”，说明用户想退出程序，此时会输出“小智：好的，下次再见！”，并使用 break 语句终止循环。
- 若 flag 的值为其他情况，说明用户输入了不合法的信息，此时会输出“小智：请输入正确的指令！”提醒用户。

运行 04_answer_robot.py 文件，输入不合法信息的效果如图 6-7 所示。

训练机器人的效果如图 6-8 所示。

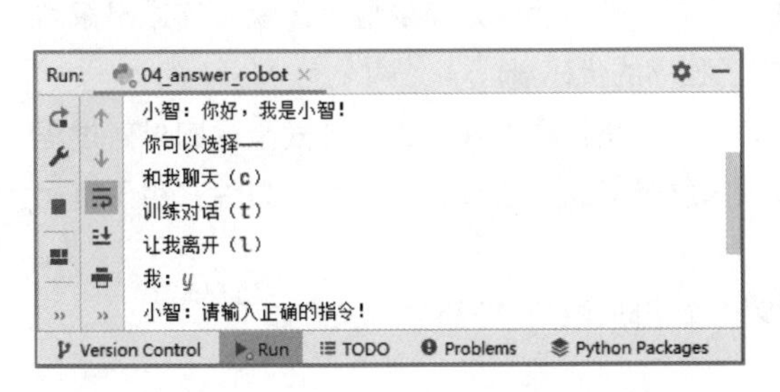

图 6-7 输入不合法信息的效果

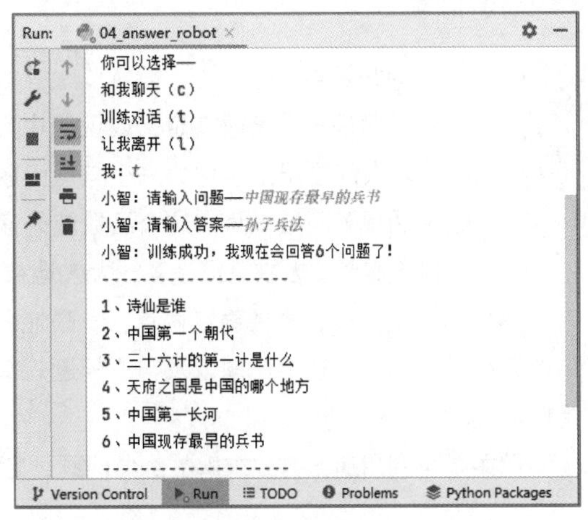

图 6-8 训练机器人的效果

跟机器人对话的效果如图 6-9 所示。

让机器人离开的效果如图 6-10 所示。

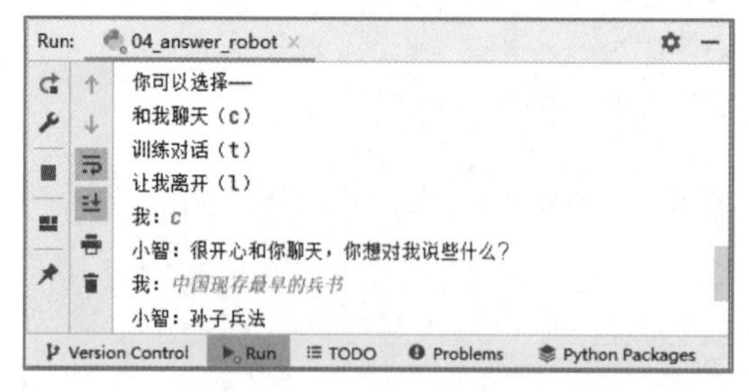

图 6-9 跟机器人对话的效果

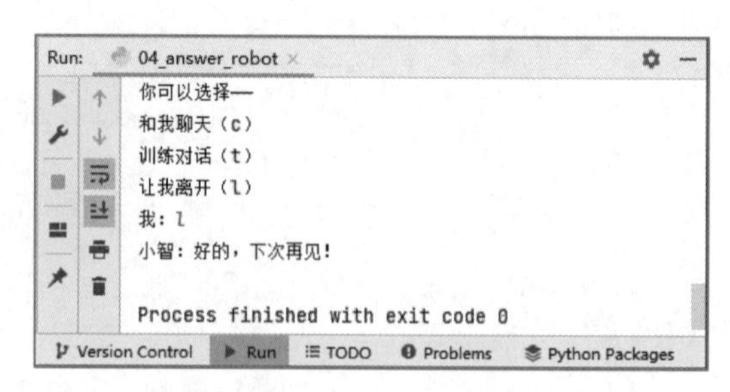

图 6-10 让机器人离开的效果

任务 6-5 失之毫厘，谬以千里

■ 任务描述

实操微课 6-5：任务 6-5 失之毫厘，谬以千里

“失之毫厘，谬以千里”出自《礼记·经解》，意思是开始稍微有一点差错，结果会造成很大的错误。下面以计算 1.0 和 1.1 的 100 次方为例，带领大家亲身感受到小错误的严重性，具体如下。

$$1.0^{100}=1$$

$$1.1^{100}=13780.612339822379$$

比较两次运算结果可知，尽管 1.0 和 1.1 两个数只相差 0.1，但经过 100 次方运算后的结果相差 10000 多。由此可见，我们无论是在生活还是在工作中，都应该重视早期发现的小错误，绝不能放任不管，我们只有保持缜密、严谨的态度，不断地迭代，才能收获预期的结果。

本任务要求编写程序，通过计算 1.0 和 1.1 的 100 次方的差来体会“失之毫厘，谬以千里”的道理。

■ 知识储备

理论微课 6-15：递归函数

递归函数

递归是一个函数在定义或说明中直接或间接调用自身的一种方法，它通常把一个大型的复杂问题层层转化为一个与原问题相似，但规模较小的问题进行求解。如果一个函数中调用了函数本身，这个函数就是递归函数。递归函数只需少量代码就可描述出解题过程所需要的多次重复计算，大大地减少了程序的代码量。

函数递归调用时，需要确定两点：一是递归公式；二是边界条件。递归公式是递归求解过程中的归纳项，用于处理原问题以及与原问题规律相同的子问题。边界条件即终止条件，用于终止递归。

阶乘是可利用递归方式求解的经典问题，定义一个求阶乘的递归函数，代码如下。

```
def factorial(num):
    if num == 1:
        return 1
    else:
        return num * factorial(num - 1)
```

利用以上函数求 5 的阶乘，阶乘递归过程如图 6-11 所示。

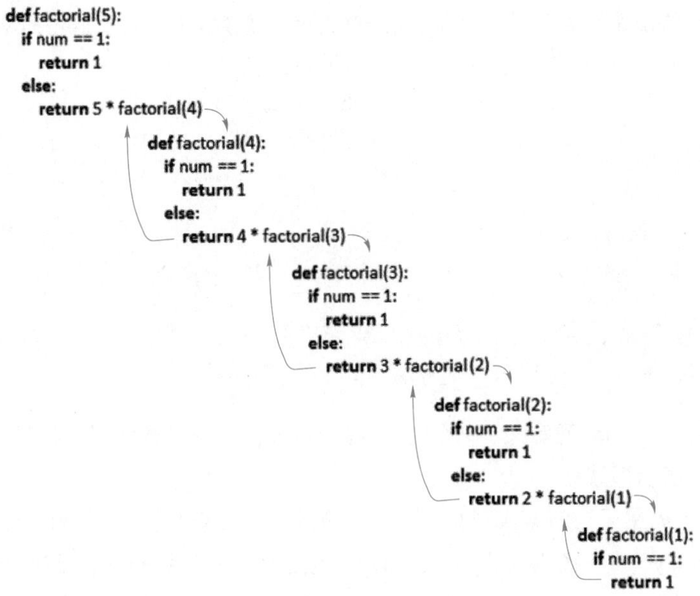

```
def factorial(5):
  if num == 1:
    return 1
  else:
    return 5 * factorial(4)
        def factorial(4):
          if num == 1:
            return 1
          else:
            return 4 * factorial(3)
                def factorial(3):
                  if num == 1:
                    return 1
                  else:
                    return 3 * factorial(2)
                        def factorial(2):
                          if num == 1:
                            return 1
                          else:
                            return 2 * factorial(1)
                                def factorial(1):
                                  if num == 1:
                                    return 1
```

图 6-11　阶乘递归过程

由图 6-11 可知，当求 5 的阶乘时，将此问题分解为求计算 5 乘以 4 的阶乘，求 4 的阶乘问题又分解为求 4 乘以 3 的阶乘。以此类推，直至问题分解到求 1 的阶乘，所得的结果为 1，之后便开始将结果 1 向上一层问题传递，直至解决最初的问题，计算出 5 的阶乘。

■ 任务分析

结合任务描述可知，我们需要先分别计算 1.0 和 1.1 的 100 次方，再计算 1.1 的 100 次方与 1.0 的 100 次方的差。下面以 2 的 y 次方为例，计算过程如下。

当 y=0 时，2^y 即为 2^0，计算结果为 1。

当 y=1 时，2^y 即为 2^1，相当于 1×2，计算结果为 2。

当 y=2 时，2^y 即为 2^2，相当于 2×2，计算结果为 4。

当 y=3 时，2^y 即为 2^3，相当于 2×2×2，计算结果为 8。

当 y=4 时，2^y 即为 2^4，相当于 2×2×2×2，计算结果为 16。

当 y=5 时，2^y 即为 2^5，相当于 2×2×2×2×2，计算结果为 32。

……

以此类推，x 的 y 次方等于 x 的 y−1 次方乘以 x。以 f(y) 表示 x 的 y 次方的结果，则满足以下公式：

当 y=0 时，f(y)=1。

当 y>0 时，f(y)=x × f(y−1)。

将 f(n) 视为一个函数，根据上述公式可知，在求解 x 的 y 次方时，需要再次调用该函数自身。因此，计算 x 的 y 次方可以通过递归函数实现。

■ 任务实现

结合任务分析的思路，接下来，在 Chapter06 项目中创建 05_amiss_amile.py 文件，在该文件中编写代码计算 1.0 和 1.1 的 100 次方的差，具体代码如下。

```
1. # 计算x的y次方
2. def power(x, y):
3.     if y: # y大于0
4.         return x * power(x, y - 1)
5.     else: # y等于0
6.         return 1
7. # 计算1.0和1.1的100次方的差
8. print(power(1.1, 100) - power(1.0, 100))
```

代码中，第 2 ~ 6 行代码定义了一个递归函数 power( )，该函数需要接收两个参数 x 和 y，其中 x 表示底数，y 表示指数。

第 3 ~ 6 行代码用于判断 y 大于 0 和等于 0 的情况，若 y 大于 0，也就是说 y 的值为 True，则返回 x * power(x, y − 1) 的结果。若 y 等于 0，也就是说 y 的值为 False，则返回 1。

第 8 行代码调用 power( ) 函数分别计算 1.1 的 100 次方和 1.0 的 100 次方，之后计算了两者的差。

运行 05_amiss_amile.py 文件，控制台输出了 1.0 和 1.1 的 100 次方的差，如图 6-12 所示。

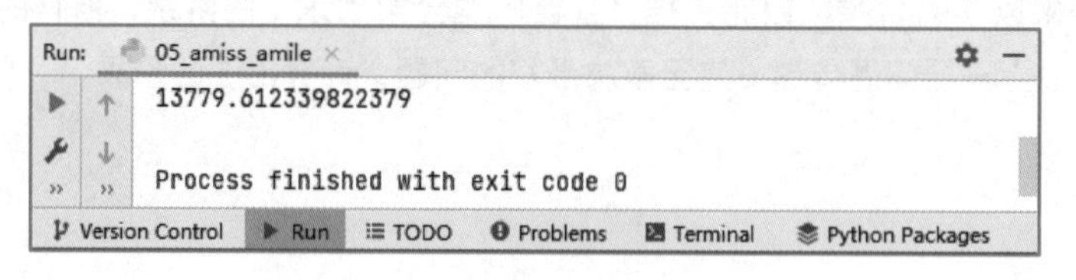

图 6-12 05_amiss_amile.py 的运行结果

任务 6-6 点名册

■ 任务描述

实操微课 6-6：任务 6-6 点名册

点名册一般用于登记人员的出勤情况，常见于大学课堂，大学老师通过点名册来统计出勤人数。点名册上的姓名通常会按照字母顺序排列。如果姓名全拼的首字母相同，会按照第 2 个字母排序。

本任务要求读者编写一个点名册程序，样式如下所示。

```
=============
| 学号  |  姓名 |
|  001 |  XXX |
|  002 |  XXX |
|  003 |  XXX |
……
=============
```

知识储备

理论微课 6-16：匿名函数

匿名函数

匿名函数，顾名思义，指的是没有名称的函数，它的函数体只能是单个表达式。使用关键字 lambda 定义匿名函数，lambda 的语法格式如下。

```
lambda [arg1 [,arg2,...,argn]]:expression
```

上述格式中，[arg1 [,arg2,...,argn]] 表示匿名函数的参数，expression 是一个表达式。

与普通函数相比，匿名函数主要有以下 4 点不同。

① 匿名函数不需要使用函数名进行标识，而普通函数需要使用函数名进行标识。

② 匿名函数的函数体只能是一个表达式，而普通函数的函数体中可以有多条语句。

③ 匿名函数只能实现比较单一的功能，而普通函数可以实现比较复杂的功能。

④ 匿名函数不能被其他程序使用，而普通函数可以被其他程序使用。

为了方便使用匿名函数，应使用变量记录这个函数，示例代码如下。

```
area = lambda a, h: (a * h) * 0.5
print(area(3, 4))
```

以上代码使用变量 area 记录匿名函数，并通过变量名 area 调用匿名函数。

运行代码，结果如下所示。

```
6.0
```

任务分析

根据任务描述可知，可以先准备一种数据结构来保存全班学生的姓名，再根据姓名全拼的首字母进行排序，最后按照固定的样式将学号和排序后的姓名制作成点名册。任务的实现思路如下。

（1）保存全班学生的姓名

点名册中的姓名是汉字，排序需按姓名拼音的首字母排列。因此我们可以用元组保存每个学生的信息，元组的第 1 个元素是姓名拼音的首字母，元组的第 2 个元素是汉字。全班学生的信息可以保存到一个列表中，便于后续对每个学生的信息进行排序操作。

（2）按字母顺序排列学生的姓名

排序操作可以通过列表的 sort( ) 方法实现，排序依据是姓名拼音的首字母，即所有元组的第一个元素。因此，可以定义一个匿名函数，利用匿名函数从存储了全班学生信息的列表中取出姓名拼音的首字母。

（3）制作点名册

观察任务描述中点名册的样式可以发现，点名册类似一个多行两列的表格，由上下分割线、标题行和数据行3部分组成，其中数据行有着固定的格式，格式为“| 学号 | 姓名 |”，学号和姓名的内容不是固定的，学号是一个3位数字，且是从1开始递增的。数据行的内容可以通过f-string实现。

任务实现

结合任务分析的思路，接下来，在Chapter06项目中创建06_lambda.py文件，在该文件中实现点名册的任务，具体步骤如下。

（1）保存全班学生的姓名

定义一个列表，该列表用于保存全班学生的姓名信息，代码如下。

```
# 学生姓名列表，包括姓名全拼的首字母和姓名
names = [("YL", "忆柳"), ("ZT", "之桃"), ("MQ", "慕青"), ("WL", "问兰"),
         ("EL", "尔岚"), ("ZH", "紫寒"), ("CX", "初夏"), ("PH", "沛菡"),
         ("AS", "傲珊"), ("MW", "曼文"), ("LL", "乐菱"), ("CS", "痴珊"),
         ("HB", "涵柏"), ("AF", "傲芙"), ("YY", "亦玉")]
```

（2）按字母顺序排列学生的姓名

定义一个匿名函数指定排序依据，并按照排序依据对姓名列表进行排序操作，具体代码如下。

```
# 从姓名列表中取出姓名全拼首字母
lambda_func = lambda x: x[0]
# 按照26个英文字母的顺序对姓名列表排序
names.sort(key=lambda_func)
```

上述代码中，首先定义了一个匿名函数lambda_func，该函数有一个参数x，函数体是一个表达式x[0]，用于从元组中取出姓名全拼的首字母组合；然后通过names调用sort( )方法按照字母顺序对names列表中的元素进行排序。

（3）制作点名册

从姓名列表依次取出姓名，并将学号和姓名按照固定的格式进行组合，生成一个指定样式的点名册，具体代码如下。

```
1. num = 1  # 学号
2. # 制作点名册
3. print("=============")
4. print("| 学号 | 姓名 |")
5. for name in names:
6.     if num < 10:
7.         print(f"| 00{num} | {name[-1]} |")
8.     else:
```

```
9.         print(f"| 0{num} | {name[-1]} |")
10.     num += 1
11.print("=============")
```

上述代码中，第 1 行代码定义了一个表示学号的变量 num，变量的初始值为 1，第 3、4、11 行代码输出了点名册的上下分割线和标题行。

第 5 ~ 10 行代码通过 for 循环遍历 names 列表，依次从列表中取出每个学生的姓名信息，分两种情况组合学号和姓名。若学号小于 10，则调用 print( ) 函数输出标题行内容时需要在学号前面添加两个 0。若学号大于 10，则调用 print( ) 函数输出标题行内容时需要在学号前面添加一个 0。

运行 06_lambda.py 文件，控制台输出了点名册，如图 6-13 所示。

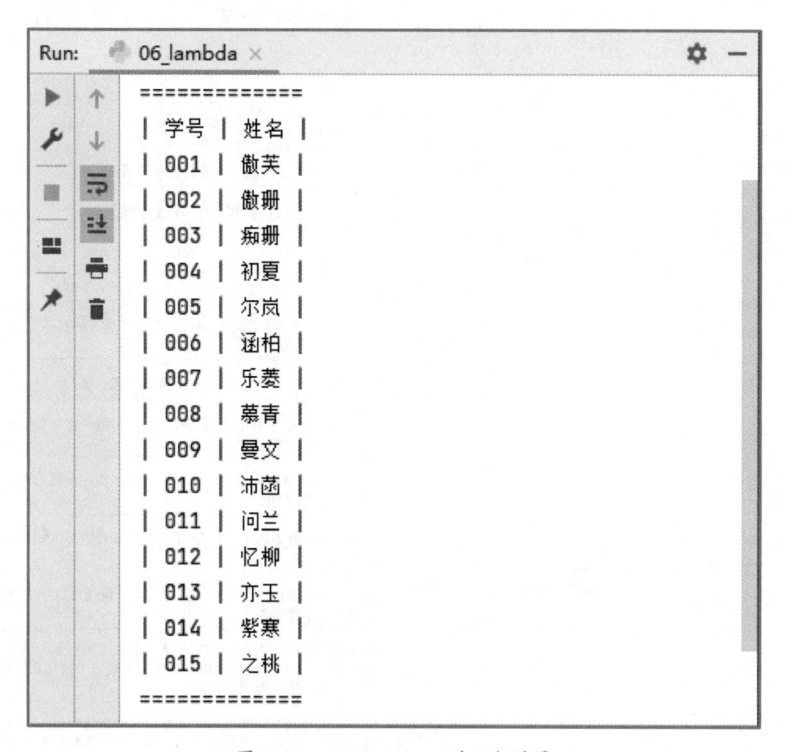

图 6-13　06_lambda.py 的运行结果

知识梳理

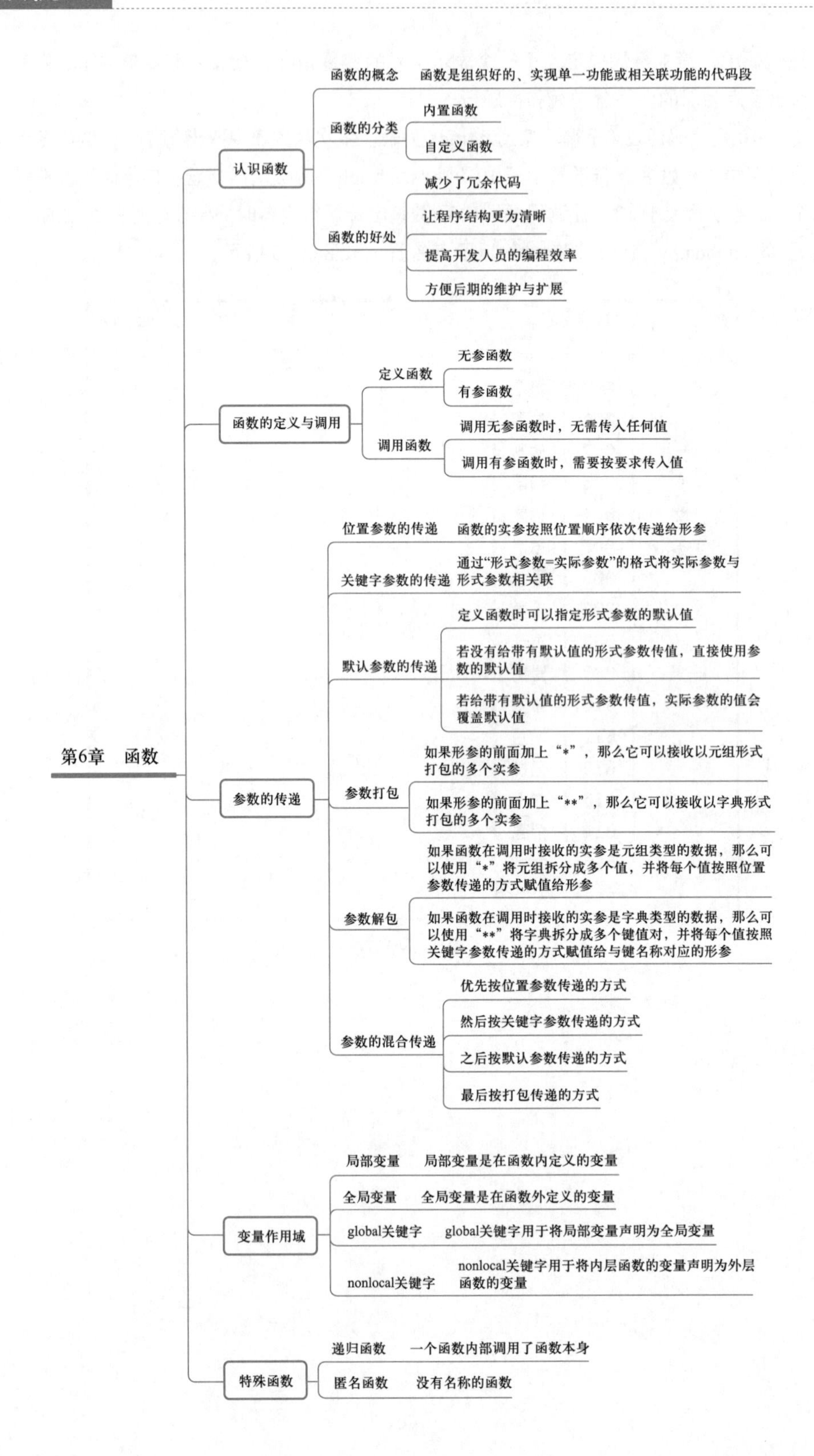
第6章 函数
认识函数
函数的概念
函数是组织好的、实现单一功能或相关联功能的代码段
函数的分类
内置函数
自定义函数
函数的好处
减少了冗余代码
让程序结构更为清晰
提高开发人员的编程效率
方便后期的维护与扩展
函数的定义与调用
定义函数
无参函数
有参函数
调用函数
调用无参函数时，无需传入任何值
调用有参函数时，需要按要求传入值
参数的传递
位置参数的传递
函数的实参按照位置顺序依次传递给形参
关键字参数的传递
通过“形式参数=实际参数”的格式将实际参数与形式参数相关联
默认参数的传递
定义函数时可以指定形式参数的默认值
若没有给带有默认值的形式参数传值，直接使用参数的默认值
若给带有默认值的形式参数传值，实际参数的值会覆盖默认值
参数打包
如果形参的前面加上“*”，那么它可以接收以元组形式打包的多个实参
如果形参的前面加上“**”，那么它可以接收以字典形式打包的多个实参
参数解包
如果函数在调用时接收的实参是元组类型的数据，那么可以使用“*”将元组拆分成多个值，并将每个值按照位置参数传递的方式赋值给形参
如果函数在调用时接收的实参是字典类型的数据，那么可以使用“**”将字典拆分成多个键值对，并将每个值按照关键字参数传递的方式赋值给与键名称对应的形参
参数的混合传递
优先按位置参数传递的方式
然后按关键字参数传递的方式
之后按默认参数传递的方式
最后按打包传递的方式
变量作用域
局部变量
局部变量是在函数内定义的变量
全局变量
全局变量是在函数外定义的变量
global关键字
global关键字用于将局部变量声明为全局变量
nonlocal关键字
nonlocal关键字用于将内层函数的变量声明为外层函数的变量
特殊函数
递归函数
一个函数内部调用了函数本身
匿名函数
没有名称的函数

本章习题

一、填空题

① Python 中使用关键字________定义一个函数。

② Python 中使用关键字________定义匿名函数。

③ 使用关键字________可以将局部变量声明为全局变量。

④ 使用________关键字可以将内层函数的变量声明为外层函数的变量

⑤ 如果形参的前面加上“**”，那么它可以接收以________形式打包的多个值。

二、判断题

① 如果形参的前面加上“*”，那么它可以接收以元组形式打包的多个值。 (　　)

② 全局变量在程序中的任何位置都可以被访问。 (　　)

③ 局部变量是在函数内定义的变量，只在定义它的函数内生效。 (　　)

④ 函数在定义完成后会立刻执行。 (　　)

⑤ 函数的参数传递是指将实际参数传递给形式参数的过程。 (　　)

三、选择题

① 下列选项中，关于函数的说法描述错误的是 (　　)。

A. 函数可以减少重复的代码，使得程序更加模块化

B. 不同的函数中可以使用相同名称的变量

C. 函数必须有返回值

D. 函数的参数传递是指将实际参数传递给形式参数的过程

② 下列选项中，关于参数传递的描述错误的是 (　　)。

A. 关键字参数通过“形参 = 实参”的格式将实际参数与形式参数相关联

B. 位置参数传递的方式是按照形参的位置将实参一一传递

C. 若调用函数时没有给有默认值的形参传值，则直接使用参数的默认值

D. 函数参数传递过程中，只能采用一种方式进行传递

③ 下列选项中，关于匿名函数的描述说法错误的是 (　　)。

A. 匿名函数与普通函数没有任何区别

B. 匿名函数只能实现比较单一的功能

C. 匿名函数不能被其他程序使用

D. 匿名函数是没有名称的函数

④ 请阅读下面的代码：

```
num_one = 12
def sum(num_two):
    global num_one
    num_one = 90
    return num_one + num_two
print(sum(10))
```

运行代码，输出结果为（　　）。

A. 102　　B. 90　　C. 100　　D. 10

⑤ 请阅读下面的代码：

```
def many_param(num_one, num_two, *args):
    print(args)
many_param(11, 22, 33, 44, 55)
```

运行代码，输出结果为（　　）。

A. (11, 22, 33)　　B. (33, 44, 55)　　C. (22, 33, 44)　　D. (11, 22)

四、简答题

① 简述什么是参数的打包和解包。

② 简述局部变量和全局变量的区别。

③ 简述匿名函数与普通函数的区别。

五、编程题

① 编写函数，输出 1 ~ 100 中的奇数之和。

② 编写函数，计算 $20 \times 19 \times 18 \times \cdots \times 10$ 的结果。

第 7 章 面向对象编程

- 了解面向对象编程，能够说出什么是面向对象编程。
- 熟悉对象和类的概念，能够说出对象和类的关系。
- 掌握类的定义和对象的创建方式，能够通过关键字 class 定义类并创建该类的对象。
- 掌握类属性，能够在程序中访问和修改类属性。
- 掌握实例方法的定义，能够通过类的对象调用定义的实例方法。
- 掌握实例属性的基本使用，能够在程序中访问实例属性、修改实例属性和动态添加实例属性。
- 掌握 __init__() 方法的使用，能够在 __init__() 方法中定义实例属性。
- 掌握类方法的定义与使用，能够在类中定义类方法并使用。
- 掌握静态方法的定义与使用，能够在类中定义静态方法并使用。
- 掌握私有属性和私有方法，能够在类中添加和使用私有属性和私有方法。
- 熟悉封装的特性，能够实现类的封装。
- 掌握单继承、多继承的语法，能够在类中实现单继承和多继承。
- 掌握重写的方式，能够在子类中实现父类方法的重写。
- 掌握 super() 函数的使用，能够通过 super() 函数调用父类中被重写的方法。
- 熟悉多态的特性，能够在程序中以多态的形式调用类中定义的方法。

PPT：第 7 章　面向对象编程

教学设计：第 7 章 面向对象编程

面向对象编程是程序开发领域的重要思想，这种思想模拟了人类认识客观世界的思维方式，将开发中遇到的事物看作对象。Python 支持面向对象编程，且 Python 3.x 版的 Python 源码全部基于面向对象编程设计，因此了解面向对象编程的思想对学习 Python 而言非常重要。本章通过 4 个任务对面向对象编程的相关知识进行讲解。

任务 7-1 航天器信息查询工具

任务描述

实操微课 7-1：任务 7-1 航天器信息查询工具

自神舟一号试飞成功之后，我国航天领域开启了新的篇章，在随后的二十几年中，航天人凭着吃苦耐劳的坚韧意志、娴熟过硬的专业能力使航天技术得到了快速发展。时至今日，我国航天技术已经达到了世界先进水平。

在近几年，北斗卫星导航系统的组建完成，火星探测器天问一号、长征十一号海射运载火箭、长征五号 B 运载火箭的发射成功，均标志着我国航天水平登上了一个新的阶梯。航天器和火箭的简介信息如表 7-1 所示。

表 7-1 航天器和火箭的简介信息

名称	发射时间	简介
天问一号	2020 年	天问一号是我国自行研制的探测器，负责执行中国第一次自主火星探测任务
长征十一号海射运载火箭	2022 年	长征十一号是我国自主研制的一型四级全固体运载火箭。该火箭主要用于快速机动发射应急卫星，满足自然灾害、突发事件等应急情况下微小卫星发射需求
长征五号 B 运载火箭	2020 年	长征五号 B 运载火箭是专门为中国载人航天工程空间站建设研制的一型新型运载火箭，以长征五号火箭为基础改进而成，是中国近地轨道运载能力最大的新一代运载火箭

本任务要求编写代码，设计一个输入航天器和火箭名称，便可查询该名称对应的发射时间和简介的查询工具类，该工具类具备以下内容。

（1）信息列表

信息列表负责存储表 7-1 中航天器和火箭的名称、发射时间和简介。

（2）查询信息的功能

查询信息的功能是根据用户输入的名称，查询出对应航天器或火箭的发射时间和简介信息，并向用户展示，样式如下。

```
请输入查询名称：XXXX
发射时间：XXXX
简介：XXXX
```

知识储备

理论微课 7-1：面向对象编程简介

1. 面向对象编程简介

提到面向对象编程，自然会联想到面向过程编程。面向过程编程是早期开发语言中大量使用的编程方式。面向过程编程一般会先分析解决问题的步骤，使用函数实现每个步骤的功能，之后按步骤依次调用函数。这种编程思想只考虑函数中封装的代码逻辑，而不会考虑函数的归属关系。

面向对象编程与面向过程编程的逻辑不同，它并不关注解决问题的过程。面向对象编程会先分析问题，从中提炼出多个对象，将不同对象各自的特征和行为进行封装，之后通过控制对象的行为来解决问题。

下面以五子棋游戏为例说明面向过程编程和面向对象编程的区别。

如果基于面向过程编程的思想分析问题，五子棋游戏的实现过程分为以下步骤。

① 开始游戏。

② 绘制棋盘画面。

③ 落黑子。

④ 绘制棋盘落子画面。

⑤ 判断输赢。

⑥ 落白子。

⑦ 绘制棋盘落子画面。

⑧ 判断输赢：赢则结束游戏，否则，返回步骤③。

以上每个步骤的操作都可以封装为一个函数，按以上步骤逐个调用函数，即可实现五子棋游戏。五子棋游戏的过程如图 7-1 所示。

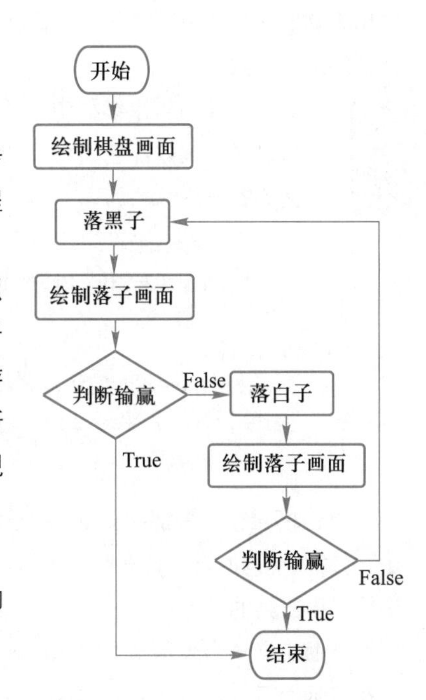

图 7-1 五子棋游戏流程

如果基于面向对象编程的思想分析问题，五子棋游戏以空棋盘开局，由执黑子的玩家优先在空棋盘上落子，执白子的玩家随后落子，如此黑白玩家交替落子，棋盘实时更新游戏画面，规则系统时刻监听棋盘的输赢情况。根据以上分析可知，五子棋游戏中可以提炼出 3 类对象：玩家、棋盘和规则系统。这三类对象的说明如下。

① 玩家：黑白双方，负责决定落子的位置。

② 棋盘：负责绘制当前游戏的画面，向玩家反馈棋盘的状况。

③ 规则系统：负责判断游戏的输赢。

以上每类对象各自具有的特征和行为如表 7-2 所示。

表 7-2 五子棋游戏每类对象的特征和行为

	玩家	棋盘	规则系统
特征	棋子（黑或白子）	棋盘数据	无
行为	落子	显示棋盘、更新棋盘	判定胜负

每类对象都具有自身的特征和行为，主程序通过对象控制行为，每个对象既互相独立，又保持互相协作。

面向对象编程保证了功能的统一性，基于面向对象编程实现的程序更容易维护。例如，现在要在五子棋游戏中加入悔棋的功能，如果使用面向过程编程开发，改动会涉及游戏的整个流程，落子、绘制画面、判断输赢这一系列步骤都需要修改，这显然非常麻烦。但若使用面向对象编程开发，由于棋盘状况由棋盘角色保存，所以只需要为棋盘角色添加回溯行为即可。相较而言，在基于面向对象编程的程序中扩充功能时改动波及的范围更小。

2. 对象和类

理论微课7-2：对象和类

面向对象编程中有两个核心概念：对象和类，关于对象和类的说明具体如下。

（1）对象

面向对象的编程思想会认为对象是现实世界中可描述的事物，它可以是有形的也可以是无形的，从一本书到一家图书馆，从单个整数到繁杂的序列等都可以称为对象。该思想中对象是构成世界的一个独立单位，它由数据（描述事物的特征）和作用于数据的操作（体现事物的行为）构成一个独立整体。从程序设计者的角度看，对象是一个程序模块，从用户的角度来看，对象为他们提供想要的行为。

（2）类

俗话说“物以类聚”，从具体的事物中把共同的特征抽取出来，形成一般的概念称为“归类”。忽略事物的非本质特征，关注与目标有关的本质特征，找出事物间的共性，抽象出一个概念模型，就是定义一个类。

理论微课7-3：类的定义

在面向对象编程中，类是具有相同特征和行为的一组对象的集合，它提供一个抽象的描述，其内部包括特征和行为两个主要部分，它就像一个模具，可以用它铸造一个个具体的铸件。

3. 类的定义

Python 中使用关键字 class 来定义一个类。定义类的语法格式如下所示。

```
class 类名：
      属性名 = 属性值
      def 方法名(self):
          方法体
```

上述格式中，关键字 class 用于标识类，后面紧跟类名，类名的命名方式遵循“驼峰式命名法”，每个单词的首字母一般为大写。类中可以定义属性和方法，其中属性用于描述类的特征，方法用于描述类的行为。

下面定义一个表示学生的 Student 类，该类中定义了表示学生姓名和年龄的属性 name 和 age，以及表示学习行为的 study( ) 方法，示例代码如下。

```
class Student:
      age = 17                              # age属性
      name = '小明'                         # name属性
      def study(self):                      # study()方法
          print('学习')
```

在 Student 类中，study( ) 方法其实是一个实例方法，它的参数列表中的第一个参数是一个指代对象的默认参数 self，关于实例方法将在后面进行详细介绍，这里大家有个印象即可。

理论微课 7-4：对象的创建与使用

4. 对象的创建与使用

类定义完成后不能直接使用。这就好比画好了一张房屋设计图纸，此图纸只能帮助人们了解房屋的结构，但不能提供居住场所。为满足人们的居住需求，需要根据房屋设计图纸搭建实际的房屋。同理，程序中的类需要实例化为对象才能实现其意义。下面分别介绍对象的创建和对象的使用。

（1）对象的创建

创建对象的语法格式如下所示。

```
对象名 = 类名 ()
```

例如，根据定义的 Student 类创建一个对象，代码如下。

```
student = Student()
```

（2）对象的使用

使用对象就是对类或对象成员的使用，即访问属性和调用方法。访问属性和调用方法的语法格式如下所示。

```
对象名 . 属性名
对象名 . 方法名 ( 参数 1, 参数 2,…)
```

例如，使用 student 对象访问 age 属性和 name 属性，以及调用 study( ) 方法，代码如下。

```
print(student.age)                # 访问 age 属性
print(student.name)               # 访问 name 属性
student.study()                   # 调用 study() 方法
```

运行代码，结果如下所示。

```
17
小明
学习
```

5. 类属性

理论微课 7-5：类属性

类属性是定义在类内部、方法外部的属性。例如，前面 Student 类内部定义的 age 和 name 变都是类属性。下面分别对类属性的访问和修改进行介绍。

（1）类属性的访问

类属性是类和对象所共有的属性，它可以被类访问，也可以被类实例化的所有对象访问。例如，访问 Student 类中的类属性 age，代码如下。

```
student = Student()               # 创建 Student 类的对象 student
print(student.age)                # 通过对象 student 访问类属性
print(Student.age)                # 通过类 Student 访问类属性
```

运行代码，结果如下所示。

```
17
17
```

从上述输出结果可以看出，通过类和对象均可以访问类属性。

（2）类属性的修改

类属性可以通过类或对象进行访问，但只能通过类进行修改。例如，通过类和对象访问与修改 Student 类中的类属性 age，代码如下。

```
1. student = Student()
2. print(Student.age)           # 通过类 Student 访问类属性
3. print(student.age)           # 通过对象 student 访问类属性
4. Student.age = 18             # 通过类 Student 修改类属性 age
5. print(Student.age)
6. print(student.age)
7. student.age = 19             # 通过对象 student 修改类属性 age
8. print(Student.age)
9. print(student.age)
```

在上述代码中，第1行代码创建了一个 Student 类的对象 student，第2~3行代码分别通过类名 Student 和对象 student 访问类属性 age 并输出，第4~6行代码通过类名 Student 修改类属性 age 的值，分别通过类名 Student 和对象 student 访问类属性 age 并输出，第7~9行代码通过对象 student 修改类属性 age 的值，分别通过类 Student 和对象 student 访问类属性 age 并输出。

运行代码，结果如下所示。

```
17
17
18
18
18
19
```

分析输出结果中的前两个数据可知，Student 类和 student 对象成功地访问了类属性，结果都为17。分析第3、4行的两个数据可知，Student 类成功地修改了类属性的值，因此 Student 类和 student 对象访问的结果变为18。分析最后输出的两个数据可知，Student 类访问的类属性的值仍然是18，而 student 对象访问的结果为19，说明 student 对象不能修改类属性的值。

大家此时可能会有一个疑问“为什么通过 student 对象最后一次访问类属性的值为19？”。这个问题是因为“student.age = 19”语句执行后添加了一个与类属性同名的实例属性，后续会有相应的介绍。

6. 实例方法

理论微课7-6：实例方法

实例方法形似函数，它定义在类内部。第1个参数是 self，表示对象本身。当调用实例方法时，self 会自动接收由系统传递的调用该方法的对象。

实例方法只能通过对象调用。例如，定义一个包含实例方法 function( ) 的 Demo 类，创建 Demo 类的对象。分别通过 Demo 类的对象和 Demo 类调用实例方法，具体代码如下。

```
class Demo:
    def function(self):                    # 实例方法
        print(" 我是实例方法 ")
demo = Demo()
demo.function()                    # 通过对象调用实例方法
Demo.function()                    # 通过类调用实例方法
```

运行代码，结果如下所示。

```
我是实例方法
Traceback (most recent call last):
  File "E:/Chapter07/function.py", line 6, in <module>
    Demo.function()                # 通过类调用实例方法
TypeError: function() missing 1 required positional argument: 'self'
```

从上述结果可以看出，程序通过对象可以成功调用实例方法，但通过类无法调用实例方法。

一个类中可以定义多个实例方法，当在实例方法中调用其他实例方法时，需要以“self. 实例方法名”的形式调用。例如，在 Demo 类中定义实例方法 function2( )，并在 function2( ) 中调用实例方法 function( )，具体代码如下。

```
class Demo:
    def function(self):                    # 实例方法 function()
        print(" 我是实例方法 ")
    def function2(self):                   # 实例方法 function2()
        self.function()                    # 调用实例方法 function()
demo = Demo()
demo.function2()
```

运行代码，结果如下所示。

```
我是实例方法
```

■ 任务分析

根据任务描述得知，本任务需要设计一个查询信息类，该类可以命名为 SearchEngine，同时根据任务描述设计出 SearchEngine 类的类图，具体如图 7-2 所示。

SearchEngine	
info	信息列表
search_info()	查询结果展示

图 7-2　SearchEngine 类的类图

（1）类属性分析

在 SearchEngine 类中，info 属性用于存储航天器和火箭的名称、发射时间和简介信息，因此我们需要定义一个包含天问一号、长征十一号海射运载火箭及长征五号 B 运载火箭的相关信息的列表，该列表的格式如下。

```
[{'天问一号': {'发射时间': '2020年',
  '简介': '天问一号是我国自行研制的探测器，负责执行中国第一次自主火星探
  测务。'}},
 {'长征十一号海射运载火箭': {'发射时间': '2022年',
  '简介': '长征十一号是我国自主研制的一型四级全固体运载火箭，该火箭主要
  用于快速机动发射应急卫星，满足自然灾害、突发事件等应急情况下微小卫星发射
  需求。'}},
 {'长征五号B运载火箭': {'发射时间': '2022年',
  '简介':'长征五号B运载火箭是专门为中国载人航天工程空间站建设而研制的一型
  新型运载火箭，以长征五号火箭为基础改进而成，是中国近地轨道运载能力最大的新
  一代运载火箭。'}}]
```

上述格式中，列表中包含3个字典，分别存储的是天问一号、长征十一号海射运载火箭、长征五号B运载火箭的相关信息，其中字典的键表示名称，值为包含发射时间和简介的字典。为了保证SearchEngine类实例化的所有对象都能通过访问info属性获取查询信息，因此需要将info定义为类属性。

（2）方法分析

search_info( )方法用于按照固定的格式展示查询的信息，而查询的名称是由用户决定的，因此首先需要接收用户输入的查询名称，然后通过for语句遍历信息列表，最后通过访问字典元素的方式取出查询的具体信息，有了具体信息之后便可以按照固定的格式输出。

■ 任务实现

结合任务分析的思路，接下来创建一个新的项目Chapter07，在该项目中创建01_spacecraft.py文件，在该文件中编写代码实现航天器信息查询工具的任务，具体代码如下。

```
class SearchEngine:
    info = [{'天问一号': {'发射时间': '2020年', '简介': '天问一号是我
              国自行研制的探测器，负责执行中国第一次自主火星探测任务。'}},
            {'长征十一号海射运载火箭': {'发射时间': '2022年','简介':
              '长征十一号是我国自主研制的一型四级全固体运载火箭，该火箭主要用
              于快速机动发射应急卫星，满足自然灾害、突发事件等应急情况下微小卫
              星发射需求。'}},
            {'长征五号B运载火箭': {'发射时间': '2022年', '简介': '长
              征五号B运载火箭是专门为中国载人航天工程空间站建设而研制的一型新型
              运载火箭，以长征五号火箭为基础改进而成，是中国近地轨道运载能力最大
              的新一代运载火箭。'}}]
    def search_info(self):
        name_li = []                              # 存储航天器和火箭的名称
        print('✈' * 11)
        # 输出所有名称
        for info_dict in self.info:
            for name in info_dict:
```

```
        name_li.append(name)
        print(name)
print('✈' * 11)
search_name = input('请输入查询名称：')
if search_name not in name_li:          # 判断查询的名称是否存在
    print('查询的名称不存在')
else:
    for i in self.info:
        for s_name, s_info, in i.items():
            if s_name == search_name:  # 判断查询的名称是否存在
                for title, info in s_info.items():
                    print(title + ':' + info)
```

上述代码定义了 SearchEngine 类，该类中包含一个类属性 info 和一个实例方法 search_info( )。在 search_info( ) 方法中，首先通过 for 循环嵌套输出了列表 info 中航天器和火箭的名称，然后使用 input( ) 函数接收用户输入的名称，接着使用 for 循环嵌套遍历类属性 info 取出包含所有航天器和火箭信息的字典，再次使用 for 语句遍历该字典，最后使用 if 语句判断字典的键与用户输入的名称是否相同，相同则继续使用 for 语句遍历嵌套的字典，并输出航天器和火箭的相关信息。

创建 SearchEngine 类的对象，并调用实例方法 search_info( )，具体代码如下。

```
search = SearchEngine()
search.search_info()
```

运行 01_spacecraft.py，在控制台中输入“天问一号”后结果如图 7-3 所示。

```
Run: 01_spacecraft
✈✈✈✈✈✈✈✈✈✈✈
天问一号
长征十一号海射运载火箭
长征五号B运载火箭
✈✈✈✈✈✈✈✈✈✈✈
请输入查询名称：天问一号
时间:2020年
简介:天问一号是我国自行研制的探测器，负责执行中国第一次自主火星探测任务。
```

图 7-3 01_spacecraft.py 的运行结果

任务 7-2 超市管理系统

■ 任务描述

目前很多超市都引入了超市管理系统，超市工作人员利用计算机，可以很方便地对超市的相关商品进行添加、修改、查看等操作。现有一款超市管理系统，它的常见功能如图 7-4 所示。

实操微课 7-2：任务 7-2 超市管理系统

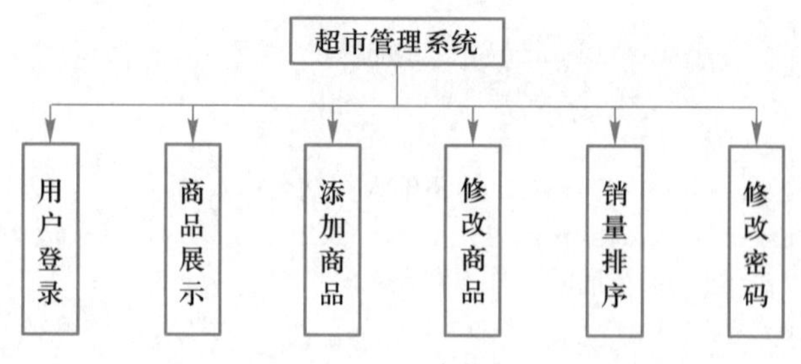

图 7-4 超市管理系统

图 7-4 中超市管理系统各功能的说明如下。

① 用户登录功能：用户在使用超市管理系统之前需要输入用户名和密码。只有输入正确的用户名和密码，才能使用超市管理系统。

② 商品展示功能：用于展示仓库中商品的品牌、价格、描述和销量数据。

③ 添加商品功能：用于向超市仓库中添加商品数据。

④ 修改商品功能：用于修改超市仓库中的商品数据。首先会判断用户输入的商品名称是否正确。若输入的商品名称不正确，则提示“输入的商品名称不存在”。若用户输入的商品名称存在，则获取用户要修改的商品，然后接收用户输入的修改数据，最后将数据更新到超市仓库。

⑤ 销量排序功能：按照从高到低的顺序排列商品的销量数据，并展示商品名称和商品销量数据。

⑥ 修改密码功能：超市管理系统默认的用户名为 admin，默认密码为 12345，通过对默认密码的修改，可设置新的用户名和密码，当密码修改完成后，需要重新登录超市管理系统。

本任务要求基于面向对象编程的思想编写程序，实现具有以上功能的超市管理系统。

■ 知识储备

理论微课 7-7：实例属性

1. 实例属性

通过“self. 变量名”定义的属性称为实例属性，实例属性通常定义在类的 __init__( ) 方法（将在 7.2.2 节详细介绍）中，也可以定义在其他方法中。另外，Python 支持动态添加实例属性。下面分别从访问实例属性、修改实例属性和动态添加实例属性三个方面对实例属性进行介绍。

（1）访问实例属性

实例属性只能通过对象进行访问。例如，定义一个包含实例属性的类 Dog，并通过 Dog 类的对象访问实例属性，具体代码如下。

```
class Dog:
    def dog_name(self):
        self.name = 'Buddy'   # 定义实例属性
dog = Dog()
dog.dog_name()
print(dog.name)
print(Dog.name)
```

以上代码首先定义了 Dog 类，在 Dog 类中定义了实例方法 dog_name( )，在该方法中定义实例属性 name，并给属性 name 赋值为“Buddy”。然后创建 Dog 类的对象 dog，并调用 dog_name( ) 方法为 Dog 类添加实例属性，最后分别通过对象 dog 和类 Dog 访问实例属性。

运行代码，结果如下所示。

```
Buddy
Traceback (most recent call last):
   File "G:/Chapter07/demo.py", line 7, in <module>
     print(Dog.name)
AttributeError: type object 'Dog' has no attribute 'name'
```

分析上述结果可知，程序通过对象 dog 成功地访问了实例属性 name，通过类 Dog 访问实例属性时出现了错误，说明实例属性只能通过对象访问，不能通过类访问。

（2）修改实例属性

实例属性通过对象进行修改。例如，在以上示例中插入修改实例属性的代码，改后的代码如下。

```
class Dog:
     def dog_name(self):
         self.name = 'Buddy'   # 定义实例属性
dog = Dog()
dog.dog_name()
print(dog.name)
dog.name = 'candy'             # 通过对象修改实例属性
print(dog.name)
```

运行代码，结果如下所示。

```
Buddy
candy
```

（3）动态添加实例属性

Python 支持在类的外部使用对象动态地添加实例属性。例如，在以上示例的末尾增加如下代码。

```
dog.age = 3                    # 动态地添加实例属性
print(dog.age)
```

运行代码，结果如下所示。

```
Buddy
candy
3
```

从以上结果可以看出，程序成功地添加了实例属性，并通过对象访问了新增加的实例属性。

理论微课 7-8：__init__() 方法

2. __init__( ) 方法

每个类都有一个默认的构造方法 __init__( )，该方法负责在创建对象时对对象进行初始化。如果在定义类时显式地定义了 __init__( ) 方法，则创建对象时 Python 解释器会调

用显式定义的 __init__( ) 方法。如果定义类时没有显式定义 __init__( ) 方法，那么 Python 解释器会调用默认的 __init__( ) 方法。

__init__( ) 方法按照参数的有无（self 除外）可分为有参构造方法和无参构造方法。当使用无参构造方法创建对象时，所有对象的同一属性都有相同的初始值。当使用有参构造方法创建对象时，所有对象的同一属性可以有不同的初始值。

下面定义一个包含无参构造方法和实例方法 drive( ) 的 Car 类，分别创建两个 Car 类的对象 car_one 和 car_two，通过对象 car_one 和 car_two 调用 drive( ) 方法，示例代码如下。

```
class Car:
    def __init__(self):                          # 无参构造方法
        self.color = "红色"
    def drive(self):
        print(f"车的颜色：{self.color}")
car_one = Car()                                  # 创建对象并初始化
car_one.drive()
car_two = Car()                                  # 创建对象并初始化
car_two.drive()
```

运行代码，结果如下所示。

```
车的颜色：红色
车的颜色：红色
```

从以上结果可以看出，对象 car_one 和 car_two 在调用 drive( ) 方法时都成功地访问了 color 属性，说明这两个对象在被创建时都调用 __init__( ) 方法进行了初始化。

下面定义一个包含有参构造方法和实例方法 drive( ) 的 Car 类，创建 Car 类的对象 car_one 和 car_two，通过对象 car_one 和 car_two 调用 drive( ) 方法，示例代码如下。

```
class Car:
    def __init__(self, color):          # 有参构造方法
        self.color = color              # 将形参赋值给属性
    def drive(self):
        print(f"车的颜色：{self.color}")
car_one = Car("红色")                   # 创建对象，并根据实参初始化属性
car_one.drive()
car_two = Car("蓝色")                   # 创建对象，并根据实参初始化属性
car_two.drive()
```

运行代码，结果如下所示：

```
车的颜色：红色
车的颜色：蓝色
```

理论微课 7-9：类方法

从以上结果可以看出，对象 car_one 和 car_two 在调用 drive( ) 方法时都成功地访问了 color 属性，且它们的属性具有不同的初始值。

3. 类方法

类方法是定义在类内部、使用装饰器 @classmethod 修饰的方法。类方法的语法格式

如下所示。

```
@classmethod
def 类方法名(cls):
    方法体
```

类方法的参数 cls 代表类本身，它会在类方法被调用时自动接收系统传递的调用该方法的类。

例如，定义一个包含类方法 stop( ) 的 Car 类，示例代码如下。

```
class Car:
    @classmethod
    def stop(cls):                          # 类方法
        print(" 我是类方法 ")
```

类方法可以通过类和对象调用，示例代码如下。

```
car = Car()
car.stop()                                  # 通过对象调用类方法
Car.stop()                                  # 通过类调用类方法
```

运行代码，结果如下所示。

```
我是类方法
我是类方法
```

从以上结果可以看出，程序通过对象和类成功地调用了类方法。

类方法中可以使用 cls 访问和修改类属性的值。例如，定义一个包含类属性、类方法的 Car 类，并在类方法中访问和修改类属性，创建 Car 类的对象，调用类方法，示例代码如下。

```
class Car:
    wheels = 3                              # 类属性
    @classmethod
    def stop(cls):                          # 类方法
        print(cls.wheels)                   # 使用 cls 访问类属性
        cls.wheels = 4                      # 使用 cls 修改类属性
        print(cls.wheels)
car = Car()
car.stop()
```

运行代码，结果如下所示。

```
3
4
```

理论微课 7-10：静态方法

从以上结果可以看出，程序在类方法中成功地访问和修改了类属性的值。

4. 静态方法

静态方法是定义在类内部、使用装饰器 @staticmethod 修饰的方法。静态方法的语法格式如下所示。

```
@staticmethod
def 静态方法名():
    方法体
```

与实例方法和类方法相比，静态方法没有任何默认参数。

例如，定义一个包含静态方法的 Car 类，示例代码如下。

```
class Car:
    @staticmethod
    def test():                    # 静态方法
        print("我是静态方法")
```

静态方法可以通过类和对象调用。例如，创建 Car 类的对象，分别通过对象和类调用静态方法，示例代码如下。

```
car = Car()
car.test()                         # 通过对象调用静态方法
Car.test()                         # 通过类调用静态方法
```

运行代码，结果如下所示。

```
我是静态方法
我是静态方法
```

静态方法内部不能直接访问属性或调用方法，但可以使用类名访问类属性或调用类方法，示例代码如下。

```
class Car:
    wheels = 3                     # 类属性
    @staticmethod
    def test():
        print("我是静态方法")
        print(f"类属性的值为{Car.wheels}")
                                   # 静态方法中访问类属性
car = Car()
car.test()
```

运行代码，结果如下所示。

```
我是静态方法
类属性的值为3
```

■ 任务分析

根据任务描述得知，本任务需要基于面向对象编程的思想实现超市管理系统，可以设计一个代表超市管理系统的类，该类命名为 MarketManage。同时根据任务描述中超市管理系统的功能设计出 MarketManage 类的类图，如图 7-5 所示。

MarketManage	
username 用户名 password 密码 goods_info 商品数据列表	
function_display()	功能展示
login()	用户登录
show_goods()	展示商品数据
add_goods()	添加商品数据
modify_goods()	修改商品数据
statistics()	销量排序
modify_pwd()	修改密码
main()	程序入口

图 7-5 MarketManage 类的类图

关于 MarketManage 类中的属性和方法的分析具体如下。

（1）属性分析

属性 username 和 password 分别表示用户名和密码，它们的初始值分别为 admin 和 12345。由于每个 MarketManage 类的对象都具有相同的初始用户名和密码，所以我们将这两个属性定义为类属性。

属性 goods_info 表示商品数据列表，它存储了所有的商品数据，具体格式如下。

```
[{'品牌': '大米手机', '价格': '1999', '描述': '好用不贵', '销量': '200'},
 {'品牌': '香蕉手机', '价格': '2999', '描述': '非常好用', '销量': '340'},
 {'品牌': '玉米手机', '价格': '999', '描述': '用着还不错', '销量': '140'},]
```

上述格式中，列表中包含了多个字典，每个字典对应一个商品数据，字典中包含 4 个键值对，它们对应品牌、价格、描述和销量的相关信息。

（2）方法分析

① function_display( ) 方法用于展示功能选项，此功能仅用于展示超市管理系统所包含的功能，因此可将该功能定义为静态方法。功能选项的样式具体如下。

```
******************************************
***          欢迎使用超市管理系统          ***
***      1. 商品展示        2. 添加商品    ***
***      3. 修改商品        4. 销量排序    ***
***      5. 修改密码        6. 退出        ***
******************************************
```

② login( ) 方法用于实现用户登录操作，因为超市管理系统只有在登录之后，才能执行其他操作，所以需要先接收用户输入的用户名和密码，再通过 if 语句判断输入的用户名和密码是否正确，若正确返回 True，否则返回 False。

③ show_goods( ) 方法用于向用户展示超市管理系统中所有的商品数据，因为商品数据是以列表嵌套字典的形式进行存储的，所以可通过 for 循环嵌套获取每个商品信息数据。

④ add_goods( ) 方法用于向超市管理系统中添加商品数据，因为每个商品信息数据是以字典形式存储的，所以需要先将用户输入的商品信息组织成一个字典，再将组织后的字典添加到商品列表。在接收用户输入的商品价格和商品销量时，需要判断输入的数据是否合法，若输入的数据

包含非数字的内容，则判定为非法数据。

⑤ modify_goods( ) 方法用于修改超市管理系统中的商品数据。由于修改哪个商品是由用户决定，所以先接收用户要修改的商品名称，再根据商品名称从商品列表中找到存储该商品信息对应的字典，然后通过修改字典元素的方式实现修改商品功能。在接收用户输入的修改商品价格和商品销量时，需要判断输入的数据是否合法，若输入的数据包含非数字的内容，则判定为非法数据。

⑥ statistics( ) 方法用于将超市管理系统中所有商品数据按照销量从高到低进行排序，因为只是对商品销量进行排序，所以可通过 sorted( ) 函数实现，排序完成后将数据以“品牌：销量”形式向用户展示。

⑦ modify_pwd( ) 方法用于修改超市管理系统的初始用户名和密码。在修改用户名和密码时，首先判断当前用户输入的用户名和密码是否正确，若正确，则设置新的用户名和密码。

⑧ main( ) 方法作为程序的入口，用于调用超市管理系统的各个功能。因为是作为程序入口，所以首先需要展示功能选项，然后判断用户是否登录成功，若登录成功，则通过 while 语句实现一个无限循环，在无限循环内部会根据用户输入的序号调用相应功能的方法。

任务实现

结合任务分析，接下来在 Chapter07 项目中创建 02_ MarketManage.py 文件，在该文件中编写代码，实现超市管理系统，具体步骤如下。

① 定义表示超市管理系统的类 MarketManage，在该类中定义表示初始用户名和初始密码的类属性，以及存储商品数据列表的实例属性，代码如下。

```
class MarketManage:
    username = 'admin'                                    # 用户名
    password = '12345'                                    # 密码
    def __init__(self):
        self.goods_data = [                               # 存储商品数据
            {'品牌': '大米手机', '价格': '1999', '描述': '好用不贵',
             '销量': '200'},
            {'品牌': '香蕉手机', '价格': '2999', '描述': '非常好用',
             '销量': '340'},
            {'品牌': '玉米手机', '价格': '999', '描述': '用着还不错',
             '销量': '140'},
        ]
```

② 在 MarketManage 类中定义 function_display( ) 方法，具体代码如下。

```
@staticmethod
def function_display():                                   # 功能展示
    print("********************************************")
    print("***         欢迎使用超市管理系统           ***")
    print("***     1.商品展示      2.添加商品         ***")
    print("***     3.修改商品      4.销量排序         ***")
    print("***     5.修改密码      6.退出             ***")
    print("********************************************")
```

因为 function_display( ) 方法仅用于展示功能选项，所以使用 print( ) 函数输出相应的语句即可。

③ 在 MarketManage 类中定义 login( ) 方法，具体代码如下。

```
def login(self):
    username = input('请输入用户名：')
    password = input('请输入密码：')
    if username == self.username and password == self.password:
        return True
    else:
        print('请输入正确的用户名和密码')
        return False
```

上述代码中，首先使用 input( ) 函数接收用户输入的用户名 username 和密码 password。然后使用 if 语句判断用户名 username 和密码 password 是否正确。若正确，则返回 True，表示登录成功。若不正确，则提示“请输入正确的用户名或密码”，并返回 False，表示登录失败。

④ 在 MarketManage 类中定义 show_goods( ) 方法，具体代码如下。

```
def show_goods(self):
    for goods in self.goods_data:
        for k, v in goods.items():
            print(k + ':' + v)
        print('*' * 20)
```

上述方法中，首先使用 for 语句遍历商品数据列表，获取每个商品信息字典。然后再使用 for 语句遍历每个商品信息字典，并将数据按照“品牌 : 手机名称”形式展示。

⑤ 在 MarketManage 类中定义 add_goods( ) 方法，具体代码如下。

```
def add_goods(self):
    brand = input('请输入添加的品牌名称：')
    price = input('请输入添加的商品价格：')
    describe = input('请输入添加的商品描述：')
    sales = input('请输入添加的商品销量：')
    # 判断输入商品价格和商品销量是否合法
    if price.isdecimal() and sales.isdecimal():
        self.goods_data.append({'品牌': brand, '价格': price,
                                '描述': describe, '销量': sales})
    else:
        print('价格或销量数据不合法')
```

上述代码中，首先使用 input( ) 函数接收用户输入的品牌名称 brand、商品价格 price、商品描述 describe 和商品销量 sales。然后将这些数据组装成字典，最后使用 append( ) 方法将组装的字典添加到商品列表。

⑥ 在 MarketManage 类中定义 modify_goods( ) 方法，具体代码如下。

```
def modify_goods(self):
    brand_li = []              # 存储商品名称
```

```
    for i in self.goods_data:
        for brand, name in i.items():
            if brand == '品牌':
                brand_li.append(name)
                print(name)
    modify_goods = input('请输入要修改的商品品牌：')
    if modify_goods not in brand_li:
        print('输入的商品名称不存在')
    else:
        modify_name = input('请输入新的商品品牌：')
        modify_price = input('请输入新的商品价格：')
        modify_describe = input('请输入新的商品描述：')
        modify_sales = input('请输入新的商品销量：')
        # 判断输入的商品价格和商品销量是否合法
        if modify_price.isdecimal() and modify_sales.
             isdecimal():
            for goods_dict in self.goods_data:
                if modify_goods in goods_dict.values():
                    index_num = self.goods_data.index(goods_dict)
                    # 修改商品信息
                    self.goods_data[index_num]['品牌'] =
                        modify_name
                    self.goods_data[index_num]['价格'] =
                        modify_price
                    self.goods_data[index_num]['描述'] =
                        modify_describe
                    self.goods_data[index_num]['销量'] =
                        modify_sales
        else:
            print('价格或销量数据不合法')
```

上述代码中，首先遍历商品数据列表将所有的品牌名称进行展示。然后接收用户需要修改的品牌名称，接着判断用户输入的品牌名称是否存在于商品列表中。若不存在，则提示“输入的商品名称不存在”。若存在，则获取用户输入的新的品牌名称、价格、描述和销量，通过 for 语句与 index( ) 函数判断用户要修改的商品信息在商品列表中的索引位置，最后通过获取的索引位置将用户输入的数据赋值给要修改的商品数据。

⑦ 在 MarketManage 类中定义 statistics( ) 方法，具体代码如下。

```
def statistics(self):
    # 获取商品名称和销量，并根据销量排序
    sorted_goods = sorted(self.goods_data,
                key=lambda x: int(x['销量']), reverse=True)
    print('商品销量排行榜')
    for goods in sorted_goods:
        print(goods['品牌'] + ':' + goods['销量'])
```

上述代码中，首先使用 sorted( ) 函数将商品列表中的数据按照销量从高到低的顺序进行排列，在 sorted( ) 函数中通过 lambda 函数实现获取每个商品的销量数据，并通过 int( ) 函数转换为整型数据。然后使用 for 语句对排序后的数据进行遍历，并以“品牌名称：销量”的形式进行展示。

⑧ 在 MarketManage 类中定义 modify_pwd( ) 方法，具体代码如下。

```
@classmethod
def modify_pwd(cls):
      original_name = input('请输入原用户名：')
      original_pwd = input('请输入原密码：')
      if original_name != cls.username or original_pwd != cls.password:
          print('输入的用户名或密码不正确')
      else:
          new_name = input('请输入新用户名 :')
          new_password = input('请输入新密码 :')
          cls.username = new_name
          cls.password = new_password
```

上述代码中，首先接收用户输入的原用户名和密码，通过 if 语句判断用户输入的用户名或密码是否正确。若不正确，则提示“输入的用户名或密码不正确”。若输入的用户名和密码正确，则接收用户输入的新用户名和密码，然后将 username 和 password 属性的值修改为新的用户名和密码。

⑨ 在 MarketManage 类中定义 main( ) 方法，具体代码如下。

```
def main(self):
      self.function_display()
      flag = self.login()          # 获取登录操作的返回值
      while True:
          if flag:
              func_options = input('请输入功能选项：')
              if func_options == '1':
                  self.show_goods()
              elif func_options == '2':
                  self.add_goods()
              elif func_options == '3':
                  self.modify_goods()
              elif func_options == '4':
                  self.statistics()
              elif func_options == '5':
                  self.modify_pwd()
                  self.function_display()
                  flag = self.login()
              elif func_options == '6':
                  break
          else:
              break
```

⑩ 创建 MarketManage 类的对象，并使用该对象调用实例方法 main( )，具体代码如下。

```
market = MarketManage()
market.main()
```

运行 02_MarketManage.py，登录超市管理系统，并执行“商品展示”功能，如图 7-6 所示。执行“添加商品”和“修改商品”功能，如图 7-7 所示。

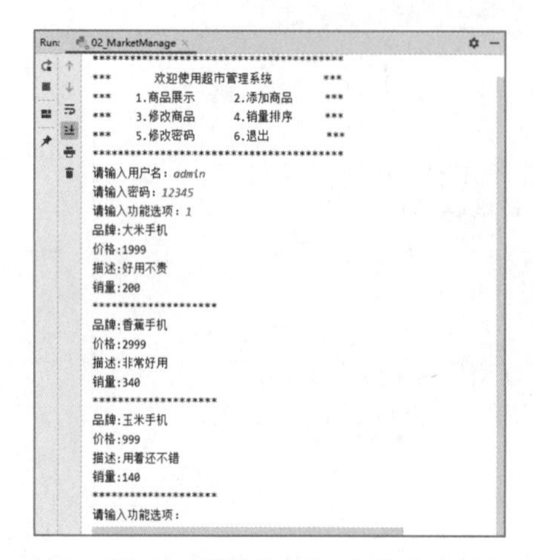

图 7-6 商品展示的运行结果

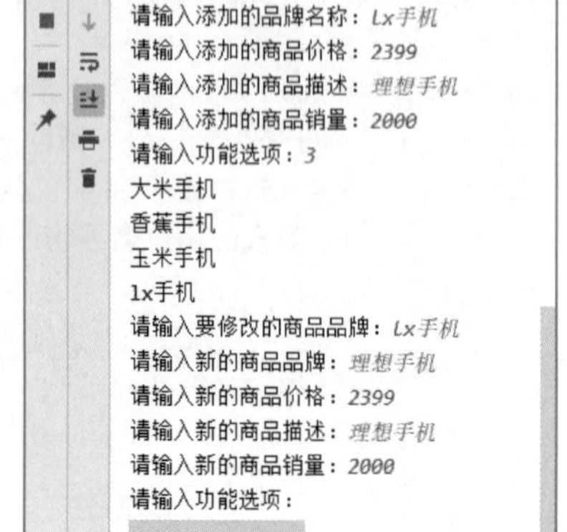

图 7-7 添加商品和修改商品的运行结果

执行“销量排序”“修改密码”“退出”功能，如图 7-8 所示。

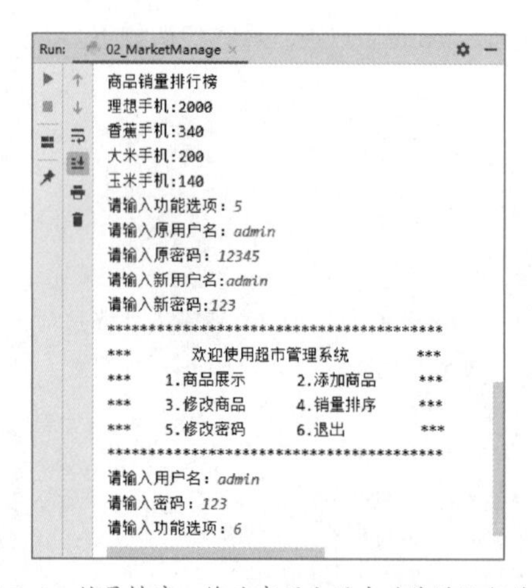

图 7-8 销量排序、修改密码和退出功能的运行结果

任务 7-3 考勤系统

任务描述

实操微课 7-3：任务 7-3 考勤系统

考勤系统用于管理公司员工的上下班考勤，根据员工的考勤记录发放相应的薪资，该系统会记录员工的签到时间、签退时间和考勤记录。考勤系统的常见功能如图 7-9 所示。

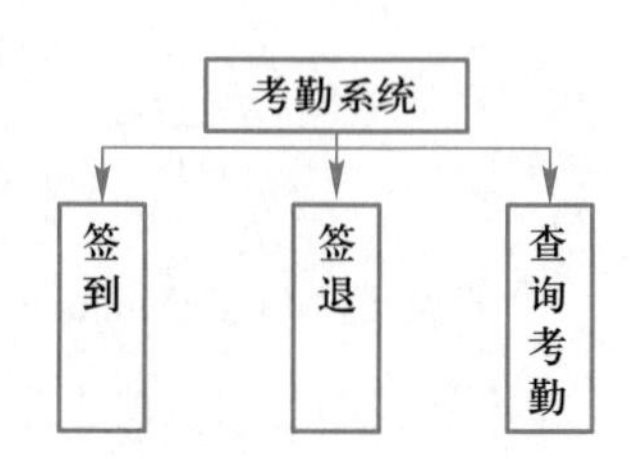

图 7-9 考勤系统的常见功能

图 7-9 中考勤系统各功能的说明如下。

① 签到：用于根据输入的员工姓名记录签到时间。

② 签退：用于根据输入的员工姓名记录签退时间。

③ 查询考勤：根据用户输入的姓名和工号显示员工的签到记录。

本任务要求基于面向对象编程的思想编写程序，实现具备以上功能的考勤系统。

知识储备

1. 私有成员

类的成员（包括前面介绍的属性和方法）默认是类的公有成员，它们可以在类的外部通过类或对象随意地访问，若类中包含一些核心数据，这样显然不够安全。为了保证类中数据的安全，Python 支持定义私有成员，这种方式在一定程度上限制外部对类成员的访问。Python 中的私有成员包括私有属性和私有方法，接下来，分别对私有属性和私有方法进行介绍。

理论微课 7-11：私有成员

（1）私有属性

Python 中通过在属性名称的前面添加双下画线“__”的方式来表示私有属性。私有属性在类的内部可以直接访问，在类的外部不能直接访问，但可以通过调用类的公有方法的方式进行访问。

例如，定义一个包含私有类属性 __wheels、私有实例属性 __brand 的 Car 类，分别在 Car 类的方法内部和 Car 类的外部访问私有属性，示例代码如下。

```
class Car:
    __wheels = 4                          # 私有类属性
    def __init__(self):
        self.__brand = '大众'             # 私有实例属性
    def car_info(self):
        print(self.__brand)               # 在类内部访问私有实例属性
        print(Car.__wheels)               # 在类内部访问私有类属性
car = Car()
print(car.__wheels)                       # 类外部访问私有类属性
```

运行代码，结果如下所示。

```
AttributeError: 'Car' object has no attribute '__wheels'
```

在以上示例的末尾注释访问私有类属性的代码，增加访问私有实例属性的代码，示例代码如下。

```
print(car.__brand)                        # 类外部访问私有实例属性
```

运行代码，结果如下所示。

```
AttributeError: 'Car' object has no attribute '__brand'
```

在以上示例的末尾注释访问私有实例属性的代码，增加调用实例方法的代码，示例代码如下。

```
car.car_info()
```

运行代码，结果如下所示。

```
大众
4
```

从输出结果可以得出，私有类属性和私有实例属性在类的内部可以被直接访问，在类的外部通过类的公有方法可以被间接访问。

（2）私有方法

Python 中通过在方法名称的前面添加双下画线“__”的方式来表示私有方法。私有方法只能在类的内部使用，无法在类外部使用。例如，定义一个包含私有方法 __data( ) 的 Car 类，示例代码如下。

```
class Car:
    __wheels = 4
    def __init__(self):
        self.__brand = '大众'
    def __data(self):                         # 私有方法
        print('内部数据')
    def car_info(self):
        print(self.__brand)
        print(Car.__wheels)
        self.__data()                         # 在类内部调用私有方法
car = Car()
car.__data()                                  # 在类外部调用私有方法
```

运行代码，结果如下所示。

```
AttributeError: 'Car' object has no attribute '__data()
```

在以上示例的末尾注释调用私有方法的代码，增加调用公有方法的代码，具体如下。

```
car.car_info()
```

从输出结果可以看出，私有方法只能在类的内部被调用，在类的外部无法直接被调用。

理论微课 7-12：封装

2. 封装

封装是面向对象编程的重要特性之一，它的基本思想是对外隐藏类的细节，提供用于访问类成员的公开接口。如此，类的外部不用知道类的实现细节，只需要使用公开接口便可访问类的内容，这在一定程度上保证了类内数据的安全。

为了契合封装思想，在定义类时需要满足以下两点要求。

① 将属性声明为私有属性。

② 添加两个供外界调用的公有方法，分别用于设置或获取私有属性的值。

下面结合以上两点要求定义一个 Person 类，示例代码如下。

```
class Person:
    def __init__(self, name):
        self.name = name                        # 姓名
        self.__age = 1                          # 年龄，默认为 1 岁，私有属性
    # 设置私有属性值的方法
    def set_age(self, new_age):
        if 0 < new_age <= 120:                  # 判断年龄是否合法
            self.__age = new_age
    # 获取私有属性值的方法
```

```
    def get_age(self):
        return self.__age
```

以上代码定义的 Person 类中包含公有属性 name、私有属性 __age、公有方法 set_age( ) 和 get_age( )。其中 __age 属性的默认值为 1，set_age( ) 方法用于设置 __age 属性的值，get_age( ) 方法用于获取 __age 属性的值。

Person 类定义完成后，创建 Person 类的对象 person。通过 person 对象调用 set_age( ) 方法设置 __age 属性的值为 20，通过 person 对象调用 get_age( ) 方法获取 __age 属性的值。示例代码如下。

```
person = Person("小明")
person.set_age(20)
print(f"年龄为{person.get_age()}岁")
```

运行代码，结果如下所示。

```
年龄为 20 岁
```

结合示例代码和结果进行分析，程序获取的私有属性 __age 值为 20，说明使用 set_age( ) 方法成功设置了私有属性的值。

■ 任务分析

根据任务描述得知，本任务需要基于面向对象编程的思想实现考勤系统，我们可以设计一个代表考勤系统的 WorkAttendance 类。根据任务描述中考勤系统的功能设计出 WorkAttendance 类的类图，如图 7-10 所示。

WorkAttendance	
__sign_in	签到时间
__sign_out	签退时间
__info	员工信息列表
function_display()	功能展示
__sign_in_or_out()	签到签退功能
attendance()	考勤查询
main()	程序入口

图 7-10　WorkAttendance 类的类图

关于 WorkAttendance 类的属性和方法的分析具体如下。

（1）属性分析

为了保证员工签到时间信息、签退时间信息以及员工信息的安全性，__sign_in、__sign_out、__info 都被定义为私有属性，其中属性 __info 表示员工信息列表，该列表的格式如下。

```
[{'姓名': '张三', '工号': '001', '签到时间': XXXX, '签退时间': XXXX},
{'姓名': '李四', '工号': '002', '签到时间': XXXX, '签退时间': XXXX}]
```

上述格式中，员工信息列表中默认包含两个字典，每个字典对应一名员工的考勤记录，在字典中共有 4 个键值对，这些键值对依次对应员工的姓名、工号、签到时间、签退时间的相关信息。

（2）方法分析

① function_display( ) 方法仅用于展示考勤系统所包含的功能，因此可将该功能定义为静态方法。功能展示的样式具体如下。

```
****************************************
***            欢迎使用考系统            ***
***     1.签到          2.签退          ***
```

```
***      3. 查询考勤        4. 退出         ***
***************************************
```

② __sign_in_or_out( ) 方法用于实现员工签到和签退功能，为了确保签到和签退时间的准确性与信息安全性，需将该方法定义为私有方法。签到签退功能的逻辑：首先判断用户输入的姓名是否属于该公司员工，若属于该公司员工，则记录员工的签到或签退时间。由于要获取员工的签到时间或签退时间，所以这里使用 time 模块的 strftime( ) 函数获取当前时间（关于 time 模块的使用将在第 8 章详细讲解），获取当前时间后，将签到时间或签退时间更新到员工信息列表。

③ attendance( ) 方法用于展示员工签到时间和签退时间。首先判断输入的员工姓名与工号是否正确。若正确，则输出员工的签到时间和签退时间。若不正确，则提示“不是本公司员工”。

④ main( ) 方法

main( ) 方法作为程序的入口，用于调用考勤系统的各个功能。作为程序入口，需要先展示考勤系统包含的功能，再使用 while 语句实现无限循环，在无限循环中，根据用户输入的选项调用相应功能的方法。

任务实现

结合任务分析，接下来在 Chapter07 项目中创建 03_work_attendance.py 文件，在该文件中编写代码，分步骤实现考勤系统，具体步骤如下。

① 首先导入 time 模块，然后定义考勤系统类 WorkAttendance，接着定义私有属性签到时间、签退时间和员工信息列表，具体代码如下。

```
import time
class WorkAttendance:
    def __init__(self):
        self.__sign_in = ''           # 签到时间
        self.__sign_out = ''          # 签退时间
        self.__info = [{'姓名': '张三', '工号': '001', '签到时间':
                        self.__sign_in,
                        '签退时间': self.__sign_out},
                        {'姓名': '李四', '工号': '002',
                        '签到时间': self.__sign_in,
                        '签退时间': self.__sign_out}]
```

② 在 WorkAttendance 类中定义静态方法 function_display( )，具体代码如下。

```
@staticmethod
def function_display():          # 功能展示
    print("***************************************")
    print("***            欢迎使用考勤系统            ***")
    print("***      1. 签到          2. 签退         ***")
    print("***      3. 查询考勤      4. 退出         ***")
    print("***************************************")
```

③ 在 WorkAttendance 类中定义 __sign_in_or_out( ) 方法，用于实现签到或签退功能，具体代

码如下。

```
1. def __sign_in_or_out(self, flag):
2.     sign_or_out = ''           # 用于标记获取的是签到时间或是签退时间
3.     if flag == '1' :
4.         sign_or_out = '签到时间'
5.     elif flag == '2' :
6.         sign_or_out = '签退时间'
7.     staff_li = []              # 存储员工姓名列表
8.     staff_name = input('请输入姓名: ')
9.     for staff in self.__info:
10.        staff_li.append(staff['姓名'])
11.    if staff_name not in staff_li:
12.        print('不是本公司员工')
13.    else:
14.        cur_time = time.strftime('%Y-%m-%d %H:%M:%S')
                                  # 签到或签退时间
15.        self.__sign_time = cur_time
16.        for dict_info in self.__info:
17.            if staff_name in dict_info.values():
18.                # 获取当前员工在员工信息列表中的索引位置
19.                index_num = self.__info.index(dict_info)
20.                # 将签到时间或签退时间更新到员工信息列表中
21.                self.__info[index_num][sign_or_out] =
                       self.__sign_time
22.        print(f'{sign_or_out}:{cur_time}')
```

上述代码中，第 2 行代码定义变量 sign_or_out，该变量用于标记获取的是签到时间还是签退时间。第 3 ~ 6 行代码根据参数 flag 的值确定是签到时间还是签退时间。第 7 ~ 10 行代码定义了一个列表 staff_li，该列表中存储了所有员工的姓名，并通过 for 语句将 __info 列表中的员工名称添加到列表 staff_li 中。第 11 ~ 12 行代码用于判断用户输入的员工姓名是否存在，若不存在，则输出“不是本公司员工”的提示信息。第 14 ~ 15 行代码使用 time 模块的 strftime( ) 函数获取当前时间，并将当前时间赋值给变量 __sign_time。第 16 ~ 21 行代码使用 index( ) 函数获取当前员工所在员工信息列表的索引值，并通过索引值将签到或签退时间更新到列表 __info 中。

④ 在 WorkAttendance 类中定义 attendance( ) 方法，具体代码如下。

```
1. def attendance(self):
2.     name = input('请输入姓名: ')
3.     job_num = input('请输入工号: ')
4.     staff_li = []              # 存储员工信息列表中的员工名称
5.     for staff in self.__info:
6.         staff_li.append(staff['姓名'])
7.     if name not in staff_li:
8.         print('不是本公司员工')
9.     else:
10.        for dict_info in self.__info:
11.            if name in dict_info.values():
```

```
12.                index = self.__info.index(dict_info)
13.                if self.__info[index]['工号'] == job_num:
14.                    print(f"姓名：{self.__info[index]['姓名']}")
15.                    print(f"工号：{self.__info[index]['工号']}")
16.                    print(f"签到时间：{self.__info[index]
                              ['签到时间']}")
17.                    print(f"签退时间：{self.__info[index]
                              ['签退时间']}")
18.                else:
19.                    print('工号错误')
```

上述代码中，第4～6行代码定义了一个列表staff_li，该列表中存储了所有员工的姓名，并通过for语句将__info列表中的员工名称添加到列表staff_li中。第7～8行代码用于判断用户输入的员工姓名是否存在，若不存在，则输出“不是本公司员工”的提示信息。第10～12行代码根据用户输入的姓名和工号确定要查询的信息在员工信息列表__info中的索引值。第13～19行代码判断输入的工号是否正确，若正确输出考勤信息；若不正确输出工号错误提示。

⑤ 在WorkAttendance类中定义main( )方法，该方法用于展示考勤系统中所包含的功能，并根据用户选择的功能选项执行相应的功能，具体代码如下。

```
def main(self):
     self.function_display()
     while True:
          func_options = input('请输入功能选项：')
          if func_options == '1':
               self.__sign_in_or_out(func_options)
          elif func_options == '2':
               self.__sign_in_or_out(func_options)
          elif func_options == '3':
               self.attendance()
          elif func_options == '4':
               break
```

上述代码中，首先调用function_display( )方法展示功能选项，然后在while循环中接收用户输入的功能选项，根据用户输入的功能选项调用对应的方法。

⑥ 创建WorkAttendance类的对象，并使用该对象调用main( )方法，具体代码如下。

```
work = WorkAttendance()
work.main()
```

⑦ 运行03_work_attendance.py，结果如图7-11所示。

```
Run: 03_work_attendance
****************************************
***        欢迎使用考勤系统        ***
***   1.签到            2.签退     ***
***   3.查询考勤        4.退出     ***
****************************************
请输入功能选项：1
请输入姓名：张三
签到时间:2022-05-26 22:25:35
请输入功能选项：2
请输入姓名：张三
签退时间:2022-05-26 22:25:42
请输入功能选项：3
请输入姓名：张三
请输入工号：001
姓名：张三
工号：001
签到时间：2022-05-26 22:25:35
签退时间：2022-05-26 22:25:42
请输入功能选项：4
```

图7-11 03_work_attendance.py的运行结果

任务 7-4　人机猜拳游戏

任务描述

实操微课 7-4：任务 7-4　人机猜拳游戏

相信大家对猜拳游戏都不陌生。猜拳游戏又称猜丁壳，是一个古老、简单、常用于解决争议的游戏。猜拳游戏一般包含 3 种手势：石头、剪刀和布，判定规则为石头胜剪刀，剪刀胜布，布胜石头。

在人机猜拳游戏中包含两个角色，一是计算机，二是玩家。计算机猜拳的手势由计算机随机决定，玩家猜拳的手势由玩家决定。

本任务要求编写程序，完成符合上述规则的人机猜拳游戏。

知识储备

理论微课 7-13：单继承

1. 单继承

继承是面向对象编程的重要特性之一，它主要用于描述类与类之间的关系，在不改变原有类的基础上扩展原有类的功能。若类与类之间具有继承关系，被继承的类称为父类或基类，继承其他类的类称为子类或派生类。

单继承即子类只继承一个父类。现实生活中，波斯猫、折耳猫、短毛猫都属于猫类，它们之间存在的继承关系即为单继承，如图 7-12 所示。

猫
波斯猫　折耳猫　短毛猫

图 7-12　继承关系示意图

Python 中单继承的语法格式如下所示。

```
class 子类名(父类名):
```

子类继承父类的同时会自动拥有父类的公有成员。若在定义类时不指明该类的父类，那么该类默认继承基类 object。

下面定义一个猫类 Cat 和一个继承 Cat 类的折耳猫类 ScottishFold，代码如下。

```
class Cat(object):
    def __init__(self, color):
        self.color = color
    def cry(self):
        print("喵喵叫~")
class ScottishFold(Cat):            # 定义继承 Cat 的 ScottishFold 类
    pass
fold = ScottishFold("灰色")         # 创建子类的对象
print(f"{fold.color}的折耳猫")      # 子类访问从父类继承的属性
fold.cry()                          # 子类调用从父类继承的方法
```

以上示例首先定义了一个类 Cat，Cat 类中包含 color 属性和 cry( ) 方法；然后定义了一个继承 Cat 类的子类 ScottishFold，ScottishFold 类中没有任何属性和方法；最后创建了 ScottishFold 类的对象 fold，使用 fold 对象访问 color 属性、调用 cry( ) 方法。

运行代码，结果如下所示。

```
灰色的折耳猫
喵喵叫~
```

以上结果可以看出，程序使用子类的对象成功地访问了父类的属性和方法，说明子类继承父类后会自动拥有父类的公有成员。

需要注意的是，子类不会拥有父类的私有成员，也不能访问父类的私有成员。例如，在上述示例 Cat 类中增加一个私有属性 __age 和一个私有方法 __test()，修改后 Cat 类的代码如下所示。

```
class Cat(object):
    def __init__(self, color):
        self.color = color
        self.__age = 1
    def walk(self):
        print("走猫步~")
    def __test(self):
        print("父类的私有方法")
```

在示例末尾增加访问私有属性并调用私有方法的代码，具体如下。

```
print(fold.__age)                # 子类访问父类的私有属性
fold.__test()                    # 子类调用父类的私有方法
```

运行代码，出现如下所示的错误信息。

```
AttributeError: 'ScottishFold' object has no attribute '__age'
```

注释访问私有属性的代码，继续运行代码，出现如下所示的错误信息。

```
AttributeError: 'ScottishFold' object has no attribute '__test'
```

理论微课7-14：多继承

由两次错误信息可知，子类继承父类后不会拥有父类的私有成员。

2. 多继承

现实生活中很多事物是多个事物的组合，它们同时具有多个事物的特征或行为。例如沙发床是沙发与床的组合，既可以折叠成沙发的形状，也可以展开成床的形状。房车是房屋和汽车的组合，既具有房屋的居住功能，也具有汽车的行驶功能，继承关系如图7-13所示。

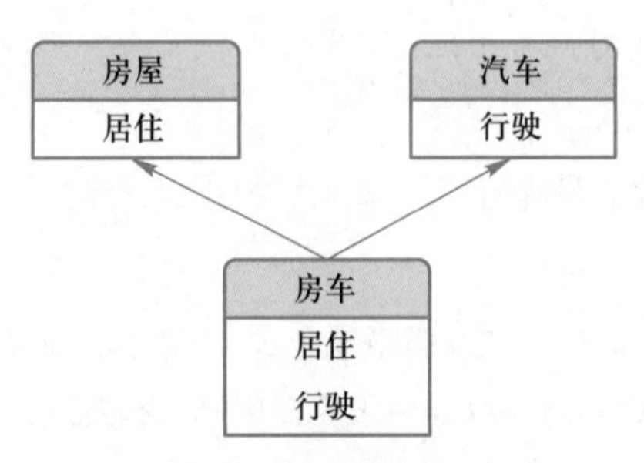

图7-13 多继承关系示意图

程序中的一个类也可以继承多个类，如此子类具有多个父类，也自动拥有所有父类的公有成员。Python 中多继承的语法格式如下所示。

```
class 子类名(父类名1, 父类名2, ...):
```

例如，定义一个表示房屋的类 House、一个表示汽车的 Car 类和一个继承 House 和 Car 的子类 TouringCar，代码如下。

```
class House(object):            # 定义一个表示房屋的类 House
    def live(self):             # 居住
        print("提供居住功能")
class Car(object):              # 定义一个表示汽车的 Car 类
    def drive(self):            # 行驶
        print("提供行驶功能")
class TouringCar(House, Car):   # 定义一个表示房车的类，继承 House 和 Car 类
    pass
tour_car = TouringCar()
tour_car.live()                 # 子类对象调用父类 House 的方法
tour_car.drive()                # 子类对象调用父类 Car 的方法
```

上述代码首先定义了三个类，分别是 House、Car、TouringCar 类，然后创建 TouringCar( ) 类的对象 tour_car，并使用 tour_car 对象依次调用 live( ) 和 drive( ) 方法。

运行代码，结果如下所示。

```
提供居住功能
提供行驶功能
```

从以上结果可以看出，子类继承多个父类后自动拥有了多个父类的公有成员。

试想一下，如果 House 类和 Car 类中有一个同名的方法，那么子类会调用哪个父类的同名方法呢？如果子类继承的多个父类是平行关系的类，那么子类先继承哪个类，便会先调用哪个类的方法。

在本节定义的 House 和 Car 类中分别添加一个 test( ) 方法，在各类中添加的代码具体如下。

House 类添加的代码如下。

```
def test(self):
    print("House 类测试")
```

Car 类添加的代码如下。

```
def test(self):
    print("Car 类测试")
```

在本节示例代码末尾调用 test( ) 方法，代码如下所示。

```
tour_car.test()                 # 子类对象调用两个父类的同名方法
```

理论微课 7-15：重写

运行代码，结果如下所示。

```
提供居住功能
提供行驶功能
House 类测试
```

从以上结果可以看出，子类调用了最先继承的 House 类的 test( ) 方法。

3. 重写

程序中，子类会原封不动地继承父类的方法，但子类有时需要按照自己的需求对继承来的方法进行调整，也就是在子类中重写从父类继承来的方法。Python 中实现方法重写的方式非常简单，只要在子类中定义与父类方法同名的方法，在方法中按照子类需求重新编写功能代码即可。

例如，定义 Felines 类与 Cat 类，使 Cat 类继承 Felines 类，并重写从父类继承的方法 speciality( )，示例代码如下。

```
class Felines:
    def speciality(self):
        print("猫科动物特长是爬树")
class Cat(Felines):
    name = "猫"
    def speciality(self):
        print(f'{self.name}会抓老鼠')
        print(f'{self.name}会爬树')
```

创建 Cat 类的对象 cat，使用 cat 对象调用 Cat 类中的 speciality( ) 方法，示例代码如下。

```
cat = Cat()
cat.speciality()
```

运行程序，结果如下所示。

```
猫会抓老鼠
猫会爬树
```

理论微课 7-16：super() 函数

4. super( ) 函数

如果子类重写了父类的方法，仍希望调用父类中的同名方法，该如何实现呢？Python 提供了一个 super( ) 函数，该函数可以调用父类中被重写的方法。例如，使用 super( ) 函数在 Cat 类中调用 Felines 类中的 speciality( ) 方法，示例代码如下。

```
class Cat(Felines):
    name = "猫"
    def speciality(self):
        print(f'{self.name}会抓老鼠')
        print(f'{self.name}会爬树')
        super().speciality()
```

再次使用 cat 对象调用 speciality( ) 方法，示例代码如下。

```
cat = Cat()
cat.speciality()
```

运行程序，结果如下所示。

```
猫会抓老鼠
猫会爬树
猫科动物特长是爬树
```

从输出结果中可以看出，通过 super( ) 函数可以访问被重写的父类方法。

理论微课 7-17：多态

5. 多态

多态是面向对象编程的重要特性之一，它的直接表现即让不同类的同一功能可以通过同一个接口调用，表现出不同的行为。例如，定义一个猫类 Cat 和一个狗类 Dog，为这两个类都定义 shout( ) 方法，示例代码如下。

```
class Cat:
      def shout(self):
          print("喵喵喵~ ")
class Dog:
      def shout(self):
          print("汪汪汪! ")
```

定义一个接口，通过这个接口调用 Cat 类和 Dog 类中的 shout( ) 方法，该函数接收一个参数 obj，并在其中让 obj 调用了 shout( ) 方法，示例代码如下。

```
def shout(obj):
      obj.shout()
cat = Cat()
dog = Dog()
shout(cat)
shout(dog)
```

运行代码，结果如下所示。

```
喵喵喵~
汪汪汪!
```

以上示例通过同一个接口 shout( ) 调用了 Cat 类和 Dog 类的 shout( ) 方法，同一操作获取不同结果，体现了面向对象编程中多态这一特性。

利用多态这一特性编写代码不会影响类的内部设计，但可以提高代码的兼容性，让代码的调度更加灵活。

任务分析

根据任务描述得知，人机猜拳游戏共有两个角色，分别是计算机和玩家，为此我们根据这两个角色的特征和行为可以设计出相应的类图，人机猜拳游戏的类图如图 7-14 所示。

在图 7-14 中，人机猜拳游戏共包含 3 个类 Player、AIPlayer 和 Game 类，其中 AIPlayer 类继承 Player 类，关于这 3 个类的说明如表 7-3 所示。

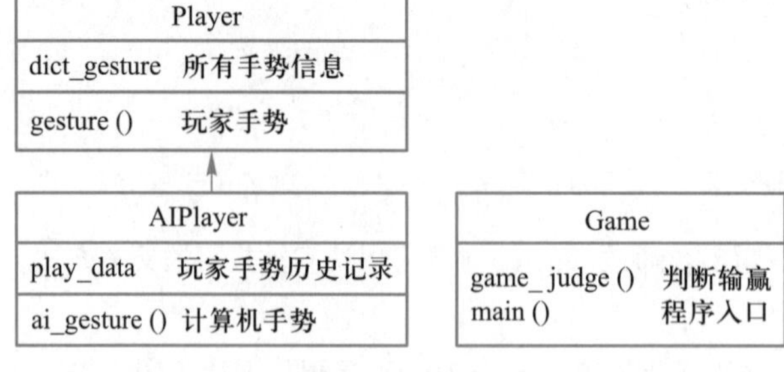

图 7-14 人机猜拳游戏的类图

表 7-3 人机猜拳各类说明

类名	说明
Player	负责存储猜拳手势，并返回手势结果
AIPlayer	负责计算机猜拳的手势
Game	负责玩家猜拳的手势

关于人机猜拳游戏各类中属性以及方法的说明如下。

（1）Player 类

① dict_gesture 属性：存储数字与猜拳手势的映射关系，具体格式如下。

```
{0: '剪刀', 1: '石头', 2: '布'}
```

② gesture( ) 方法：用于返回玩家的猜拳手势，此方法会接收一个数字，因为猜拳手势与数字 0、1、2 有映射关系，所以通过访问字典元素的方式获取具体的猜拳手势。

（2）AIPlayer 类

① play_data 属性：该属性是一个列表，用于存储玩家的猜拳手势历史记录。

② ai_gesture( ) 方法：用于返回计算机的猜拳手势。为了增加计算机获胜的概率，该方法通过 max( ) 函数获取玩家猜拳手势历史记录中最大概率的手势，获取玩家猜拳手势后，再决定计算机的猜拳手势。

（3）Game 类

① game_judge( ) 方法：根据游戏规则决定胜负，该方法会分别获取玩家的猜拳手势和计算机的猜拳手势，并通过 if 语句判断胜负。

② main( ) 方法：用于确保游戏可循环执行，该方法首先会调用一次 game_judge( ) 方法，然后再根据用户的选择决定是否继续游戏。

任务实现

结合任务分析，接下来在 Chapter07 项目中创建一个 04_guess_game.py 文件，在该文件中编写代码实现人机猜拳游戏的任务，具体步骤如下。

① 导入 random 模块，定义 Player 类，在该类中定义实例属性 dict_gesture 和 gesture( ) 方法，具体代码如下。

```
import random
class Player:
    def __init__(self):
        self.dict_gesture = {0: '剪刀', 1: '石头', 2: '布'}
    def gesture(self, num):
        return self.dict_gesture[num]
```

② 定义 AIPlayer 类并继承 Player 类，在该类中定义类属性 play_data 和实例方法 ai_gesture( )，具体代码如下。

```
1. class AIPlayer(Player):
2.     play_data = []          # 存储玩家的历史猜拳手势
3.     def ai_gesture(self):
4.         while True:
5.             computer = random.randint(0, 2)
6.             if len(self.play_data) >= 4:
7.                 # 获取玩家出拳的最大概率
8.                 max_prob = max(self.play_data, key=
                       self.play_data.count)
9.                 if max_prob == '剪刀':
10.                    return '石头'
11.                elif max_prob == '石头':
12.                    return '布'
13.                else:
14.                    return '剪刀'
15.            else:
16.                return self.dict_gesture[computer]
```

上述代码中，第 2 行代码定义了一个类属性 play_data，该属性的值是一个列表，该列表中，存储了玩家猜拳手势，若该列表中“剪刀”的手势最多，则计算机输出“石头”的手势，以此提升计算机获胜的概率。第 4 ~ 5 行代码，定义了一个 while 循环用于获取计算机随机生成的手势，由于计算机的猜拳手势是随机生成的，所以这里使用 random 模块的 randint( ) 方法实现（关于 random 模块的使用将在第 8 章详细讲解）。第 6 ~ 14 行代码判断存储玩家手势的列表长度是否大于 4，若大于 4，则获取该列表中玩家出现次数最多的手势。第 16 行代码用于返回随机生成的手势。

③ 定义 Game 类，在 Game 类中定义 game_judge( ) 方法，具体代码如下。

```
class Game:
    def game_judge(self):
        ai_player = AIPlayer()
        player_num = int(input("请输入（0 剪刀、1 石头、2 布：)"))  # 玩家输入的手势
        player = ai_player.gesture(player_num)
        ai_player.play_data.append(player)
        ai_player_gesture = ai_player.ai_gesture()
        if (player == '剪刀' and ai_player_gesture == '布') or \
            (player == '石头' and ai_player_gesture == '剪刀') \
```

```
        or (player == '布' and ai_player_gesture == '石头'):
        print(f"电脑出的手势是{ai_player_gesture}，恭喜，你赢了！")
    elif (player == '剪刀' and ai_player_gesture == '剪刀') or \
         (player == '石头' and ai_player_gesture == '石头') \
        or (player == '布' and ai_player_gesture == '布'):
        print(f"电脑出的手势是{ai_player_gesture}，打成平局了！ ")
    else:
        print(f"电脑出的手势是{ai_player_gesture}，你输了，再接再厉！ ")
```

上述代码中，game_judge( )方法首先会获取玩家输入的猜拳手势和计算机的猜拳手势，然后按照猜拳规则使用if语句判断玩家与计算机的胜负。

④ 在Game类中添加main( )方法，具体代码如下。

```
    def main(self):
        self.game_judge()
        while True:
            option = input("是否继续:y/n\n")
            if option == 'y':
                self.game_judge()
            else:
                break
```

上述代码中，main( )方法作为程序的入口，首先会调用一次game_judge( )方法，然后在循环中判断玩家是否继续游戏，若选择继续游戏，则调用game_judge( )方法，若不选择继续游戏，则结束循环。

⑤ 创建Game类的对象，并使用该对象调用main( )方法，具体代码如下。

```
game = Game()
game.main()
```

⑥ 运行04_guess_game.py，人机猜拳游戏的运行结果如图7-15所示。

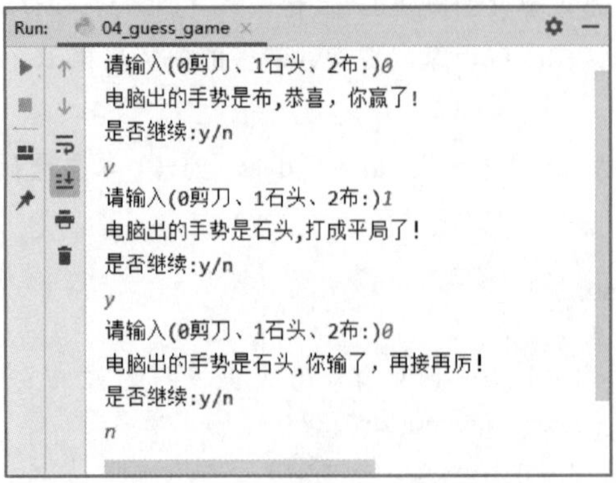

```
Run: 04_guess_game
请输入(0剪刀、1石头、2布:)0
电脑出的手势是布,恭喜，你赢了！
是否继续:y/n
y
请输入(0剪刀、1石头、2布:)1
电脑出的手势是石头,打成平局了！
是否继续:y/n
y
请输入(0剪刀、1石头、2布:)0
电脑出的手势是石头,你输了，再接再厉！
是否继续:y/n
n
```

图7-15 04_guess_game.py的运行结果

知识梳理

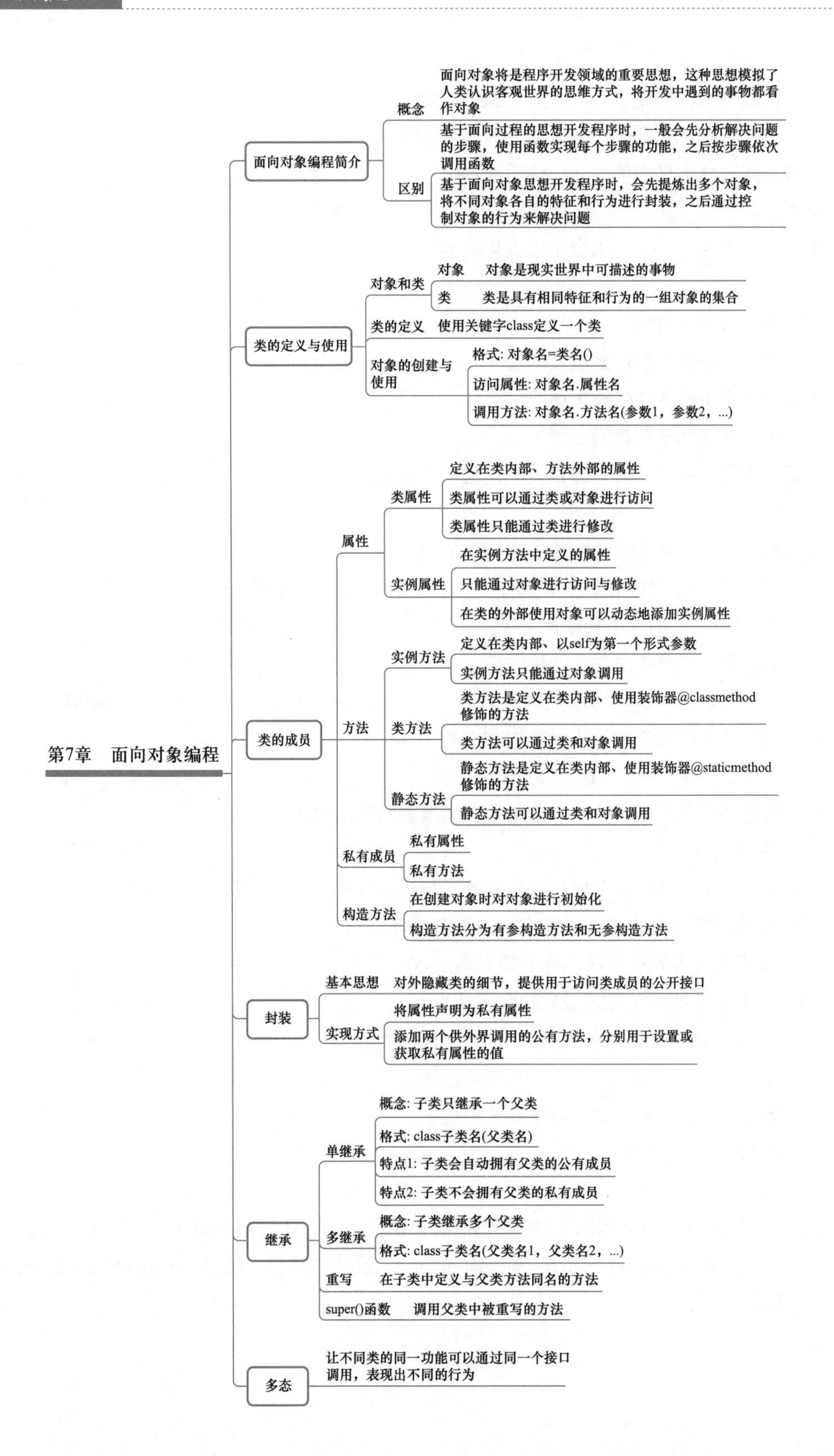

第7章 面向对象编程
面向对象编程简介
概念
面向对象将是程序开发领域的重要思想，这种思想模拟了人类认识客观世界的思维方式，将开发中遇到的事物都看作对象
区别
基于面向过程的思想开发程序时，一般会先分析解决问题的步骤，使用函数实现每个步骤的功能，之后按步骤依次调用函数
基于面向对象思想开发程序时，会先提炼出多个对象，将不同对象各自的特征和行为进行封装，之后通过控制对象的行为来解决问题
类的定义与使用
对象和类
对象 对象是现实世界中可描述的事物
类 类是具有相同特征和行为的一组对象的集合
类的定义 使用关键字class定义一个类
对象的创建与使用
格式: 对象名=类名()
访问属性: 对象名.属性名
调用方法: 对象名.方法名(参数1，参数2，...)
类的成员
属性
类属性
定义在类内部、方法外部的属性
类属性可以通过类或对象进行访问
类属性只能通过类进行修改
实例属性
在实例方法中定义的属性
只能通过对象进行访问与修改
在类的外部使用对象可以动态地添加实例属性
方法
实例方法
定义在类内部、以self为第一个形式参数
实例方法只能通过对象调用
类方法
类方法是定义在类内部、使用装饰器@classmethod修饰的方法
类方法可以通过类和对象调用
静态方法
静态方法是定义在类内部、使用装饰器@staticmethod修饰的方法
静态方法可以通过类和对象调用
私有成员
私有属性
私有方法
构造方法
在创建对象时对对象进行初始化
构造方法分为有参构造方法和无参构造方法
封装
基本思想 对外隐藏类的细节，提供用于访问类成员的公开接口
实现方式
将属性声明为私有属性
添加两个供外界调用的公有方法，分别用于设置或获取私有属性的值
继承
单继承
概念: 子类只继承一个父类
格式: class子类名(父类名)
特点1: 子类会自动拥有父类的公有成员
特点2: 子类不会拥有父类的私有成员
多继承
概念: 子类继承多个父类
格式: class子类名(父类名1，父类名2，...)
重写 在子类中定义与父类方法同名的方法
super()函数 调用父类中被重写的方法
多态
让不同类的同一功能可以通过同一个接口调用，表现出不同的行为

本章习题

一、填空题

① Python 中使用关键字________定义一个类。

② 私有属性是在类属性或实例属性名称前面添加________。

③ 静态方法是定义在类内部、使用装饰器________修饰的方法。

④ 类方法是定义在类内部、使用装饰器________修饰的方法。

⑤ 子类中使用________函数可以调用父类的方法。

二、判断题

① Python 支持多继承。 ( )

② 实例方法是以函数形式定义的。 ( )

③ 私有属性不能在类外部被访问。 ( )

④ Python 不支持子类重写父类方法。 ( )

⑤ 通过类可以创建对象，并且只能创建一个对象。 ( )

三、选择题

① 下列选项中，关于类的描述说法错误的是（ ）。

A. 类中可以定义私有方法和属性　　B. 类方法的第一个参数是 cls

C. 实例方法的第一个参数是 self　　D. 类的对象无法访问类属性

② 下列选项中，只能由对象调用的是（ ）。

A. 类方法　　B. 实例方法　　C. 静态方法　　D. 私有方法

③ 下列选项中，负责初始化对象的方法是（ ）。

A. __del__( )　　B. __init( )　　C. __init__( )　　D. __add__( )

④ 下列选项中，不属于面向对象编程三大重要特性的是（ ）。

A. 抽象　　B. 封装　　C. 继承　　D. 多态

⑤ 下列选项中，关于私有属性和私有方法描述错误的是（ ）。

A. 私有属性或私有方法不能在类外部直接使用

B. 私有属性和私有方法名称前需要添加双下画线

C. 对象能够调用私有方法或私有属性

D. 私有属性和私有方法是为了保护核心数据的安全

四、简答题

① 简述实例方法、类方法、静态方法的区别。

② 简述构造方法的特点。

五、编程题

设计一个正方形 Square 类，该类中包括边长属性 side，还包括初始化、求周长、求面积的 3 个方法：__init__( )、get_perimeter( ) 和 get_area( )。设计完成后，创建 Square 类的对象求正方形的周长和面积。

第 8 章 模块

- 了解模块，能够说出模块的概念以及分类。
- 掌握模块的导入方式，能够通过 import 和 from…import…语句导入模块。
- 熟悉模块的变量，能够归纳变量 __all__ 和 __name__ 的作用。
- 掌握 random 模块的使用，能够熟练使用 random 模块生成各种各样的随机数。
- 掌握 time 模块的使用，能够熟练使用 time 模块处理时间。
- 掌握 turtle 模块的使用，能够熟练使用 turtle 模块绘制要求的图形。
- 熟悉第三方模块的安装方式，能够熟练使用 pip 工具安装第三方模块。
- 掌握 jieba 模块的使用，能够熟练使用 jieba 模块对中文文本进行分词。
- 掌握 wordcloud 模块的使用，能够熟练使用 wordcloud 模块制作词云图片。

PPT：第 8 章　模块

PPT

教学设计：第 8 章 模块

在开发程序时，我们通常不会把程序的所有代码写在一个文件中，而是把实现各个特定功能的代码放置在不同文件中，形成不同的独立模块。模块是一种组织代码的方式，这种方式不仅可以提高代码的复用性，还可以提高开发人员的开发效率。本章将通过5个任务对模块相关的知识进行详细讲解。

任务 8-1 验证码

任务描述

实操微课8-1：任务8-1 验证码

很多网站的注册登录业务都加入了验证码技术。验证码技术有助于区分当前注册或登录的用户是人还是计算机脚本，有效地防止用户利用某些软件自动进行刷票、论坛灌水、恶意注册等行为。验证码的种类很多，比较简单的是由4或6个字符组成的验证码。字符可以是数字或字母的随机组合。

本任务要求编写程序，运用random模块的知识，实现生成6位验证码的功能。

知识储备

理论微课8-1：认识模块

1. 认识模块

在Python程序中，一个扩展名为“.py”的文件称为一个模块，文件的名称为模块的名称，通过在当前模块中导入其他模块，便可以使用被导入模块中定义的内容，包括类、全局变量、函数等。

Python中的模块可分为3类，分别是内置模块、第三方模块和自定义模块，有关它们的介绍如下。

① 内置模块是Python标准库中提供的一系列预先编写好的模块，不需要安装，便可以直接导入程序后供开发人员使用，例如random模块、time模块和turtle模块。

② 第三方模块是由非官方制作发布的、供给大众使用的Python模块，这类模块不能直接导入程序中，而是需要开发人员在导入之前自行安装，安装成功方可导入并使用。

③ 自定义模块是开发人员自行编写的、存放功能性代码的“.py”文件。

理论微课8-2：模块的导入

2. 模块的导入

在Python中，若希望在程序中使用模块，需要提前导入模块。模块的导入主要有两种方式，分别是使用import语句导入和使用from…import…语句导入，有关它们的介绍如下。

（1）使用import语句导入模块

import语句支持一次导入一个模块，也支持一次导入多个模块。使用import语句导入模块的语法格式如下。

```
import 模块1, 模块2, …
```

在上述格式中，import后面可以跟1个或多个模块，每个模块之间使用逗号分隔。

下面以内置模块random和time为例，演示如何使用import语句导入一个模块或多个模块，示例代码如下。

```
import time                          # 导入一个模块
import random, time                  # 导入多个模块
```

导入模块以后，可以通过“.”使用模块中的内容，包括全局变量、函数或类。使用模块内容的语法格式如下。

```
模块名 . 变量名 / 函数名 / 类名
```

例如，使用 time 模块中 sleep( ) 函数的示例代码如下。

```
time.sleep(1)
```

如果在开发过程中需要导入一些名称较长的模块，那么可使用 as 关键字为这些模块起别名。使用 as 关键字给模块起别名的语法格式如下。

```
import 模块名 as 别名
```

后续我们在程序中可以直接通过模块的别名使用模块中的内容。

（2）使用 from…import…语句导入模块

在使用 import 语句导入模块后，每次使用模块时都需要添加“模块名 .”前缀，非常繁琐。为了减少这样的麻烦，Python 中提供了另外一种导入模块的语句 from…import …。使用 from…import…方式导入模块之后，无须添加前缀，可以像使用当前程序中的内容一样使用模块中的内容。使用 from…import …语句导入模块的语法格式如下。

```
from 模块名 import 变量名 / 函数名 / 类名
```

from…import…语句也支持一次导入多个变量、函数、类等，它们之间使用逗号分隔。

例如，导入 time 模块中的 sleep( ) 函数和 time( ) 函数，具体代码如下。

```
from time import sleep, time
```

如果希望一次性导入模块中的全部内容，可以将 from…import…语句中 import 后面的内容替换为通配符“*”。导入模块中全部内容的语法格式如下。

```
from 模块名 import *
```

例如，导入 time 模块中的全部内容，具体代码如下。

```
from time import *
```

from…import…语句也支持为模块或模块中的内容起别名，其语法格式如下。

```
from 模块名 import 变量名 / 函数名 / 类名 as 别名
```

例如，给 time 模块中的 sleep( ) 函数起别名为 sl，具体代码如下。

```
from time import sleep as sl
sl(1)                                # sl 为 sleep() 函数的别名
```

以上介绍的两种模块的导入方式在使用上大同小异，大家可根据不同的场景选择合适的导入方式。

需要注意的是，虽然 from…import…语句可以简化模块中内容的使用方式，但可能会出现模块中的变量名、函数名或类名与当前程序中的变量名、函数名或类名重名的问题。因此，相对而言使用 import 语句导入模块更为安全。

理论微课 8-3：模块的变量

3. 模块的变量

Python 为模块定义了两个重要的以双下画线开头的变量，分别是 __all__ 和 __name__，其中变量 __all__ 用于限制其他程序中可以导入模块的内容，变量 __name__ 用于记录模块的名称，关于这两个变量的介绍具体如下。

（1）__all__ 变量

Python 模块的开头通常会定义一个 __all__ 变量，该变量的值实际上是一个列表，列表中包含的元素决定了在使用 from…import * 语句导入模块内容时通配符 * 所包含的内容。如果 __all__ 中只包含模块的部分内容，那么 from…import * 语句只会将 __all__ 中包含的部分内容导入程序。

下面以自定义的两个模块 calc.py 和 test.py 为例，分步骤演示如何通过 __all__ 变量限制导入模块的内容，具体步骤如下。

① 定义一个模块 calc.py，该模块中包含一个 __all__ 变量和 4 个计算两个数的四则运算的函数，具体代码如下。

```
1. # 定义变量__all__，用于限制导入模块的内容
2. __all__ = ["add", "subtract"]
3. def add(a, b):
4.     return a + b
5. def subtract(a, b):
6.     return a - b
7. def multiply(a, b):
8.     return a * b
9. def divide(a, b):
10.     if (b):
11.         return a / b
12.     else:
13.         print("error")
```

上述代码中，第 2 行代码定义了一个变量 __all__，该变量的值为 ["add"，"subtract"]，当其他模块或程序导入 calc 模块后，只能使用 calc 模块中的 add( ) 与 subtract( ) 函数。第 3 ~ 13 行代码定义了 4 个函数 add( )、subtract( )、multiply( ) 和 divide( )，分别用于求两个数的和、差、积和商。

② 定义一个模块 test.py，在该模块中通过 from…import * 语句导入 calc.py 模块，并调用该模块中的 add( )、subtract( )、multiply( ) 和 divide( ) 函数，具体代码如下。

```
from calc import *                  # 导入calc.py模块
print(add(2, 3))
print(subtract(2, 3))
print(multipty(2, 3))
print(divide(2, 3))
```

③ 运行 test.py 文件，结果如下所示。

```
5
-1
Traceback (most recent call last):
   File "E:\Chapter08\test.py", line 4, in <module>
     print(multipty(2, 3))
NameError: name 'multipty' is not defined
```

观察输出结果分析可知，程序先后输出了 5 和 -1，说明成功调用了 add( )、subtract( ) 函数来计算数字 2 与 3 的和与差。程序输出了报错信息“NameError: name 'multipty' is not defined”，说明调用 multiply( ) 函数失败。

（2）__name__ 变量

大型项目通常由多名开发人员共同开发，每名开发人员负责不同的模块。为了保证代码在整合项目后可以正常运行，开发人员通常会编写一些测试代码进行测试。然而，对整个项目而言测试代码是无用的。为了避免项目执行这些测试代码，Python 为模块加入了 __name__ 变量。

__name__ 变量通常与 if 语句一起使用，若模块是当前运行的模块，则 __name__ 的值为 __main__。若模块被其他模块导入，则 __name__ 的值为模块名。

下面以定义的 calc.py 模块为例，演示 __name__ 变量的用法。在 calc.py 模块中增加如下一段代码。

```
if __name__ == "__main__":      # __name__ 的值为 __main__
    print(multiply(3, 4))
    print(divide(3, 4))
```

运行 calc.py 文件，控制台输出的结果如下所示。

```
12
0.75
```

从输出结果可以看出，程序执行代码分别输出 3 和 4 的积和商。表明 __name__ 的值为“__main__”。

运行 test.py 文件，控制台输出的结果如下所示。

```
5
-1
```

4. random 模块

理论微课 8-4：random 模块

random 是随机数模块，该模块中定义了多个可产生各种随机数的函数，常用的函数有 random( )、uniform( )、randint( )、randrange( )、choice( )，关于这几个函数的介绍如下。

（1）random( ) 函数

random( ) 函数用于返回 0.0 ~ 1.0 的一个随机浮点数，示例代码如下。

```
import random
result = random.random()        # 随机生成一个 0.0 ~ 1.0 的浮点数
print(result)
```

运行代码，结果如下所示。

```
0.29663569499088505
```

（2）uniform( ) 函数

uniform( ) 函数用于返回传入的两个参数 a 和 b 区间内的一个随机浮点数 N。如果 a ≤ b，则生成的浮点数 N 的取值范围为 a ≤ N ≤ b。如果 a>b，则生成的随机浮点数 N 的取值范围为 b ≤ N ≤ a，示例代码如下。

```
import random
num_one = random.uniform(50, 60)          # 随机生成一个 50 ~ 60 的浮点数
print(num_one)
num_two = random.uniform(50, 40)          # 随机生成一个 40 ~ 50 的浮点数
print(num_two)
```

运行代码，结果如下所示。

```
55.820705751650095
42.13986472555021
```

（3）randint( ) 函数

randint( ) 函数用于返回传入的两个参数 a 和 b 区间内的一个随机整数，a 和 b 的取值必须为整数，且 a 的值一定要小于 b 的值。例如，随机生成一个 1 ~ 8 的整数，示例代码如下。

```
import random
result = random.randint(1, 8)              # 随机生成一个 1 ~ 8 的整数
print(result)
```

运行代码，结果如下所示。

```
5
```

（4）randrange( ) 函数

randrange( ) 函数用于返回指定递增基数集合的一个随机数，其语法格式如下。

```
randrange(start, stop[, step])
```

上述格式中，start 参数表示范围的起始值，包含在范围内。stop 参数表示范围的结束值，不包含在范围内。step 参数是可选的，表示递增基数，默认值为 1。

需要注意的是，这几个参数的值必须为整数。例如，random.randrange (10, 100, 10) 相当于从 10，20，30，40，…，80，90 中获取一个随机数，具体代码如下。

```
import random
num = random.randrange(10, 100, 10)
print(num)
```

运行代码，结果如下所示。

```
50
```

（5）choice( ) 函数

choice( ) 函数用于从指定序列（包括字符串、列表、元组等）中随机返回一个元素，示例代码如下。

```
name_li = ["张三", "李四", "王五", "赵六"]
print(random.choice(name_li))          # 随机选择 name_li 中的一个元素
```

运行代码，结果如下所示。

```
张三
```

任务分析

根据任务描述的要求可知，6 位验证码由 6 个随机字符组成，每位字符可以是大写字母、小写字母或数字。为了保证程序每次生成的字符类型只能是大写字母、小写字母、数字，我们可以指定数字 1、2、3 来指代这几种字符类型。

为确保每次随机生成的字符属于所选字符类型，我们需要知道这几种类型的字符的指定范围。数字类型对应的数值范围为 0 ~ 9，大写字母对应的 ACSII 码值范围为 65 ~ 90，小写字母对应的 ACSII 码值范围为 97 ~ 122。

随机类型和随机字符的操作都需要用到随机数模块 random，由于随机类型和随机字符的取值范围都是整数，所以这两个操作都需要通过 randint( ) 函数实现。

6 位验证码的生成是一个独立的功能，这里可以使用函数进行封装。

任务实现

结合任务分析的思路，接下来创建一个新的项目 Chapter08，在该项目中创建 01_captcha.py 文件，在该文件中编写代码，分步骤实现生成 6 位验证码的任务，具体步骤如下。

① 导入 random 模块，具体代码如下。

```
import random
```

② 定义一个随机生成 6 位验证码的函数 verifycode( )，该函数无须接收任何参数，具体代码如下。

```
1. def verifycode():
2.     code_list = ''
3.     # 每一位字符都有 3 种可能，分别是大写字母、小写字母、数字
4.     for i in range(6):                # 控制验证码的字符个数
5.         # 随机生成一个状态码，1 表示大写字母，2 表示小写字母，3 表示数字
6.         state = random.randint(1, 3)
7.         if state == 1:                # 大写字母
8.             first_kind = random.randint(65, 90)
9.             random_uppercase = chr(first_kind)
       # 使用 chr() 函数获取对应 ASCII 码值
```

```
10.             code_list = code_list + random_uppercase
11.         elif state == 2:
12.             second_kinds = random.randint(97, 122)      # 小写字母
13.             random_lowercase = chr(second_kinds)
14.             code_list = code_list + random_lowercase
15.         elif state == 3:                                # 数字
16.             third_kinds = random.randint(0, 9)
17.             code_list = code_list + str(third_kinds)
18.     return code_list
```

上述函数中，第 6 行代码调用 random 模块的 randint( ) 函数生成 1、2 或 3 中的任一个值，分别表示生成的字符类型是大写字母、小写字母或数字。

第 7 ~ 10 行代码处理值为 1 的情况，此时会先调用 randint( ) 函数随机生成一个 65 ~ 90 的整数，再调用 chr( ) 函数将整数转换成大写字母，之后将大写字母拼接到 code_list 后面。

第 11 ~ 14 行代码处理值为 2 的情况，此时会先调用 randint( ) 函数随机生成一个 97 ~ 122 的整数，再调用 chr( ) 函数将整数转换成小写字母，之后将小写字母拼接到 code_list 后面。

第 15 ~ 17 行代码处理值为 3 的情况，此时会先调用 randint( ) 函数随机生成一个 0 ~ 9 的整数，再将整数转换成字符串后拼接到 code_list 后面。

③ 调用 verifycode() 函数随机生成一个 6 位验证码，具体代码如下。

```
verifycode()
```

④ 运行 01_captcha.py 文件，控制台输出的验证码如图 8-1 所示。

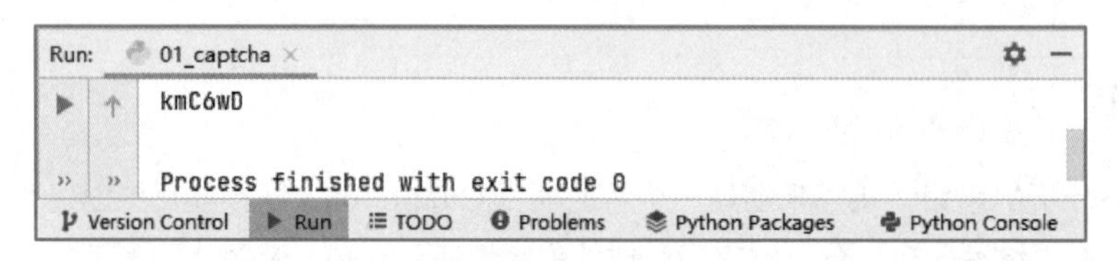

图 8-1 随机产生的第 1 个验证码

再次运行 01_captcha.py 文件，控制台输出的验证码如图 8-2 所示。

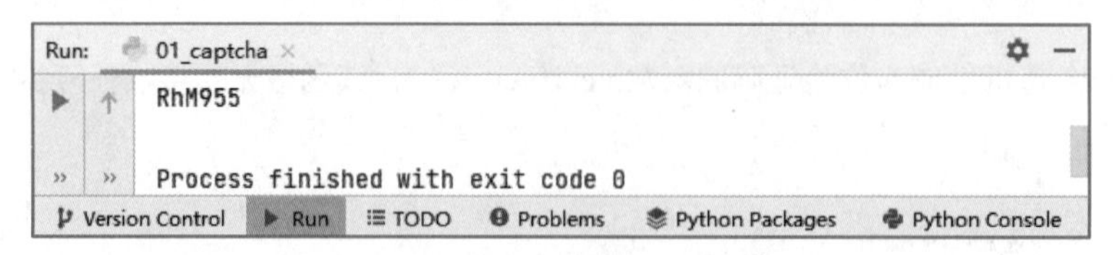

图 8-2 随机产生的第 2 个验证码

任务 8-2 高考倒计时器

任务描述

本任务要求运用 time 模块的知识编写一个高考倒计时程序，该程序会接收用户从键盘输入的

高考时间，并提示用户距离高考时间剩余的天数。该程序的样式如下所示。

实操微课 8-2：任务 8-2 高考倒计时器

```
================================
XX 年高考时间是 XX 年 XX 月 XX 日
今天是 XX 年 XX 月 XX 日
距离 XX 年高考还有 XX 天
================================
```

知识储备

time 模块

理论微课 8-5：time 模块

程序开发中根据时间选择不同处理方式的场景非常多见，例如游戏的防沉迷系统、外卖平台的店铺营业状态管理等。Python 内置了一些与时间处理相关的模块，例如 time、datetime 以及 calendar，其中 time 是最基础的时间模块。

time 模块的常用函数如下。

（1）time( ) 函数

time( ) 函数用于返回以浮点数表示的从世界标准时间 1970 年 1 月 1 日 00:00:00 开始到系统时间的总秒数，也就是时间戳。

例如，使用 time( ) 函数获取当前时间的时间戳，具体代码如下。

```
import time
print(time.time())                # 获取时间戳
```

运行代码，结果如下所示。

```
1653637443.124657
```

（2）localtime( ) 与 gmtime( ) 函数

以时间戳形式表示的时间是一个浮点数，这种形式的时间对人类而言过于抽象。为此 Python 提供了可以获取结构化时间的 localtime( ) 函数和 gmtime( ) 函数。localtime( ) 函数和 gmtime( ) 函数的语法格式如下。

```
localtime([secs])
gmtime([secs])
```

在上述格式中，参数 secs 是一个表示时间戳的浮点数，它是可选的。若不提供该参数，默认以 time( ) 函数获取的时间戳作为参数。

localtime( ) 和 gmtime( ) 函数都可以将时间戳转换为以元组表示的时间对象，其中 localtime( ) 函数获取的是当地时间，gmtime( ) 函数获取的是世界统一时间（Universal Time Coordinated，简称 UTC）。

我们分别使用 localtime( ) 和 gmtime( ) 函数获取当地时间和世界时间，具体代码如下。

```
import time
print(time.localtime())          # 获取以元组形式表示的当地时间，时间值是默认的
```

```
print(time.localtime(34.54))     # 获取以元组形式表示的当地时间，时间值是指定的
print(time.gmtime())             # 获取以元组形式表示的世界时间，时间值是默认的
print(time.gmtime(34.54))        # 获取以元组形式表示的世界时间，时间值是指定的
```

运行代码，结果如下所示。

```
time.struct_time(tm_year=2022, tm_mon=4, tm_mday=15, tm_hour=10,
                 tm_min=37, tm_sec=54,
                     tm_wday=4, tm_yday=105, tm_isdst=0)
time.struct_time(tm_year=1970, tm_mon=1, tm_mday=1, tm_hour=8,
                 tm_min=0, tm_sec=34,
                     tm_wday=3, tm_yday=1, tm_isdst=0)
time.struct_time(tm_year=2022, tm_mon=4, tm_mday=15, tm_hour=2,
                 tm_min=37, tm_sec=54,
                     tm_wday=4, tm_yday=105, tm_isdst=0)
time.struct_time(tm_year=1970, tm_mon=1, tm_mday=1, tm_hour=0,
                 tm_min=0, tm_sec=34,
                     tm_wday=3, tm_yday=1, tm_isdst=0)
```

从输出结果可以看出，所有的时间都是时间对象 struct_time，该对象是一个元组，元组中共有 9 项元素，各项元素的含义与取值如表 8-1 所示。

表 8-1 各元素的含义与取值

元素	含义	取值
tm_year	年	4 位数字
tm_mon	月	1 ~ 12
tm_mday	日	1 ~ 31
tm_hour	时	0 ~ 23
tm_min	分	0 ~ 59
tm_sec	秒	0 ~ 61（60 或 61 是闰秒）
tm_wday	一周的第几日	0 ~ 6（0 为周一，依此类推）
tm_yday	一年的第几日	1 ~ 366
tm_isdst	夏令时	1：是夏令时 0：非夏令时 -1：不确定

（3）strftime( ) 和 asctime( ) 函数

然而无论是采用浮点数还是元组形式表示的时间，其实都不符合人们的认知习惯。我们日常接触的时间信息常见形式有“2008-02-28 12:30:45”“12/31/2008 12:30:45”和“2008 年 12 月 31 日 12:30:45”。为了便于开发者去理解时间数据，Python 提供了用于输出格式化时间字符串的 strftime( ) 和 asctime( ) 函数，下面分别介绍这两个函数。

① strftime( ) 函数。借助时间格式控制符来输出格式化的时间字符串，该函数的语法格式如下。

```
strftime(format[, t])
```

上述语法格式中，参数 format 是指代时间格式的字符串。参数 t 为 struct_time 对象，默认为当前时间，即 localtime( ) 函数返回的时间，该参数可以省略。

例如，使用 strftime( ) 函数返回格式化的时间信息，具体代码如下。

```
import time
print(time.strftime('%a,%d %b %Y %H:%M:%S'))          # 获取格式化时间
```

运行程序，结果如下所示。

```
Fri,27 May 2022 15:44:41
```

上述示例代码中使用的 %a、%d、%b 等是 time 模块预定义的用于控制不同时间或时间成分的格式控制符，time 模块中常用的时间格式控制符及其说明如表 8-2 所示。

表 8-2 常用的时间格式控制符及其说明

时间格式控制符	说明
%Y	四位数的年份，取值范围为 0001 ~ 9999
%m	月份（01 ~ 12）
%d	月中的一天
%B	完整的月份名称，例如 January
%b	简化的月份名称，例如 Jan
%a	简化的周日期
%A	完整周日期
%H	24 小时制小时数（0 ~ 23）
%l	12 小时制小时数（01 ~ 12）
%p	上下午，取值为 AP 或 PM
%M	分钟数（00 ~ 59）
%S	秒（00 ~ 59）

若只使用部分时间格式控制符，可仅对时间信息中的相关部分进行格式化与输出。例如只设定时、分、秒的 3 个格式符，则会输出 24 小时制的时间，示例代码如下。

```
import time
print(time.strftime('%H:%M:%S'))          # 格式化部分时间信息
```

运行代码，结果如下所示。

```
15:45:01
```

② asctime( ) 函数。用于输出格式化的时间字符串，但它只能将 struct_time 对象转化为“%a %b %d %H:%M:%S %Y”形式的时间字符串，该函数的使用方式如下。

```
asctime([t])
```

上述格式中，参数 t 与 strftime( ) 函数的参数 t 意义相同。

例如，使用 asctime( ) 函数输出格式化的时间字符串，具体代码如下。

```
import time
print(time.asctime())
gmtime = time.gmtime()
print(time.asctime(gmtime))
```

运行代码，结果如下所示。

```
Fri May 27 15:43:14 2022
Fri May 27 07:43:14 2022
```

（4）ctime( ) 函数

ctime( ) 函数用于将一个时间戳转换为“%a %b %d %H:%M:%S %Y”形式的时间字符串，若该函数未传参数，则默认将 time.time( ) 作为参数。示例代码如下。

```
import time
print(time.ctime())
print(time.ctime(34.56))
```

运行代码，结果如下所示。

```
Fri May 27 15:42:49 2022
Thu Jan  1 08:00:34 1970
```

（5）strptime( ) 函数

strptime( ) 函数用于将格式化的时间字符串转换为 struct_time 对象，该函数是 strftime( ) 函数的反向操作。strptime( ) 函数的语法格式如下。

```
strptime(string, format)
```

上述格式中，参数 string 表示格式化的时间字符串，format 表示时间字符串的格式，string 与 format 必须统一。

例如，使用 strptime( ) 函数将格式化的时间字符串转换为 struct_time 对象，具体代码如下。

```
import time
print(time.strptime('Sat,11 Apr 2020 11:54:42','%a,%d %b %Y %H:%M:%S'))
print(time.strptime('11:54:42','%H:%M:%S'))
```

运行代码，结果如下所示。

```
time.struct_time(tm_year=2020, tm_mon=4, tm_mday=11, tm_hour=11,
                 tm_min=54, tm_sec=42, tm_wday=5, tm_yday=102,
                 tm_isdst=-1)
time.struct_time(tm_year=1900, tm_mon=1, tm_mday=1, tm_hour=11,
                 tm_min=54, tm_sec=42,
                 tm_wday=0, tm_yday=1, tm_isdst=-1)
```

（6）mktime( ) 函数

mktime( ) 函数用于将 struct_time 对象转换为以浮点数表示的时间戳，该函数是 gmtime( ) 函数和 localtime( ) 函数的反向操作。mktime( ) 函数的语法格式如下。

```
mktime(t)
```

上述格式中，参数 t 表示 struct_time 对象。

例如，使用 mktime ( ) 函数将 struct_time 对象转换为时间戳，具体代码如下。

```
import time
str_dt = "2022-05-27 17:43:54"
time_struct = time.strptime(str_dt, "%Y-%m-%d %H:%M:%S")
# 转化成时间戳
timestamp = time.mktime(time_struct)
print(timestamp)
```

运行代码，结果如下所示。

```
1653644634.0
```

任务分析

根据任务描述中高考倒计时器的样式可知，我们需要先确定高考时间，再获取当天日期，有了高考时间和当天日期之后计算它们的时间差，之后便可以根据高考时间、当天日期、时间差生成指定样式的高考倒计时器。本任务的实现思路具体如下。

（1）获取高考时间

高考时间是用户从键盘录入的，它是一个符合时间格式“年 - 月 - 日”要求的字符串。为了能够将时间字符串转换成 Python 支持的时间格式，我们可以使用 time 模块的 strptime( ) 函数将时间字符串转换成以元组表示的时间。

（2）获取当天日期

获取当天日期的功能比较简单，可以直接通过 time 模块的 time( ) 函数获取当天的时间戳。为了方便后期能输出当天日期的年份、月份和日，这里可以使用 time 模块的 localtime( ) 函数将时间戳转换成当前时区以元组表示的时间。

（3）计算高考时间与当天日期的时间差

由于前面获取的高考时间、当天日期都是元组形式的时间，无法直接通过减法运算计算两者的时间差，所以这里需要将元组形式的高考时间、当天日期转换成时间戳，此操作可以通过 time 模块的 mktime( ) 函数实现。

经过以上操作后，我们可以得到一个表示时间差的时间戳。时间戳的单位是秒，而高考倒计时器中时间差的值是天数，因此，我们可以按照“1 天等于 24 小时，1 小时等于 60 分钟，1 分钟等于 60 秒”的规律将时间差由秒数换算成天数。

（4）生成高考倒计时器

观察高考倒计时器的样式可知，高考倒计时器包含上分割线、下分割线和 3 行内容，每行内容中都包含一些固定的内容和时间数据。这个特点非常符合格式化后的字符串。因此，我们可以使用 f-string 来完成格式化字符串。

任务实现

结合任务分析的思路，接下来，在 Chapter08 项目中创建 02_countdown.py 文件，在该文件中编写代码分步骤实现高考倒计时器，具体步骤如下。

（1）获取高考时间

导入 time 模块，获取用户从键盘输入的符合时间格式的字符串，根据该字符串构建一个表示高考时间的时间元组，具体代码如下。

```
import time
exam_time = input("请输入高考时间（格式如 2022-06-07）：")
# 将时间字符串转换成时间元组
future_time = time.strptime(exam_time, '%Y-%m-%d')
```

（2）获取当天日期

获取当天日期的时间戳，并将时间戳转换成元组形式的时间，具体代码如下。

```
# 获取当天日期
current_time = time.localtime(time.time())
```

（3）计算高考时间与当天日期的时间差

把元组形式的高考时间和当天日期转换成时间戳，计算两者之间的时间差，并根据秒数与天数的换算方式将时间差转换成剩余天数，具体代码如下。

```
# 根据时间戳求时间差
future = time.mktime(future_time)                    # 获取高考时间的时间戳
current = time.mktime(current_time)                  # 获取当前时间的时间戳
difference  = future - current
# 将秒数换算成天数
days = difference/60/60/24
```

（4）生成高考倒计时器

通过格式化字符串生成高考倒计时器中的上分割线、下分割线和其他内容，具体代码如下。

```
print("="*30)
print(f"{future_time.tm_year} 年高考时间是", time.strftime("%Y 年 %m 月 %d
    日", future_time))
print(f"今天是 {time.strftime('%Y 年 %m 月 %d 日', current_time)}")
print(f"距离 {future_time.tm_year} 年高考还有 {int(days)} 天")
print("="*30)
```

运行 02_countdown.py 文件，从键盘输入 2022-06-07，控制台输出的高考倒计时器如图 8-3 所示。

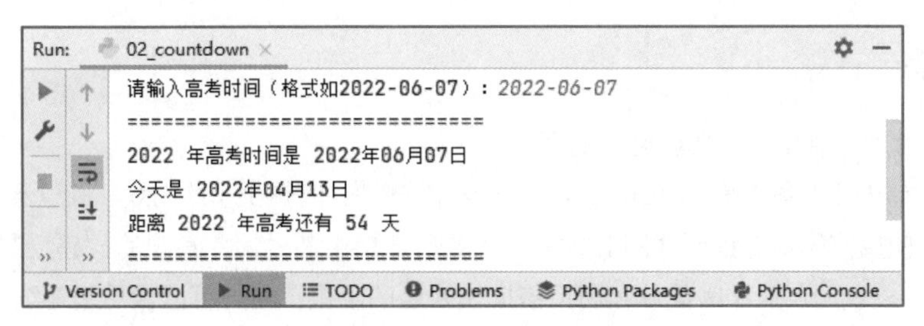

图 8-3　02_countdown.py 的运行结果

任务 8-3　画奥运五环

■ 任务描述

实操微课 8-3：任务 8-3　画奥运五环

北京作为全球首个也是目前唯一的“双奥之城”，向世界进一步展示了我国阳光、富强、开放、自信的大国形象，为中华民族伟大复兴提供了凝心聚气的强大精神力量。

2022 年的北京冬奥会可谓“中国风”十足，将二十四节气、十二生肖、国宝大熊猫、如意等元素，书法、篆刻、印章等传统艺术，都融入到表演、冬奥赛事场馆、会徽、火炬和奖牌中。中国元素和冰雪运动相得益彰，得到了细致入微的全景式展现，让全世界的观众感受到中国文化的灵动与厚重，进一步理解蕴藏在这些文化背后的中国精神和中国理念。

在每届奥运会的开幕式中，有一个仪式是奥运五环标志的展示。在本届冬奥会开幕式上，“破冰而出”的奥运五环着实给人留下了深刻的印象。奥运五环由 5 个大小相等的奥林匹克环套接组成，自左向右两两相互紧密交叉，形成上方 3 个圆环、下方两个圆环的形状，整个造型呈一个底部小的规则梯形。奥林匹克标志上方的 3 个圆环依次为蓝色、黑色、红色，下方两个圆环为黄色、绿色，背景为白色。

本任务要求编写程序，使用 turtle 模块画一个奥运五环标志，效果如图 8-4 所示。

任务的具体要求如下。

（1）窗口

窗口占整个屏幕大小的一半，窗口的标题为奥运五环。

（2）奥运五环图形

① 每个圆环的半径为 100 像素，描边粗细为 20 像素。

② 5 个圆环遵循奥林匹克标志色彩设计规范，即蓝环、黑环、红环、黄环、绿环的颜色编码为 #0081C8、#FCB131、#000000、#00A651、#EE334E。

图 8-4　奥运五环标志

③ 上面一排圆环圆心位于同一水平线上。

④ 下面一排圆环圆心位于同一水平线上，且穿插到上面两圆环的中间位置。

⑤ 每一排圆环之间的间隙相等，均为 50 像素。

■ 知识储备

理论微课 8-6：使用 turtle 模块创建窗口

1. 使用 turtle 模块创建窗口

turtle（海龟）是 Python 内置的一个标准模块，它提供了绘制线、圆以及其他形状的函数。使用该模块可以创建图形窗口，在图形窗口中通过简单直观的代码绘制界面与图形。turtle 模块的逻辑非常简单，利用该模块内置的函数，用户可以像用笔在纸上画图一样在 turtle 模块的画布上绘制图形。

图形窗口也称为画布。由于在控制台中无法直接绘制图形，需要先使用 setup( ) 函数创建图形窗口，该函数的语法格式如下。

```
setup(width, height, startx=None, starty=None)
```

在上述语法格式中，width、height、startx 和 starty 参数依次表示窗口宽度、高度、窗口在计算机屏幕上的横坐标和纵坐标。参数 width、height 的取值可以是整数或小数，值为整数时表示以像素为单位的尺寸，值为小数时表示图形窗口的宽或高与屏幕的比例。参数 startx、starty 的取值可以为整数或使用默认取值 None，当取值为整数时，分别表示图形窗口左侧和顶部与屏幕左侧和顶部的距离，单位为像素。当取值 None 时，窗口位于屏幕中心。

例如，使用 turtle 的 setup( ) 函数创建一个宽 800、高 600 像素的图形窗口，示例代码如下：

```
turtle.setup(800, 600)
```

程序执行后，窗口与屏幕的关系如图 8-5 所示。

图 8-5　窗口与屏幕的关系

需要说明的是，使用 turtle 模块实现图形化程序时 setup( ) 函数并不是必须在代码中调用的，如果程序中未调用 setup( ) 函数，程序执行时会生成一个默认窗口。另外，可以调用 turtle 模块的 title( ) 函数为窗口设置标题，如此每次打开的窗口左上角都会显示指定的标题。

在使用 turtle 模块绘制图形后应调用 turtle 模块的 done( ) 函数声明绘制结束，如此 turtle 的主循环会终止，但直到手动关闭图形窗口时图形窗口才会退出。

理论微课 8-7：使用 turtle 模块设置画笔

2. 使用 turtle 模块设置画笔

画笔的设置包括画笔属性（如尺寸、颜色）和画笔状态（如提起、放下）的设置。turtle 模块中定义了设置画笔属性和状态的函数，下面分别对这些函数进行讲解。

（1）画笔属性相关函数

turtle 模块中用于设置画笔属性的函数主要有 3 个，分别是 pensize( )、speed( ) 和 color( )，pensize( ) 函数用于设置画笔尺寸，speed( ) 函数用于设置画笔移的速度，color( ) 函数用于设置画笔颜色。这 3 个函数的语法格式如下。

```
pensize(<width>)                          # 设置画笔尺寸
speed(speed)                              # 设置画笔移动速度
```

```
color(color)                               # 设置画笔颜色
```

pensize( ) 函数的参数 width 表示画笔的尺寸，即画笔绘制出线条的宽度，若该参数为空，则 pensize( ) 函数返回画笔当前的尺寸。pensize( ) 函数的别名是 width( ) 函数，它们具有相同的功能。

speed( ) 函数的参数 speed 表示画笔移动的速度，该参数的取值范围为 0 ~ 10 的整数，整数越大，速度越快。

color( ) 函数的参数 color 表示画笔的颜色，该参数的值有以下几种表示方式：

① 颜色英文名称的字符串。例如 red、orange、yellow、green 等。

② RGB 颜色元组。这种表示方式又分为 RGB 整数值和 RGB 小数值两种，RGB 整数值如 (255,255,255)、(190,213,98)，RGB 小数值如 (1,1,1)、(0.65,0.7,0.9)。

③ 十六进制颜色编码，如 #FFFFFF、#0060F6。

下面以一些常见颜色为例，通过一张表罗列这些颜色的各种表现形式及其对应关系，具体如表 8-3 所示。

表 8-3 常见颜色对照表

颜色	字符串	RGB 整数值	RGB 小数值	十六进制
白色	white	(255,255,255)	(1,1,1)	#FFFFFF
黄色	yellow	(255,255,0)	(1,1,0)	#FFFF00
洋红	magenta	(255,0,255)	(1,0,1)	#FF00FF
青色	cyan	(0,255,255)	(0,1,1)	#00FFFF
蓝色	blue	(0,0,255)	(0,0,1)	#0000FF
黑色	black	(0,0,0)	(0,0,0)	#000000
海贝色	seashell	(255,245,238)	(1,0.96,0.93)	#FFF5EE
金色	gold	(255,215,0)	(1,0.84,0)	#FFD700
粉红色	pink	(255,192,203)	(1,0.75,0.80)	#FFC0CB
棕色	brown	(165,42,42)	(0.65,0.16,0.16)	#A22A2A
紫色	purple	(160,32,240)	(0.63,0.13,0.94)	#A020F0
番茄色	tomato	(255,99,71)	(1,0.39,0.28)	#FF6347

需要说明的是，字符串、RGB 整数值、RGB 小数值、十六进制表示的颜色都可以直接传入 color( ) 函数，但使用 RGB 颜色之前，需要先使用 colormode( ) 函数设置颜色模式。colormode( ) 函数需要接收一个颜色取值模式参数，该参数支持两种取值：1.0 或 255，其中 1.0 表示 RGB 颜色值为 0.0 ~ 1.0，255 表示 RGB 颜色值为 0 ~ 255。设置画笔颜色的示例代码如下。

```
import turtle
turtle.color('pink')                # 使用字符串方式表示的颜色
turtle.color('#A22A2A')             # 使用十六进制方式表示的颜色
turtle.colormode(1.0)               # 使用 RGB 小数值模式
turtle.color((1, 1, 0))
turtle.colormode(255)               # 使用 RGB 整数值模式
turtle.color((165, 42, 42))
turtle.done()                       # 绘制结束
```

（2）画笔状态相关函数

正如在纸上画图一样，turtle 模块中的画笔分为提起和放下两种状态。只有画笔为放下状态时，移动画笔，画布上才会留下痕迹。turtle 模块中的画笔默认为放下状态。我们使用 penup( ) 和 pendown( ) 函数可以修改画笔状态，其中 penup( ) 函数用于提起画笔，pendown( ) 函数用于放下画笔。修改画笔状态的示例代码如下。

```
import turtle
turtle.penup()                    # 提起画笔
turtle.pendown()                  # 放下画笔
turtle.done()
```

turtle 模块中为 penup( ) 和 pendown( ) 函数定义了别名，penup( ) 函数的别名为 pu( )，pendown( ) 函数的别名为 pd( )。

3. 使用 turtle 模块绘制图形

理论微课 8-8：使用 turtle 模块绘制图形

在画笔状态为放下时，通过移动画笔可以在画布上绘制图形。此时可以将画笔想象成一只海龟（这也是 turtle 模块名字的由来）。海龟落在画布上，它可以向前、向后、向左、向右移动，海龟爬动时在画布上留下痕迹，痕迹即为所绘图形。

为了使图形出现在理想的位置，我们需要了解 turtle 的坐标体系。turtle 坐标体系以窗口中心为原点，右方为默认朝向。原点右侧为 x 轴正方向，原点上方为 y 轴正方向。turtle 的坐标体系如图 8-6 所示。

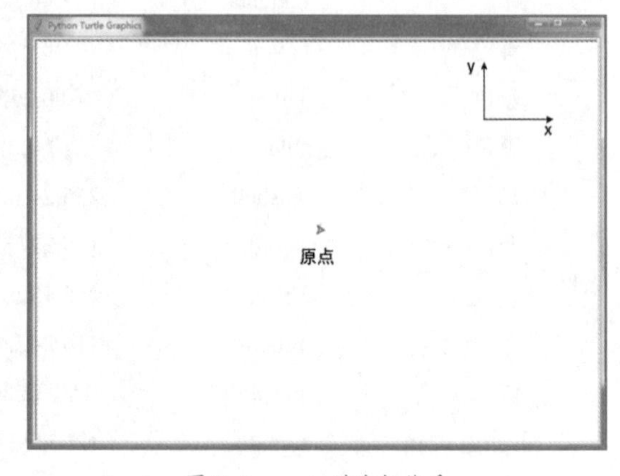

图 8-6 turtle 的坐标体系

了解了 turtle 的坐标体系后，如果希望在画布上绘制想要的图形，需要知道如何通过 turtle 模块的函数控制画笔。turtle 模块中控制画笔的函数主要有 3 种，分别是移动控制函数、角度控制函数和图形绘制函数，关于它们的介绍如下。

（1）移动控制函数

移动控制函数包括 forward( )、backward( ) 和 goto( ) 函数，分别用于控制画笔向前、向后或者向指定位置移动，这些函数的语法格式如下。

```
forward(distance)                 # 向前移动
backward(distance)                # 向后移动
goto(x,y=None)                    # 向指定位置移动
```

函数 forward( ) 和 backward( ) 的参数 distance 用于指定画笔移动的距离，单位为像素。函数 goto( ) 的参数 x、y 分别接收表示目标位置的横坐标和纵坐标。

（2）角度控制函数

角度控制函数用于更改画笔朝向，包括 right( )、left( ) 和 seth( )，这几个函数的语法格式如下。

```
right(degree)                     # 向右转动
```

```
left(degree)                          # 向左转动
seth(angle)                           # 转动到某个方向
```

函数 right( ) 和 left( ) 的参数 degree 用于指定画笔向右与向左的角度。函数 seth( ) 的参数 angle 用于设置画笔在坐标系中的角度。angle 以 x 轴正向为 0°，以逆时针方向为正，角度从 0° 逐渐增大；以顺时针方向为负，角度从 0° 逐渐减小，角度与坐标系的关系如图 8-7 所示。

若要使画笔向左或向右移动某段距离，应先调整画笔角度，再使用移动函数。接下来，以上面介绍的移动控制函数、角度控制函数为例，演示如何通过这些函数绘制边长为 200 像素的正方形，具体代码如下。

```
import turtle as t
t.forward(200)                   # 向前移动 200 像素
t.seth(-90)                      # 调整画笔朝向，使其朝向 -90° 方向
t.forward(200)                   # 向前移动 200 像素
t.right(90)                      # 调整画笔朝向，向右转动 90°
t.forward(200)                   # 向前移动 200 像素
t.left(-90)                      # 调整画笔朝向，向左转动 -90°
t.forward(200)                   # 向前移动 200 像素
t.right(90)                      # 调整画笔朝向，向右转动 90°
t.done()
```

运行代码，窗口中绘制好的正方形如图 8-8 所示。

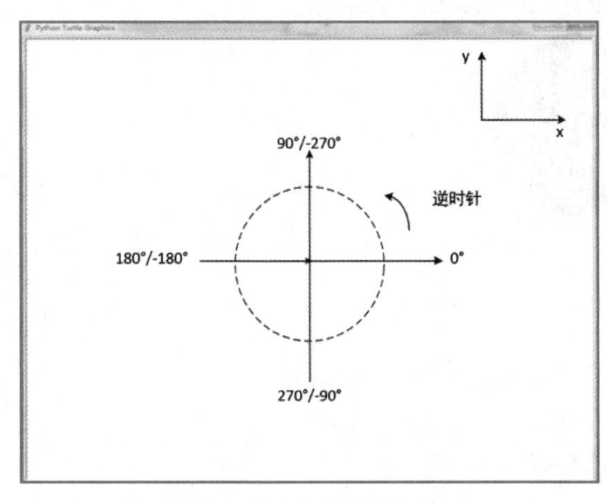

图 8-7 角度与坐标系的关系

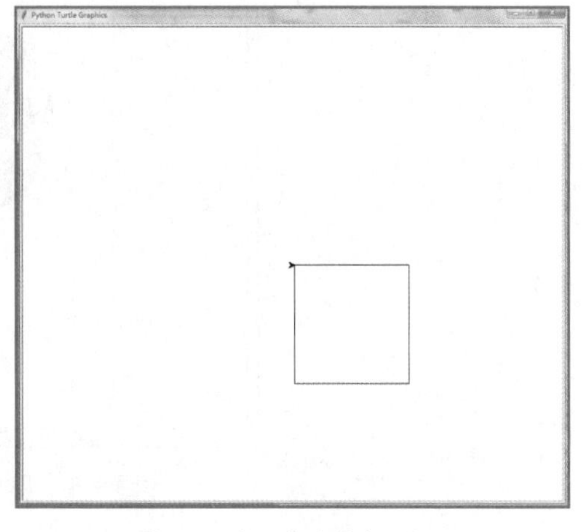

图 8-8 窗口中绘制的正方形

(3) 图形绘制函数

turtle 模块中提供了 circle( ) 函数，使用该函数可绘制以当前坐标为圆心，以指定像素值为半径的圆或弧。circle( ) 函数的语法格式如下。

```
circle(radius, extent=None, steps=None)
```

上述语法格式中，参数 radius 用于设置半径，extent 用于设置弧的角度。radius 和 extent 的取值可以是正数，也可以是负数，具体可以分成以下几种情况：

① 当 radius 为正数时，画笔以原点为起点向上绘制弧线。radius 为负数时，画笔以原点为起

点向下绘制弧线。

② 当 extent 为正数时，画笔以原点为起点向右绘制弧线。extent 为负数时，画笔以原点为起点向左绘制弧线。

例如分别绘制半径为 90 和 −90 像素、角度为 60° 和 −60° 的 4 条弧线，结果如图 8-9 所示。

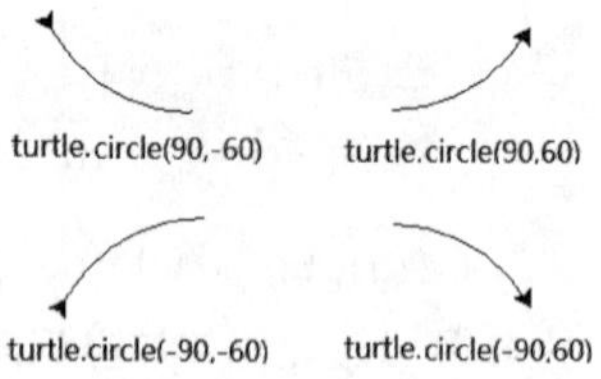

turtle.circle(90,-60) turtle.circle(90,60)

turtle.circle(-90,-60) turtle.circle(-90,60)

图 8-9 turtle 绘制弧线

参数 steps 用于设置步长，它取值可以为整型数据或默认值 None。None 表示该参数无效。若参数 steps 的值为正数 N，则使用 circle( ) 函数可以绘制一个有 N 条边的正多边形。若参数 steps 的值为负数，则不会使用 circle( ) 函数绘制图形。例如，在程序中写入“turtle.circle(100, steps=3)”，程序将绘制一个边长为 100 像素的等边三角形。

turtle 模块中可通过 fillcolor( ) 函数设置填充颜色，通过 begin_fill( ) 函数和 end_fill( ) 函数填充图形，实现“面”的绘制。例如，绘制一个圆形，并将圆形填充为红色，具体代码如下。

```
import turtle
turtle.fillcolor("red")              # 设置填充颜色为红色
turtle.begin_fill()                  # 开始填充
turtle.circle(100)
turtle.end_fill()                    # 填充结束
turtle.done()
```

运行代码，填充好的圆形如图 8-10 所示。

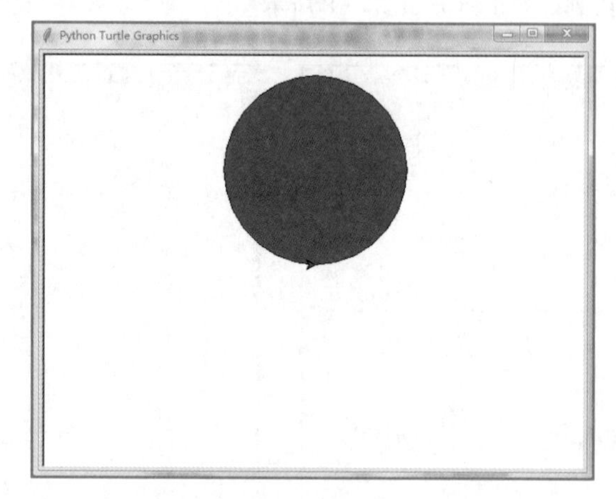

图 8-10 填充颜色为红色的圆形

■ 任务分析

观察图 8-4 可知，奥运五环中的圆环按从左到右的顺序两两之间相互交叉，给用户呈现出一种环环相扣的视觉效果。我们要想在窗口中绘制奥运五环标志，需要先创建一个窗口，有了窗口之后便可以在窗口的画图区域中依次绘制蓝色圆环、黑色圆环、红色圆环、黄色圆环和绿色圆环，并制作环环相扣的效果。本任务的实现思路可以分成以下 7 步。

（1）创建窗口

窗口可以通过 turtle 模块 setup( ) 函数创建，由于窗口占整个屏幕大小的一半，所以我们在使用 setup( ) 函数创建窗口时需要传入小数指定窗口与屏幕的比例。窗口的标题可以通过 turtle 模块 title( ) 函数设置。

（2）绘制蓝色圆环

我们以 x 轴坐标为 −260 像素和 y 轴坐标为 −30 像素为画笔的落点，从这个落点位置出发绘制一个半径为 100 像素的蓝色圆环。画笔默认位于窗口的中心位置，它若要被移动到指定的位置，则可以通过 turtle 模块的 goto( ) 函数完成移动。

绘制圆形可以通过 turtle 模块的 circle( ) 函数完成，此操作之前需要通过 turtle 模块的 color( ) 函数设置好画笔的颜色。

（3）绘制黑色圆环

黑色圆环与蓝色圆环的绘制方式相同，仍然可以选择以黑色圆环底部的顶点位置为画笔的落点，以这个落点位置为出发点开始绘制圆形。那么，如何确定黑色圆环底部的顶点位置呢？我们可以参考蓝色圆环的位置确定。蓝色圆环和黑色圆环的位置关系如图 8−11 所示。

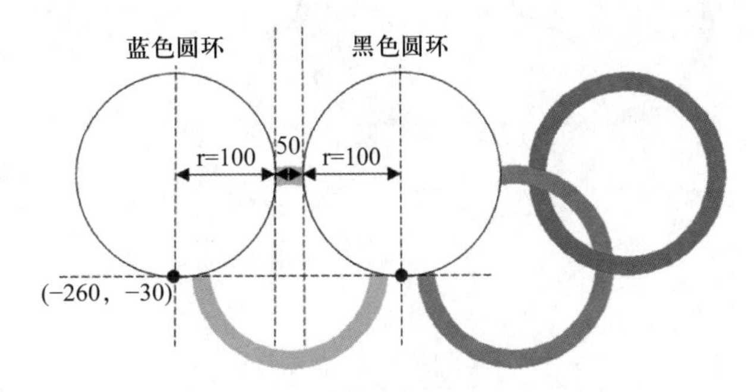

图 8−11 蓝色圆环和黑色圆环的位置关系

从图 8−11 中可以看出，黑色圆环位于蓝色圆环的右方，它们底部的顶点位置处于同一水平线上，水平间距为两个半径加一个间隙的长度。由于蓝色圆环绘制完成后，此时的画笔位于蓝色圆环底部的顶点位置，朝向为向右，所以我们无须改变画笔的朝向，直接将画笔向前移动两个半径加一个间隙的长度后绘制圆形即可。向前移动可以通过 turtle 模块的 forward( ) 函数完成。

（4）绘制红色圆环

红色圆环与黑色圆环的绘制方式相同，仍然可以选择以红色圆环底部的顶点位置为画笔的落点，以这个落点位置为出发点开始绘制圆形。如何确定红色圆环底部的顶点位置呢？可以参考黑色圆环的位置确定。黑色圆环和红色圆环的位置关系如图 8−12 所示。

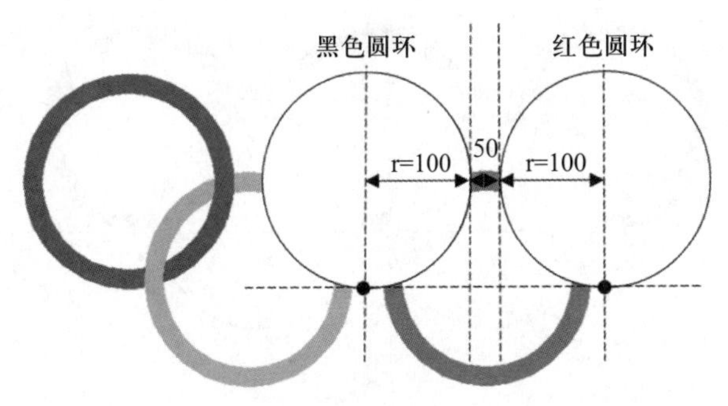

图 8−12 黑色圆环和红色圆环的位置关系

从图 8-12 中可以看出，红色圆环位于黑色圆环的右方，它们底部的顶点位置处于同一水平线上，水平间距为两个半径加一个间隙的长度。由于黑色圆环绘制完成后，此时的画笔位于黑色圆环底部的顶点位置，朝向为向右，所以无须改变画笔的朝向，直接将画笔向前移动两个半径加一个间隙的长度后绘制圆形即可。向前移动可以通过 turtle 模块的 forward( ) 函数完成。

（5）绘制黄色圆环

红色圆环绘制完成后，画笔停在红色圆环底部的顶点位置。为了让画笔保持在水平方向上移动，可以以红色圆环底部顶点的水平线为基准，将水平线与黄色圆环的交叉点作为画笔放下的位置，这个位置可以参照红色圆环的位置进行确定。黄色圆环和红色圆环的位置关系如图 8-13 所示。

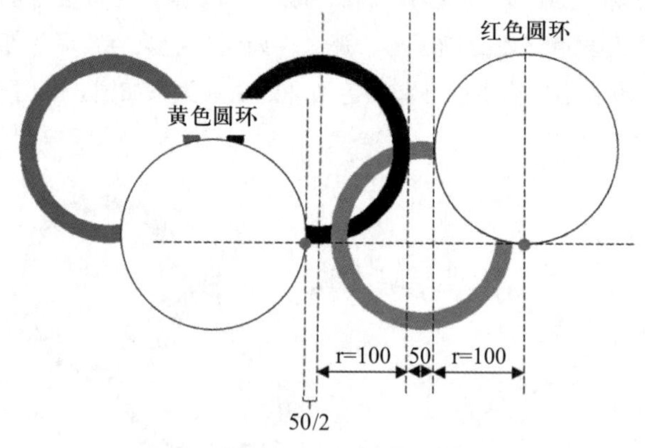

图 8-13 黄色圆环和红色圆环的位置关系

从图 8-13 中可以看出，绘制黄色圆环的基准点与红色圆环的基准点距离为两个半径、一个间隙加半个间隙的长度。此时的画笔朝向是向右，需要先将画笔方向改为向上，便可以绘制圆形。向后移动可以通过 turtle 模块的 forward( ) 函数完成，画笔朝向由右改为上，也就是说沿着逆时针方向旋转 90°，可以通过 turtle 模块的 left( ) 函数完成，left( ) 函数中角度参数的值为 90。

（6）绘制绿色圆环

绿色圆环位于黄色圆环的右侧，且与黄色圆环处在同一水平线上。黄色圆环绘制完成后，画笔停在绘制圆形之前落笔的位置，为了能够让画笔依然只保持在水平方向上移动，以当前落笔位置的水平线为基础，将水平线与绿色圆环的交叉点作为画笔下一个落笔的位置，这个位置参照黄色圆环的位置进行确定。绿色圆环和黄色圆环的位置关系如图 8-14 所示。

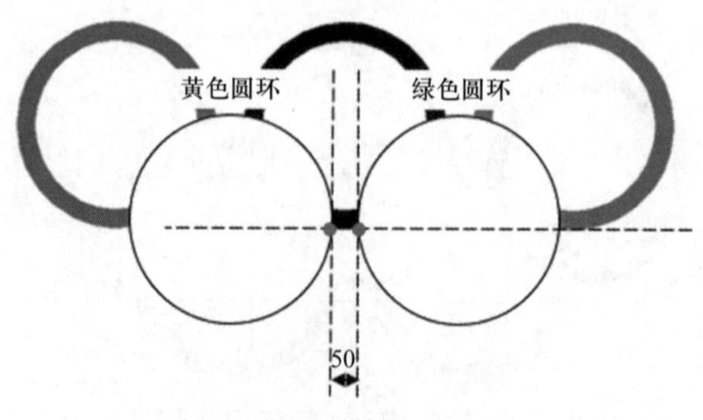

图 8-14 绿色圆环和黄色圆环的位置关系

从图 8-14 中可以看出，绿色圆环和黄色圆环的距离为一个间隙的长度。由于此时画笔的朝向为上方，需要先将画笔的朝向调整为右方，再沿着右方向前移动一个间隙的长度，即可让画笔停留到指定的位置，最后调整画笔的朝向为下方后便可以开始绘制圆形。

画笔朝向调整为右方可以通过 left( ) 函数完成，该函数中角度参数值为 -90。画笔向前移动可以通过 turtle 模块的 forward( ) 函数完成，该函数接收的表示移动距离的参数值为圆环间隙。画笔朝向调整为下方的操作可以通过 right( ) 函数完成，该函数接收的角度参数值为 90。

（7）制作环环相扣的效果

环环相扣的效果是指圆环自左向右嵌套到前一个圆环的内部，营造出一环扣一环的效果。绘制完绿色圆环后，由于绿色圆环和黄色圆环最后绘制，所以它们所在的图层会位于画布的顶层，覆盖与其他 3 个圆环的重叠部分。但比较当前效果图和最终效果图可以发现，绿色圆环和黄色圆环有 4 个重叠部分位于其他圆环的下方，具体如图 8-15 所示。

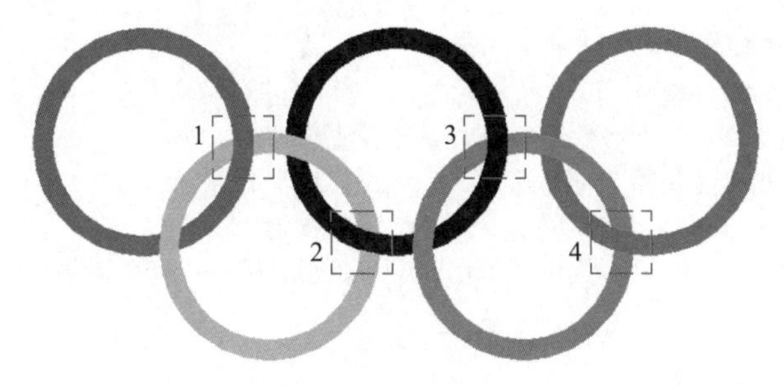

图 8-15 绿色圆环和黄色圆环位于其他圆环下方的 4 个重叠部分

从图 8-15 中可以看出，标注为 1 ~ 4 的重叠区域分别为蓝色、黑色、黑色和红色，这 4 个特殊部分需要单独进行处理。可以根据这几个重叠部分的位置分别绘制圆弧。将圆弧的颜色设置为蓝色、黑色或红色，以遮挡黄色或绿色。遮挡绿色圆环或黄色圆环部分的效果图 8-16 所示。

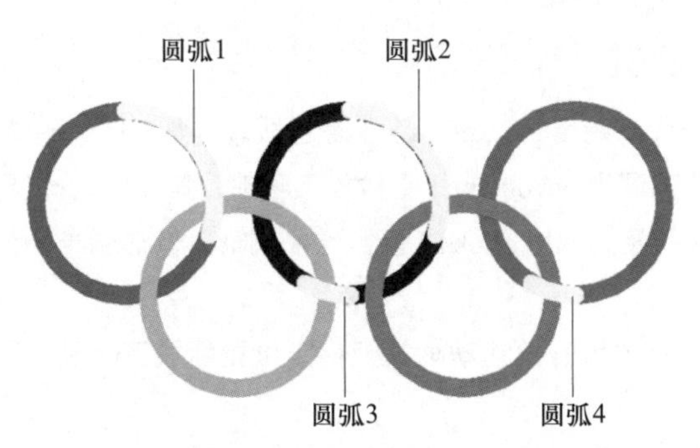

图 8-16 遮挡绿色圆环或黄色圆环部分的效果图

从图 8-16 中可以看出，圆弧 1 和圆弧 2 的形状相同，圆弧 3 和圆弧 4 的形状相同。根据这个规律，可以绘制大圆弧和小圆弧，大圆弧的弧度值为 110，小圆弧的弧度值为 30。绘制圆弧可以通过 turtle 模块的 circle( ) 函数完成。

由于每次绘制圆弧后，画笔的位置不容易确定，所以这里可以设置 4 个比较特殊的位置，分别是蓝色圆环顶部的顶点、黑色圆环顶部的顶点、黑色圆环底部的顶点和红色圆环底部的顶点，将这 4 个位置作为绘制圆弧的起点。

任务实现

结合任务分析的思路，接下来，在 Chapter08 项目中创建 03_olympic_rings.py 文件，在该文件中编写代码分步骤绘制奥运五环，具体步骤如下。

（1）创建窗口

导入 turtle 模块，定义若干表示特殊值的变量，并根据指定的大小要求创建窗口，具体代码如下。

```
import turtle
CIRCLE_RADIUS = 100                 # 圆环半径
UP_CIRCLE_SPACE = 50                # 圆环的间隙
BLUE_CIRCLE_X = -260                # 蓝环底部顶点的 X 坐标值
BLUE_CIRCLE_Y = -30                 # 蓝环底部顶点的 Y 坐标值
BIG_CIRCLE_RADIAN = 110             # 大弧度
SMALL_CIRCLE_RADIAN = 30            # 小弧度
turtle.setup(0.5, 0.5)              # 设置窗口的大小
turtle.title("奥运五环")             # 设置窗口的标题
turtle.pensize(20)                  # 设置画笔大小
turtle.speed(2)                     # 设置画笔移动的速度，值越大，速度越快
```

（2）绘制蓝色圆环

移动画笔至蓝色圆环底部的顶点位置后放下画笔，绘制一个蓝色的圆环，具体代码如下。

```
1. # 画蓝色圆环
2. turtle.penup()
3. turtle.goto(BLUE_CIRCLE_X, BLUE_CIRCLE_Y)
4. turtle.pendown()
5. turtle.color("#0081C8")
6. turtle.circle(CIRCLE_RADIUS)
```

上述代码中，第 2 行代码调用 penup( ) 函数提起画笔，第 3 行代码调用 goto( ) 函数移动画笔至指定的位置，第 4 行代码调用 pendown( ) 函数放下画笔，第 5 行代码调用 color( ) 函数设置画笔的颜色为 #0081C8，第 6 行代码调用 circle( ) 函数绘制圆形，圆形的半径为 CIRCLE_RADIUS。

（3）绘制黑色圆环

从蓝色圆环底部的顶点位置开始移动画笔至指定位置后放下画笔，绘制一个黑色的圆环，具体代码如下。

```
1. # 画黑色圆环
2. turtle.penup()
3. turtle.forward(2 * CIRCLE_RADIUS + UP_CIRCLE_SPACE)
4. turtle.pendown()
5. turtle.color("#000000")
6. turtle.circle(CIRCLE_RADIUS)
```

上述代码中，第 3 行代码调用 forward( ) 函数控制画笔向右移动两个圆环半径加 1 个间隙的距离，第 5 行代码调用 color( ) 函数设置画笔的颜色为 #000000。

(4) 绘制红色圆环

从黑色圆环底部的顶点位置开始移动画笔至指定位置后放下画笔，绘制一个红色的圆环，具体代码如下。

```
1. # 画红色圆环
2. turtle.penup()
3. turtle.forward(2 * CIRCLE_RADIUS + UP_CIRCLE_SPACE)
4. turtle.pendown()
5. turtle.color("#EE334E")
6. turtle.circle(CIRCLE_RADIUS)
```

上述代码中，第 3 行代码调用 forward( ) 函数控制画笔向右移动两个圆环半径加 1 个间隙的距离，第 5 行代码调用 color( ) 函数设置画笔的颜色为 #EE334E。

(5) 绘制黄色圆环

从红色圆环底部的顶点位置开始移动画笔至指定位置后放下画笔，绘制一个黄色的圆环，具体代码如下。

```
1. # 画黄色圆环
2. turtle.penup()
3. turtle.forward(-(CIRCLE_RADIUS * 2 + UP_CIRCLE_SPACE + UP_CIRCLE_
   SPACE / 2))
4. turtle.left(90)
5. turtle.pendown()
6. turtle.color("#FCB131")
7. turtle.circle(CIRCLE_RADIUS)
```

上述代码中，第 3 行代码调用 forward( ) 函数控制画笔向左移动两个圆环半径、1 个间隙与半个间隙之和的距离，第 4 行代码调用 left( ) 函数让画笔沿着逆时针方向旋转 90°，使画笔朝向由原来的右方改为上方，第 6 行代码调用 color( ) 函数设置画笔的颜色为 #FCB131。

(6) 绘制绿色圆环

从黄色圆环右侧的顶点位置开始移动画笔至指定位置后放下画笔，绘制一个绿色的圆环，具体代码如下。

```
1. # 画绿色圆环
2. turtle.penup()
3. turtle.left(-90)
4. turtle.forward(UP_CIRCLE_SPACE)
5. turtle.right(90)
6. turtle.pendown()
7. turtle.color("#00A651")
8. turtle.circle(CIRCLE_RADIUS)
```

上述代码中，第 3 行代码调用 left( ) 函数让画笔沿着逆时针方向旋转 −90°，使画笔朝向由原来的上方改为右方，第 4 行代码调用 forward( ) 函数控制画笔向右移动 1 个间隙的距离，第 5 行代码调用 right( ) 函数让画笔沿着顺时针方向旋转 90°，使画笔朝向由原来的右方改为下方，第 7 行代码调用 color( ) 函数设置画笔的颜色为 #00A651。

（7）制作环环相扣的效果

移动画笔至指定的位置后落下画笔，逐次绘制4个指定弧度的弧线，以遮挡黄色圆环、绿色圆环与上一排圆环重叠的部分。制作圆环之间环环相扣的效果，代码如下。

```
1. # 画蓝圆遮挡黄圆的部分
2. turtle.penup()
3. turtle.goto(BLUE_CIRCLE_X, BLUE_CIRCLE_Y + 2 * CIRCLE_RADIUS)
4. turtle.left(90)
5. turtle.pendown()
6. turtle.color("#0081C8")
7. turtle.circle(-CIRCLE_RADIUS, BIG_CIRCLE_RADIAN)
8. # 画黑圆遮挡黄圆的部分
9. turtle.penup()
10.turtle.goto(BLUE_CIRCLE_X + 2 * CIRCLE_RADIUS +
11.            UP_CIRCLE_SPACE, BLUE_CIRCLE_Y)
12.turtle.seth(180)
13.turtle.pendown()
14.turtle.color("#000000")
15.turtle.circle(-CIRCLE_RADIUS, SMALL_CIRCLE_RADIAN)
16.# 画黑圆遮挡绿圆的部分
17.turtle.penup()
18.turtle.goto(BLUE_CIRCLE_X + 2 * CIRCLE_RADIUS +
19.            UP_CIRCLE_SPACE, BLUE_CIRCLE_Y + 2 * CIRCLE_RADIUS)
20.turtle.seth(180)
21.turtle.pendown()
22.turtle.color("#000000")
23.turtle.circle(CIRCLE_RADIUS, -BIG_CIRCLE_RADIAN)
24.# 画红圆遮挡绿圆的部分
25.turtle.penup()
26.turtle.goto(BLUE_CIRCLE_X + 4 * CIRCLE_RADIUS +
27.            2 * UP_CIRCLE_SPACE, BLUE_CIRCLE_Y)
28.turtle.seth(180)
29.turtle.pendown()
30.turtle.color("#EE334E")
31.turtle.circle(-CIRCLE_RADIUS, SMALL_CIRCLE_RADIAN)
32.turtle.done()
```

上述代码中，第2～7行代码绘制了圆弧1，也就是蓝色圆环遮挡黄色圆环的部分，其中第3行代码调用goto( )函数让画笔移动至x值为BLUE_CIRCLE_X、y值为BLUE_CIRCLE_Y + 2 * CIRCLE_RADIUS的位置，也就是蓝色圆环顶部的顶点位置，第4行代码调用left( )函数让画笔沿着逆时针方向旋转90°，使画笔朝向由原来的下方改为右方，第7行代码调用circle( )函数绘制圆弧，圆弧的半径为-CIRCLE_RADIUS，弧度值为BIG_CIRCLE_RADIAN。

第9～15行代码绘制了圆弧3，也就是黑色圆环遮挡黄色圆环的部分，其中第10行代码调用goto( )函数让画笔移动至x值为BLUE_CIRCLE_X + 2 * CIRCLE_RADIUS + UP_CIRCLE_SPACE，y值为BLUE_CIRCLE_Y的位置，也就是黑色圆环底部的顶点位置，第12行代码调用seth( )函数让画笔转动180°，使画笔朝向由原来的右方改为左方，第15行代码调用circle( )函数绘制圆弧，圆弧的半径为 -CIRCLE_RADIUS，弧度值为 SMALL_CIRCLE_RADIAN。

第 17 ~ 23 行代码绘制了圆弧 2，也就是黑色圆环遮挡绿色圆环的部分，其中第 18 行代码调用 goto( ) 函数让画笔移动至 x 值为 BLUE_CIRCLE_X + 2 * CIRCLE_RADIUS + UP_CIRCLE_SPACE，y 值为 BLUE_CIRCLE_Y + 2 * CIRCLE_RADIUS 的位置，也就是黑色圆环顶部的顶点位置，第 20 行代码调用 seth( ) 函数让画笔转动 180°，使画笔朝向由原来的左方改为右方，第 23 行代码调用 circle( ) 函数绘制圆弧，圆弧的半径为 CIRCLE_RADIUS，弧度值为 -BIG_CIRCLE_RADIAN。

第 25 ~ 31 行代码绘制了圆弧 4，也就是红色圆环遮挡绿色圆环的部分，其中第 26 ~ 27 行代码调用 goto( ) 函数让画笔移动至 x 值为 BLUE_CIRCLE_X + 4 * CIRCLE_RADIUS + 2 * UP_CIRCLE_SPACE，y 值为 BLUE_CIRCLE_Y 的位置，也就是红色圆环底部的顶点位置，第 28 行代码调用 seth( ) 函数让画笔转动 180°，使画笔朝向由原来的右方改为左方，第 31 行代码调用 circle( ) 函数绘制圆弧，圆弧的半径为 -CIRCLE_RADIUS，弧度值为 SMALL_CIRCLE_RADIAN。

图 8-17　03_olympic_rings.py 的运行结果

运行 03_olympic_rings.py 文件，奥运五环的绘制效果如图 8-17 所示。

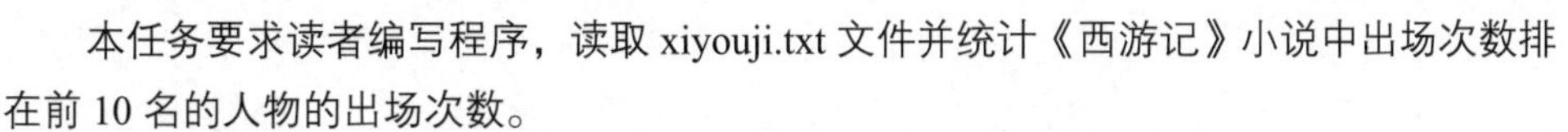

任务 8-4 《西游记》人物出场次数统计

■ 任务描述

实操微课 8-4：任务 8-4《西游记》人物出场次数统计

《西游记》是中国古代第一部浪漫主义章回体长篇神魔小说，是中国古典四大名著之一。全书描写了孙悟空、唐僧、猪八戒、沙僧和白龙马一同西行历经九九八十一难最终取得真经的故事。《西游记》以“玄奘取经”这一历史事件为蓝本，经作者艺术加工创造了一系列妙趣横生、引人入胜的神话故事。

本任务要求读者编写程序，读取 xiyouji.txt 文件并统计《西游记》小说中出场次数排在前 10 名的人物的出场次数。

■ 知识储备

理论微课 8-9：安装第三方模块

1. 安装第三方模块

Python 的内置模块可以满足一些开发需求，帮助开发人员快速完成一些基础的功能。若内置模块无法满足开发人员的需求，则可以通过 Python 提供的第三方模块完成，无须开发人员花费大量的时间重复编写。

第三方模块不能直接在程序中导入与使用，而是需要提前安装到当前的开发环境中。第三方模块的安装需要借助 pip 工具。pip 工具是一个通用的 Python 包或模块的管理工具，它提供了查找、下载、安装、卸载 Python 包或模块的功能。默认情况下，安装 Python 时会自动安装 pip 工具。

使用 pip 工具安装模块的命令如下。

```
pip install 模块名                # 安装最新版本的模块
pip install 模块名 == 版本号       # 安装指定版本的模块
```

例如，安装用于中文分词和词云的 jieba 模块和 wordcloud 模块，具体命令如下。

```
pip install jieba                # 安装最新版本的 jieba 模块
pip install wordcloud            # 安装最新版本的 wordcloud 模块
```

以上命令逐个执行后，可以看到命令行窗口中分别显示了以下信息。

```
Successfully installed jieba-0.42.1
Successfully installed wordcloud-1.8.1
```

从上述信息可以看出，当前开发环境中成功安装了 jieba 和 wordcloud 模块，其中 jieba 模块的版本为 0.42.1，wordcloud 模块的版本为 1.8.1。

如果想验证开发环境中是否真的有这两个模块，那么可以在命令行窗口中输入 pip list 命令进行查看。例如，使用 pip list 命令查看当前开发环境中已经安装的模块，命令及执行结果如下所示。

```
C:\Users\itcast>pip list
Package                        Version
----------------               -------
cycler                         0.11.0
fonttools                      4.32.0
jieba                          0.42.1
kiwisolver                     1.4.2
matplotlib                     3.5.1
numpy                          1.22.3
packaging                      21.3
Pillow                         9.1.0
pip                            22.0.4
pyparsing                      3.0.8
python-dateutil                2.8.2
setuptools                     58.1.0
six                            1.16.0
wordcloud                      1.8.1
```

从输出结果可以看出，当前开发环境中已经有了 jieba 和 wordcloud 模块，后续便可以在程序中直接导入与使用这两个模块。

需要注意的是，pip 是在线工具，它只有在联网的状态下才可以下载相应的模块资源，若网络未连接或网络环境不佳，则 pip 工具将无法顺利下载第三方模块。

理论微课 8-10：jieba 模块

2. jieba 模块

jieba 模块用于实现中文分词，中文分词即将中文语句或语段拆成若干汉语词汇。例如，用户输入语句“我是一个学生”经分词系统处理之后，该语句可以分成“我”“是”“一个”“学生”这 4 个汉语词汇。jieba 支持以下 3 种分词模式。

① 精确模式：试图将句子最精准地切开。

② 全模式：将句子中所有可以成词的词语都扫描出来，速度非常快。

③ 搜索引擎模式：在精确模式的基础上对长词再次切分，适用于建立搜索引擎的索引。

jieba 模块中提供了一系列分词函数，这些分词函数及其功能说明如表 8-4 所示。

表 8-4 jieba 模块的分词函数

函数	功能说明
cut(s)	以精准模式对文本 s 进行分词，返回一个可迭代对象
cut(s, cut_all=True)	默认以全模式对文本 s 进行分词，输出文本 s 中出现的所有词
cut_for_search(s)	以搜索引擎模式对文本 s 进行分词
lcut(s)	以精准模式对文本 s 进行分词，分词结果以列表形式返回
lcut(s, cut_all=True)	以全模式对文本 s 进行分词，分词结果以列表形式返回
lcut_for_search(s)	以搜索引擎模式对文本 s 进行分词，分词结果以列表形式返回

采用 3 种模式对中文进行分词，示例代码如下。

```
import jieba
seg_list = jieba.cut("我打算到中国科学研究院图书馆学习", cut_all=True)
print("【全模式】: " + "/ ".join(seg_list))
seg_list = jieba.lcut("我打算到中国科学研究院图书馆学习")
print("【精确模式】: " + "/ ".join(seg_list))
seg_list = jieba.cut_for_search("我打算到中国科学研究院图书馆学习")
print("【搜索引擎模式】: " + ", ".join(seg_list))
```

运行程序，结果如下所示。

```
【全模式】: 我/ 打算/ 算到/ 中国/ 科学/ 科学研究/ 研究/ 研究院/ 图书/ 图书馆/
    图书馆学/ 书馆/ 学习
【精确模式】: 我/ 打算/ 到/ 中国/ 科学/ 研究院/ 图书馆/ 学习
【搜索引擎模式】: 我, 打算, 到, 中国, 科学, 研究, 研究院, 图书, 书馆, 图书馆,
    学习
```

jieba 实现分词的基础是词库，jieba 的词库存储在 jieba 库下的 dict 文件中，该文件中存储了中文词库以及每个词的词频、词性等信息。利用 jieba 模块的 add_word( ) 函数可以向词库中增加新词。

新词添加之后，进行分词时不会对该词进行划分，示例代码如下。

```
jieba.add_word("好天气")
jieba.lcut("今天真是个好天气")
```

运行程序，结果如下所示。

```
['今天', '真是', '个', '好天气']
```

■ 任务分析

根据任务描述可知，需要先从 xiyouji.txt 文件中获取《西游记》全书的文字内容，再对这些

文字进行分词、统计操作，以统计每个中文词语的数量，最后将中文词语及数量进行输出。由于全书涉及过多中文词语，并不是每个词语都是与人物有关的，有可能是一些语气助词，所以我们也需要对这些无意义的中文词语进行删除处理。

本任务涉及中文分词操作，因此需要借助 jieba 模块完成。本任务的实现思路可以分为 4 步，具体如下。

（1）获取《西游记》全书内容

《西游记》全书的文字内容保存在 xiyouji.txt 文件中，需要从该文件读取，这里使用 Python 内置的文件操作 open( ) 函数和 read( ) 方法完成，关于这些内容将在第 9 章详细讲解。

（2）统计中文词语及数量

统计中文词语之前需要先对《西游记》全书的文字内容进行分词操作，得到所有可以成词的中文词语。分词操作可以通过 jieba 模块的 lcut( ) 函数完成。

有了所有的中文词语之后，便可以统计每个中文词语的数量。由于中文词语和数量一一对应且实时更新，所以同时保存词语和数量的数据结构应具有元素可变，元素为键值对的特点，这种数据结构就是字典。因此，我们可以定义一个字典来保存词语和数量。

《西游记》中个别人物对应多个称谓，例如孙悟空这个角色的称谓有悟空、大圣、行者、老孙等，唐僧这个角色的称谓有唐僧、师父、三藏、长老等，沙僧这个角色的称谓有沙僧、悟净、沙和尚等。因此，需要对这 3 个人物进行单独处理，如果人物是这三个角色，则需要将人物统一称为悟空、唐僧和沙僧后统计数量；如果人物是其他角色，则直接统计数量。

（3）删除无意义词语

无意义词语包括语气助词或者与人物无关的词，例如“我们”“如何”“一个”等。不同文本内容包含的词语各有不同，对于无意义词语的定义也各有不同，结合《西游记》全书文字内容的特点，这里从中选择出了一些无意义的词，从而构建一个停用词库。停用词库的内容如下。

```
"一个", "那里", "怎么", "我们", "不知", "两个", "甚么",
    "只见", "不是",
"原来", "不敢", "闻言", "如何", "什么"
```

这些词语是预先筛选出来的，后期不会进行修改，因此这些词语可以保存到一个集合中。有了停用词库之后，我们需要将停用词库中的词语与字典中的元素进行一一比对，只要字典中有这个词语，就把这个词语从字典中删除。删除字典元素的操作可以通过 del 语句完成。

（4）输出中文词语及数量

中文词语按出现次数从多到少的顺序进行排列，并以一定的格式进行输出。由于字典中的元素是无序的，所以这里可以先将字典转换为列表，再让列表按照词语的出现次数进行倒序排列，这样一来，出现次数最多的中文词语会排在开头位置。

排序可以通过列表的 sort( ) 方法实现，该方法需要接收两个参数 key 和 reverse，key 参数的值为字典中的值，说明比较字典中值的大小。reverse 参数的值 True，说明按照从大到小的顺序排列字典中的元素。

■ 任务实现

结合任务分析的思路，接下来，在 Chapter08 项目中创建 04_appearances.py 文件，在该文件中编写代码分步骤实现《西游记》人物出场次数统计的任务，具体步骤如下。

（1）获取《西游记》全书内容

从 xiyouji.txt 文件读取《西游记》全书的文本内容，代码如下。

```
import jieba
# 打开并读取 xiyouji.txt
txt = open(r"xiyouji.txt", "rb").read()
```

（2）统计中文词语及数量

使用 jieba 模块对《西游记》全书的文本内容进行分词操作，统计每个中文词语的出现次数，并对悟空、唐僧和沙僧这 3 个人物的称谓进行单独处理，具体代码如下。

```
1. # 使用 jieba 进行分词操作
2. words = jieba.lcut(txt)
3. # 对划分的词语计数
4. counts = {}
5. for word in words:
6.     if len(word) == 1:
7.         continue
8.     elif word == "行者" or word == "大圣" or word == "老孙":
9.         rword = "悟空"
10.    elif word == "师父" or word == "三藏" or word == "长老":
11.        rword = "唐僧"
12.    elif word == "悟净" or word == "沙和尚":
13.        rword = "沙僧"
14.    else:
15.        rword = word
16.    counts[rword] = counts.get(rword, 0) + 1
```

上述代码中，第 2 行代码调用 jieba.lcut( ) 函数对 txt 中保存的文本内容进行分词操作，并将分词后的结果保存在列表 words 中，第 4 行代码定义了一个空字典 counts，用于保存中文词语及出现次数。

第 5 行代码使用 for 语句遍历列表 words 依次取出每个中文词语，第 6、7 行处理了变量 word 的长度为 1 的情况，第 8、9 行代码处理了变量 word 为"大圣""行者""老孙"的情况，第 10、11 行代码处理了 word 为"师父""三藏""长老"的情况，第 12、13 行代码处理了变量 word 为"悟净""沙和尚"的情况，第 14、15 行代码处理了其他中文词语的情况。

第 16 行代码通过字典 counts 调用 get( ) 方法根据键取出值，若键不存在，则将默认值加 1 的结果重新赋值给该键。若键存在，则将该键对应的值加 1 的结果重新赋值给该键。

（3）删除无意义词语

创建一个停用词库，查找字典中是否有停用词库中保存的无意义的中文词语，若有则直接从字典中删除这个中文词语，具体代码如下。

```
# 构建停用词库
excludes = {"一个", "那里", "怎么", "我们", "不知", "两个", "甚么",
            "只见", "不是","原来", "不敢", "闻言", "如何", "什么",
```

```
            "\r\n"}
# 删除无意义的词语
for word in excludes:
    del counts[word]
```

（4）输出中文词语及数量

按中文词语的出现次数对字典进行排序，并将排序后的结果进行输出，具体代码如下。

```
# 按中文词语的出现次数排序
items = list(counts.items())
items.sort(key=lambda x: x[1], reverse=True)
# 输出前10个中文词语和数量
for i in range(10):
    word, count = items[i]
    print(f"{word}        {count}次")
```

运行 04_appearances.py 文件，控制台输出的人物出场次数如图 8-18 所示。

```
Run:  04_appearances
悟空    5282次
唐僧    4013次
八戒    1627次
沙僧    806次
和尚    603次
妖精    599次
菩萨    578次
国王    442次
呆子    417次
徒弟    407次
```

图 8-18 04_appearances.py 的运行结果

任务 8-5 制作词云

■ 任务描述

实操微课 8-5：任务 8-5 制作词云

词云是近些年在网络上兴起的一种数据可视化的形式，它会对文本中高频率出现的关键词予以视觉上的突出并生成一幅图像，使网页浏览者只要一眼扫过即可领略文本主旨。程序在生成图时会过滤掉大量的文本信息，将关键词组成类似云朵或其他形状的彩色图形。

本任务要求生成一个孙悟空形状的词云图片，如图 8-19 所示。

图 8-19 孙悟空图片和词云

知识储备

wordcloud 模块

理论微课 8-11：wordcloud 模块

wordcloud 是 Python 中专门生成词云的第三方模块，该模块以文本中词语出现的频率作为参数来绘制词云，并支持对词云的形状、颜色和大小等属性进行设置。使用 wordcloud 模块生成词云主要包含以下 3 个步骤。

① 利用 WordCloud 类的 WordCloud( ) 方法创建词云对象。

② 利用 WordCloud 对象的 generate( ) 方法加载词云文本。

③ 利用 WordCloud 对象的 to_file( ) 方法生成词云。

以上步骤提及的 WordCloud( ) 是一个构造方法，用于创建词云对象。当调用 WordCloud( ) 方法创建词云对象时我们可以通过参数设置词云属性，例如字号、字体、形状等。WordCloud( ) 方法的参数及说明如表 8-5 所示。

表 8-5 WordCloud( ) 方法的参数及说明

参数	说明
width	指定词云对象生成图片的宽度，默认为 400 像素
height	指定词云对象生成图片的高度，默认为 200 像素
min_font_size	指定词云中字体的最小字号，默认为 4 号
max_font_size	指定词云中字体的最大字号，默认根据高度自动调节
font_step	指定词云中字体字号的步间隔，默认为 1
font_path	指定字体文件的路径，默认为当前路径
max_words	指定词云显示的最大单词数量，默认为 200
stop_words	指定词云的停用词列表，即不显示的单词列表
background_color	指定词云图片的背景颜色，默认为黑色
mask	指定词云形状，默认为长方形

generate( ) 方法会接收一个字符串作为参数，字符串参数中的内容便是词云文本。如果字符串中的内容全部为汉字，那么在通过 WordCloud( ) 方法创建词云对象时，必须通过 font_path 参数指定字体文件的路径，不指定的话无法正常显示汉字。

to_file( ) 方法用于以图片形式输出词云，该方法会接收一个表示输出图片文件名或路径的字符串作为参数，图片文件的格式可以为 PNG 或 JPEG 格式。

通过 wordcloud 模块生成基于内容为人工智能概述的 AI.txt 文件的词云图片，代码如下。

```
1. import wordcloud
2. font = 'AdobeHeitiStd-Regular.otf'
3. # 用于生成词云的字符串
4. file = open('AI.txt', encoding='utf-8')
5. string = file.read()
6. file.close()
7. # 创建词云对象
8. w = wordcloud.WordCloud(font_path=font, max_words=100,
```

```
9.                          max_font_size=40, background_color='white')
10.# 加载词云文本
11.w.generate(string)
12.# 生成词云图片
13.w.to_file('AI.png')
```

以上代码中，第 1 行代码导入了 wordcloud 模块。第 2 行代码定义了一个变量 font，用于保存字体文件路径的字符串，字符串中字体文件的写法 AdobeHeitiStd-Regular.otf 表示该文件位于程序所在的同级目录下。

第 4 ~ 6 行代码读取了 AI.txt 文件中的内容，并将这些内容保存到 string 变量中。第 8、9 行代码通过构造方法 WordCloud( ) 创建了一个词云对象。该方法中 font_path 参数的值为我们在第 2 行代码中定义的字体文件路径变量 font。max_words 参数的值为 100，说明词云显示的最大单词数量是 100。max_font_size 参数的值为 40，说明词云中最大字号上限是 40。background_color 参数的值为 white，说明词云图片的背景颜色为白色。

第 11 行代码调用词云对象的 generate( ) 方法加载了词云文本变量 string。第 13 行代码调用词云对象的 to_file( ) 方法在程序所在目录下生成词云图片 AI.png。

运行代码，在程序所在目录下可以看到新增的词云图片 AI.png，词云图片如图 8-20 所示。

图 8-20 词云图片

从图 8-20 中可以看出，词云的形状是长方形的。我们在网络上见到的词云形状往往形状各异，有的是云朵形状，有的是心形。如果想生成以其他图片作为外型的词云，需要先利用 PIL.Image 模块（第三方模块，需安装使用）中定义的 open( ) 函数加载图片文件，再将图片文件传入 WordCloud( ) 方法的 mask 参数。

open( ) 函数用于加载图片文件，其语法格式如下。

```
open(fp, mode="r", formats=None)
```

上述语法格式中，参数 fp 表示图片文件名，它可以取值为包含文件名称的字符串、文件对象等。mode 参数表示打开图片文件的模式，如果给定值，则参数的值必须为“r”。formats 参数表示试图加载文件的格式，它的值是一个包含格式的列表或元组。

open( ) 函数加载图片文件后会返回一个图片对象，该对象无法直接传递给 WordCloud( ) 方法的 mask 参数，而是需要借助 numpy 模块（第三方模块，需安装使用）的 array( ) 函数将图片对象转换成 numpy 数组结构（类似于列表，用于存储相同数据类型的若干个数据）。

通过 wordcloud 模块生成基于内容为人工智能概述的 AI.txt 文件和云朵图片 cloud.png 的云朵形状的词云图片，具体代码如下。

```
1. import wordcloud
2. import numpy as np
3. from PIL import Image
4. font = 'AdobeHeitiStd-Regular.otf'
5. # 词云形状
6. picture = Image.open("cloud.png")
7. mk = np.array(picture)
8. # 创建词云对象
9. w = wordcloud.WordCloud(font_path=font, mask=mk,
10.                       max_words=500, background_color='white')
11.# 用于生成词云的字符串
12.file = open('AI.txt', encoding='utf-8')
13.string = file.read()
14.file.close()
15.# 加载词云文本
16.w.generate(string)
17.# 生成词云图片
18.w.to_file('AI_cloud.png')
```

上述代码中，第 1 ~ 3 行代码依次导入了 wordcloud、numpy 和 Image 模块，第 4 行代码定义了一个保存字体文件路径的字符串变量 font。第 6、7 行代码调用 Image 模块的 open( ) 函数打开路径为 cloud.png 的图片并调用 numpy 模块的 array( ) 函数把图片对象转换成 numpy 数组结构。

第 9、10 行代码通过构造方法 WordCloud( ) 创建了一个词云对象，该方法中 mask 参数的值为 numpy 数组 mk，说明词云的形状是根据 cloud.png 文件中图形勾勒出来的。

运行代码，在程序所在目录下可以看到生成的词云图片 AI_cloud.png。cloud.png 和 AI_cloud.png 文件打开后的效果如图 8-21 所示。

图 8-21 cloud.png 和 AI_cloud.png 文件打开后的效果

■ 任务分析

根据任务描述可知，我们需要根据一张孙悟空图片和一个文本文件生成孙悟空形状的词云，生成词云需要借助 wordcloud 模块完成。按照 wordcloud 模块的基本使用步骤，本任务的实现思路可以分为 3 步，具体如下。

（1）创建词云对象

创建词云对象可以通过 wordcloud 模块的 WordCloud( ) 方法完成。由于词云中包含汉字，且词云形状是根据图形勾勒的，所以我们在创建词云对象时必须传入 font_path 和 mask 参数设置词云的字体和形状。词云形状可以通过 Image 模块的 open( ) 函数和 numpy 模块的 array( ) 函数完成。

（2）加载词云文本

词云文本的内容保存在 xiyouji.txt 文件中，它们需要通过文件对象的 read( ) 方法从文件中读取出来，有了词云文本之后便可以通过 generate( ) 方法进行加载，自动对文本进行一些处理。

（3）生成词云图片

生成词云图片可以通过 to_file( ) 方法完成。

任务实现

结合任务分析的思路，接下来，在 Chapter08 项目中创建 05_wordcloud.py 文件，在该文件中编写代码分步骤实现制作词云的任务，具体步骤如下。

（1）创建词云对象

准备字体文件和词云形状，根据字体文件和词云形状创建词云对象，具体代码如下。

```
import wordcloud
import numpy as np
from PIL import Image
# 准备字体路径
font = 'AdobeHeitiStd-Regular.otf'
# 准备词云形状
picture = Image.open("wukong.png")
mk = np.array(picture)
# 创建词云对象
w = wordcloud.WordCloud(font_path=font, mask=mk,
                        max_words=500, background_color='white')
```

（2）加载词云文本

读取 xiyouji.txt 文件中的内容，将这些内容作为词云文本加载后进行处理，具体代码如下。

```
# 加载词云文本
file = open('xiyouji.txt', encoding='utf-8')
string = file.read()
file.close()
w.generate(string)
```

（3）生成词云图片

加载词云文本后，将自动处理后的内容生成词云图片，具体代码如下。

```
# 生成词云图片
w.to_file('xiyou.jpg')
```

运行 05_wordcloud.py 文件，程序所在目录下增加了 xiyou.jpg 图片，打开该图片如图 8-22 所示。

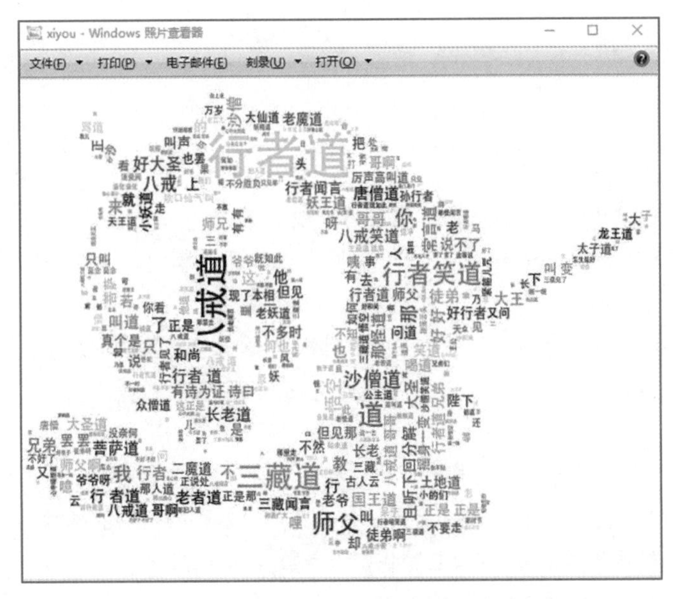

图 8-22 xiyou.jpg 图片

知识梳理

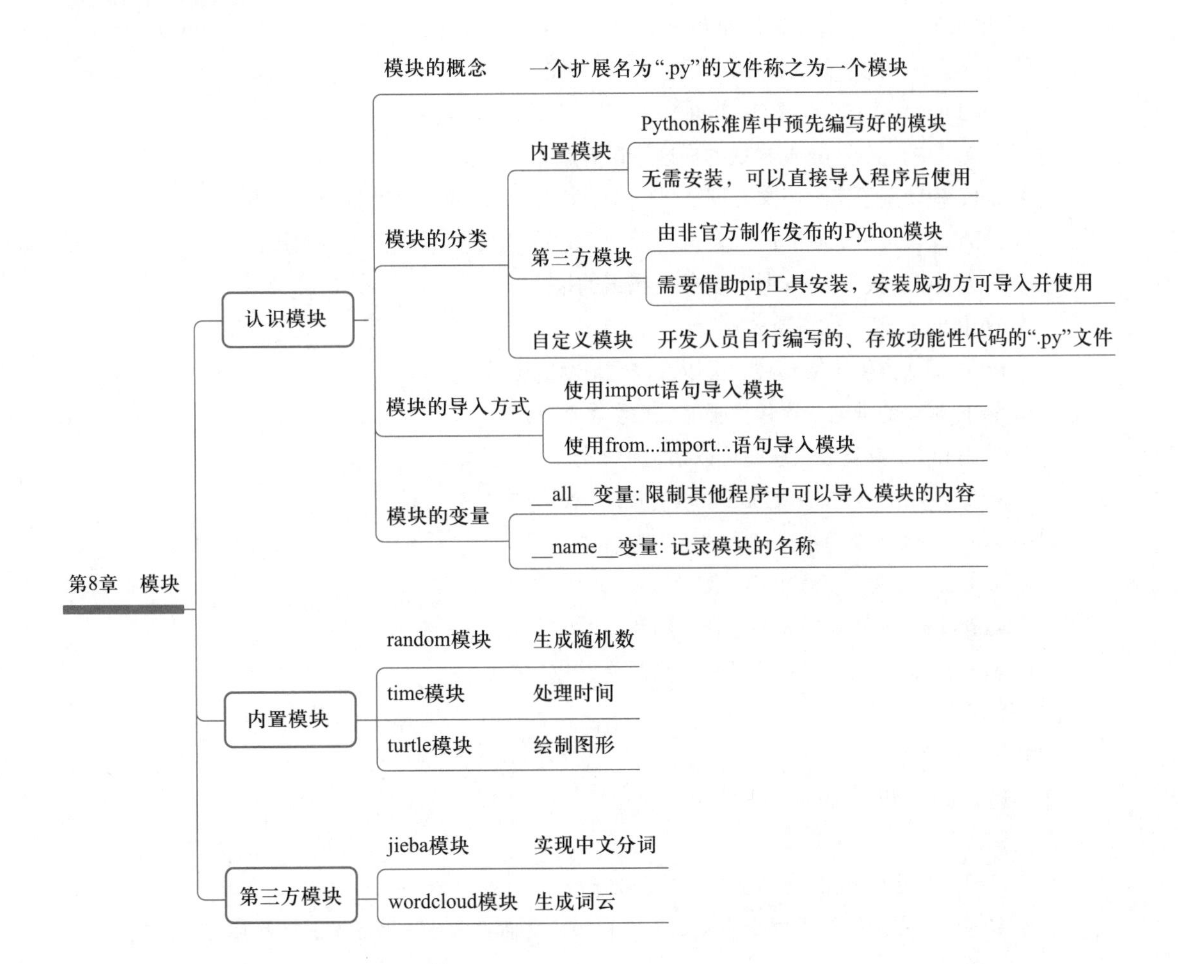

本章习题

一、填空题

① Python 中的模块可分为内置模块、第三方模块和________。

② Python 中可以使用 from…import…和________语句导入模块。

③ Python 中一个扩展名为________的文件称为一个模块。

④ ________工具提供了查找、下载、安装、卸载 Python 包或模块的功能。

⑤ jieba 支持的分词方式包括________、全模式和搜索引擎模式。

二、判断题

① import 语句支持一次导入一个模块，也支持一次导入多个模块。 ( )

② random 是随机数模块，该模块中定义了多个可产生各种随机数的函数。 ( )

③ random( ) 函数用于返回 0.0 ~ 1.0 的随机浮点数。 ( )

④ Python 中使用内置模块前需要先进行安装。 ( )

⑤ Python 中第三方模块是由官方制作发布的。 ( )

三、选择题

① 下列选项中，用于获取时间戳的函数是 ( )。

A. time( ) B. localtime( ) C. gmtime( ) D. strftime( )

② 下列选项中，用于返回指定区间随机整数的是 ( )。

A. random( ) B. randint( ) C. uniform( ) D. randrange( )

③ 下列选项中，关于 jieba 模块的描述错误的是 ( )。

A. jieba 模块用于实现中文分词 B. jieba 模块提供多种分词模式

C. jieba 模块只能对中文进行分词 D. jieba 实现分词的基础是词库

④ 下列选项中，关于 turtle 模块的描述错误的是 ( )。

A. 使用 turtle 模块前需要先安装

B. turtle 模块提供了绘制线、圆以及其他形状的函数

C. turtle 模块的画笔设置包括画笔属性和画笔状态

D. 使用 pip 工具安装模块时可以指定版本号

⑤ 下列选项中，关于 wordcloud 模块的描述错误的是 ( )。

A. wordcloud 是专门生成词云的第三方模块

B. to_file( ) 方法用于输出词云图片

C. wordcloud 支持对词云的形状、颜色和大小等属性进行设置

D. wordcloud 模块生成的词云图片只能是 JPEG 格式

四、简答题

① 模块是什么？

② 简述 __all__ 和 __name__ 的作用。

五、编程题

① 编写程序，使用 turtle 模块绘制一个正方形。

② 编写程序，实现一个根据指定文本文件和图片文件生成不同形状词云的程序。

第 9 章

文件和目录操作

- 掌握文件打开和关闭操作，能够通过 open() 函数和 close() 方法打开和关闭文件。
- 掌握读取文件和写入文件的方式，能够通过 read()、readline() 和 readlines() 方法读取文件，通过 write()、writelines() 方法写入文件。
- 掌握文件定位读写的方法，能够通过 tell() 方法获取当前文件读写位置，通过 seek() 方法设置当前文件读写位置。
- 掌握重命名文件和目录的方式，能够通过 rename() 对文件或目录进行重命名。
- 掌握目录文件列表的获取方式，能够通过 listdir() 函数或 iterdir() 方法获取目录的文件列表。
- 掌握文件的删除方式，能够通过 remove() 函数或 unlink() 方法删除文件。
- 掌握创建目录的操作，能够通过 os 模块中 mkdir() 函数和 pathlib 模块中 Path 类的 mkdir() 方法创建目录。
- 掌握删除目录的操作，能够通过 os 模块中 rmdir() 函数、pathlib 模块中 Path 类的 rmdir() 方法和 shutil 模块的 rmtree() 函数删除目录。
- 掌握更改目录的操作，能够通过 os 模块的 chdir() 函数更改目录。
- 掌握获取当前路径的方式，能够通过 getcwd() 函数或 cwd() 方法获取当前路径。
- 熟悉检测路径有效性的方式，能够通过 exists() 判断路径是否有效。
- 熟悉路径的拼接方式，能够通过 join() 函数或 joinpath() 方法拼接路径。

PPT：第 9 章　文件和目录操作

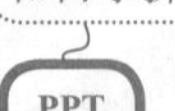

教学设计：第 9 章 文件和目录操作

程序中使用变量保存运行时产生的临时数据，但当程序结束后，所产生的数据也会随之消失。那么，有没有一种方法能够持久保存数据呢？答案是肯定的。计算机中的文件能够持久保存程序运行时产生的数据。另外，存储文件的目录各不相同，操作文件时也需要准确定位文件的目录。接下来，本章将通过 3 个任务对 Python 中文件和目录的操作进行讲解。

任务 9-1 考试问卷

■ 任务描述

实操微课 9-1：任务 9-1 考试问卷

随着计算机技术的发展和普及，计算机技术给我们的生活带来了许多便利，例如，通过互联网实现线上考试。线上考试简化了考试流程，提高了考务效率，节约了资源，提高了对考生的综合分析能力。

一个考试问卷系统帮助管理者完成基本的线上考试管理，通常涵盖出题、自动评卷等功能。出题功能是指将已存在的试卷文件加载到系统中，之后系统会自动将试卷内容展示给考生。自动评卷功能是指根据考题答案与考生提交的答案进行对比，将包含考生的姓名、学号、提交的答案、正确选项的个数、错误选项的个数以及错题的序号等信息的考试结果反馈给考生。

本任务要求基于面向对象编程的思想编写代码，完成具有出题和自动评卷功能的考试问卷程序，程序的具体要求如下。

① 所有的考题存储在“试卷 .txt”文件中，该文件的内容如图 9-1 所示。

② 程序加载完“试卷 .txt”文件后，每次只会显示一道题，只有当考生作答后，才会显示下一题，直到答完所有的题目。

③ 考题答案存储在“答案 .txt”文件中，该文件的内容如图 9-2 所示。

④ 程序自动评卷后，会将考试结果以文件的形式反馈给考生。

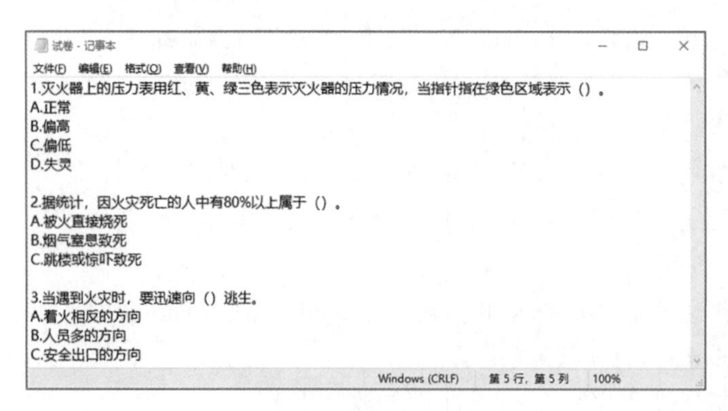

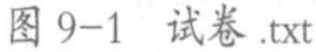

图 9-1 试卷 .txt

图 9-2 答案 .txt

■ 知识储备

1. 文件的打开

Python 内置的 open( ) 函数用于打开文件，该函数调用成功会返回一个文件对象，其语法格式如下。

理论微课 9-1：文件的打开

```
open(file, mode='r', buffering=None, encoding=None, errors=None,
   newline=None, closefd=True)
```

open( ) 函数包含了多个参数，常用的参数有 file、encoding 和 mode。其中参数 file 表示待打开文件的路径。参数 encoding 表示文件的编码格式。参数 mode 表示文件的打开模式，常用模式有 r、w、a、b、t、+，这些模式的含义如下。

① r：以只读的方式打开文件，默认打开模式为该模式，若读取的文件不存在，则程序会报错。

② w：以只写的方式打开文件，若文件不存在，则自动创建文件。

③ a：以追加的方式打开文件，若文件不存在，则自动创建文件。

④ b：以二进制方式打开文件，不能单独使用，需与 r、w、a 模式搭配使用。

⑤ t：以文本格式打开文件，一般用于文本文件，该模式为默认格式。

⑥ +：以更新的方式打开文件，不能单独使用，需与 r、w、a 模式搭配使用。

假设当前有文件 txt_file.txt，以只读的方式打开文件 txt_file.txt，示例代码如下。

```
txt_data = open('txt_file.txt', 'r')   # 使用 open() 函数以只读方式打开文件
```

文件的打开模式可以搭配使用，如表 9-1 列举了一些常用的文件打开模式。

表 9-1　文件打开模式

打开模式	名称	描述
r/rb	只读模式	以只读的形式打开文本文件 / 二进制文件，若文件不存在或无法找到，open( ) 函数将调用失败
w/wb	只写模式	以只写的形式打开文本文件 / 二进制文件，若文件已存在，则重写文件，否则创建新文件
a/ab	追加模式	以只写的形式打开文本文件 / 二进制文件，只允许在该文件末尾追加数据，若文件不存在，则创建新文件
r+/rb+	读取（更新）模式	以读 / 写的形式打开文本文件 / 二进制文件，如果文件不存在，open( ) 函数调用失败
w+/wb+	写入（更新）模式	以读 / 写的形式创建文本文件 / 二进制文件，若文件已存在，则重写文件
a+/ab+	追加（更新）模式	以读 / 写的形式打开文本 / 二进制文件，但只允许在文件末尾添加数据，若文件不存在，则创建新文件

2. 文件的关闭

Python 中可以使用 close( ) 方法和 with 语句关闭文件，关于这两种方式的介绍具体如下。

理论微课 9-2：文件的关闭

（1）close( ) 方法

close( ) 方法用于关闭文件，该方法没有任何参数，直接调用即可。以关闭文件 txt_file.txt 为例，通过代码演示如何使用 close( ) 方法关闭该文件，代码如下。

```
txt_file.close()
```

程序执行完毕后，系统会关闭由该程序打开的 txt_file.txt 文件，但计算机中可打开的文件数量是有限的，每打开一个文件，可打开文件数量就减一。打开的文件占用系统资源，若打开的文件过多，会导致系统性能降低。因此，编写程序时建议使用 close( ) 方法主动关闭不再使用的文件。

（2）with 语句

当打开与关闭之间的操作较多时，我们很容易遗漏文件关闭操作，可能导致部分数据丢失。为此 Python 引入 with 语句预定义清理操作、实现文件的自动关闭。示例代码如下。

```
with open('txt_file.txt', 'r') as f:
    pass
```

以上代码中，as 后的变量 f 用于接收通过 open( ) 函数打开的文件对象，程序中无须再调用 close( ) 方法关闭文件，文件对象使用完毕后，with 语句会自动关闭文件。

理论微课 9-3：读取文件

3. 读取文件

Python 提供了多个读取文件的方法，包括 read( )、readline( )、readlines( ) 方法，关于这些方法的介绍如下。

（1）read( ) 方法

read( ) 方法可以从指定文件中读取指定字符数或字节数的数据，其语法格式如下。

```
read(size=-1)
```

以上格式中，参数 size 表示读取文件中的字符数或字节数，默认值为 -1，表示读取整个文件，若读取的模式为文本模式，则表示读取的字符数。若读取的模式为二进制模式，则表示读取的字节数。

假设 txt_file.txt 文件中的内容如下。

```
If you don't give up, you have a chance of success.
如果你不放弃，你就有成功的机会。
```

下面通过代码演示使用 read( ) 方法读取 txt_file.txt 文件的内容，具体代码如下。

```
with open(file="txt_file.txt", mode='r', encoding='utf-8') as f:
    print(f.read(2))                    # 读取两个字符的数据
    print(f.read())                     # 读取文件中剩余的数据
```

运行代码，结果如下所示。

```
If
  you don't give up, you have a chance of success.
如果你不放弃，你就有成功的机会。
```

（2）readline( ) 方法

readline( ) 方法用于从指定文件中读取一行数据，保留一行数据末尾的换行符 \n，其语法格式如下。

```
readline(size=-1)
```

readline( ) 方法中的参数 size 与 read( ) 方法中的参数 size 含义相同。

以 txt_file.txt 文件为例，下面通过代码演示使用 readline( ) 方法读取该文件，示例代码如下。

```
with open(file="txt_file.txt", mode='r', encoding='utf-8') as f:
      print(f.readline())
      print(f.readline())
```

运行代码，结果如下所示。

```
If you don't give up, you have a chance of success.
如果你不放弃，你就有成功的机会。
```

（3）readlines( ) 方法

readlines( ) 方法可以一次性读取文件中的所有数据，若读取成功返回一个列表，该列表中的一个元素对应文件中的一行数据。readlines( ) 方法的语法格式如下。

```
readlines(hint=-1)
```

以上格式中，参数 hint 表示要读取文件中的行数，默认值为 -1，表示读取整个文件数据。

下面通过代码演示使用 readlines( ) 方法读取 txt_file.txt 文件，示例代码如下。

```
with open('txt_file.txt', mode='r', encoding='utf-8') as f:
      print(f.readlines())
           # 使用 readlines() 方法读取文件中的数据
```

运行代码，结果如下所示。

```
["If you don't give up, you have a chance of success.\n", '如果你不放弃，
    你就有成功的机会。']
```

以上介绍的三个方法中，read( ) 和 readlines( ) 方法都可以一次读取文件中的全部数据，但因为计算机的内存是有限的，若文件较大，read( ) 和 readlines( ) 的一次读取便会耗尽系统内存，所以这两种操作都不够安全。为了保证读取安全，通常多次调用 read( ) 方法，并每次读取指定的字节数或字符数。

4. 写入文件

Python 中提供了多个写入文件的方法，包括 write( ) 和 writelines( ) 方法，关于这两个方法的介绍具体如下。

理论微课 9-4：写入文件

（1）write( ) 方法

write( ) 方法用于向指定的文件中写入数据，其语法格式如下。

```
write(str)
```

在上述格式中，参数 str 表示要写入的字符串，若字符串写入成功，write( ) 方法会返回本次写入文件的数据长度。

例如，字符串“Hello world”共 11 个字符，向文件 txt_file.txt 中写入该字符串，具体代码

如下：

```
txt_data = open('txt_file.txt', encoding='utf-8', mode='a+')
print(txt_data.write('Hello world'))
```

运行代码，结果如下所示：

```
11
```

从输出结果中可以看出，程序向 txt_file.txt 文件中写入了 11 个字符。

程序运行完毕，打开 txt_file.txt 文件，文件中的内容如图 9-3 所示。

（2）writelines( ) 方法

writelines( ) 方法用于向文件中写入列表，列表中的每个元素必须是字符串，其语法格式如下。

```
writelines([str])
```

在上述格式中，参数“[str]”表示要写入文件的包含字符串的列表。

使用 writelines( ) 方法向文件 txt_file.txt 中写入数据，示例代码如下。

```
txt_data = open('txt_file.txt', encoding='utf-8', mode='a+')
txt_data.writelines(["\n"+'python', '程序开发'])
```

程序运行完毕，打开 txt_file.txt 文件，文件中的内容如图 9-4 所示。

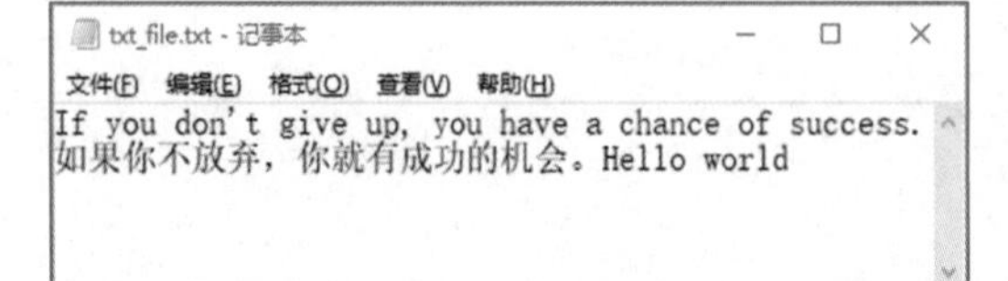

图 9-3 打开 txt_file.txt 文件

txt_file.txt - 记事本
文件(F) 编辑(E) 格式(O) 查看(V) 帮助(H)
If you don't give up, you have a chance of success.
如果你不放弃，你就有成功的机会。Hello world
python程序开发

图 9-4 txt_file.txt 文件的内容

由图 9-4 可知，使用 writelines( ) 方法成功向 txt_file.txt 文件中写入了数据。

5. 文件的定位读写

理论微课 9-5：文件的定位读写

在文件的一次打开与关闭之间进行的读写操作都是连续的，程序总是从上次读写的位置继续向下进行读写操作。实际上，每个文件对象都有一个称为“文件读写位置”的属性，该属性用于记录文件当前的读写位置。

Python 提供用于获取文件读写位置的 tell( ) 方法和设置读写位置的 seek( ) 方法。下面对这两个方法的使用进行介绍。

（1）tell( ) 方法

tell( ) 方法用于获取文件读写位置，文件读写位置默认为 0；当对文件进行读取操作后，文件的读写位置也随之移动。

以文件 txt_file.txt 中的内容为例，使用 tell( ) 方法获取文件读写位置，示例代码如下。

```
file = open('txt_file.txt', mode='r', encoding='utf-8')
print(file.read(2))                 # 读取 2 个字符
print(file.tell())                  # 输出文件读写位置
```

上述代码使用 read( ) 方法读取 2 个字符，然后通过 tell( ) 方法获取文件读写位置。

运行代码，结果如下所示。

```
If
2
```

（2）seek( ) 方法

seek( ) 方法用于修改文件读写位置，其语法格式如下。

```
seek(offset, whence=SEEK_SET)
```

seek( ) 方法的参数 offset 表示偏移量，即读写位置需要移动的字符数或字节数；whence 参数用于指定文件读写位置，该参数的取值可以为 SEEK_SET 或 0（默认值）、SEEK_CUR 或 1 和 SEEK_END 或 2，取值说明如下。

① SEEK_SET 或 0：表示在开始位置读写。

② SEEK_CUR 或 1：表示在当前位置读写。

③ SEEK_END 或 2：表示在末尾位置读写。

下面以读取文件 txt_file.txt 的内容为例，使用 seek( ) 方法修改文件读写位置，示例代码如下。

```
file = open('txt_file.txt', mode='r', encoding='utf-8')
file.seek(3, 0)                        # 从开始位置偏移 3 个字符数
print(file.read())
file.close()
```

在上述代码中，首先调用 open( ) 函数打开了 txt_file.txt 文件，然后调用 seek( ) 方法将文件读写位置移动至开始位置偏移 3 个字符的位置，调用 read( ) 方法读取 file.txt 中的内容，最后调用 close( ) 方法关闭文件。

运行代码，结果如下所示。

```
you don't give up, you have a chance of success.
如果你不放弃，你就有成功的机会。Hello world
python 程序开发
```

从输出结果可以看出，第一行内容从英文单词 you 开始输出，说明文件从偏移 3 个字符数的位置开始读取。

除了使用 seek( ) 方法修改文件的读取位置，还可以修改文件的写入位置，两者的使用方式相同，需要注意的是，在修改文件的写入位置时，需要选择适当的写入模式。

■ 任务分析

根据任务描述得知，本任务要求基于面向对象编程的思想实现考试问卷系统，我们可以设计一个代表考试问卷系统的类 Ask，并根据任务描述中考试问卷系统的功能设计出 Ask 类的类图，具体如图 9-5 所示。

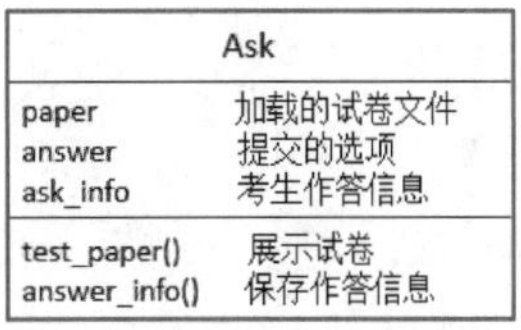

Ask	
paper	加载的试卷文件
answer	提交的选项
ask_info	考生作答信息
test_paper()	展示试卷
answer_info()	保存作答信息

图 9-5　Ask 类的类图

关于 Ask 类的属性和方法的分析如下。

1. 属性分析

在 Ask 类中，属性 answer 表示考生提交的选项，可使用列表存储。ask_info 表示考生作答信息，包括姓名、学号、提交的答案、正确选项的个数、错误选项的个数以及错题的序号，可使用字典存储。

2. 方法分析

（1）test_paper( ) 方法

test_paper( ) 方法用于向考生逐个展示考题，只有当考生输入选项后，才显示下一道考题，同时保存考生输入的选项。

通过观察图 9-1 的考试试卷内容得知，试卷总共有 3 道选择题，每道考题之间使用空行分隔。因此，我们可以把空行作为一道完整考题的划分依据，先使用 readline( ) 方法每次读取试卷中的一行内容，再使用 len( ) 函数计算每行内容的长度，当长度为 0 时，说明当前行是空行，此时读取的试卷内容为一道完整的试题。这时需要向考生展示一道完整试题，提示考生输入选项，并保存。

为了能够向考生展示所有的考题，需要使用 for 语句遍历读取的试卷内容，而 for 语句的循环次数为试卷的总行数。我们可以使用 readlines( ) 方法读取试卷内容，通过 len( ) 函数计算试卷内容的总行数，在计算出试卷总行数之后，还需要使用 seek( ) 函数设置读取试卷的位置为起始位置。

（2）answer_info( ) 方法

answer_info( ) 方法用于将考生的作答信息以文件的形式反馈给考生，作答信息包括考生的姓名、学号、提交的答案、正确选项的个数、错误选项的个数以及错题的序号信息，其中最后 3 个信息需要根据试卷答案进行统计。

通过观察图 9-2 的试卷答案得知，试卷答案共有 3 个选项，每个答案之间使用空格进行分隔。我们可以使用 readlines( ) 方法读取“答案 .txt”获取答案列表，通过 for 语句遍历考生提交的选项，并将每个选项与正确选项进行对比，计算考生作答的正确选项个数、错题选项个数以及错题序号，并将考生姓名、学号和提交的答案保存到考生作答信息字典中，接着将字典中的数据写入到文件中。

任务实现

结合任务分析，接下来创建一个新的项目 Chapter09，在该项目中创建 01_ paper.py 文件，在该文件中编写代码实现考试问卷的任务，具体步骤如下。

① 定义表示考试问卷系统的类 Ask，在该类中定义表示试卷名称、考生提交的选项、考生信息的实例属性，具体代码如下。

```
class Ask:
    def __init__(self, paper):
        self.paper = paper                    # 加载的试卷名称
        self.answer = []                      # 考生提交的选项
        self.ask_info = dict()                # 考生信息
```

② 在 Ask 中定义 test_paper( ) 方法，具体代码如下。

```
def test_paper(self):
    with open(self.paper, 'r', encoding='utf-8') as f:
        total = len(f.readlines())          # 计算试卷的总行数
        f.seek(0, 0)  # 将文件读写位置设置为文件起始位置
        for i in range(total + 1):          # 设置循环次数
            subject = f.readline().split('\n')[0]
            print(subject)                  # 输出每行内容
            if len(subject) == 0:           # 判断是否为空行
                answer = input('请输入选项：')
                if answer not in ['A', 'B', 'C', 'D']:
                    print('输入的选项有误')
                    break
                else:
                    self.answer.append(answer)
```

上述方法中，首先使用 open( ) 函数打开试卷文件，然后使用 readlines( ) 方法读取试卷内容，通过 len( ) 函数计算试卷总行数，计算完成之后，调用 seek( ) 方法设置读写位置为文件起始位置，接着在 for 语句内层依次读取试卷的每一行内容，并根据换行符进行分隔，获取要输出的试卷内容，最后判断读取的内容长度是否为 0，若内容长度为 0，则表示当前行为空行，此时提示用户输入选项，并判断用户输入的选项是否在 A、B、C、D 这 4 个选项中。若不在，则提示“输入的选项有误”。若存在，则将用户输入的选项添加到列表 answer 中。

③ 在 Ask 中定义 answer_info( ) 方法，具体代码如下。

```
def answer_info(self):
    name = input('姓名：')                       # 获取考生的姓名
    student_id = input('学号：')                 # 获取考生的学号
    self.test_paper()
    file = open('答案.txt', 'r', encoding='utf-8')
    paper_answer = file.readlines()[0].split(' ')
                                                # 答案列表
    file.close()
    wrong_subject = []                          # 错题
    for i in range(len(paper_answer)):          # 统计错题的数量
        # 判断学生提交的选项列表是否与读取的选项列表相等
        if len(paper_answer) == len(self.answer):
            if paper_answer[i] != self.answer[i]:
                wrong_subject.append(i + 1)
    # 当学生提交的答案列表的长度与读取的答案列表的长度相等时，统计信息并写入
    if len(self.answer) == len(paper_answer):
        # 正确选项的个数
        correct = str(len(paper_answer) - len(wrong_subject))
        # 构造考生信息字典
        self.ask_info['姓名:'] = name
        self.ask_info['学号:'] = student_id
        self.ask_info['学生答案:'] = self.answer
        self.ask_info['正确个数:'] = correct
```

```
        self.ask_info['错题个数:'] = str(len(wrong_subject))
        self.ask_info['错题序号:'] = str(wrong_subject)
        # 写入文件
        with open('info.txt', 'a+', encoding='utf-8') as f:
            for title, info in self.ask_info.items():
                f.write(str(title))
                f.write(str(info))
                f.write('\n')
            f.write('-' * 20)
            f.write('\n')
```

上述代码中，首先接收考生从键盘输入的姓名和学号并调用 test_paper( ) 方法展示试卷获取考生答案。然后调用 readlines( ) 方法从“答案 .txt”文件中读取正确答案，并根据空格进行分隔，使用 for 语句循环读取并对比正确答案与考生提交的答案，统计考生作答的错题数量，接着将考生信息保存到字典 ask_info 中，最后将考生信息写入到 info.txt 文件中。

④ 创建 Ask 类的对象，调用 answer_info( ) 方法给考生反馈考试结果，具体代码如下。

```
if __name__ == '__main__':
    ask = Ask('试卷.txt')
    ask. answer_info()
```

⑤ 运行 01_paper.py，考试问卷系统的运行结果如图 9-6 所示。

从图 9-6 中可以看出，考生的姓名和学号分别是李四和 001，考生提交的选项为 A、B、B。考生提交最后一个选项后，程序根据考题答案自动评卷，并将考试结果保存到程序所在目录下的 info.txt 文件中，如图 9-7 所示。

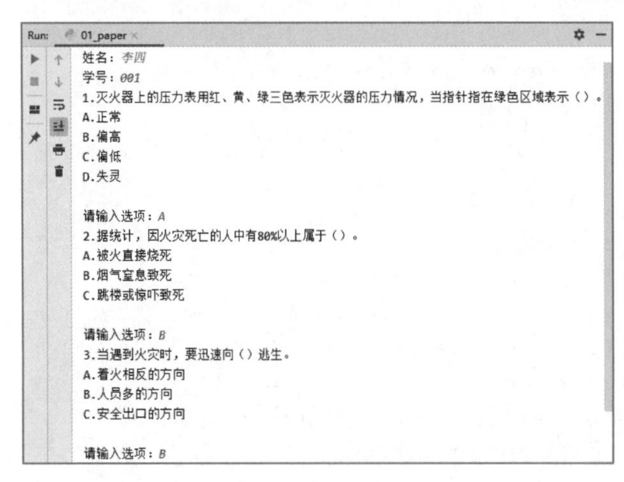

图 9-6 01_paper.py 的运行结果

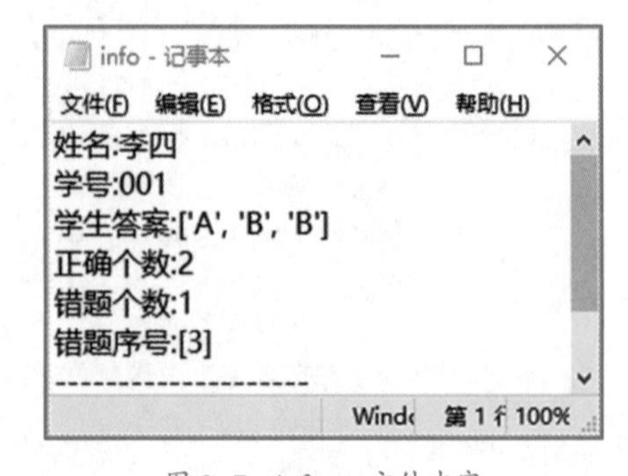

图 9-7 info.txt 文件内容

从图 9-7 中可以看出，考生共答对了两道题，答错了一道题，错题的序号是 3。

任务 9-2 密码管理器

■ 任务描述

实操微课 9-2：任务 9-2 密码管理器

随着互联网技术的快速发展，越来越多的社交、游戏、购物等软件如雨后春笋般涌现，而对于使用者来说需要记住的用户名和密码也越来越多。为了缓解使用者的记忆压力，出现了用于管理密码的软件，通过这些软件，使用者不再需要记住繁多的密码。密码管理器包含的功能如图 9-8 所示。

关于图 9-8 中各功能说明如下。

① 查看密码：用于查看指定软件的用户名和密码。首先会展示密码管理器的所有软件分类，然后用户选择指定的分类，接着接收用户要查看的平台名称，最后获取相应的用户名和密码。

② 添加密码：用于在指定分类中添加平台名称、用户名和密码并将添加的数据保存到文件中。

③ 修改名称：用于修改指定分类名称。

④ 删除分类：用于删除指定分类文件。

密码管理器

查看密码 添加密码 修改名称 删除分类

图 9-8 密码管理器

本任务要求编写代码，实现具有上述功能的密码管理器程序，具体要求如下。

① 密码管理器管理的软件密码一共分为两类，分别是游戏和社交，它们分别保存在“密码”目录下的“游戏 .txt”和“社交 .txt”文件中。密码管理器目录结构如图 9-9 所示。

② 分类文件中保存了平台名称、用户名和密码。例如，游戏 .txt 文件中的内容如图 9-10 所示。

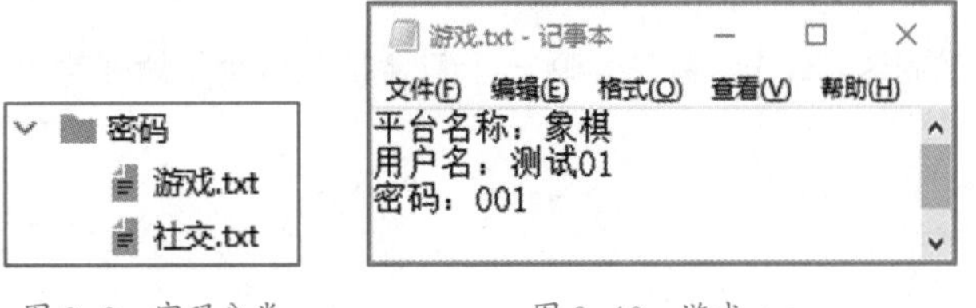

图 9-9 密码分类　　图 9-10 游戏 .txt

■ 知识储备

理论微课 9-6：文件和目录的重命名

1. 文件和目录的重命名

Python 中可通过 os 模块的 rename( ) 函数和 pathlib 模块中 Path 类的 rename( ) 方法对文件进行重命名，关于它们的使用说明具体如下。

（1）os 模块的 rename( ) 函数

os 模块中的 rename( ) 函数用于重命名指定的文件或目录，若重命名的文件或目录不存在，则程序运行会报错。rename( ) 函数的语法格式如下。

```
os.rename(src, dst, *, src_dir_fd=None, dst_dir_fd=None)
```

上述函数中常用参数的含义如下。

① src：待重命名的文件名或目录名。

② dst：重命名后的文件名或目录名。

使用 rename( ) 函数将文件 file.txt 的名称 file 重命名为 new_file，示例代码如下。

```
import os
os.rename("file.txt", "new_file.txt")
```

运行上述代码后，当前路径下的文件 file.txt 已经变成 new_file.txt。

（2）pathlib 模块中 Path 类的 rename( ) 方法

pathlib 模块 Path 类的 rename( ) 方法，用于重命名指定的文件或目录，若重命名的文件不存在，则程序运行报错。rename( ) 方法的语法格式如下。

```
Path.rename(target)
```

上述格式中，参数 target 表示重命名后的文件名或目录名。

使用 rename( ) 方法将文件 new_file.txt 的名称 new_file 重命名为 file，示例代码如下。

```
import pathlib
pathlib.Path('new_file.txt').rename('file.txt')
```

上述代码中，首先调用 pathlib.Path( ) 方法创建 Path 对象，然后让该对象调用 rename( ) 方法对文件进行重命名。运行上述代码后，当前路径下的文件 new_file.txt 重命名后变为 file.txt。

理论微课 9-7：获取目录和文件列表

2. 获取目录的文件列表

Python 中可通过 os 模块的 listdir( ) 函数和 pathlib 模块 Path 类的 iterdir( ) 方法获取指定目录下的所有的文件列表，关于它们的使用说明具体如下。

（1）os.path 模块的 listdir( ) 函数

os 模块的 listdir( ) 函数会返回一个包含指定目录下所有文件的列表，其语法格式如下。

```
os.listdir(path)
```

上述格式中，参数 path 表示要获取的目录列表。

使用 listdir( ) 函数获取指定目录下的所有文件的列表，示例代码如下。

```
import os
print(os.listdir('D:\Python 程序设计任务驱动教程 \Chapter05'))
```

运行代码，结果如下所示。

```
['address_book.py', 'idiom.py', 'listdir_demo.py', 'refuse.py', 'word_
    notebook.py']
```

（2）pathlib 模块中 Path 类的 iterdir( ) 方法

pathlib 模块中 Path 类的 iterdir( ) 方法会返回一个包含文件完整路径的可迭代对象。

使用 iterdir( ) 方法获取指定目录下所有文件的列表，并通过 for 语句遍历该对象输出文件路径，示例代码如下。

```
import pathlib
path = pathlib.Path('D:\Python 程序设计任务驱动教程 \Chapter05')
for file_name in path.iterdir():
    print(file_name)
```

运行代码，结果如下所示。

```
D:\Python 程序设计任务驱动教程 \Chapter05\address_book.py
D:\Python 程序设计任务驱动教程 \Chapter05\idiom.py
D:\Python 程序设计任务驱动教程 \Chapter05\listdir_demo.py
D:\Python 程序设计任务驱动教程 \Chapter05\refuse.py
D:\Python 程序设计任务驱动教程 \Chapter05\word_notebook.py
```

3. 文件的删除

文件的删除可通过 os 模块中的 remove( ) 函数和 pathlib 模块中 Path 类的 unlink( ) 方法实现，关于它们的使用说明具体如下。

理论微课 9-8：文件的删除

（1）os 模块的 remove( ) 函数

os 模块的 remove( ) 函数用于删除指定目录下的文件，若删除的文件正在使用或不存在，则程序会报错。remove( ) 函数的语法格式如下。

```
os.remove(path)
```

上述格式中，参数 path 表示要删除文件所在的路径。

使用 remove( ) 函数删除指定目录下文件，示例代码如下。

```
import os
os.remove(r'D:\Python 程序设计任务驱动教程 \Chapter09\txt_file.txt')
```

运行代码，“D:\Python 程序设计任务驱动教程 \Chapter09\”目录下的 txt_file.txt 文件已经被删除。

（2）pathlib 模块中 Path 类的 unlink( ) 方法

pathlib 模块中 Path 类的 unlink( ) 方法用于删除指定的文件，其语法格式如下。

```
Path.unlink(missing_ok=False)
```

上述格式中，参数 missing_ok 表示文件不存在时是否让程序引发异常。若待删除的文件不存在，且参数 missing_ok 的值为 True，则程序不会引发异常。若删除的文件不存在，且参数 missing_ok 的值为 False，则程序会引发异常。

使用 unlink( ) 方法删除指定目录下的文件，示例代码如下。

```
import pathlib
path = pathlib.Path(r'D:\Python 程序设计任务驱动教程 \Chapter09\file1.txt')
path.unlink(missing_ok=True)
```

运行代码后，“D:\Python 程序设计任务驱动教程 \Chapter09\”目录下的 file1.txt 文件已经被删除。

任务分析

根据任务描述得知，本任务需要实现密码管理器程序，可以设计一个密码管理器的类 PasswordManage，并根据任务描述中密码管理器的功能设计出 PasswordManage 类的类图，具体如图 9-11 所示。

PasswordManage	
base_path	基础路径
show_func()	功能展示
category()	所有分类名称
see_password()	查看密码
add_password()	添加密码
modify_name()	修改分类文件名称
delete_category()	删除分类文件
main()	程序入口

图 9-11 PasswordManage 类的类图

关于 PasswordManage 类的属性和方法的分析具体如下。

(1) 属性分析

在 PasswordManage 类中属性 base_path 表示基础路径，它的初始值为“./ 密码”。

(2) 方法分析

① show_func( ) 方法。show_func( ) 方法用于向用户展示密码管理器所包含的功能，界面如下所示。

```
************************************
***          密码管理器          ***
***    1. 查看密码  2. 添加密码    ***
***    3. 修改名称  4. 删除分类    ***
***    5. 退出                   ***
************************************
```

② category( ) 方法。category( ) 方法用于返回一个包含所有分类名称的列表。

③ see_password( ) 方法。see_password( ) 方法用于查看密码，在查看密码之前首先展示密码管理器中所有的分类，可通过 for 语句遍历实例属性 classify_li 并展示所有分类名称。当接收用户选择的分类名称后，会提示用户输入要查询的平台名称，当输入正确的平台名称后，程序输出相应的用户名和密码。

在查询用户名和密码过程中，需要读取相应的分类文件，通过观察图 9-10 得知，每 3 行数据为一组密码数据，为了能够根据用户输入的平台名称查询，需要将分类文件中的数据转换为如下形式。

```
[{'平台名称':'象棋', '用户名':'测试01', '密码':'001'},
 {'平台名称':'天天象棋', '用户名':'测试02', '密码':'002'}]
```

上述数据格式中，使用一个列表存储所有密码数据，在该列表中每组（平台名称、用户名、密码）数据又以字典形式存储。

④ add_password( ) 方法。add_password( ) 方法用于向指定分类文件中添加密码数据，该功能首先向用户展示密码管理器所有分类，当用户输入正确的分类后，根据提示依次输入平台名称、用户名和密码对应的数据。

⑤ modify_name( ) 方法。modify_name( ) 方法用于修改平台分类文件的名称，该功能首先向用户展示所有分类，当用户输入正确的分类后，提示用户输入新的分类名称，然后使用 rename( ) 函数修改分类文件名称。

⑥ delete_category( ) 方法。delete_category( ) 方法用于删除分类文件，该功能与 modify_ name( ) 方法实现思路大致相同，不同之处在于，若输入的删除分类文件存在，则拼接指定删除文件的路径，然后使用 remove( ) 方法删除该文件。

⑦ main( ) 方法。main( ) 方法作为程序的入口，用于按照密码管理器的操作流程在合适的地方调用各个功能，首先需要调用 show_func( ) 方法为用户展示功能菜单，然后使用 while 语句创建一个无限循环，在该循环中，根据用户输入的功能序号调用相应的功能方法。

■ 任务实现

结合任务分析，接下来在 Chapter09 项目中创建一个 02_password_manage.py 文件，在该文件中编写代码，分步骤实现密码管理器的任务，具体步骤如下。

① 导入 os 模块，并定义表示密码管理器的类 PasswordManage，在该类中定义表示基础路径的属性，具体代码如下。

```
import os
class PasswordManage:
    def __init__(self):
        self.base_path = './密码'            # 基础路径
```

② 在 PasswordManage 类中定义 show_func( ) 方法，用于展示密码管理器程序所包含的功能，具体代码如下。

```
def show_func(self):
    print("******************************************")
    print("***             密码管理器              ***")
    print("***     1.查看分类     2.添加密码       ***")
    print("***     3.修改名称     4.删除分类       ***")
    print("***     5.退出                          ***")
    print("******************************************")
```

③ 在 PasswordManage 类中定义 category( ) 方法，用于返回密码管理程序所包含的所有分类名称，具体代码如下。

```
def category(self):
    classify_li = []                        # 用于保存所有分类的名称
    for i in os.listdir(self.base_path):
        classify_li.append(i)               # 将分类名称添加到分类列表中
    return classify_li
```

上述代码，首先创建了一个分类列表 classify_li，然后通过 for 语句遍历当前目录列表，并将分类名称保存到列表 classify_li。

④ 在 PasswordManage 类中定义 see_password( ) 方法，用于查看各分类保存的密码，具体代码如下。

```
1. def see_password(self):
2.     for i in self.category():         # 输出所有分类名称
```

```
3.          print(i.split('.txt')[0])
4.      choice_classify = input('请输入要查看密码的分类：')
5.      if choice_classify + '.txt' not in self.category():
6.          print('输入的分类不存在')
7.      else:
8.          new_data = []  # 将每 3 个元素组成一个新的列表，并保存到 new_data
9.          li_dict = []   # 将组成的新列表转换成字典，并保存到 li_dict
10.         see_path = self.base_path + f'/{choice_classify}' + '.txt'
11.         with open(see_path, 'r', encoding='UTF-8') as f:
12.             data = f.read().split('\n')
13.             # 每 3 个元素组成一个新列表，索引循环次数为列表 data 除以 3 的结果
14.             for i in range(int(len(data) / 3)):
15.                 new_data.append(data[0:3])
16.                 # 连续删除索引 0~2 的元素
17.                 del data[0:3]
18.             # 将组成的列表数据转换为字典数据，并保存到 li_dict
19.             for every_li in new_data:
20.                 # 定义空字典，用于存储将列表转换为字典的数据
21.                 info_dict = dict()
22.                 for elem in every_li:
23.                     # 将平台名称、用户名和密码及其对应的值组成字典
24.                     info_dict[elem.split(': ')[0]] = elem.split(': ')[1]
25.                 li_dict.append(info_dict)
26.             title = input('请输入平台名称：')
27.             for dict_data in li_dict:
28.                 if title in dict_data.values():
29.                     # 获取输入的平台名称，并通过索引获取，当前字典的索引
30.                     for k, v in li_dict[li_dict.index
                            (dict_data)].items():
31.                         # 输出要查看的平台名称、用户名和字典
32.                         print(k + ':' + v)
```

上述代码中，第 2、3 行代码使用 for 语句遍历 category( ) 方法返回的列表数据并展示所有分类名称。第 4 ~ 6 行代码用于查看用户输入的分类是否存在，不存在则输出“输入的分类不存在”。第 12 ~ 25 行代码用于将分类文件中的数据转换为字典形式并保存到列表 li_dict 中，第 26 ~ 32 行代码用于接收用户输入的查询名称，并输出展示。

⑤ 在 PasswordManage 类中定义 add_password( ) 方法，用于在指定分类中添加密码，具体代码如下。

```
1. def add_password(self):
2.     for i in self.category():
3.         print(i.split('.txt')[0])
4.     choice_classify = input('请选择添加密码的分类：')
5.     if choice_classify + '.txt' not in self.category():
6.         print('输入的分类不存在')
7.     else:
```

```
8.          add_pwd_path = self.base_path + f'/{choice_classify}' + '.txt'
9.          with open(add_pwd_path, 'a+', encoding='utf-8') as f:
10.             platform_name = input('请输入平台名称：')
11.             name = input('请输入用户名：')
12.             password = input('请输入密码：')
13.             f.write(f'平台名称：{platform_name}' + '\n')
14.             f.write(f'用户名：{name}' + '\n')
15.             f.write(f'密码：{password}' + '\n')
```

上述代码中，第 2、3 行代码用于输出所有分类的名称。第 4 ~ 6 行代码用于接收用户输入的分类名称，并判断输入的分类名称是否存在，若不存在，则输出“输入的分类不存在”提示。第 8 行代码在输入的分类名称存在时，拼接该分类名称的路径；第 9 ~ 15 行代码用于将用户输入的平台名称、用户名和密码保存到用户指定的文件中。

⑥ 在 PasswordManage 类中定义 modify_name( ) 方法，用于修改分类名称，具体代码如下。

```
1. def modify_name(self):
2.     for i in self.category():
3.         print(i.split('.txt')[0])
4.     choice_classify = input('请选择要修改的分类：')
5.     if choice_classify + '.txt' not in self.category():
6.         print('输入的分类不存在')
7.     else:
8.         new_name = input('请输入新的名称：')
9.         old_file_path = self.base_path + f'/{choice_classify}' + '.txt'
10.        new_file_path = self.base_path + f'/{new_name}' + '.txt'
11.        os.rename(old_file_path, new_file_path)
```

上述代码中，第 2、3 行代码用于展示密码管理器程序所有分类名称。第 4 ~ 6 行代码用于接收用户要修改的分类名称，并判断输入的分类名称是否存在，若不存在，则输出“输入的分类不存在”提示。第 7 ~ 11 行代码用于处理用户输入的分类名称存在的情况，首先提示用户输入新的分类名称，然后分别拼接旧的分类文件路径和新的分类文件路径，最后使用 rename( ) 函数重命名文件名称。

⑦ 在 PasswordManage 类中定义 delete_category( ) 方法，用于删除分类文件，具体代码如下。

```
1. def delete_category(self):
2.     for i in self.category():
3.         print(i.split('.txt')[0])
4.     choice_classify = input('请选择要删除的分类：')
5.     if choice_classify + '.txt' not in self.category():
6.         print('输入的分类不存在')
7.     else:
8.         delete_file_path = self.base_path + f'/{choice_classify}' +
               '.txt'
9.         os.remove(delete_file_path)
```

上述代码中，第 2、3 行代码用于展示所有分类名称。第 4 ~ 6 行代码用于接收用户输入的分类名称，并判断该分类是否存在，若不存在，则提示“输入的分类不存在”。第 7 ~ 9 行代码用于处理用户要删除的分类文件存在的情况，首先拼接要删除的文件路径，然后通过 remove( ) 函数删除文件。

⑧ 在 PasswordManage 类中定义 main( ) 方法，用于展示功能和功能入口，具体代码如下。

```
def main(self):
      self.show_func()
      while True:
          option = input('请输入功能选项：')
          if option == '1':
              self.see_password()
          elif option == '2':
              self.add_password()
          elif option == '3':
              self.modify_name()
          elif option == '4':
              self.delete_category()
          elif option == '5':
              break
```

⑨ 创建 PasswordManage 类的对象，并调用 main( ) 方法来启动程序，具体代码如下。

```
if __name__ == '__main__':
      pm = PasswordManage()
      pm.main()
```

⑩ 运行 02_password_manage.py，查看密码功能的运行结果如图 9-12 所示。

添加密码并查看添加的密码，运行结果如图 9-13 所示。

执行修改名称、删除分类功能和退出功能，运行结果如图 9-14 所示。

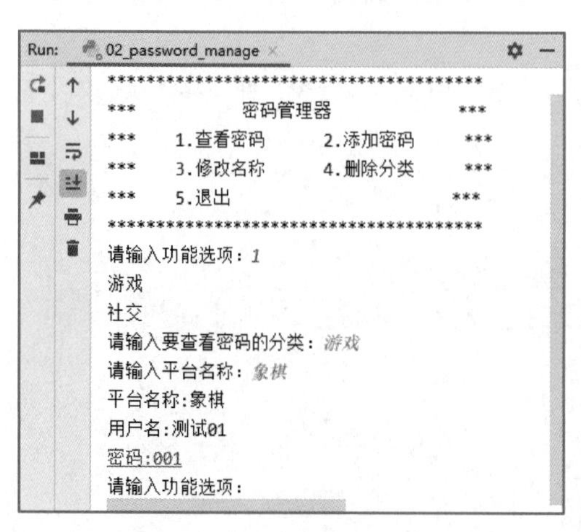

图 9-12 查看密码功能

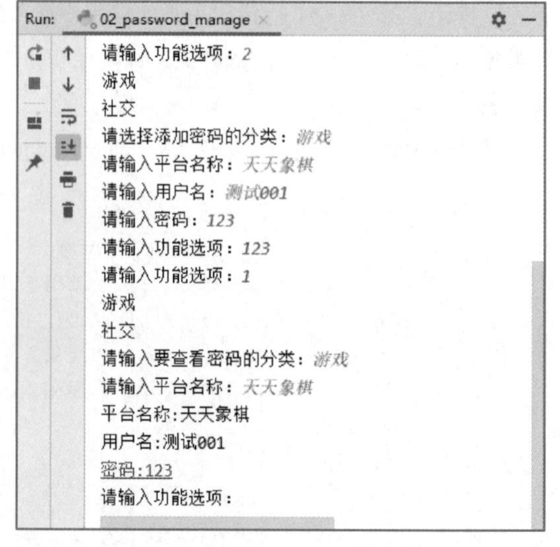

图 9-13 添加密码并查看添加的密码

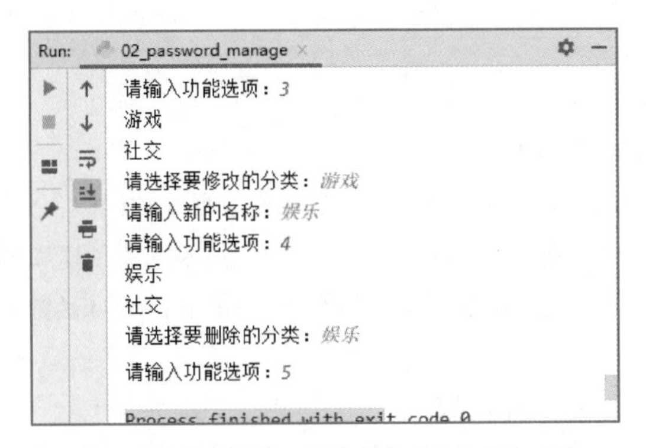

图 9-14　修改名称、删除分类功能和退出功能

任务 9-3　古代发明录

■ 任务描述

四大发明是中国古代人民的智慧结晶，包括造纸术、指南针、火药和印刷术。它们对中国古代的政治、经济、文化的发展产生了巨大的推动作用，经各种途径传至西方，对世界文明发展史产生巨大的影响力。

实操微课 9-3：任务 9-3　古代发明录

本任务要求编写代码，设计一个古代发明录程序，该程序包含的功能如图 9-15 所示。

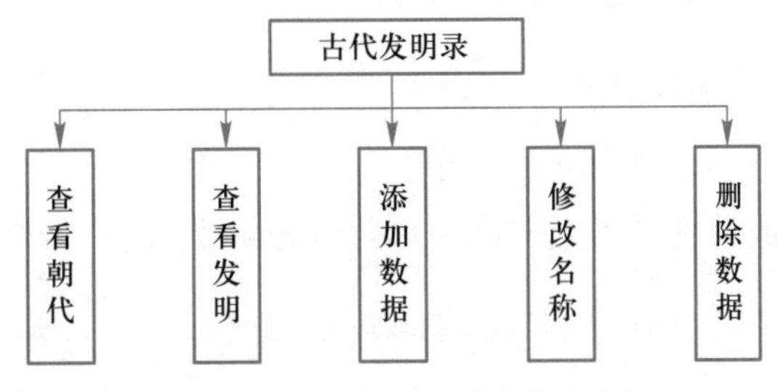

图 9-15　古代发明录程序包含的功能

关于图 9-15 中各功能的说明如下。

① 查看朝代：用于查看古代发明录中所包含的朝代名称，包括战国、唐、宋、元、明、清，同时该功能还可查看选择朝代的具体发明，当用户选择了要查看的发明后，输出此发明的具体描述。

② 查看发明：用于查看所有朝代的所有发明。

③ 添加数据功能：用于创建新的朝代目录，同时用户可以选择是否创建具体的发明文件以及写入该文件的数据。

④ 修改名称：用于修改用户指定的目录名称或文件名称。

⑤ 删除数据：用于删除用户指定的目录名称或文件名称。

另外，古代发明录程序用到的所有资料都保存在“古代发明录”目录中，该目录下有各个朝代的子目录，每个子目录下存放了发明的具体描述文件。例如，“指南针.txt”和“活字印刷术.txt”的目录结构如图 9-16 所示。

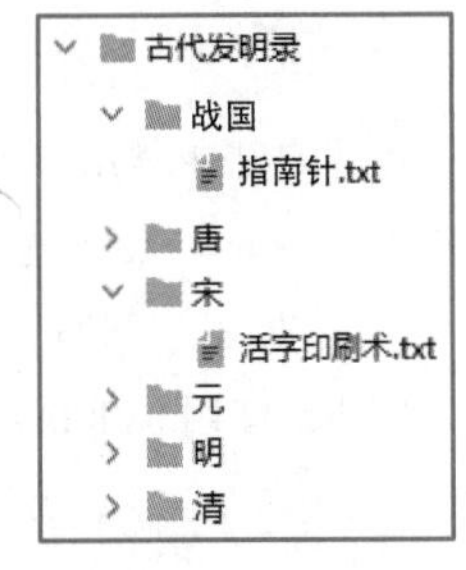

图 9-16　“指南针.txt”和“活字印刷术.txt”的目录结构

知识储备

1. 目录的创建、删除和更改

理论微课 9-9：目录的创建、删除和更改

Python 中 os 模块提供了创建、删除和更改目录的函数，分别是 mkdir( )、rmdir( ) 和 chdir( )。pathlib 模块也提供了和 os 模块功能相同的创建和删除目录的方法，分别是 mkdir( ) 和 rmdir( )。shutil 模块提供了删除目录的 rmtree( ) 函数，关于这些函数和方法的使用说明如下。

（1）os 模块的 mkdir( ) 函数

os 模块的 mkdir( ) 函数用于创建目录，其语法格式如下。

```
os.mkdir(path, mode)
```

上述格式中，参数 path 表示要创建的目录的路径，参数 mode 表示目录的数字权限，该参数可忽略。

例如，使用 os 模块的 mkdir( ) 函数创建一个名为 python 的目录，示例代码如下。

```
os.mkdir('D:\Python 程序设计任务驱动教程 \Chapter09\python')
```

运行上述代码后，在指定的目录下会创建一个名为 python 的目录。若创建的目录已存在，则程序会报错。

（2）os 模块中的 rmdir( ) 函数

os 模块中的 rmdir( ) 函数用于删除目录，其语法格式如下。

```
os.rmdir(path, *, dir_fd=None)
```

上述格式中，参数 path 表示要删除的目录。

例如，使用 os 模块的 rmdir( ) 函数删除一个名为 python 的目录，示例代码如下。

```
os.rmdir('D:\Python 程序设计任务驱动教程 \Chapter09\python')
```

运行上述代码后，在指定的目录下会删除一个名为 python 的目录。需要注意的是，若该目录中还包含文件，则程序会报错。

（3）pathlib 模块中 Path 类的 mkdir( ) 方法

pathlib 模块中 Path 类的 mkdir( ) 方法用于创建目录，其语法格式如下。

```
Path.mkdir(mode=511, parents=False, exist_ok=False)
```

上述方法中常用参数的说明如下。

① parents：表示是否在父目录不存在的时候创建父目录，默认值为 False。

② exist_ok：只有在目录不存在时创建目录，目录已存在时不会抛出异常。

例如，使用 pathlib 模块中 Path 类的 mkdir( ) 方法创建一个名为 python 的目录，示例代码如下。

```
import pathlib
path = pathlib.Path('D:\Python 程序设计任务驱动教程 \Chapter09\python')
path.mkdir()
```

运行上述代码后，在指定的目录下会创建一个名为 python 的目录。若创建的目录已存在，则程序会报错。

（4）pathlib 模块中 Path 类的 rmdir( ) 方法

pathlib 模块中 Path 类的 rmdir( ) 方法用于删除目录，该方法无须接收任何参数。例如，使用 pathlib 模块中 Path 类的 rmdir( ) 方法删除一个名为 python 的目录，示例代码如下。

```
import pathlib
path = pathlib.Path('D:\Python 程序设计任务驱动教程 \Chapter09\python')
path.rmdir()
```

运行上述代码后，在指定的目录下会删除一个名为 python 的目录。需要注意的是，若 python 目录中包含文件，则程序会报错。

（5）shutil 模块的 rmtree( ) 函数

虽然 os 模块的 rmdir( ) 函数和 pathlib 模块中 Path 类的 rmdir( ) 方法均提供了删除目录的操作，但是需要确保要删除的目录为空，若不为空，则程序会报错。若要删除包含文件的目录可使用 shutil 模块的 rmtree( ) 函数删除目录，该函数会在删除指定的目录时一并将该目录中的文件全部删除。

shutil 模块中的 rmtree( ) 函数的语法格式如下。

```
shutil.rmtree(path, ignore_errors=False, onerror=None)
```

上述格式中，参数 path 表示要删除的目录，参数 ignore_errors 表示是否忽略程序引发的异常。若删除的文件不存在，且 ignore_errors 参数的值为 True，则程序不会引发异常；若删除的文件不存在，且 ignore_errors 参数的值为 False，则程序会引发异常。

例如，python 目录中包含文件 python.txt，使用 rmtree( ) 函数删除 python 目录，示例代码如下。

```
import pathlib
shutil.rmtree('D:\Python 程序设计任务驱动教程 \Chapter09\python')
```

上述代码运行后，python 目录以及该目录下的 python.txt 均会被删除。

（6）os 模块中的 chdir( ) 函数

os 模块中的 chdir( ) 函数用来更改默认目录，其语法格式如下。

```
os.chdir(path)
```

上述格式中，参数 path 表示更改后的目录，若更改的目录不存在，则程序会引发异常。

例如，使用 chdir( ) 函数更改默认目录为“E:\\”，示例代码如下。

```
import os
os.chdir('E:\\')
```

2. 获取当前路径

理论微课 9-10：获取当前路径

当前路径即文件、程序或目录当前所处的路径。使用 os 模块的 getcwd( ) 函数和 pathlib 模块中 Path 类的 cwd( ) 方法可以获取当前路径，关于这两种方式的使用说明具体如下。

（1）os 模块的 getcwd( ) 函数

os 模块的 getcwd( ) 函数用于获取当前目录的路径，该函数无须接收任何参数，会返回当前目录的路径。

例如，使用 os 模块的 getcwd( ) 函数获取当前目录的路径，示例代码如下。

```
import os
print(os.getcwd())
```

运行代码，结果如下所示。

```
D:\Python 程序设计任务驱动教程 \Chapter09
```

（2）pathlib 模块中 Path 类的 cwd( ) 方法

pathlib 模块中 Path 类的 cwd( ) 方法用于获取当前目录的路径，该方法无须接收任何参数，会返回当前目录的路径。

例如，使用 pathlib 模块中 Path 类的 cwd( ) 方法获取当前目录的路径，示例代码如下。

```
import pathlib
print(pathlib.Path.cwd())
```

运行代码，结果如下所示。

```
D:\Python 程序设计任务驱动教程 \Chapter09
```

理论微课 9-11：检测路径有效性

3. 检测路径有效性

当我们在程序中操作文件或目录时，若提供错误的路径，则可能会导致程序的崩溃。为了避免此种情况的出现，可以在操作文件或目录之前通过 os.path 模块中的 exists( ) 函数或 pathlib 模块中 Path 类的 exists( ) 方法判断路径是否存在，关于这两种方式的使用说明具体如下。

（1）os.path 模块的 exists( ) 函数

os.path 模块的 exists( ) 函数用于判断当前路径是否存在，如果当前路径存在，则返回 True，否则返回 False。exists( ) 函数的语法格式如下。

```
os.exists(path)
```

上述格式中，参数 path 表示要检测的路径，该参数的值也可以是文件名称。

例如，使用 exists( ) 函数检测提供的路径和文件是否有效，示例代码如下。

```
import os
current_path = "txt_file.txt"
current_path_file = r"D:\Python 程序设计任务驱动教程 \Chapter09\txt_file.txt"
print(os.path.exists(current_path))
print(os.path.exists(current_path_file))
```

运行代码，结果如下所示。

```
True
True
```

从输出结果可以看出，当前检测的文件和路径均是有效的。

（2）pathlib 模块中 Path 类的 exists( ) 方法

pathlib 模块中 Path 类的 exists( ) 方法也可以判断当前路径是否存在，它需要接收一个路径对象，该路径对象可以是具体的路径字符串，也可以是文件名称。

例如，使用 exists( ) 方法检测提供的路径和文件是否有效，示例代码如下。

```
import pathlib
current_path = pathlib.path("txt_file.txt")
cur_path_file=pathlib.Path(r"D:\Python 程序设计任务驱动教程 \Chapter09\
                                    txt_file.txt")
print(current_path.exists())
print(cur_path_file.exists())
```

运行代码，结果如下所示。

```
True
True
```

从输出结果可以看出，当前检测的文件和路径均是有效的。

4. 路径的拼接

理论微课 9-12：路径的拼接

Python 中可使用 os.path 模块的 join( ) 函数和 pathlib 模块中 PurePath 类的 joinpath( ) 方法对路径进行拼接，关于这两种方式的使用说明具体如下。

（1）os.path 模块的 join( ) 函数

os.path 模块的 join( ) 函数，用于将多个文件路径进行拼接。在 Windows 系统下各个文件路径之间使用“\”连接，其语法格式如下。

```
os.path.join(path1[, path2[, ...]])
```

上述格式中，参数 path1 表示初始路径、path2 表示要拼接的路径。

例如，使用 join( ) 函数将“Python 程序设计任务驱动教程”与“python”拼接成一个路径，示例代码如下。

```
import os
path_one = 'Python 程序设计任务驱动教程 '
path_two = 'python'
# Windows 系统下使用 "\" 分隔路径
splici_path = os.path.join(path_one, path_two)               # 拼接路径
print(splici_path)
```

运行代码，结果如下所示。

```
Python 程序设计任务驱动教程 \python
```

如果最后一个路径为空字符串，那么拼接后的路径会以“\”结尾，示例代码如下。

```
import os
path_one = 'D:\python'
path_two = ''
```

```
splicing_path = os.path.join(path_one, path_two)
print(splicing_path)
```

运行代码，结果如下所示。

```
D:\python\
```

（2）pathlib 模块中 PurePath 类的 joinpath( ) 方法

pathlib 模块中 PurePath 类的 joinpath( ) 方法用于将多个文件路径进行拼接，并且各个文件路径之间使用“\”连接，其语法格式如下。

```
PurePath.joinpath(*others)
```

上述格式中，参数 *others 表示要拼接的路径字符串。

使用 joinpath( ) 方法对路径“python 程序设计任务驱动教程”与“python”进行拼接，示例代码如下。

```
import pathlib
path_one = 'Python 程序设计任务驱动教程'
path_two = 'python'
print(pathlib.PurePath(path_one).joinpath(path_two))
```

运行代码，结果如下所示。

```
Python 程序设计任务驱动教程\python
```

任务分析

根据任务描述得知，本任务需要实现古代发明录程序，可以设计一个古代发明录的类 AncientInvention，并根据任务描述中古代发明录的功能设计出 AncientInvention 类的类图，具体如图 9-17 所示。

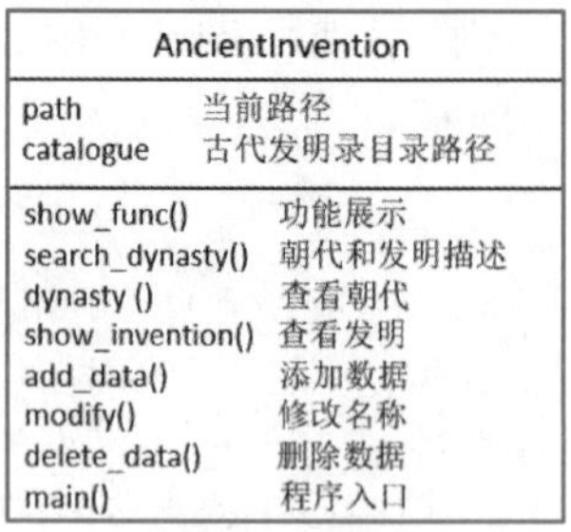

AncientInvention	
path	当前路径
catalogue	古代发明录目录路径
show_func()	功能展示
search_dynasty()	朝代和发明描述
dynasty ()	查看朝代
show_invention()	查看发明
add_data()	添加数据
modify()	修改名称
delete_data()	删除数据
main()	程序入口

图 9-17 AncientInvention 类的类图

关于图 9-17 中 AncientInvention 类的属性和方法的分析具体如下。

（1）属性分析

在 PasswordManage 类中属性 path 和 catalogue 分别表示当前路径和古代发明录目录路径。

（2）方法分析

① show_func( ) 方法。show_func( ) 方法用于展示功能选项，此功能仅用于展示古代发明录所包含的功能，具体形式如下。

```
****************************************
***              古代发明录              ***
***     1. 查看朝代         2. 查看发明     ***
```

```
***      3. 添加数据        4. 修改名称        ***
***      5. 删除数据        6. 退出            ***
****************************************
```

② search_dynasty( ) 方法。search_dynasty( ) 方法用于查看用户选中朝代的发明。首先判断用户是否需要查看，若用户选择需要，则提示用户输入要查看的朝代名称，当用户输入朝代名称之后，提示用户输入要查看的发明。为了能够便于用户查看对应朝代的发明描述，需要构造一个以数字为键，文件名称为值的字典，具体格式如下。

```
{1: '指南针.txt', 2: '活字印刷术.txt'}
```

此时，用户只需输入相应的数字，便可查看对应的发明描述。

③ dynasty( ) 方法。dynasty( ) 方法用于查看古代发明录中所有的朝代名称并依次询问用户是否需要查看该朝代的发明，若不需要，则不进行任何操作。首先会使用 listdir( ) 函数获取古代发明录目录中所有文件列表，然后通过 for 语句遍历文件列表即可获取所有朝代名称，并依次调用 search_dynasty( ) 方法询问用户是否进行下一步操作。

④ show_invention( ) 方法。show_invention( ) 方法用于展示所有朝代的发明名称，使用 for 循环嵌套即可获取“古代发明录”下所有朝代所有发明名称。

⑤ add_data( ) 方法。add_data( ) 方法用于向古代发明录中添加数据，包括新建目录和新建文件以及是否向新建文件中添加数据。

在新建目录时，需要先接收用户新建的目录名，然后判断输入的目录名是否存在。若不存在，则将输入的目录名与古代发明录所在路径进行拼接，接着通过 mkdir( ) 函数创建目录。当目录创建成功后，询问用户是否创建文件，若选择创建文件，则通过 open( ) 函数创建一个新的文件。文件创建完成之后，询问用户是否向新建文件中添加数据，若选择添加数据，则通过 write( ) 方法写入数据。最后为了后续操作路径的正确性，还需要将当前路径更换为古代发明录的路径。

⑥ modify( ) 方法。modify( ) 方法用于修改指定的目录名称或修改文件名称。首先向用户展示目录以及目录中所包含的文件，然后询问用户选择修改的目录名称或文件名称。若选择修改目录名称，则依次接收要修改的目录名称和新的目录名称，接着拼接原目录名称的路径和新目录名称路径。最后通过 rename( ) 修改目录名称，修改文件名的实现方式与修改目录名称的方式大致相同。

⑦ delete_data( ) 方法。delete_data( ) 方法用于删除指定的目录名称或文件名称，该方法的实现逻辑与 modify( ) 的实现逻辑大致相同。先向用户展示目录以及目录中包含的文件，然后询问用户选择删除的目录名称或文件名称，当选择删除目录时，可通过 shutil 模块中的 rmtree( ) 函数删除目录。当选择删除文件时，可通过 remove( ) 函数删除文件。

⑧ main( ) 方法。main( ) 方法作为程序的入口，用于展示古代发明录的各个功能。首先需要给用户展示功能菜单，然后通过 while 语句创建一个循环，在该循环内部，根据用户输入的功能序号调用相应功能的方法。

■ 任务实现

结合任务分析，接下来在 Chapter09 项目中创建一个 03_invention.py 文件，在该文件中编写代码，分步骤实现古代发明录的任务，具体步骤如下。

① 导入 os 和 shtuil 模块，定义表示古代发明录的类 AncientInvention，在该类中定义实例属性 path 和 catalogue，具体代码如下。

```
import os, shutil
class AncientInvention:
    def __init__(self):
        self.path = os.getcwd()
        # 拼接路径
        self.catalogue = os.path.join(self.path, '古代发明录')
```

② 在 AncientInvention 类中定义 show_func( ) 方法，用于展示古代发明录所包含的功能，具体代码如下。

```
def show_func(self):
    print("******************************************")
    print("***            古代发明录            ***")
    print("***     1.查看朝代     2.查看发明     ***")
    print("***     3.添加数据     4.修改名称     ***")
    print("***     5.删除数据     6.退出         ***")
    print("******************************************")
```

③ 在 AncientInvention 类中定义 search_dynasty( ) 方法，用于输出查看的朝代以及具体发明描述，具体代码如下。

```
1. def search_dynasty(self):
2.     yes_no = input('查看朝代中的发明(y/n):')
3.     if yes_no == 'y':
4.         character = input('请输入查看的朝代:')
5.         route = os.path.join(self.catalogue, character)
6.         if os.path.exists(route):
7.             # 通过列表推导式，构造一个数字列表
8.             num_li = [i for i in range(1, len(os.listdir(route)) + 1)]
9.             # 文件列表
10.            files = os.listdir(route)
11.            # 通过字典推导式，构造一个数字与文件名称的字典
12.            file_name = {num_li[index]: files[index]
13.                         for index in range(len(files))}
14.            # 判断构建的字典中是否有数据
15.            if len(file_name) != 0:
16.                for num, title in file_name.items():
17.                    print(str(num) + ':' + title)
18.                read_file = input('请输入发明对应的数字:')
19.                # 判断输入的数字是否正确
20.                if read_file in [str(i) for i in file_name.keys()]:
21.                    with open(os.path.join(route, file_name[int
                           (read_file)]),
22.                              'r', encoding='utf-8') as f:
23.                        print(f.read())
```

上述代码中，第 6 ~ 13 行代码用于构造形如“{1:'指南针.txt',2:'活字印刷术.txt'}”的字典，第 15 ~ 23 行代码用于判断用户输入的数字是否正确，若正确则输出该数字对应的发明描述。

④ 在 AncientInvention 类中定义 dynasty( ) 方法，用于输出所有的朝代名称，具体代码如下。

```
1. def dynasty(self):
2.     if os.path.exists(self.catalogue):
3.         for i in os.listdir(self.catalogue):
4.             print(f'{i}', end='、')
5.         print()
6.         self.search_dynasty()
7.     else:
8.         print('所需文件不存在')
```

上述代码中，第 2 ~ 4 行代码用于输出古代发明录所有的朝代名称。第 6 行代码调用 search_dynasty( ) 方法，判断用户是否查看选中朝代中的发明。

⑤ 在 AncientInvention 类中定义 show_invention( ) 方法，用于输出所有发明名称，具体代码如下。

```
1. def show_invention(self):
2.     # 查看发明
3.     for folder in os.listdir(self.catalogue):
4.         file_path = os.path.join(self.catalogue, folder)
5.         for file_name in os.listdir(file_path):
6.             print(file_name.split('.txt')[0])
```

上述代码中，通过 for 循环嵌套语句查看古代发明录中所有文件名称，外层 for 语句用于拼接每个朝代的路径，内层 for 语句用于遍历输出目录路径中的每个列表名称。

⑥ 在 AncientInvention 类中定义 add_data( ) 方法，用于向古代发明录中添加数据，具体代码如下。

```
1. def add_data(self):
2.     folder = input('请输入创建的目录名称：')
3.     # 更换目录
4.     os.chdir(self.catalogue)
5.     # 判断目录是否存在，若不存在，则可以创建
6.     if not os.path.exists(os.path.join(self.catalogue, folder)):
7.         # 创建目录
8.         os.mkdir(folder)
9.         yes_no = input('是否创建文件(y/n)：')
10.        if yes_no == 'y':
11.            file_name = input('请输入创建的文件名称：')
12.            file_path = os.path.join(self.path, self.catalogue,
13.                                     folder, file_name)
14.            new_file = open(file_path, 'a+', encoding='utf-8')
15.            new_file.close()
16.            yes_no_write = input('是否写入文件(y/n)：')
17.            if yes_no_write == 'y':
```

```
18.                 with open(file_path, 'w+', encoding='utf-8') as f:
19.                     data = input('写入的数据：')
20.                     f.write(data)
21.     os.chdir(self.path)
```

上述代码中，第 2 ~ 8 行代码用于创建目录；第 9 ~ 15 行代码用于判断用户是否创建文件；第 16 ~ 20 行代码用于判断是否向文件中写入数据；第 22 ~ 34 行用于处理添加的目录已存在的情况，如果已存在判断用户是否在该目录下创建文件并写入数据；第 35 行代码将当前路径更换为“古代发明录”的初始路径。

⑦ 在 AncientInvention 类中定义 modify( ) 方法，用于修改目录名称或文件名称，具体代码如下。

```
1. def modify(self):
2.     # 输出当前的目录和文件名
3.     for path in os.listdir(self.catalogue):
4.         print(path, os.listdir(os.path.join(self.catalogue, path)))
5.     options = input('1. 修改目录名 2. 修改文件名 \n')
6.     if options == '1':
7.         # 原先的目录名
8.         original_folder = input('请输入要修改的目录名：')
9.         # 新的目录名
10.        new_folder = input('请输入新的目录名：')
11.        # 判断修改的目录是否存在
12.        if os.path.exists(os.path.join(self.catalogue,
               original_folder)):
13.            old_name = os.path.join(self.catalogue,
                   original_folder)
14.            new_name = os.path.join(self.catalogue, new_folder)
15.            os.rename(old_name, new_name)
16.    elif options == '2':
17.        # 原先的文件名
18.        original_file = input('请输入要修改的文件名：')
19.        # 新的文件名
20.        new_file = input('请输入新的文件名：')
21.        for path in os.listdir(self.catalogue):
22.            # 原文件名称路径
23.            old_file_name = os.path.join(self.catalogue, path,
                   original_file)
24.            # 新文件名称路径
25.            new_file_name = os.path.join(self.catalogue, path,
                   new_file)
26.            if os.path.exists(old_file_name):
27.                os.rename(old_file_name, new_file_name)
```

上述代码中，第 3、4 行代码用于输出朝代名称及其对应的发明文件。第 6 ~ 15 行代码用于修改用户选择的目录名称。第 16 ~ 27 行代码用于修改用户选择的文件名称。

⑧ 在 AncientInvention 类中定义 delete_data( ) 方法，用于删除古代发明录中的目录或文件，具体代码如下。

```
1. def delete_data(self):
2.     for path in os.listdir(self.catalogue):
3.         print(path, os.listdir(os.path.join(self.catalogue, path)))
4.     options = input('1. 删除目录   2. 删除文件 \n')
5.     if options == '1':
6.         delete_folder = input(' 请输入要删除的目录：')
7.         if os.path.exists(os.path.join(self.catalogue,
                                          delete_folder)):
8.             shutil.rmtree(os.path.join(self.catalogue,
                                          delete_folder))
9.         else:
10.            print(' 删除的文件不存在 ')
11.    elif options == '2':
12.        delete_file = input(' 请输入要删除的文件：')
13.        # 拼接路径，判断路径是否存在，若存在，则删除
14.        for path in os.listdir(self.catalogue):
15.            delete_path = os.path.join(self.catalogue, path,
                                           delete_file)
16.            if os.path.exists(delete_path):
17.                os.remove(delete_path)
18.                print(' 删除成功 ')
```

上述代码中，第 2、3 行代码用于输出朝代名称及其对应的发明文件。第 7 ～ 10 行代码用于删除用户选择的目录。第 11 ～ 18 行代码用于删除用户选择的文件。

⑨ 在 AncientInvention 类中定义 main( ) 方法，用于展示功能和功能入口，具体代码如下。

```
1. def main(self):
2.     self.show_func()
3.     while True:
4.         option = input(' 请输入功能选项：')
5.         if option == '1':
6.             self.dynasty()
7.         elif option == '2':
8.             self.show_invention()
9.         elif option == '3':
10.            self.add_data()
11.        elif option == '4':
12.            self.modify()
13.        elif option == '5':
14.            self.delete_data()
15.        elif option == '6':
16.            break
```

⑩ 创建 AncientInvention 类的对象，并调用 main( ) 方法，具体代码如下。

```
if __name__ == '__main__':
    invention = AncientInvention()
    invention.main()
```

⑪ 运行 03_invention.py，执行查看朝代功能的运行结果如图 9-18 所示。

执行查看发明功能的运行结果如图 9-19 所示。

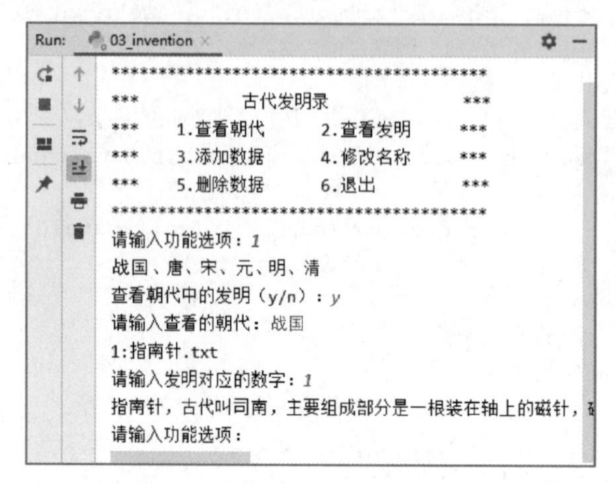

图 9-18 查看朝代的运行结果

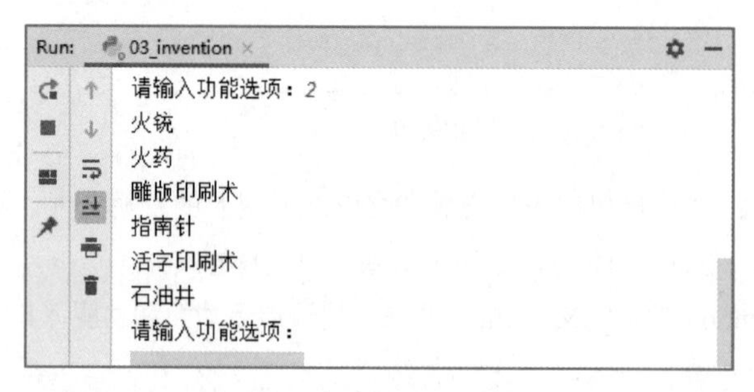

图 9-19 查看发明的运行结果

添加数据，并查看添加后的数据，运行结果如图 9-20 所示。

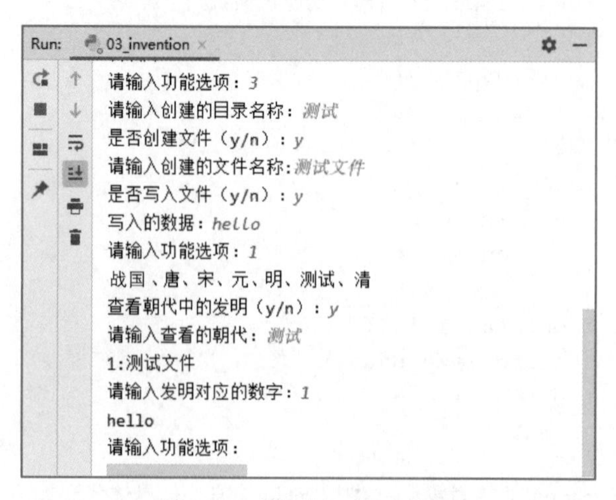

图 9-20 添加数据的运行结果

修改名称功能中选择修改目录名称，运行结果如图 9-21（a）；修改名称功能中选择修改文件名称，运行结果如图 9-21（b）。

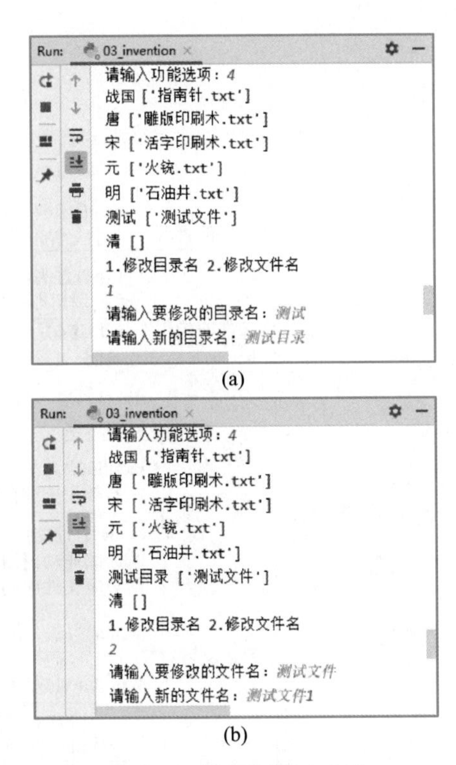

图 9-21　修改名称运行结果

删除功能中选择删除文件，运行结果如图 9-22（a）；删除数据功能中选择删除目录，运行结果如图 9-22（b）。

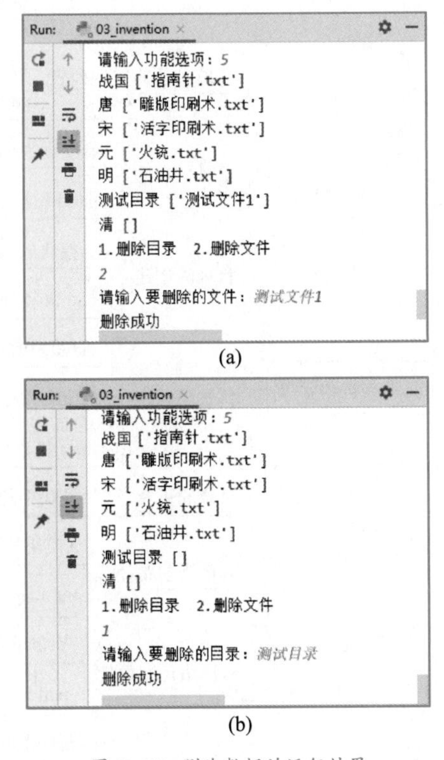

图 9-22　删除数据的运行结果

知识梳理

- 第9章 文件和目录操作
  - 文件基本操作
    - 文件的打开
      - open()函数：打开文件，该函数调用成功会返回一个文件对象
    - 文件的关闭
      - close()方法：关闭文件，该方法没有任何参数，直接调用即可
      - with语句：预定义清理操作、实现文件的自动关闭
    - 读取文件
      - read()方法：从指定文件中读取指定字符数或字节数的数据
      - readline()方法：从指定文件中读取一行数据，保留一行数据末尾的换行符
      - realines()方法：一次性读取文件中的所有数据，若读取成功返回一个列表，该列表中的一个元素对应文件中的一行数据
    - 写入文件
      - write()方法：向指定的文件中写入数据
      - writelines()方法：向文件中写入字符串的列表
    - 文件的定位读写
      - tell()方法：获取文件读取位置，文件默认的读取位置为0
      - seek()方法：修改文件读写位置
  - 文件和目录管理
    - 文件和目录重命名
      - os模块rename()函数
      - pathlib模块中Path类的rename()方法
    - 获取目录的文件列表
      - os模块的listdir()函数
      - pathlib模块中Path类的iterdir()方法
    - 文件的删除
      - os模块的remove()函数
      - pathlib模块中Path类的unlink()方法
    - 目录的创建
      - os模块的mkdir()函数
      - pathlib模块中Path类的mkdir()方法
    - 目录的删除
      - os模块中的rmdir()函数
      - pathlib模块中Path类的rmdir()方法
      - shutil模块中rmtree()函数
    - 目录的更改
      - os模块中的chdir()函数
    - 获取当前路径
      - os模块的getcwd()函数
      - pathlib模块中Path类的cwd()方法
    - 检测路径有效性
      - os.path模块的exists()函数
      - pathlib模块中Path类的exists()方法
    - 路径的拼接
      - os.path模块的join()函数
      - pathlib模块中PurePath类的joinpath()方法

本章习题

一、填空题

① Python 中________函数用于打开文件。

② Python 中________方法用于关闭文件。

③ readlines( ) 方法读取整个文件内容后会返回一个________。

④ 使用________方法可以向文件中写入数据。

⑤ 使用 os 模块中的________函数可以对文件重命名。

二、判断题

① tell( ) 方法返回当前文件读写位置，返回的位置从 1 开始计数。 ( )

② seek( ) 方法用于设置当前文件读写位置。 ( )

③ 使用 os 模块中的 rmdir( ) 函数删除一个非空的文件夹时不会报错。 ( )

④ os 模块中的 listdir( ) 函数会返回一个包含指定目录下所有文件名的元组。 ( )

⑤ 当使用模式 wb 打开文件后可以读取文件中所有数据。 ( )

三、选择题

① 下列选项中，关于读取文件的描述说法错误的是 ( )。

A. read( ) 方法默认读取文件中所有数据

B. readline( ) 方法默认读取一行数据

C. read( ) 方法仅支持文本模式不支持二进制模式

D. 为了保证读取安全，通常需要指定读取的字节数或字符数

② 下列选项中，用于获取指定目录下所有文件名列表的是 ( )

A. listdir( )　B. remove( )　C. dir( )　D. mkdir( )

③ 下列选项中，用于获取当前路径的是 ( )

A. getcwd( )　B. exists( )　C. join( )　D. joinpath( )

④ 下列选项中，可以删除非空目录的是 ( )。

A. remove( )　B. rmdir( )　C. rmtree( )　D. del

⑤ 下列选项中，以追加模式写入文件的是 ( )。

A. w　B. a+　C. r+　D. r

四、简答题

① 简述 read( )、readline( ) 和 readlines( ) 方法的区别。

② 简述删除目录的方法，并说明它们的区别。

五、编程题

① 编写程序，实现九九乘法表，并将结果写入文件。

② 编写程序，实现文件的备份。

第10章

异常

- 了解错误和异常，能够说出什么是错误和异常。
- 熟悉异常的类型，能够理解常见异常的含义。
- 掌握 try-except 语句的使用，能够通过 try-except 语句捕获程序中的异常。
- 掌握 try-except-else 语句的使用，能够通过 try-except-else 语句捕获程序中的异常，并在 else 子句中添加没有异常的处理代码。
- 掌握 try-except-finally 语句的使用，能够通过 try-except-finally 语句捕获程序中的异常，并在 finally 子句中添加释放资源的代码。
- 掌握 raise 语句的使用，能够在程序中通过 raise 语句抛出异常。
- 掌握 assert 断言语句的使用，能够在程序中通过 assert 语句抛出异常。
- 掌握自定义异常的方法，能够在程序中自定义并使用异常。

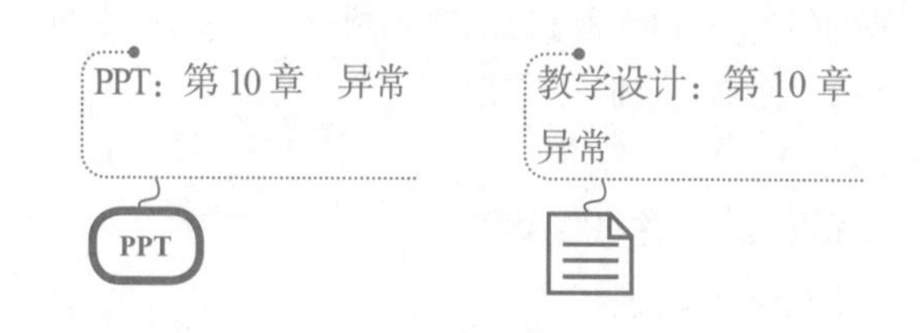

程序无论是在编写的过程中，还是在后续的运行时，都可能出现异常。开发人员需要辨别程序的异常，明确这些异常是源于程序本身的设计问题，还是由外界环境的变化引起的，以便有针对性地处理异常。为帮助开发人员便捷地处理异常，Python 提供了功能强大的异常处理机制。本章将通过两个任务对 Python 中的异常进行讲解。

任务 10-1 反诈查询系统

■ 任务描述

实操微课 10-1：任务 10-1 反诈查询系统

互联网在给我们带来了诸多便利的同时，也带来了安全隐患。近年来，有些不法分子利用互联网进行电信诈骗，甚至利用网络漏洞盗取个人财产。为了提高人们的个人财产安全意识，我国针对网络诈骗采取一系列防范措施，如加强反诈的宣传、提升人们的反诈意识、研发反诈查询程序等。

一个简单的反诈查询程序支持反诈查询和举报两个功能，反诈查询功能判断用户查询的手机号码或网址是否在可疑电话文件中。若存在于文件中，则提示用户查询的手机号码或网址被标记的次数。举报功能是将用户举报的内容记录到文件中，若举报的内容已存在，则将标记次数加 1。若不存在，则将举报内容添加到文件中，并设置标记次数为 1。

本任务要求根据上述描述，编写一个提供反诈查询和举报功能的反诈查询系统，系统中用于查询的可疑手机号或网址文件都存储在 info.txt 中。info.txt 文件内容的示例如图 10-1 所示。

图 10-1 info.txt

■ 知识储备

1. 错误和异常概述

理论微课 10-1：错误和异常概述

Python 程序中最常见的错误为解析错误。解析错误是指开发人员编写了不符合规范的语法格式的代码引起的错误，它会在编写代码时由编辑器进行提示。例如，代码缩进不符合规范，即使代码其他部分使用了正确的语法格式编写，在执行代码时仍会出现错误。程序执行时中断程序的错误称为异常。例如，使用 0 作为除数，程序运行到这行代码时会中断程序并抛出错误。下面分别通过两个示例演示解析错误和异常，具体内容如下。

（1）解析错误示例

下面是一段有语法错误的代码，具体如下。

```
while True
    print("语法格式错误")
```

上述示例代码中，while 语句中循环条件的后面缺少冒号 “:”，这不符合 Python 规定的语法格式，因此编辑器会检测到错误。

理论微课 10-2：异常示例

（2）异常示例

在四则运算中 0 不能作为除数进行计算，同样的，若程序中以 0 作为除数，程序运行时相关代码便会引发异常，示例代码如下。

```
print(1/0)
```

运行代码，输出结果如下所示。

```
1. Traceback (most recent call last):
2.   File "D:/Python 程序设计任务驱动教程 /Chapter10/demo.py", line 1, in
3.       <module>
4.     print(1/0)
5. ZeroDivisionError: division by zero
```

上述信息中，第 2 ~ 4 行指出了异常所在行号与引发异常的代码；第 5 行说明了本次异常的类型和异常的描述。根据上述异常描述“division by zero”和异常位置“line 1”，我们很快便能判断出本次异常的原因是“print(1/0)”这行代码中将 0 作为了除数。

2. 异常类型

Python 针对每种异常提供了对应的异常类，所有的异常类都继承自 BaseException。该类有 4 个子类，分别是 SystemExit、KeyboardInterrupt、Exception 和 GeneratorExit。其中 SystemExit 表示 Python 解释器退出异常；KeyboardInterrupt 是用户中断执行时会产生的异常；Exception 是所有内置、非系统退出异常的基类；GeneratorExit 表示生成器退出异常，这些异常类的继承关系如图 10-2 所示。

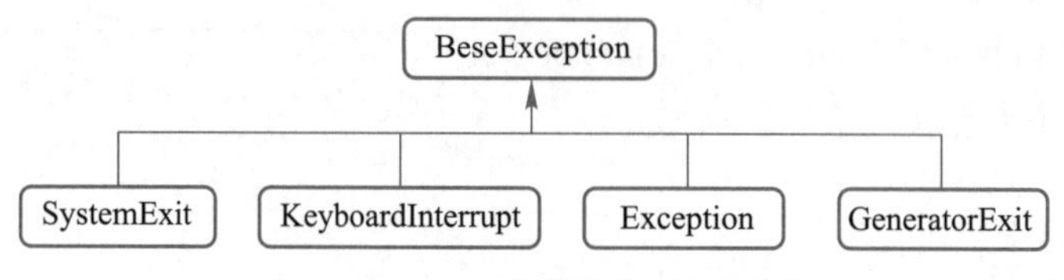

图 10-2 Python 中异常类的继承关系

BaseException 类是所有异常类型的基类，它派生了 4 个子类，其中 Exception 类封装了很多我们在程序中经常见到的异常。下面通过示例介绍几种常见异常。

（1）NameError

NameError 是程序中使用了未定义的变量时会引发的异常。例如，访问一个未定义过的变量 name，示例代码如下。

```
print(name)
```

运行代码，结果如下所示。

```
Traceback (most recent call last):
    File " G:/Chapter10/demo.py ", line 1, in <module>
      print(test)
NameError: name name is not defined
```

（2）IndexError

IndexError 是程序越界访问时引发的异常。例如，列表 list_data 中有 4 个元素，使用索引访问列表中第 5 个元素，示例代码如下。

```
list_data = [1,2,3,4]
print(list_data[5])
```

运行代码，结果如下所示。

```
Traceback (most recent call last):
    File "G:/Chapter10/demo.py", line 2, in <module>
      print(list_data[5])
IndexError: list index out of range
```

（3）AttributeError

AttributeError 是使用对象访问不存在的属性引发的异常。例如，首先定义一个没有任何属性和方法的 Dog 类，然后通过 Dog 类的对象访问不存在的 name 属性，示例代码如下。

```
class Dog:
      pass
dog = Dog()
print(dog.name)
```

运行代码，结果如下所示。

```
Traceback (most recent call last):
    File "G:/Chapter10/demo.py", line 4, in <module>
      print(dog.name)
AttributeError: 'Dog' object has no attribute 'name'
```

（4）FileNotFoundError

FileNotFoundError 是未找到指定文件或目录时引发的异常。例如，打开一个本地不存在的文件，示例代码如下。

```
file = open("test.txt")
```

运行代码，结果如下所示。

```
Traceback (most recent call last):
    File "G:/Chapter10/demo.py ", line 1, in <module>
      file = open("info.txt")
FileNotFoundError: [Errno 2] No such file or directory: info.txt'
```

3. try-except 语句

理论微课 10-3：try-except 语句

Python 程序中若没有正确地处理错误的代码，程序在运行时检测到异常，会直接崩溃并返回异常信息，这种系统默认的异常处理方式并不友好。 为了使程序具有更高的容错性，更加健壮，Python 提供了 try-except 语句来捕获与处理异常，try-except 语句的语法格式如下。

```
try:
    可能出错的代码
except [异常类 [as 异常信息]]:
    捕获异常后的处理代码
```

上述格式中，try 语句之后为可能产生异常的代码块，也就是需要被监控的代码块。except 语句指定的异常类部分可以省略不写，也可以指定异常类或异常信息。若指定了异常类，那处理异常的代码块只会在指定的异常抛出时运行。否则 try 子句中抛出任何异常，处理异常的代码块都会运行。except 中的 as 关键字用于将捕获到的异常信息赋值给一个变量，便于输出异常信息。

当程序执行 try-except 语句时会按照如下过程执行：

① 执行 try 子句中可能出错的代码。

② 若 try 子句中没有产生异常，跳过 except 子句的代码。

③ 若 try 子句产生异常，则跳过 try 子句中出错行及之后的代码，执行 except 子句的代码。

try-except 语句可以捕获与处理程序中产生的单个、多个和全部异常，下面逐一介绍。

（1）捕获单个异常

捕获单个异常的方式比较简单，只需要在 except 之后指定捕获的单个异常类即可，示例代码如下。

```
num_one = int(input("请输入被除数："))
num_two = int(input("请输入除数："))
try:
    print("结果为：", num_one / num_two)
except ZeroDivisionError:
    print("出错了")
```

上述代码中，在 try 子句中尝试捕获两个整数 num_one 和 num_two 相除可能出现的异常，用户输入的变量 num_two 不确定，如果为 0 时会导致程序引发 ZeroDivisionError 异常。except 子句中明确指定捕获 ZeroDivisionError 异常，所以程序只有捕获到 ZeroDivisionError 异常后才会执行 except 子句的输出语句。

运行代码，输入被除数 4 和除数 0，结果如下所示。

```
请输入被除数：4
请输入除数：0
出错了
```

从上述输出结果可以看出，“出错了”仅仅能表明程序出现了异常，但没有明确地说明该异常产生的具体原因。为此，我们可以在异常类之后使用 as 来获取异常报错的具体信息，修改后的代码如下。

```
num_one = int(input("请输入被除数："))
num_two = int(input("请输入除数："))
try:
    print("结果为", num_one / num_two)
except ZeroDivisionError as error:
    print("出错了，原因：", error)
```

运行代码，输入被除数 4 和除数 0，结果如下所示。

```
请输入被除数：4
请输入除数：0
出错了，原因：division by zero
```

从上述输出结果可以看出，程序不仅捕获了 ZeroDivisionError 异常，还说明异常产生的具体原因，即 division by zero，也就是说除数为 0。

（2）捕获多个异常

捕获多个异常的方式也比较简单，只需要在 except 之后以元组形式指定多个异常类，示例代码如下。

```
try:
    num_one = int(input("请输入被除数："))
    num_two = int(input("请输入除数："))
    print("结果为", num_one / num_two)
except (ZeroDivisionError, ValueError) as error:
    print("出错了，原因：", error)
```

上述代码中，try 子句中执行除法运算时，可能会因除数为 0 使程序引发 ZeroDivisionError 异常，也可能会因被除数或除数为非数值类型而使程序引发 ValueError 异常。except 子句中明确指定了捕获 ZeroDivisionError 或 ValueError 异常，因此程序在检测到 ZeroDivisionError 或 ValueError 异常后会执行 except 子句的输出语句。

运行代码，输入被除数 4 和除数 0，结果如下所示。

```
请输入被除数：4
请输入除数：0
出错了，原因：division by zero
```

再次运行代码，输入被除数 4 和除数 p，结果如下所示。

```
请输入被除数：4
请输入除数：p
出错了，原因：invalid literal for int() with base 10: 'p'
```

由两次输出的结果可知，程序可以成功地捕获 ZeroDivisionError 或 ValueError 异常。

（3）捕获全部异常

如果要捕获程序中所有的异常，那么可以将 except 之后的异常类设置为 Exception 或省略不写，示例代码如下。

```
try:
    num_one = int(input("请输入被除数："))
    num_two = int(input("请输入除数："))
    print("结果为", num_one / num_two)
except Exception as e:
    # 通过 repr() 函数获取异常类型和异常描述信息
    print("出错了，原因：", repr(e))
```

运行代码，输入被除数 4 和除数 p，结果如下所示。

```
请输入被除数：4
请输入除数：a
出错了，原因：ValueError("invalid literal for int() with base 10: 'a'")
```

再次运行代码，输入被除数 4 和除数 0，结果如下所示。

```
请输入被除数：4
请输入除数：0
出错了，原因：ZeroDivisionError('division by zero')
```

理论微课 10-4：try-except-else 语句

通过上述两次的运行结果可知，当捕获的异常类设置为 Exception 后，程序在执行时分别捕获了 ValueError 和 ZeroDivisionError 异常。

4. try-except-else 语句

try-except 语句可以与 else 子句组合成 try-except-else 语句，当程序执行 try-except-else 语句时，若 try 子句中监控的代码没有引发异常，程序会执行 else 子句后的代码。try-except-else 语句的语法格式如下。

```
try:
    可能出错的代码
except [异常类 [as 异常信息]]:
    捕获异常后的处理代码
else:
    没有异常的处理代码
```

例如，使用 except 子句和 else 子句分别处理除数为 0 和非 0 的情况，示例代码如下。

```
first_num = int(input("请输入被除数："))
second_num = int(input("请输入除数："))
try:
    result = first_num / second_num
except ZeroDivisionError as error:
    print('异常原因：', error)
else:
    print(result)
```

上述代码中，在 try 子句中计算 first_num 和 second_num 相除的结果 result，在 except 子句中指定捕获 ZeroDivisionError 异常，在 else 子句中输出两数相除的结果 result。

运行代码，输入被除数 10 和除数 1，结果如下所示。

```
请输入被除数：10
请输入除数：1
10.0
```

由以上输出结果可知，程序没有出现异常，输出了两数相除后的结果。

5. try-except-finally 语句

try-except 语句还可以与 finally 子句连用组合成 try-except-finally 语句，当程序执行 try-except-finally 语句时，无论 try-except 是否捕获到异常，finally 子句后的代码都要执行。try-except-finally 语句的语法格式如下。

理论微课 10-5：try-except-finally 语句

```
try:
    可能出错的代码
except [异常类 [as 异常信息]]:
    捕获异常后的处理代码
finally:
    无论是否出错都会执行的代码
```

基于 finally 子句的特性，在实际应用时 finally 子句多用于预设资源的清理操作，如关闭文件、关闭网络连接、关闭数据库连接等。

在使用 Python 处理文件时，为避免打开的文件占用过多的系统资源，需要在完成对文件的操作后使用 close( ) 方法关闭文件。为了确保文件一定会被关闭，可以将文件关闭操作放在 finally 子句中，示例代码如下。

```
1. file = open('异常.txt', 'r')
2. try:
3.     file.write("人生苦短，我用 Python")
4. except Exception as error:
5.     print("写入文件失败", error)
6. finally:
7.     file.close()
8.     print('文件已关闭')
```

上述代码中，第 2 ~ 8 行代码使用 try-except-finally 语句捕获与处理了文件操作过程中的异常，在 try 子句中调用 write( ) 方法向“异常.txt”文件中写入了数据。在 except 子句中捕获了程序写入文件时可能引发的全部异常，在 finally 子句中通过 file 对象调用 close( ) 方法关闭文件。

■ 任务分析

根据任务描述得知，本任务需要实现反诈查询系统，该系统共包含两个功能：反诈查询功能和举报功能。可以设计两个函数，分别是 main( ) 和 search_report( )，其中 main( ) 函数用于展示反诈查询系统的功能。search_report( ) 函数用于举报或查询用户输入的手机号码或网址。关于这 2 个函数的设计与逻辑具体如下。

（1）search_report( ) 函数

search_report( ) 函数接收 3 个参数，分别是查询或举报的类型（手机号或网址）、查询或举报的数据和标识、执行反诈查询逻辑或举报逻辑的参数。其中，第 2 个参数的值可以是 1 或 2，当值为 1 时执行反诈查询逻辑；当值为 2 时执行举报逻辑。

因为需要对 info.txt 文件进行读写操作，为了避免因异常而导致程序无法运行，所以使用 try-except 语句处理打开文件可能出现的异常。使用 try-except-else-finally 语句处理读取文件和关闭文件时可能出现的异常。

观察图 10-1 得知，info.txt 文件中数据是以字典形式存储的，并且每种类型（手机号或网址）

都对应一个列表，该列表中又存储着多个字典，字典中的每个键代表着手机号码或网址，字典中的每个键对应的值表示标记的次数。为了能在程序中使用文件中的数据，需要读取文件中的数据，并使用 eval( ) 函数将读取的内容转换为 Python 中的字典类型。

因为 search_report( ) 函数接收用户选择查询或举报模式（手机号或网址）的标识，所以可以根据传入的查询或举报模式标识获取字典中所有的手机号码或网址。当执行反诈查询逻辑时，先判断用户输入的手机号码或网址是否存在字典数据中，若存在，则获取查询数据的索引值，并通过索引值获取对应字典数据，通过遍历输出查询的内容和被标记的次数。若不存在，则提示“查询内容不存在”。当执行举报逻辑时，同样需要判断举报的数据是否存在，若存在，则获取举报数据对应的索引值，并将标记次数加 1。若不存在，则将举报的数据写入到字典中，并将标记次数设置为 1。需要注意的是，由于从文件中读取全部数据后文件读写位置此时在末尾，为了保证后续向文件重新写入数据时能够正确写入数据，因此需要使用 seek() 方法将文件读写位置移动到文件的起始位置。

（2）main( ) 函数

main( ) 函数作为程序的入口，用于展示反诈查询系统所包含的功能。当用户选择反诈查询时，会提示用户选择“手机号查询”或“网址查询”。若用户选择“手机号查询”，则先让用户输入手机号然后调用 search_report ( ) 函数将查询的类型、手机号码和标识作为参数传入到该函数中。若用户选择“网址查询”，同样会先让用户输入网址然后调用 search_report ( ) 函数将查询的类型、网址和标识作为参数传入到该函数中。当用户选择举报功能时，程序的执行流程与执行反诈查询基本相同，不同之处在于标识参数的值不同。

■ 任务实现

结合任务分析的思路，接下来创建一个新的项目 Chapter10，在该项目中创建一个 01_fraud_query.py 文件。在该文件中编写代码，实现反诈查询系统的任务，具体步骤如下。

① 定义 main( ) 函数，用于展示反诈查询系统所包含的功能，以及控制程序的流程，具体代码如下。

```
1. def main():
2.     print('1.反诈查询 2.举报 3.退出')
3.     while True:
4.         options = input('请选择功能选项：')
5.         # 1.反诈查询
6.         if options == '1':
7.             flag = '1' # 标识参数
8.             print('1.手机号查询 2.网址查询')
9.             search_options = input('请输入选项：')
10.            if search_options == '1':
11.                search_options = '手机号'
12.                phone = input('请输入查询的手机号：')
13.                # 查询的时候标出已有多少人标记
14.                search_report(search_options, phone, flag)
15.            elif search_options == '2':
```

```
16.                 search_options = '网址'
17.                 website = input('请输入查询的网址：')
18.                 # 读取文件查询，定义一个查询方法
19.                 search_report(search_options, website, flag)
20.         # 2.举报
21.         elif options == '2':
22.             flag = '2'
23.             print('1.手机号举报 2.网址举报')
24.             search_options = input('请输入选项：')
25.             if search_options == '1':
26.                 search_options = '手机号'
27.                 phone = input('请输入举报的手机号：')
28.                 search_report(search_options, phone, flag)
29.             elif search_options == '2':
30.                 search_options = '网址'
31.                 website = input('请输入举报的网址：')
32.                 # 读取文件查询，定义一个查询方法
33.                 search_report(search_options, website, flag)
34.         elif options == '3':
35.             break
```

上述代码中，第 2 行代码使用 print( ) 函数输出反诈查询系统包含的功能，第 3 ~ 35 行代码使用 while 语句创建循环，用于保证程序可以循环执行。

第 4 行代码接收了用户输入的选项。第 6 ~ 19 行代码处理了用户选择“反诈查询”的情况，第 10 ~ 19 行代码判断用户选择的是“手机号查询”或是“网址查询”，若选择“手机号查询”，则使用变量 search_options 和 phone 分别保存查询类型“手机号”和用户输入的手机号，并调用 search_report( ) 函数进行查询。若选择“网址查询”，则使用变量 search_options 和 website 分别保存查询类型“网址”和用户输入的网址，并调用 search_report( ) 函数进行查询。

第 21 ~ 33 行代码处理了用户选择“举报”的情况，具体的实现逻辑与反诈查询功能的实现逻辑大致相同，不同之处在于调用 search_report( ) 函数时传入的标识参数 flag 的值为 2。

② 定义 search_report( ) 函数，用于查询或举报手机号或网址，具体代码如下。

```
1. def search_report(_type, data, flag):
2.     try:
3.         file = open('info.txt', 'r+', encoding='utf-8')
4.         try:
5.             # 转换为字典类型
6.             file_data = eval(file.read())
7.         except FileNotFoundError as error:
8.             print(error)  # 抛出异常
9.         else:
10.            keys_li = []  # 保存所有 key 值
11.            for info_dict in file_data[_type]:
12.                for k, v in info_dict.items():
13.                    # 将_type 类型所有 key 值保存到列表 keys_li
```

```
14.                 keys_li.append(k)
15.         if flag == '1':  # 查询逻辑
16.             # 判断查询举报的内容是否在 keys_li 列表中
17.             if data in keys_li:
18.                 # 获取查询内容在 keys_li 对应的索引
19.                 index = keys_li.index(data)
20.                 # 查询内容在 keys_li 与 _type 类型对应的索引值相同
21.                 for k, v in file_data[_type][index].items():
22.                     print(f'您查询的内容：{k}，已被标记 {v} 次 .')
23.             else:
24.                 print('查询内容不存在')
25.         elif flag == '2':  # 举报逻辑
26.             if data in keys_li:
27.                 # 获取举报内容在 keys_li 对应的索引
28.                 index = keys_li.index(data)
29.                 # 举报内容在 keys_li 与 _type 类型对应的索引相同
30.                 for k, v in file_data[_type][index].items():
31.                     file_data[_type][index].update({data: v + 1})
32.             else:
33.                 file_data[_type].append({data: 1})
34.             # 重置文件读写位置为 0,0
35.             file.seek(0, 0)
36.             file.write(str(file_data))
37.             print('举报成功')
38.     finally:
39.         file.close()
40. except FileNotFoundError as error:
41.     print(error)
```

上述代码中，第6行代码用于读取info.txt文件，并将数据转换为字典类型。第10 ~ 14行代码用于将手机号或网址存储到列表keys_li中。第15 ~ 24行代码用于处理查询逻辑，第19行代码通过index( )函数获取查询内容的索引值。第21、22行代码用于输出查询的内容和标记的次数。第25 ~ 37行代码用于处理举报逻辑。第30、31行代码用于将举报内容的标记次数加1。第33行代码用于将举报的内容写入到文件中，并设置标记次数为1。第35行代码用于将读写文件位置设置为起始位置。第36行代码用于将举报的数据写入到info.txt文件中。

③ 调用main( )函数，启动程序，具体代码如下。

```
if __name__ == '__main__':
    main()
```

运行01_fraud_query.py文件，反诈查询系统的运行结果如图10-3所示。

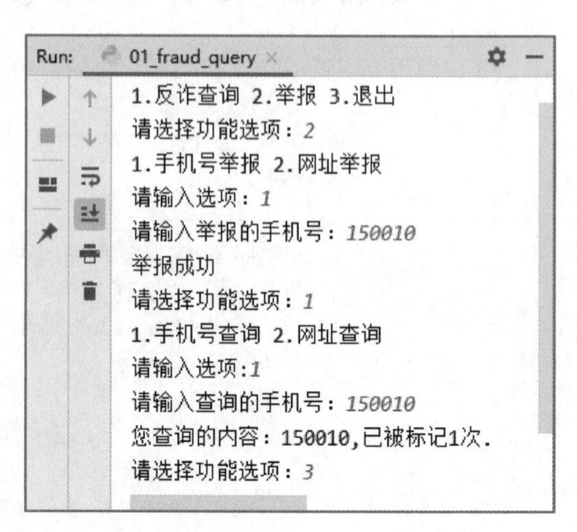

图10-3 01_fraud_query.py的运行结果

任务 10-2 模拟网上商城

任务描述

实操微课 10-2：任务 10-2 模拟网上商城

网络购物给我们日常的生活带来了极大的便利，用户可以通过网上商城选购商品，采用快递或外卖的形式送货上门，真正享受足不出户就可以购物的乐趣。

本任务要求编写代码，实现模拟线上购物程序，具体要求如下。

① 顾客可以选购 4 件商品，分别是五常大米、五丰河粉、农家大米、纯香香油，价格分别是 45.0 元、29.9 元、45.0 元和 22.9 元。

② 程序会一直监听用户输入商品名称和商品数量，并对商品输入数量进行检查。

③ 用户输入 q 后，程序会输出用户选购的商品名称、数量和总金额并退出。

知识储备

1. raise 语句

理论微课 10-6：raise 语句

Python 程序中的异常不仅可以自动触发，还可以由开发人员使用 raise 语句强制引发。Python 中使用 raise 语句可以自行引发异常，raise 语句的语法格式如下。

```
raise 异常类        # 格式 1：使用异常类名引发指定的异常
raise 异常类对象    # 格式 2：使用异常类的对象引发指定的异常
raise               # 格式 3：使用刚出现过的异常重新引发异常
```

以上 3 种格式都是通过 raise 语句引发异常。第 1 种格式和第 2 种格式是对等的，都会引发指定类型的异常，其中第 1 种格式会隐式创建一个该异常类型的对象，第 2 种形式是最常见的，它会直接提供一个该异常类型的对象。第 3 种格式用于重新引发上下文中捕获的异常，或默认引发 Runtime Error 异常。

raise 语句 3 种形式的使用介绍如下。

（1）使用异常类名引发指定的异常

使用“raise 异常类”语句可以引发该语句中异常类对应的异常，示例代码如下。

```
raise IndexError
```

运行代码，结果如下所示。

```
Traceback (most recent call last):
  File "D:/Python 程序设计任务驱动教程 /Chapter10/demo.py", line 1,
      in <module>
    raise IndexError
IndexError
```

“raise 异常类”语句在执行时会先创建该语句中异常类的对象，然后引发异常。

（2）使用异常类的对象引发指定的异常

使用“raise 异常类对象”语句可以引发该语句中异常类对象对应的异常，示例代码如下。

```
raise IndexError()
```

运行代码，结果如下所示。

```
Traceback (most recent call last):
    File "D:/Python程序设计任务驱动教程/Chapter10/demo.py", line 1,
        in <module>
      raise IndexError
IndexError
```

以上示例代码中的 IndexError( ) 用于创建异常类对象，创建异常类对象时通过字符串指定异常的具体信息，示例代码如下。

```
raise IndexError('索引下标超出范围')                # 引发异常及其具体信息
```

运行代码，结果如下所示。

```
Traceback (most recent call last):
    File "D:/Python程序设计任务驱动教程/Chapter10/demo.py", line 1,
        in <module>
      raise IndexError('索引下标超出范围')
IndexError: 索引下标超出范围
```

（3）使用上下文中捕获的异常类对象重新引发异常，或默认引发 Runtime Error 异常

使用不带任何参数的“raise”语句可以引发 try 语句中捕获的异常，示例代码如下。

```
try:
      raise IndexError('索引下标超出范围')
except:
      raise
```

上述代码中，try 子句中使用 raise 语句主动引发 IndexError 异常，except 子句会被执行。except 子句中又使用 raise 语句引发 try 语句中抛出的 IndexError 异常，最终程序因为产生 IndexError 异常而终止执行。

运行代码，结果如下所示。

```
Traceback (most recent call last):
    File "D:/Python程序设计任务驱动教程/Chapter10/demo.py", line 2,
        in <module>
      raise IndexError('索引下标超出范围')
IndexError: 索引下标超出范围
```

理论微课 10-7：assert 断言语句

2. assert 断言语句

assert 断言语句用于判定一个表达式是否为真，如果表达式的值为真，则不做任何操作运行后续代码。否则引发 AssertionError 异常。assert 断言语句的语法格式如下。

```
assert 表达式[,异常信息]
```

以上语法格式的 assert 后面紧跟一个表达式，表达式后面可以使用字符串来描述异常信息。

assert 断言语句可以帮助开发人员在开发阶段调试程序，以保证程序能够正确运行。例如，使用 assert 断言语句判断用户输入的除数是否为 0，代码如下所示。

```
num_one = int(input("请输入被除数："))
num_two = int(input("请输入除数："))
assert num_two != 0, '除数不能为0'
                        # assert 语句判定 num_two 不等于 0
result = num_one / num_two
print(num_one, '/', num_two, '=', result)
```

以上代码，首先会接收用户输入的两个数 num_one 和 num_two，然后使用 assert 断言语句断定 num_two 是否不等于 0，若 num_two 不等于 0，则会运行后续代码将 num_one 与 num_two 分别作为被除数与除数进行除法运算并输出 num_one 除以 num_two 的结果。否则会引发 AssertionError 异常，并提示“除数不能为 0”的错误。

运行代码，输入被除数 4 和除数 0，结果如下所示。

```
请输入被除数：4
请输入除数：0
Traceback (most recent call last):
   File "D:/Python 程序设计任务驱动教程 / 第 10 章 /demo.py", line 3,
      in <module>
     assert num_two != 0, '除数不能为0'
                        # assert 语句判定 num_two 不等于 0
AssertionError: 除数不能为 0
```

assert 断言语句多用于程序开发和测试阶段，其主要目的是确保后续代码逻辑正确。

3. 自定义异常

Python 中定义了大量的异常类，虽然这些异常类可以描述编程时出现的绝大部分错误情况，但仍难以涵盖所有可能出现的异常。Python 允许开发人员自定义异常。自定义异常的方式很简单，只需要定义一个表示异常的类，让它继承 Exception 类或其他异常类即可。

理论微课 10-8：自定义异常

定义一个继承自 Exception 的异常类 CustomError，示例代码如下。

```
class CustomError(Exception):
     pass       # pass 表示空语句，是为了保证程序结构的完整性
```

接下来，通过代码演示自定义异常类 CustomError 的用法，示例代码如下。

```
try:
     raise CustomError("出现错误")
except CustomError as error:
     print(error)
```

上述代码在 try 语句中通过 raise 语句引发自定义异常 CustomError，同时还为该异常指定提示信息。

自定义异常类与普通类一样，也可以具有自己的属性和方法，但一般情况下不添加或者只为其添加几个用于描述异常的详细信息的属性即可。

例如，定义一个检测用户上传图片格式的异常类，在该异常类的构造方法中调用父类的 __init__() 方法并将异常信息作为参数传入，示例代码如下。

```
class FileTypeError(Exception):                    # 自定义异常类
    def __init__(self):
        self.err = '仅支持 jpg/png/bmp 格式'
        super().__init__(self.err)
file_name = input("请输入上传图片的名称（包含格式）：")
try:
    if file_name.split(".")[1] in ["jpg", "png", "bmp"]:
        print("上传成功")
    else:
        raise FileTypeError
except Exception as error:
    print(error)
```

上述代码中，首先定义了一个继承自 Exception 的 FileTypeError 类，然后根据用户输入的文件信息，检测上传的图片是否符合要求。如果图片格式符合要求，则输出“上传成功”的提示信息，否则使用 raise 语句引发 FileTypeError。在引发 FileTypeError 异常时没有传入参数，所以会使用默认的异常提示信息，最后捕获异常，将异常信息提示给用户。

运行程序，输入符合图片格式要求的文件名，结果如下所示。

```
请输入上传图片的名称（包含格式）：flower.jpg
上传成功
```

再次运行程序，输入不符合图片格式要求的文件名，结果如下所示。

```
请输入上传图片的名称（包含格式）：flower.gif
仅支持 jpg/png/bmp 格式
```

■ 任务分析

根据任务描述得知，本任务需要检测商品名称和输入商品数量是否异常。Python 内置的异常类中没有用于提示用户输入无效的异常类。所以我们需要自定义异常类。定义的异常类需要继承 Exception 类，并在构造方法中将提示的异常信息作为参数传入。

自定义异常类完成后，便可以定义购物流程的函数，该函数的逻辑具体如下。

① 定义包含商品名称和商品价格的字典，并通过 for 语句向用户输出展示商品名称和对应价格。

② 接收用户输入的商品名称，若输入的值为“q”或不在商品名称列表中就使用 break 语句结束循环并终止程序。

③ 若输入正确的商品名称，则继续接收用户输入的商品数量。

④ 当输入的数量小于 0 时，该程序支持商品数量的修改。若选择修改商品数量，则接收用户输入新的商品数量，同时判断新输入的商品数量是否小于 0，若小于 0，则抛出自定义异常。若选择不修改商品数量，则将商品数量设置为 1。

⑤ 计算并输出用户选择的商品名称和商品总价格。

任务实现

结合任务分析的思路，接下来在 Chapter10 项目中创建一个 02_shopping_detection.py 文件，在该文件中编写代码，分步骤实现模拟线上购物的任务，具体步骤如下。

① 定义异常类 QuantityError，并继承 Exception 类，具体代码如下。

```
1. class QuantityError(Exception):
2.     def __init__(self, err="输入无效"):
3.         super().__init__(err)
```

② 定义 shopping( ) 函数，具体代码如下所示。

```
1. def shopping():
2.     goods_li = []  # 保存所有商品数据
3.     all_total = 0  # 定义初始总价格为 0 元
4.     goods_dict = {"五常大米": 45.00, "五丰河粉": 29.90,
5.                   "农家大米": 45.00, "纯香香油": 22.90}
6.     print('名称            价格')
7.     print('按 q 退出')
8.     for name, price in goods_dict.items():
9.         print(f"{name}    {price}元")
10.    while True:
11.        cart_dict = {}        # 选择的商品数据
12.        goods_name = input("请输入选购的商品名称:\n")
13.        if goods_name == 'q':
14.            break
15.        elif goods_name not in list(goods_dict.keys()):
16.            print(f'选购的商品: {goods_name}不存在')
17.            break
18.        else:
19.            try:
20.                goods_num = int(input("请输入选购的数量:\n"))
21.                cart_dict['名称'] = goods_name
22.                cart_dict['数量'] = goods_num
23.                if goods_num < 0:
24.                    raise QuantityError
25.            except Exception as error:
26.                print(error)
27.                judge = input("是否修改商品数量: y or n:\n")
28.                if len(cart_dict) == 0:
29.                    cart_dict['名称'] = goods_name
30.                if judge == 'y':
31.                    try:
32.                        new_goods_num = int(input("请输入商品数量: "))
33.                        cart_dict['数量'] = new_goods_num
```

```
34.                     if new_goods_num < 0:
35.                         raise QuantityError
36.                 except Exception as e:
37.                     cart_dict['数量'] = 1
38.             elif judge == 'n':
39.                 cart_dict['数量'] = 1
40.             else:
41.                 print('请输入正确指令')
42.                 print('当前选购数量设置为1')
43.                 cart_dict['数量'] = 1
44.         finally:
45.             goods_li.append(cart_dict)
46.     for i in goods_li:
47.         # goods_dict[i['名称']] 获取商品对应的价格
48.         total = goods_dict[i['名称']] * i['数量']
49.         all_total += total
50.         print(f'选购的商品名称：{i["名称"]}')
51.         print(f'选购的商品数量：{i["数量"]}')
52.     print(f'总消费{all_total}元')
```

上述代码中，第2～4行代码定义了3个变量goods_li、all_total和goods_dict，其中goods_li表示保存所有商品数据的列表，初始值为空列表。all_total表示商品的总价格，初始值为0。goods_dict表示保存商品信息的字典，字典的键为商品，字典的值为价格。

第6～9行代码用于向用户展示所有的商品信息。第10行代码创建了while循环，用于保证程序能够循环执行。第11～17行代码接收用户输入的商品名称，若用户输入为q或者不在商品信息字典goods_dict中，则使用break语句跳出循环。

第19～24行代码在try子句中先接收用户选择的商品名称和数量，若输入的数量小于0，则使用raise语句引发QuantityError异常。第25～43行代码在except子句中，询问用户是否修改商品数量，若选择修改，则接收用户输入的数量，并判断输入的数量是否小于0，若小于0，则使用raise语句引发QuantityError异常。若选择不修改，则设置商品数量为1。第44、45行代码将商品信息添加到列表goods_li。

第46～52行代码用于展示用户选择的商品信息以及计算商品总金额。

③ 调用shopping()函数，具体代码如下。

```
if __name__ == '__main__':
    shopping()
```

④ 运行02_shopping_detection.py文件，商品数量异常检测程序的运行结果如图10-4所示。当用户输入的商品数量为-1时，提示输入无效，并询问是否修改商品数量。用户选择修改并输入有效的商品数量后，选择退出程序，输出了选购的商品名称以及消费的总金额。

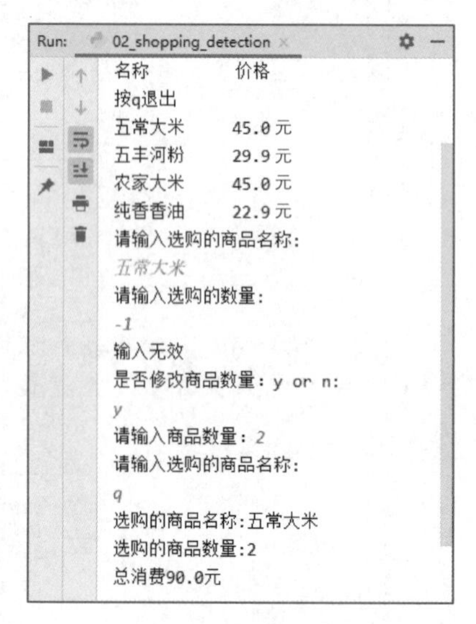

图10-4 02_shopping_detection的运行结果

知识梳理

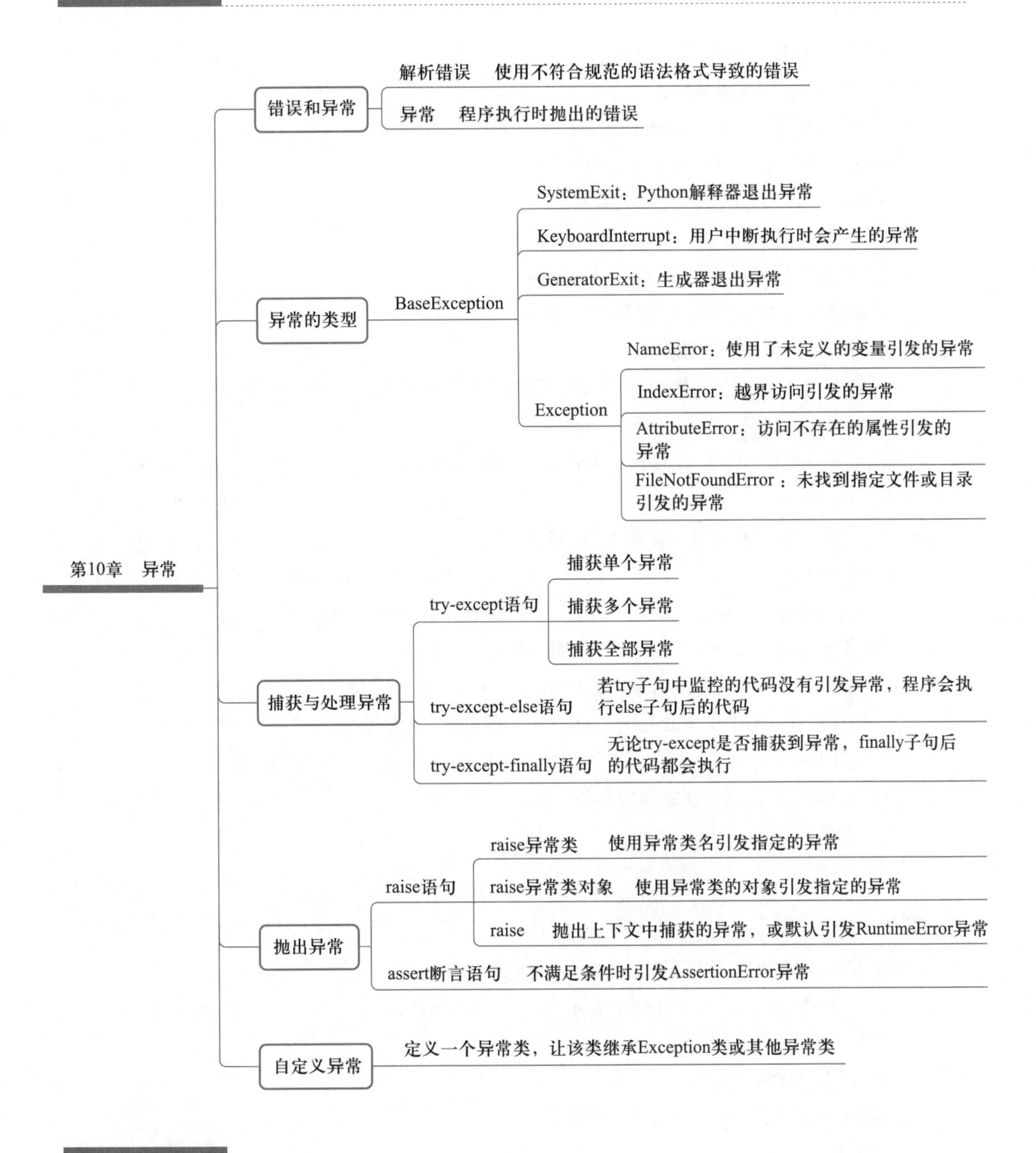

本章习题

一、填空题

① Python 中使用________语句可以显式地引发异常。

② Python 断言语句使用关键字________定义。

③ 若程序中除数为 0，则会导致程序引发________异常。

④ 自定义异常需要继承________类。

⑤ 捕获多个异常需要在 except 之后以________形式指定多个异常类型。

二、判断题

① 错误就是异常，异常就是错误。 ( )

② try-except 语句可以捕获多个异常。 ( )

③ else 子句不可以与 try-except 语句连用。 ( )

④ finally 子句可以与 try-except 语句连用。 ( )

⑤ 使用 raise 语句可以显式地引发异常。 ( )

三、选择题

① 下列关于错误和异常的描述中，错误的是 ( )。

A. 程序执行时检测到的错误称为异常

B. 解析错误就是语法错误

C. 含有语法错误的程序会引发异常，无法正常运行

D. 自定义的异常不需要继承 Exception

② 当 try 子句中的代码没有监听到异常时，一定不会执行 ( ) 子句。

A. except B. try C. finally D. else

③ 在完整的异常捕获语句中，各子句的顺序为 ( )。

A. try—except—else—finally B. try—else—except—finally

C. try—except—finally—else D. try—else—finally—except

④ 下列关于 try—except 的说法中，错误的是 ( )。

A. try 子句中若没有发生异常，则忽略 except 子句中的代码

B. 程序捕获到异常会先执行 except 语句，再执行 try 语句

C. 若在执行 try 子句中的代码时引发异常，则会执行 except 子句中的代码

D. except 可以指定错误的异常类型

⑤ 阅读下列代码：

```
num_li = [3, 3, 3]
print(num_li[3])
```

下列异常中，哪个是上述代码运行后会引发的？ ( )

A. SyntaxError B. IndexError C. KeyError D. NameError

四、简答题

① 简述什么是异常。

② 列举 3 种异常类型并说明其产生的原因。

五、编程题

① 编写程序，实现读取文件内容，并能够根据用户输入的身份信息查询归属地。若文件不存在或输入不合法，则抛出异常。

② 编写程序，实现四则运算功能。若用户输入的数据不合法，则抛出异常。

第11章 综合项目——银行智能柜员系统

- 了解银行智能柜员系统，能够说出银行智能柜员系统包含的所有功能。
- 熟悉模块的设计方式，能够根据银行智能柜员系统的功能设计模块。
- 熟悉类的设计方式，能够根据银行智能柜员系统的功能设计类。
- 掌握欢迎界面的样式，能够按照界面样式显示欢迎界面。
- 掌握管理员登录的实现逻辑，能够实现管理员登录的功能。
- 掌握开户功能的实现逻辑，能够独立完成开户功能。
- 掌握查询功能的实现逻辑，能够独立完成查询功能。
- 掌握取款功能的实现逻辑，能够独立完成取款功能。
- 掌握存款功能的实现逻辑，能够独立完成存款功能。
- 掌握转账功能的实现逻辑，能够独立完成转账功能。
- 掌握锁定功能的实现逻辑，能够独立实现锁定功能。
- 掌握解锁功能的实现逻辑，能够独立实现解锁功能。
- 掌握退出系统功能的实现逻辑，能够独立实现退出系统功能。

PPT：第11章　综合项目——银行智能柜员系统

教学设计：第11章　综合项目——银行智能柜员系统

随着计算机和网络技术的迅猛发展，信息管理系统应用在金融行业，实现了银行管理系统助力金融行业数字化转型。银行管理系统改变了传统银行人工办理日常业务的方式。智能柜员系统是一种银行管理系统，这种系统可以辅助银行工作人员办理日常业务，这样不仅缩短了用户办理日常业务的时间，还简化了银行内部各项业务的流程。本章将通过13个任务逐步完成一个实用性的综合项目——银行智能柜员系统，引导大家在实际开发项目时灵活地应用面向对象思想，体会使用Python语言开发项目的乐趣。

任务11-1 搭建项目架构

实操微课11-1：任务11-1 搭建项目架构

■ 任务描述

银行智能柜员系统启动后会进入欢迎界面，之后管理员输入正确的账户与密码登录后进入功能菜单界面，该界面中展示了系统支持的所有功能，包括开户（1）、查询（2）、取款（3）、存款（4）、转账（5）、锁定（6）、解锁（7）和退出（Q或q）。用户可以根据自己需求选择相应功能的编号或字母，之后按照提示完成相应的操作。银行智能柜员系统使用流程如图11-1所示。

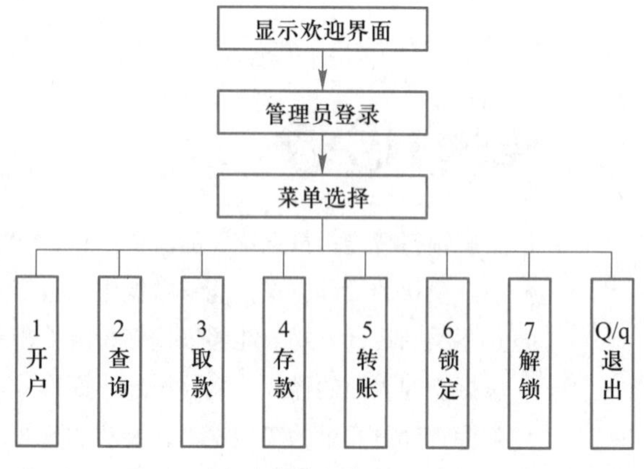

图11-1 银行智能柜员系统的使用流程

银行智能柜员系统的所有功能以及使用流程的说明如下。

1. 开户功能

开户功能为用户提供用户在银行开通账户的服务。用户需要按照提示依次输入姓名、身份证号、手机号、预存金额、密码信息，系统会对预存金额和密码这两项信息进行检测。如果预存金额小于0，或者两次输入的密码不一致，那么系统会回退至功能菜单界面。如果账户开通成功，那么系统会随机生成一个不重复的6位卡号作为银行卡号。

2. 查询功能

查询功能提供查看用户当前卡号的余额的服务。用户按照提示依次输入正确的卡号及密码，便可以看到当前卡号的余额。如果用户输入的卡号不存在，那么系统会回退至功能菜单界面。如果用户连续3次输入错误的密码，那么该账户会被系统锁定。

3. 取款功能

取款功能提供从当前卡号取出资金的服务。用户需要先按照提示输入正确的卡号与密码，再根据提示输入取款金额，便可以取出该卡号上的资金。如果用户输入的取款金额大于卡上余额，那么系统进行提示并返回功能菜单界面。

4. 存款功能

存款功能提供向当前卡号存入资金的服务。用户需要先按照提示输入正确的卡号与密码，再根据提示输入正确的存款金额。如果用户输入的卡号不存在，那么系统会回退至功能菜单界面。如果用户连续3次输入错误的密码，那么该账户会被系统锁定。如果用户输入的存款金额小于0，系统进行提示并返回功能菜单界面。

5. 转账功能

转账功能提供一个卡号向另一个卡号转入资金的服务。用户需要按照提示分别输入正确的转出卡号、转入卡号、密码，再根据提示输入转账金额，确认是否执行转账功能。若用户确定转账，则转出卡号与转入卡号的金额做相应计算并赋值，否则返回功能菜单界面。如果用户输入的转账金额小于卡上余额，系统进行提示并返回功能菜单界面。

6. 锁定功能

锁定功能是指限制当前卡号进行相关操作。用户需要按照提示分别输入正确的卡号与密码，便可以对该卡号进行锁定操作。锁定后的卡号不能执行查询、取款、存款、转账等操作。

7. 解锁功能

解锁功能提供取消当前卡号的限制的服务。用户需要按照提示分别输入正确的卡号与密码，便可以对该卡号进行解锁操作，解锁后的卡号能够正常使用查询、取款、存款、转账等功能。如果用户输入的卡号未被锁定，那么系统会进行提示并返回功能菜单界面。

8. 退出功能

退出功能提供退出智能柜员系统的服务。用户需要按照提示分别输入管理员账户与密码。若用户输入错误的账户与密码，则会回退至功能菜单界面。若用户输入正确的账户与密码，则会执行存盘操作，更新用户信息后退出系统。

本任务要求根据上述智能柜员系统中涉及的角色及功能来划分模块，并使用 PyCharm 工具创建项目及模块，完成项目架构的搭建。

■ 任务分析

结合任务描述中智能柜员系统的功能可知，我们可以提炼出两个比较重要的角色，分别是系统和自动柜员机。其中系统负责控制智能柜员系统的执行流程，自动柜员机负责提供核心功能，包括开户、查询、取款、存款、转账、锁定和解锁。

除这两个角色外，智能柜员系统需要操作的对象还有管理员、用户和银行卡，为了便于后期扩展项目的功能，我们把管理员、用户和银行卡也封装为 3 个对象。

智能柜员的对象之间没有共同的特征或行为，都是独立存在的。我们可以将每个角色封装为一个类，每个类对应一个模块，分别是 bank_manager.py、atm.py、admin.py、user.py 和 card.py，关于这些模块的说明如下。

① bank_manager.py：封装智能柜员系统类。

② atm.py：封装 ATM 类。

③ admin.py：封装管理员类。

④ user.py：封装用户类。

⑤ card.py：封装银行卡类。

■ 任务实现

结合任务分析中设计好的模块，接下来使用 PyCharm 创建一个新的项目 Chapter11，在该项目中依次创建5个模块，分别为bank_manager.py、atm.py、admin.py、user.py和card.py。项目的目录结构如图11-2所示。

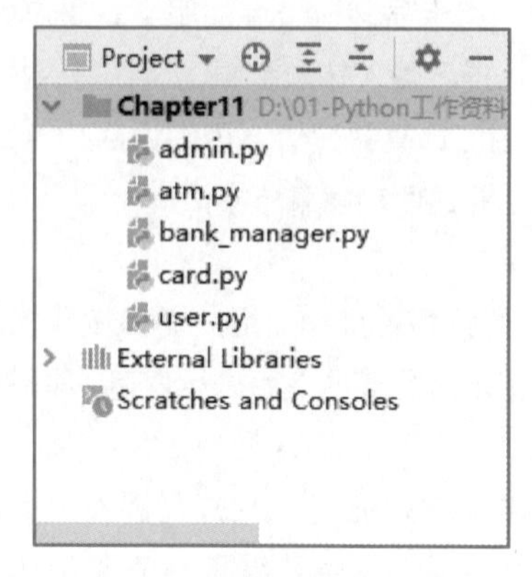

图11-2 项目的目录结构

任务11-2 设计类

任务描述

实操微课11-2：任务11-2 设计类

在使用面向对象的思想开发项目时，需要确定项目中需要包含哪些类。智能柜员系统涉及5种对象，分别是系统、自动柜员机、管理员、用户和银行卡，每种对象有着各自的特征和行为。

本任务要求根据系统、自动柜员机、管理员、用户和银行卡的特征和行为设计类，并编写代码定义类。

任务分析

结合智能柜员系统的使用流程及功能，下面对系统、自动柜员机、管理员、用户和银行卡这几种对象的特征和行为进行归纳，具体内容如下。

（1）系统（BankManager）

① 特征：所有用户的信息、自动柜员机、管理员。

② 行为：存盘、启动、退出。

（2）自动柜员机（ATM）

① 特征：所有用户的信息。

② 行为：开户、随机生成卡号、查询、校验密码、取款、存款、转账、锁定、解锁。

（3）管理员（Admin）

① 特征：账户、密码。

② 行为：显示欢迎界面、显示功能菜单、核对账户与密码。

（4）用户（User）

① 特征：用户名、用户ID、手机号、银行卡。

② 行为：无。

（5）银行卡（Card）

① 特征：卡号、卡密码、卡金额、锁定状态。

② 行为：无。

根据上述 5 种对象的特征和行为设计智能柜员系统的类图，如图 11-3 所示。

BankManager	
all_user_dict	所有用户
atm	自动柜员机
admin	管理员
__init__()	初始化
save_user()	存盘
work()	启动

User	
name	用户名
id	用户ID
phone	手机号
card	银行卡
__init__()	初始化

ATM	
all_user	所有用户
__init__()	初始化
random_card_id()	随机生成开户卡号
create_user()	开户
check_pwd()	校验密码
lock_card()	锁定
search_user()	查询
get_money()	取款
save_money()	存款
transfer_money()	转账
unlock_card()	解锁

Admin	
admin_name	管理员的账户
admin_pwd	管理员的密码
print_admin_view()	显示欢迎界面
print_func_view()	显示功能菜单
check_option ()	核对账户与密码

Card	
card_id	卡号
card_pwd	卡密码
money	卡金额
card_lock	是否为锁定状态
__init__()	初始化

图 11-3 智能柜员系统的类图

任务实现

根据图 11-3 展示的类图，在 card.py、user.py、admin.py、atm.py 和 bank_manager.py 文件中分别定义 Card、User、Admin、ATM 和 BankManager 类。

① Card 类的初始化代码如下。

```
class Card:
    def __init__(self, card_id, card_pwd, money):
        self.card_id = card_id              # 卡号
        self.card_pwd = card_pwd            # 卡密码
        self.money = money                  # 卡金额
        self.card_lock = False              # 是否为锁定状态，默认不锁定
```

上述代码中，Card 类的构造方法中包含 4 个属性，其中 card_id、card_pwd 和 money 属性，分别表示卡号、卡密码和卡金额，它们的初始值是由系统开户时生成的卡号或用户输入的卡号信息决定的。card_lock 属性表示卡是否为锁定状态，它的默认值为 False，代表未锁定。

② User 类的初始化代码如下。

```
class User:
    def __init__(self, name, id, phone, card):
        self.name = name                    # 用户名
        self.id = id                        # 用户 id
        self.phone = phone                  # 手机号
        self.card = card                    # 银行卡
```

上述代码中，User 类的构造方法中包含 4 个属性，其中 name、id 和 phone 属性的初始值是由系统开户时用户填写的个人信息赋值的。card 属性的初始值是由系统为该用户分配的卡号决定的。

③ Admin 类的代码如下。

```
1. class Admin:
2.     admin_name = 'admin'              # 管理员的账户
3.     admin_pwd = '123'                 # 管理员的密码
4.     # 显示欢迎界面
5.     @staticmethod
6.     def print_admin_view():
7.         pass
8.     # 显示功能菜单
9.     @staticmethod
10.    def print_func_view():
11.        pass
12.    # 核对管理员账户与密码
13.    def check_option(self):
14.        pass
```

上述代码中，第 2、3 行代码定义了两个类属性分别表示管理员的账户和管理员的密码，其中 admin_name 属性的初始值为“admin”，admin_pwd 属性的初始值为“123”。第 5 ~ 11 行代码定义了两个静态方法 print_admin_view( ) 和 print_func_view( )，它们之所以会被定义为静态方法，是因为这两个方法的内部不会涉及访问类或对象成员的操作。

④ ATM 类的代码如下。

```
1. class ATM:
2.     def __init__(self, all_user):
3.         self.all_user = all_user   # 所有用户
4.     # 随机生成开户卡号
5.     def random_card_id(self):
6.         pass
7.     # 开户
8.     def create_user(self):
9.         pass
10.    # 校验密码，连续输错 3 次密码会返回功能菜单界面
11.    def check_pwd(self):
12.        pass
13.    # 锁定
14.    def lock_card(self):
15.        pass
16.    # 查询
17.    def search_user(self):
18.        pass
19.    # 取款
20.    def get_money(self):
21.        pass
22.    # 存款
23.    def save_money(self):
```

```
24.         pass
25.     # 转账
26.     def transfer_money(self):
27.         pass
28.     # 解锁
29.     def unlock_card(self):
30.         pass
```

上述代码中，ATM 类的构造方法中只包含 1 个属性 all_user，该属性表示所有用户对象，它的初始值由银行智能柜员系统启动后保存的用户信息字典决定的。

⑤ BankManager 类的代码如下。

```
from admin import Admin
from atm import ATM
class BankManager:
    def __init__(self):
        self.all_user_dict = {}      # 保存所有用户信息的字典
        self.atm = ATM(self.all_user_dict)
                                     # 自动柜员机
        self.admin = Admin()         # 管理员
    def save_user(self):
        pass
    def work(self):
        pass
```

需要注意的是，以上类中除构造方法 __init__( ) 外，其他方法内部均未实现具体的代码逻辑，只是使用 pass 关键字占位，具体的代码逻辑会在后面的任务中逐步完成。

任务 11-3 显示欢迎界面

■ 任务描述

实操微课 11-3：任务 11-3 显示欢迎界面

欢迎界面会将公司 logo、公司广告信息或促销活动等信息呈现给用户。它会在软件启动后直接展示到屏幕上，几秒钟之后自动进入软件的主界面。欢迎界面不仅提升了用户的体验度，还为加载主界面数据预留了一定的时间，使软件的初始化更加流畅。

银行智能柜员系统的欢迎界面相对简单一些，没有酷炫的图片效果，只包含一些简单的边框和文字，具体如图 11-4 所示。

本任务要求编写代码，使 Chapter11 项目能够显示图 11-4 所示的欢迎界面。

```
************************************************
***                                          ***
***                                          ***
***              欢迎登录银行系统              ***
***                                          ***
***                                          ***
************************************************
```

图 11-4 银行智能柜员系统的欢迎界面

任务分析

观察图 11-4 可知，欢迎界面具有以下几个特点：

① 欢迎界面由 7 行文本内容组成。

② 第 1 行和第 7 行的文本内容相同，包含 45 个“*”号。

③ 第 2、3、5、6 行的文本内容相同，包含 6 个“*”号和若干个空格，“*”号位于两端且与其他内容两端对齐。

④ 第 4 行内容有 6 个“*”号、若干个空格和汉字“欢迎登录银行系统”。

可以将欢迎界面中每行内容作为字符串的内容，通过多个 print() 函数将包含每行内容的字符串输出到控制台上。

任务实现

显示欢迎界面功能由 Admin 类的 print_admin_view( ) 方法完成。接下来，结合任务分析的思路，在 Admin 类的 print_admin_view( ) 方法中编写代码，实现显示欢迎界面的功能。print_admin_view( ) 方法的最终代码如下。

```
# 显示欢迎界面
@staticmethod
def print_admin_view():
    print("**************************************")
    print("***                                 ***")
    print("***                                 ***")
    print("***          欢迎登录银行系统          ***")
    print("***                                 ***")
    print("***                                 ***")
    print("**************************************")
```

为了验证上述方法是否能够正常执行，这里在 bank_manager.py 文件的 work( ) 方法中增加调用 print_admin_view( ) 方法的代码，具体代码如下。

```
def work(self):
    # 显示欢迎菜单
    self.admin.print_admin_view()
```

在 bank_manager.py 文件的末尾位置增加调用 work( ) 方法的代码，这样可以在项目启动后直接显示欢迎界面，具体代码如下。

```
if __name__ == "__main__":
    bank_manager = BankManager()
    bank_manager.work()
```

运行 bank_manager.py 文件，控制台输出了图 11-4 所示的欢迎界面，说明完成了显示欢迎界面的任务。

任务 11-4 管理员登录

任务描述

管理员是指系统超级管理员或超级用户，它拥有计算机管理的最高权限，允许对计算机进行任何操作。智能柜员系统中也设立了管理员账户，该账户会在系统启动或退出时核对管理员的账户与密码，防止其他用户随意打开或关闭系统。

在智能柜员系统启动后会要求管理员进行登录，登录成功后才会展示功能菜单，登录失败会关闭系统。效果如图 11-5 所示。

从图 11-5 中可以看出，只有正确输入管理员账户 admin 与密码 123 后，才能继续使用智能柜员系统的管理员功能。

本任务要求编写代码，实现管理员登录时符合以上逻辑的核对账户密码的功能。

```
请输入管理员账户：admi
管理员账户输入错误！
```

(b) 登录失败——账号有误

```
请输入管理员账户：admin
请输入密码：123
操作成功，请稍后……
```

(a) 登录成功

```
请输入管理员账户：admin
请输入密码：12
输入密码有误！
```

(c) 登录失败——密码有误

图 11-5 管理员登录成功和登录失败界面

实操微课 11-4：任务 11-4 管理员登录

任务分析

观察图 11-5 可知，管理员账户与密码的核对结果可以分成以下两种情况。

① 管理员账户核对失败，提示“管理员账户输入错误！”，并终止运行。

② 管理员账户核对正确，继续核对管理员密码。若管理员密码输入有误，则提示“输入密码有误！”。若管理员密码输入无误，则提示“操作成功，请稍后……”。

由此可见，无论管理员是否登录成功，都需要先对输入的管理员账户进行核对，正确后再继续核对密码。因此，我们可以通过两个 if 语句分别对管理员账户和密码进行判断。

为了区分登录成功与登录失败两种状态，可以为这两种状态指定状态值，如果状态值为 0，即布尔值为 False，则说明登录成功；如果状态值为 -1，即布尔值为 True，则说明登录失败。

任务实现

核对管理员账户与密码的功能由 Admin 类的 check_option( ) 方法完成。接下来，结合任务分析编写代码，实现管理员登录的任务，具体步骤如下。

① 在 check_option( ) 方法中增加核对管理员账户与密码的逻辑，check_option( ) 方法的代码如下。

```
1. # 核对管理员账户与密码
2.   def check_option(self):
3.       admin_input = input("请输入管理员账户：")
4.       if self.admin_name != admin_input:
5.           print("管理员账户输入错误！ ")
```

```
6.            return -1                      # 登录失败
7.        password_input = input("请输入密码：")
8.        if self.admin_pwd != password_input:
9.            print("输入密码有误！")
10.           return -1                      # 登录失败
11.       else:
12.           print("操作成功，请稍后......")
13.           return 0                       # 登录成功
```

上述代码中，第 3 行代码调用 input( ) 函数获取管理员账户并赋值给变量 admin_input，第 4 ~ 6 行代码判断 admin_input 是否与 admin_name 属性的值不相等。如果不相等，则输出“管理员账户输入错误！”，返回 -1；如果相等继续判断管理员密码。

第 7 行代码调用 input( ) 函数获取管理员密码，第 8 ~ 13 行代码使用 if-else 语句分别处理了密码错误和正确两种情况。其中第 8 ~ 10 行代码处理了密码错误的情况，输出“输入密码有误！”并返回 -1。第 11 ~ 13 行代码处理了密码正确的情况，输出“操作成功，请稍后……”并返回 0。

② 在 bank_manager.py 文件的 work( ) 方法的末尾调用 check_option( ) 方法，这样可以在显示欢迎菜单后核对管理员账户与密码，具体代码如下。

```
def work(self):
    ......
    # 管理员登录
    result = self.admin.check_option()
```

③ 为了验证此时的项目是否可以正常核对管理员账户与密码，在 bank_manager.py 文件的 work( ) 方法的末尾增加测试代码，对 result 的值进行处理，具体代码如下。

```
def work(self):
    ......
    if result:
        print("登录失败！")
    else:
        print("登录成功！")
```

若 result 的值为 True，则输出“登录失败！”，否则输出“登录成功！”。

④ 运行 bank_manager.py 文件，从键盘输入管理员账户 ad，结果如图 11-6 所示。

再次运行 bank_manager.py 文件，从键盘依次输入管理员账户 admin 和密码 1，结果如图 11-7 所示。

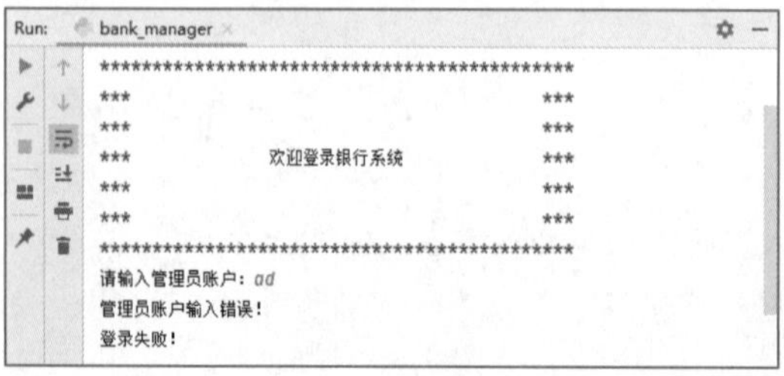

图 11-6　输入 ad 的运行结果

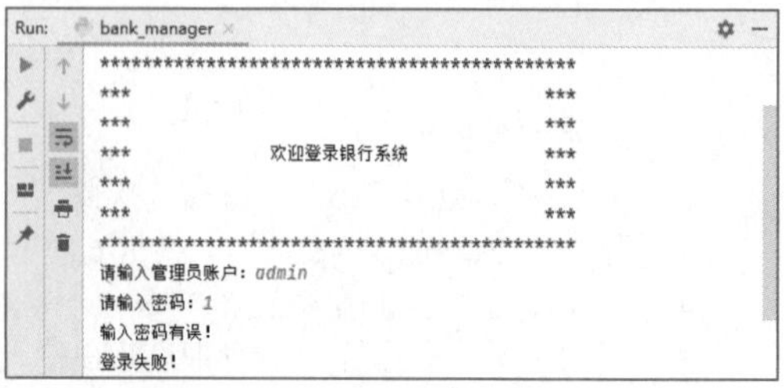

图 11-7　输入 admin 和 1 的运行结果

再次运行 bank_manager.py 文件，从键盘依次输入管理员账户 admin 和密码 123，结果如图 11-8 所示。

从图 11-6 到图 11-8 可以看出，程序可以正确地核对管理员账户与密码，并根据输入的管理员账户与密码输出相应的提示信息。

需要注意的是，测试完成后需要注释或删除测试代码，避免影响后面的输出结果。

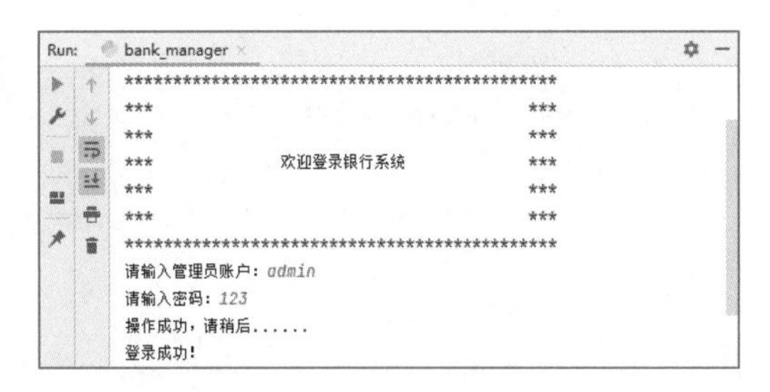

图 11-8　输入 admin 和 123 的运行结果

任务 11-5　菜单选择

■ 任务描述

在智能柜员系统中，管理员成功登录后会进入功能菜单界面，展示该系统支持的全部功能，如图 11-9 所示。该系统每项功能都对应一个编号或字母，用户需要根据自己的需求选择编号或字母，让系统执行相应的功能。如果用户输入了界面上没有显示的编号或字母，那么系统会提示“输入操作项有误，请仔细确认！”信息，并重新展示功能菜单界面。

本任务要求编写代码，实现以上功能。

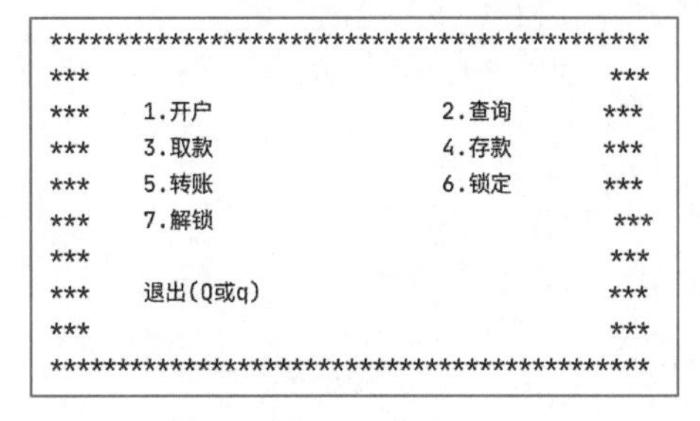

图 11-9　功能菜单界面

实操微课 11-5：任务 11-5　菜单选择

■ 任务分析

根据任务描述可知，我们需要先为用户展示功能菜单界面，再判断用户输入的选项，关于这两个操作的分析如下。

1. 展示功能菜单界面

观察图 11-9 可知，功能菜单界面与欢迎界面的风格类似，也是由若干行文本内容组成。菜单界面的展示功能可以通过多个 print( ) 函数完成，每个函数负责输出一行文本内容。

2. 判断用户输入选项

用户从键盘输入的选项需要通过 if-elif 语句完成判断并执行相关逻辑。

当系统执行退出以外的功能或者用户输错选项时，会重新展示功能菜单界面，直到用户主动选择退出系统。由此可见，用户输入选项是重复的操作，需要加入循环中。

■ 任务实现

接下来，结合任务分析的思路编写代码，分步骤实现菜单选择的任务，具体步骤如下。

① 在 Admin 类中，完善 print_func_view( ) 方法的代码，增加输出功能菜单界面中每一行内容的语句。print_func_view( ) 方法的最终代码如下。

```
# 显示功能菜单
    @staticmethod
    def print_func_view():
        print("**************************************")
        print("***                                ***")
        print("***     1.开户          2.查询      ***")
        print("***     3.取款          4.存款      ***")
        print("***     5.转账          6.锁定      ***")
        print("***     7.解锁                     ***")
        print("***                                ***")
        print("***     退出(Q或q)                 ***")
        print("***                                ***")
        print("**************************************")
```

② 在 BankManager 类中 work( ) 方法的末尾位置增加代码，用于重复展示功能菜单，并根据用户输入的选项执行相应的操作，代码如下所示。

```
1. def work(self):
2.     # 显示欢迎菜单
3.     self.admin.print_admin_view()
4.     # 管理员登录
5.     result = self.admin.check_option()
6.     if not result:
7.         while True:
8.             # 显示功能菜单界面
9.             self.admin.print_func_view()
10.            option = input("请输入您的操作：")
11.            if option not in ("1", "2", "3", "4", "5",
                                 "6", "7", "Q", "q"):
12.                print("输入操作项有误，请仔细确认！")
13.            if option == "1":              # 开户
14.                print("开户")
15.            elif option == "2":            # 查询
16.                print("查询")
17.            elif option == "3":            # 取款
18.                print("取款")
19.            elif option == "4":            # 存款
20.                print("存款")
21.            elif option == "5":            # 转账
22.                print("转账")
23.            elif option == "6":            # 锁定
24.                print("锁定")
25.            elif option == "7":            # 解锁
26.                print("解锁")
27.            elif option.upper() == "Q":    # 退出
28.                break
```

上述代码中，第6行代码判断“not result”条件是否为True。若为True，说明管理员登录成功，需要用户根据功能菜单界面选择功能。

第 9 行代码调用 print_func_view( ) 方法为用户展示功能菜单界面，第 10 ~ 12 行代码获取了用户输入的选项，判断该选项是否有效，无效则输出“输入操作项有误，请仔细确认！”。

第 13 ~ 28 行代码使用 if-elif 语句分别判断用户输入的选项是否为 1、2、3、4、5、6、7、Q 或 q，并输出相应的信息。

③ 运行 bank_manager.py 文件，从键盘输入正确的管理员账户和密码后展示功能菜单界面，之后输入 8，结果如图 11-10 所示。

输入 1 的运行结果如图 11-11 所示。

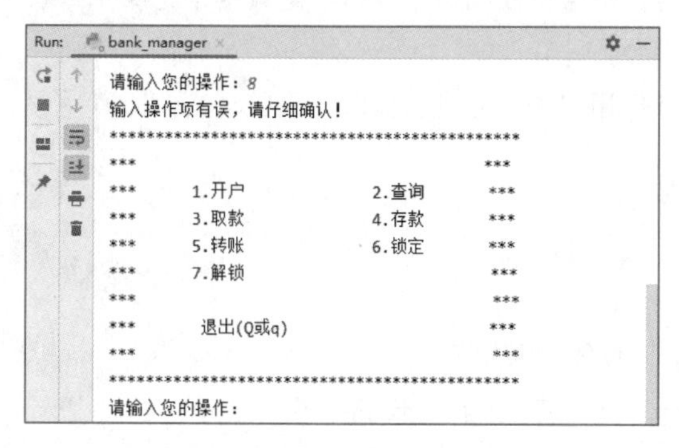

图 11-10 输入 8 的运行结果

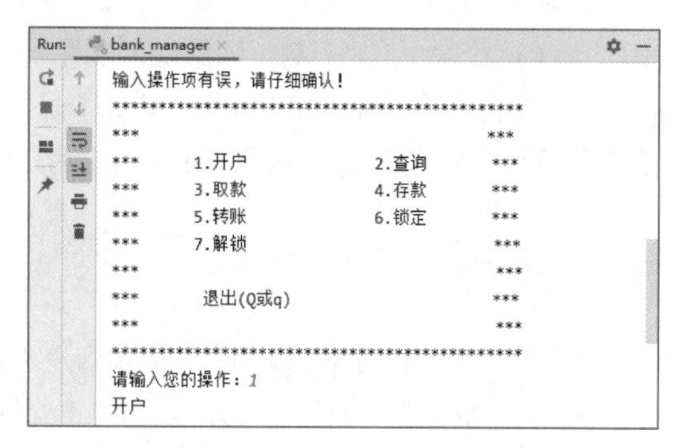

图 11-11 输入 1 的运行结果

任务 11-6 实现开户功能

■ 任务描述

在智能柜员系统中，用户根据功能菜单界面的提示输入 1 后，会执行开户功能。下面以用户小明的信息为例，使用智能柜员系统进行开户的操作流程如图 11-12 所示。

实操微课 11-6：任务 11-6 实现开户

```
请输入您的操作：1
请输入姓名:小明
请输入身份证号:1234567890
请输入手机号:13999999999
请输入预存金额:-100
预存款输入有误，开户失败！
```

(b) 开户失败——预存金额有误

```
请输入您的操作：1
请输入姓名:小明
请输入身份证号:1234567890
请输入手机号:13999999999
请输入预存金额:500
请输入密码：1
请再次输入密码：1
密码设置成功，请牢记密码： 1
您的开户已完成，请牢记开户卡号： 023921
```

(a) 开户成功

```
请输入您的操作：1
请输入姓名:小明
请输入身份证号:1234567890
请输入手机号:13999999999
请输入预存金额:500
请输入密码：1
请再次输入密码：2
两次密码输入不同......
```

(c) 开户失败——两次密码不同

图 11-12 开户的操作流程

从图 11-12 中可以看出，用户两次输入的密码不一致，或者输入的预存金额小于 0 都会导致开户失败。当用户输入的信息符合系统要求后，会获得一个随机生成的 6 位卡号。

本任务要求编写代码，实现符合以上逻辑的开户功能。

■ 任务分析

根据图 11-12 可知，用户只需要按照提示输入相应的信息，当输入的信息为密码或预存金额时，对密码或预存金额进行判断，此操作可以通过 if 语句完成。

除输入信息外，系统还需要随机生成 6 位卡号，卡号里面的每个字符都是数字，此操作可以借助 random 模块生成随机数，随机数的范围为 0 ~ 9。

为了避免卡号重复，需要将新生成的卡号与其他用户的卡号进行比较，只要与其他所有用户的卡号都不同就将新生成的卡号分配给当前用户。

■ 任务实现

接下来，结合任务分析编写代码实现开户功能，具体步骤如下。

① 在 ATM 类中分别导入 User 类、Card 类和 random 模块，具体代码如下。

```
from user import User
from card import Card
import random
```

② 在 ATM 类中完善 create_user( ) 方法，获取用户输入的信息，对预存金额和密码进行单独处理，生成一个 6 位卡号。create_user( ) 方法的最终代码如下。

```
1. def create_user(self):
2.     # 向用户字典中添加一个键值对（卡号、用户对象）
3.     name = input("请输入姓名：")
4.     user_id = input("请输入身份证号：")
5.     phone = input("请输入手机号：")
6.     prest_money = float(input("请输入预存金额：")) 
7.     if prest_money <= 0:
8.         print("预存款输入有误，开户失败！ ")
9.         return -1    # 开户失败
10.    once_pwd = input("请输入密码：")
11.    password = input("请再次输入密码：")
12.    if password != once_pwd:
13.        print("两次密码输入不同......")
14.        return -1
15.    print("密码设置成功，请牢记密码：  %s " % password)
16.    card_id = self.random_card_id()
17.    card = Card(card_id, once_pwd, prest_money)        # 创建卡
18.    user = User(name, user_id, phone, card)            # 创建用户
19.    self.all_user[card_id] = user                      # 存入用户字典
20.    print("您的开户已完成，请牢记开户卡号：%s" % card_id)
```

上述代码中，第 6 ~ 9 行代码调用 input( ) 函数获取了用户输入的预存金额，使用 if 语句判断预存金额是否小于或等于 0。如果小于或等于 0，则输出“预存款输入有误，开户失败！”信息，返回 -1。

第 10 ~ 14 行代码获取并验证用户输入的开户密码和确认密码 once_pwd 和 password，并判断它们的值是否相等，如果不相等，则输出“两次密码输入不同……”，返回 -1。

第 16 行代码调用 random_card_id( ) 方法生成随机卡号，第 17、18 行代码根据前面录入的信息创建了 Card 类对象和 User 类对象，第 19 行代码将 User 类对象添加到 all_user 字典中。

③ 在 ATM 类中完善 random_card_id( ) 方法，生成随机 6 位卡号，random_card_id( ) 方法的最终代码如下。

```
1. def random_card_id(self):
2.     while True:
3.         str_data = ''                          # 存储卡号
4.         for i in range(6):                     # 随机生成 6 位卡号
5.             ch = chr(random.randrange(ord('0'), ord('9') + 1))
6.             str_data += ch
7.         if not self.all_user.get(str):         # 判断卡号是否重复
8.             return str_data
```

上述代码中，第 3 行代码定义了一个变量 str_data 存储卡号，变量的初始值为空字符串。第 4 ~ 6 行代码通过循环生成了 6 个整数字符，每个字符的取值为 0 ~ 9，依次拼接到空字符串的后面。第 7、8 行代码判断 str_data 是否存在 all_user 中，如果不存在，则返回生成的新卡号 str_data。

④ 在 BankManager 类的 work( ) 方法中，在编号 1 对应的分支中增加调用 create_user( ) 方法的代码，如下所示。

```
def work(self):
    ......
    if not result:
        while True:
            # 显示功能菜单界面
            self.admin.print_func_view()
            option = input("请输入您的操作：")
            if option not in ("1", "2", "3", "4", "5",
                              "6", "7", "Q", "q"):
                print("输入操作项有误，请仔细确认！ ")
            if option == "1":  # 开户
                self.atm.create_user()
            elif option == "2":  # 查询
                print("查询")
            ......
```

⑤ 运行 bank_manager.py 文件，开户成功的运行结果如图 11-13 所示。

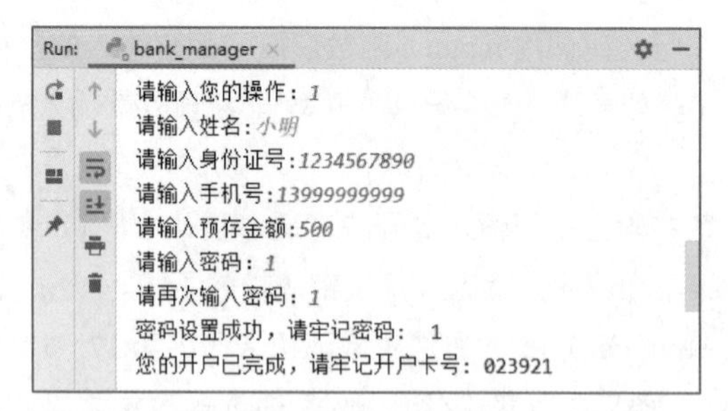

图 11-13 开户成功的运行结果

任务 11-7 实现查询功能

任务描述

实操微课 11-7：任务 11-7 实现查询功能

智能柜员系统中，用户根据功能菜单界面的提示从键盘输入 2 后，会让系统执行查询功能，查看指定卡内余额。以查询小明的卡号为例，使用智能柜员系统进行查询的操作流程如图 11-14 所示。

在图 11-14(a) 中，用户输入查询功能选项并输入卡号 023921 和密码 1 后，可以看到卡号及余额。在图 11-14(b) 中，用户输入错误的卡号 023920，系统会提示该卡号不存在的信息。在图 11-14(c) 中，用户输入了正确的卡号，但连续 3 次输错该卡号的密码，系统会提示密码错误过多，卡号被锁定的信息。

本任务要求编写代码，实现符合以上逻辑的查询功能。

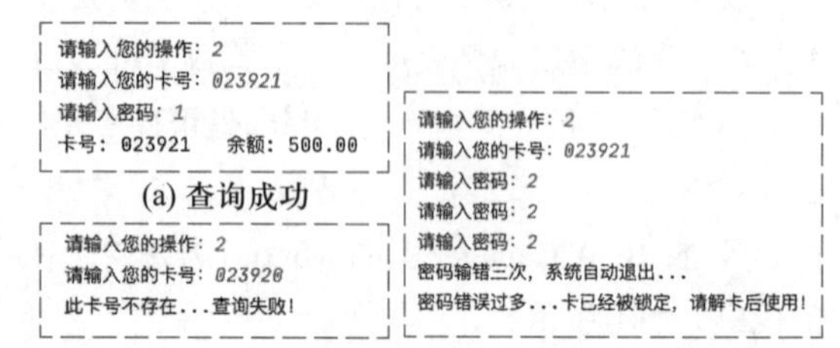

图 11-14 查询的操作流程

任务分析

根据任务描述中查询功能的操作流程，我们需要对用户输入的内容分以下三种情况进行判断。

① 如果卡号不正确，则输出“此卡号不存在 ... 查询失败！”后终止操作。

② 如果卡号正确且连续输错 3 次密码，则先后输出“密码输错三次，系统自动退出 ...”和“密码错误过多 ... 卡已经被锁定，请解卡后使用！”，并将该卡号的状态设置为锁定状态。

③ 如果卡号和密码都正确，则按照指定的格式输出卡号及余额。

以上前两种情况可以通过 if 语句进行判断，若判断条件不成立，则会执行第 3 种情况。

另外，密码校验在系统执行查询、存款、取款、转账等功能时都会涉及，因此我们可以将这个操作封装为单独的函数，便于在程序的多个地方重复使用。

任务实现

接下来，结合任务分析编写代码实现查询功能，具体步骤如下。

① 在 ATM 类中完善 check_pwd( ) 方法，用户最多可输入错误密码次数是 3 次。check_pwd( ) 方法的最终代码如下。

```
1. def check_pwd(self, real_pwd):
2.     for i in range(3):
3.         psd2 = input("请输入密码：")
4.         if real_pwd == psd2:        # 比对开户密码和用户输入的密码是否一致
5.             return True
6.     print("密码输错三次，系统自动退出...")
7.     return False
```

上述代码中，第 2 ~ 5 行代码使用 for 语句和 range( ) 函数控制循环内的代码最多执行 3 次。在循环内部，第 3 行代码调用 input( ) 函数获取用户从键盘输入的密码并赋值给变量 psd2。第 4、5 行代码判断 psd2 是否与 real_pwd 相等。相等则返回 True。第 7 行代码直接返回 False，说明用户连续 3 次输错了密码。

② 在 ATM 类中完善 search_user( ) 方法，查询卡号上的余额。代码如下。

```
1. def search_user(self):
2.     inpt_card_id = input("请输入您的卡号：")
3.     user = self.all_user.get(inpt_card_id)
4.     # 判断卡号是否存在
5.     if not user:
6.         print("此卡号不存在...查询失败！")
7.         return -1
8.     if not self.check_pwd(user.card.card_pwd): # 核对密码
9.         print("密码错误过多...卡已经被锁定，请解卡后使用！")
10.        user.card.card_lock = True
11.        return -1
12.    # 查询卡号上的余额
13.    print("卡号：%s    余额：%.2f  " %(user.card.card_id,
           user.card.money))
14.    return user
```

上述代码中，第 2 行代码定义了一个变量 inpt_card_id 保存用户输入的卡号，第 3 行代码根据卡号 inpt_card_id 获取 all_user 中的用户对象 user。第 5 ~ 7 行代码判断 user 是否存在，如果不存在，则执行第 6、7 行代码输出信息，返回 -1。

第 8 行代码调用 check_pwd( ) 方法校验用户输入的密码是否等于正确的密码，并判断校验结果是否不为 True，如果不为 True，说明校验密码失败，则会执行第 9 ~ 11 行代码输出信息，设置卡为锁定状态，并返回 -1。第 13 行代码通过格式化字符串输出了用户的卡号和余额，第 14 行代码返回查询到的用户对象 user。

③ 在 BankManager 类的 work( ) 方法中，找到菜单功能编号为 2 的分支，在该分支下调用 search_user( ) 方法，如下所示。

```
def work(self):
    ......
```

```
    if not result:
        while True:
            # 显示功能菜单界面
            self.admin.print_func_view()
            option = input(" 请输入您的操作: ")
            if option not in ("1", "2", "3", "4", "5",
                              "6", "7", "Q", "q"):
                print(" 输入操作项有误，请仔细确认! ")
            if option == "1":  # 开户
                self.atm.create_user()
            elif option == "2":  # 查询
                self.atm.search_user()
            ......
```

④ 运行 bank_manager.py 文件，查询成功的运行结果如图 11-15 所示。

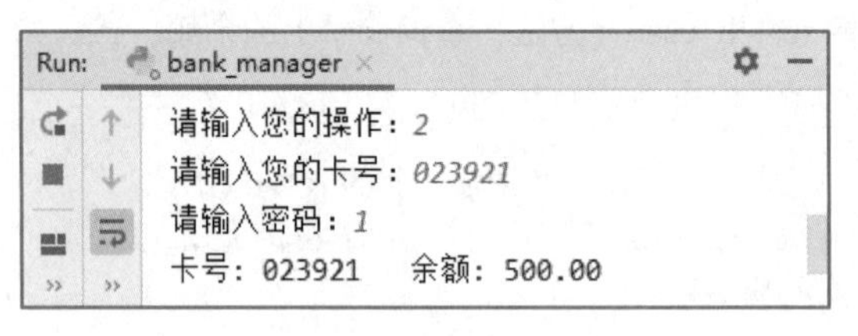

图 11-15 查询成功的运行结果

任务 11-8 实现取款功能

■ 任务描述

实操微课 11-8：任务 11-8 实现取款功能

在智能柜员系统中，用户根据功能菜单界面的提示从键盘输入 3 后，会让系统执行取款功能。下面以小明的卡号为例，演示使用智能柜员系统进行取款的操作流程，具体如图 11-16 所示。

在图 11-16(a) 中，用户先从键盘输入卡号 023921 与密码 1，可以看到卡上余额为 500 元，再从键盘输入取款金额 200 元，可以看到系统提示的“取款成功！”信息以及卡余额。

在图 11-16(b) 中，用户从键盘输入错误的卡号 023920，系统会提示卡号不存在的信息。在图 11-16(c) 中，用户输完正确的卡号后，连续 3 次输错该卡号的密码，系统会提示该卡号锁定的信息。在图 11-16(d) 中，用户输完正确的卡号

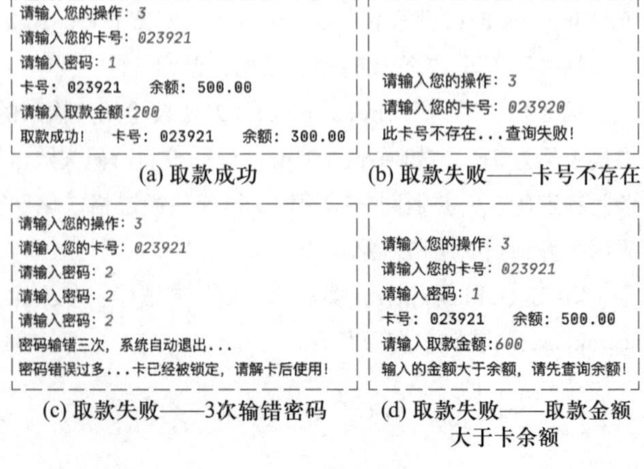

图 11-16 取款的操作流程

与密码后，输入的取款金额大于卡内余额，系统会提示相关的信息。

本任务要求读者编写代码，实现符合以上逻辑的取款功能。

任务分析

根据任务描述中取款功能的操作流程可知，当用户输入的卡号不正确，或者连续 3 次输错密码时，系统提示的信息与查询功能的提示信息相同，为此我们可以先调用 search_user( ) 方法来校验用户的卡号与密码，再对用户输入的取款金额进行判断。取款金额分以下两种情况。

① 取款金额大于卡内余额，此时系统需要给用户提示相应的信息，并终止取款操作。

② 取款金额小于卡内余额，此时系统需要计算取款后的金额，并给用户提示相应的信息。

情况 1 可以通过 if 语句进行判断。若判断条件不成立，便会执行情况 2。为了保证判断条件满足情况 1 时不再继续向下执行程序，而是直接终止取款操作，可以在 if 语句的末尾通过 return 语句返回 -1。

任务实现

接下来，结合任务分析编写代码实现取款功能，具体步骤如下。

① 在 ATM 类中完善用于实现取款功能的 get_money( ) 方法，在该方法中增加代码，依次对用户从键盘输入的卡号、密码和取款金额进行校验。get_money( ) 方法的最终代码如下。

```
1. def get_money(self):
2.     # 校验用户从键盘输入的卡号与密码
3.     user_tf = self.search_user()
4.     if user_tf != -1:
5.         if user_tf.card.card_id != '':
6.             input_money = float(input("请输入取款金额:"))
7.             if input_money > int(user_tf.card.money):
8.                 print("输入的金额大于余额，请先查询余额！")
9.                 return -1
10.            user_tf.card.money = float(user_tf.card.money) -
                   input_money
11.            print("取款成功！   卡号：%s    余额：%.2f   " %
                    (user_tf.card.card_id,
12.                       user_tf.card.money))
13.    else:
14.        return -1
```

上述代码中，第 3 行代码调用 search_user( ) 方法对用户输入的卡号与密码进行校验，并返回校验结果 user_tf，第 4 行代码判断 user_tf 的值是否不等于 -1。user_tf 不等于 -1 则说明校验成功，等于 -1 则说明校验失败，系统直接执行第 14 行代码。第 5 行代码判断用户的卡号是否不为空，不为空则继续执行取款操作。

第 6 ~ 9 行代码获取了用户输入的取款金额。首先调用 float( ) 函数将取款金额转换为浮点数并赋值给变量 input_money。然后判断 input_money 的值是否大于卡内余额，大于代表取款失败输出相应的提示信息，并返回 -1。

第 10 ~ 12 行代码将卡内余额减去取款金额的值重新赋给 user_tf.card.money，更新该卡号的余额，并输出相应的提示信息。

② 在 BankManager 类的 work( ) 方法中，找到菜单功能编号为 3 的分支，在该分支下调用 get_money( ) 方法，具体代码如下所示。

```
def work(self):
    ……
    if not result:
        while True:
            ……
            if option == "1":        # 开户
                self.atm.create_user()
            elif option == "2":              # 查询
                self.atm.search_user()
            elif option == "3":              # 取款
                self.atm.get_money()
            ……
```

③ 运行 bank_manager.py 文件，取款成功的运行结果如图 11-17 所示。

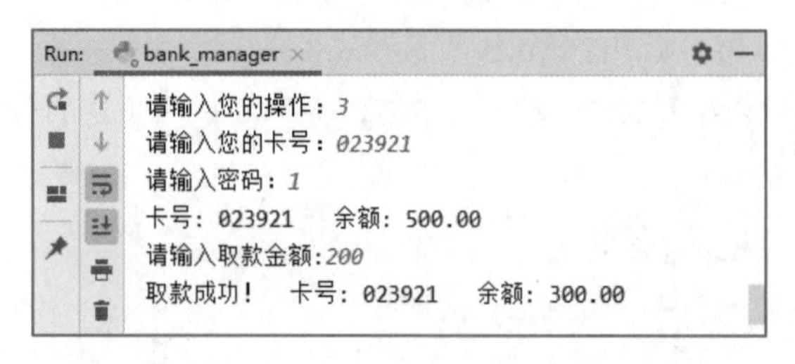

图 11-17 取款成功的运行结果

任务 11-9 实现存款功能

■ 任务描述

实操微课 11-9：任务 11-9 实现存款功能

在智能柜员系统中，用户根据功能菜单界面的提示从键盘输入编号 4 之后，便会让系统执行存款功能。以小明的卡号为例使用智能柜员系统进行存款的操作流程如图 11-18 所示。

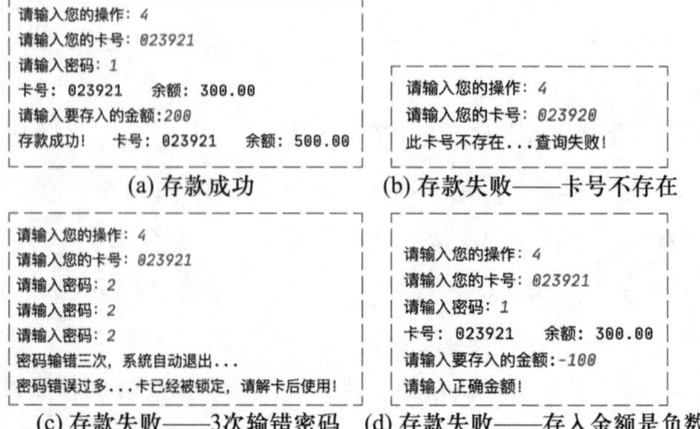

图 11-18 存款的操作流程

在图 11-18(a) 中，用户先输入自己的卡号 023921 与密码 1，看到自己卡号上的余额为 300 元，再向卡上存入 200 元后，看到系统提示“存款成功！”以及卡内余额。

在图 11-18(b) 中，用户输入错误的卡号 023920，系统会自动终止存款操作并提示。在图 11-18(c) 中，用户连续 3 次输错卡号密码，系统会自动终止存款操作并提示。在图 11-18(d) 中，用户输完正确的卡号与密码后，输入的存入金额小于 0，系统会自动终止存款操作并提示。

本任务要求读者编写代码，实现符合以上逻辑的存款功能。

■ 任务分析

根据任务描述中存款功能的操作流程可知，当用户从键盘输入的卡号不正确，或者连续 3 次输错密码时，系统提示的信息与查询功能的提示信息相同，为此我们可以先调用 search_user( ) 方法来校验用户的卡号与密码，再对用户输入的存款金额进行判断。存款金额分以下两种情况。

① 存款金额小于 0，此时系统需要为用户展示相应的提示信息，并终止存款操作。

② 存款金额大于或等于 0，此时系统需要计算存款后的金额，并为用户展示相应的提示信息。

以上两种情况可以通过 if-else 语句进行判断。

■ 任务实现

接下来，结合任务分析的思路编写代码，分步骤实现存款功能，具体步骤如下。

① 在 ATM 类中完善存款功能的 save_money( ) 方法，在该方法中增加代码，依次对用户从键盘输入的卡号、密码和存款金额进行校验。若校验通过便对用户余额进行加运算并赋值。save_money( ) 方法的最终代码如下。

```
1. def save_money(self):
2.     user_tf = self.search_user()
3.     if user_tf != -1:
4.         if user_tf.card.card_id != '':
5.             input_money = float(input("请输入要存入的金额："))
6.             if input_money < 0:
7.                 print("请输入正确金额！")
8.             else:
9.                 user_tf.card.money += input_money
10.                print("存款成功！   卡号：%s    余额：%.2f  " %
11.                      (user_tf.card.card_id, user_tf.card.money))
12.    else:
13.        return -1
```

上述代码中，第 2 行代码调用 search_user() 方法对用户输入的卡号与密码进行校验，并返回校验结果 user_tf，第 3 行代码判断 user_tf 的值是否不等于 -1，等于 -1 则说明校验失败，直接执行第 13 行代码结束函数，第 4 行代码判断用户的卡号是否不为空，不为空则继续执行存款操作。

② 在 BankManager 类的 work( ) 方法中，找到菜单功能编号为 4 的分支，在该分支下调用 save_money( ) 方法，具体代码如下所示。

```
def work(self):
    ……
    if not result:
        while True:
            ……
            elif option == "3":                    # 取款
                self.atm.get_money()
            elif option == "4":                    # 存款
                self.atm.save_money()
            ……
```

③ 运行 bank_manager.py 文件，存款成功的运行结果如图 11-19 所示。

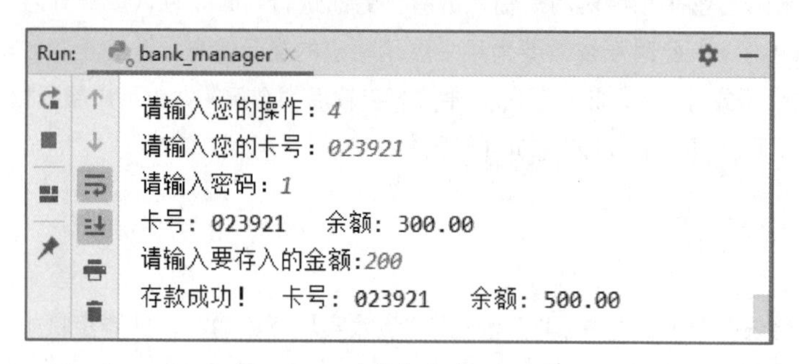

图 11-19 存款成功的运行结果

任务 11-10 实现转账功能

任务描述

实操微课 11-10：任务 11-10 实现转账功能

在智能柜员系统中，用户根据功能菜单界面的提示输入 5 之后，系统会执行转账功能。以从小明的卡号向小方的卡号转账为例，使用智能柜员系统进行转账的操作流程，如图 11-20 所示。

在图 11-20(a) 中，用户先输入正确的转出卡号与密码后，会看到系统提示转出卡号的余额信息，再输入正确的转入卡号及密码、转账金额。系统会再次向用户确认转账操作，用户选择转账后，系统会重新计算转出卡号与转入卡号的余额，提示转出卡号的余额信息。

在图 11-20(b) 中，用户从键盘输入不存在的转出和转入卡号，系统会自动终止转账操作并提示。在图 11-20(c) 和图 11-20(d) 中，用户连续 3 次输错转出卡号或转入卡号的密码，系统会自动终止转账操作并提示。

在图 11-18(e) 中，用户从键盘输入的转账金额大于转出卡号上的余额时，系统会提示“转账失败，余额不足！”信息，并提示转出卡号的余额。

在图 11-18(f) 中，用户先从键盘输入正确的转出卡号及密码、转入卡号及密码后，再输入符合要求的转账金额后，系统会再次向用户确认转账操作，用户选择不继续转账后主动中止转账行为。

本任务要求读者编写代码，实现符合以上逻辑的转账功能。

```
请输入您的操作：5
请输入转出主卡号：023921
请输入密码：1
卡号：023921    余额：500.00
请输入转入卡号：834874
请输入密码：2
请输入转账金额：500
您确认要继续转账操作吗（y/n）？：y
转账成功！   卡号：023921    余额：0.00
```

(a) 转账成功

```
请输入您的操作：5
请输入转出主卡号：023920
此卡号不存在...查询失败！
请输入您的操作：5
请输入转出主卡号：023921
请输入密码：1
卡号：023921    余额：500.00
请输入转入卡号：834875
此卡号不存在...查询失败！
```

(b) 转账失败——转出卡号或转入卡号不存在

```
请输入您的操作：5
请输入转出主卡号：023921
请输入密码：2
请输入密码：2
请输入密码：2
密码输错三次，系统自动退出...
密码错误过多...卡已经被锁定，请解卡后使用！
```

(c) 转账失败——3次输错转出卡号的密码

```
请输入您的操作：5
请输入转出主卡号：023921
请输入密码：1
卡号：023921    余额：500.00
请输入转入卡号：834874
请输入密码：1
请输入密码：1
请输入密码：1
密码输错三次，系统自动退出...
密码错误过多...卡已经被锁定，请解卡后使用！
```

(d) 转账失败——3次输错转入卡号的密码

```
请输入您的操作：5
请输入转出主卡号：023921
请输入密码：1
卡号：023921    余额：500.00
请输入转入卡号：834874
请输入密码：2
请输入转账金额：600
转账失败，余额不足！   卡号：023921    余额：500.00
```

(e) 转账失败——余额不足

```
请输入您的操作：5
请输入转出主卡号：023921
请输入密码：1
卡号：023921    余额：500.00
请输入转入卡号：834874
请输入密码：2
请输入转账金额：500
您确认要继续转账操作吗（y/n）？：n
转账失败，中止了操作...
```

(f) 转账失败——终止转账操作

图 11-20 转账功能的操作流程

■ 任务分析

观察任务描述中转账功能的操作流程，系统会对用户输入的转出主卡号及密码、转入卡号及密码进行校验，校验方式跟查询功能的方式相似，但提示信息不同，转出主卡号的提示信息为“请输入转出主卡号：”，转入卡号的提示信息为“请输入转入卡号：”，而查询功能的提示信息为“请输入您的卡号：”。

为了区分以上 3 种提示信息，我们需要定义一个变量 base，base 的值可以为 1、2、3，默认值为 1，关于这 3 种值的说明如下。

① 当值为 1 时，代表查询功能，此时获取用户输入的提示信息为“请输入您的卡号：”。

② 当值为 2 时，代表校验转出卡号及密码，此时获取用户输入的提示信息为“请输入转出主卡号：”。

③ 当值为 3 时，代表校验转入卡号及密码，此时获取用户输入的提示信息为“请输入转入卡号：”。

另外，用户在输入正确的转入卡号及密码后，系统不会提示卡内余额信息，而其他情况下会提示卡号余额信息。因此，我们在输出卡内余额的提示信息时，也需要另行处理 base 的值为 3 的情况。

结合任务描述中转账功能的操作流程可知，转账功能的实现思路可以归纳为以下 4 步。

① 校验转出卡号与密码。校验转出卡号与密码可以通过实现查询功能的 search_user( ) 方法完成，并根据该方法的返回值进行判断，若返回值为 -1，代表查询失败，直接使用 return 关键字返回 -1。若返回值不为 -1，说明查询成功，继续校验转入卡号的信息即可。

② 校验转入卡号与密码。校验转入卡号与密码也可以通过 search_user( ) 方法实现，具体逻辑与校验转出卡号与密码的逻辑相同。

③ 判断卡号余额是否大于或等于转账金额。转账金额分两种情况，若转账金额小于或等于卡

号余额，则继续进行转账操作，否则直接给用户提示余额不足的信息。这两种情况可以直接通过 if-else 语句进行处理。

④ 确认用户是否转账。确认用户是否转账也分两种情况，如果用户确认转账，则重新计算转出卡号与转入卡号的余额；如果用户拒绝转账，则直接给用户提示中止操作的信息。这两种情况可以直接通过 if-else 语句进行处理。

任务实现

接下来，结合任务分析编写代码实现转账功能，具体步骤如下。

① 在 ATM 类中修改 search_user( ) 方法，增加转出卡号、转入卡号和查询这 3 种情况的提示信息，以及提示卡号余额信息的代码。search_user( ) 方法修改后的代码如下。

```
def search_user(self, base=1):
        if base == 2:
            inpt_card_id = input("请输入转出主卡号：")
        elif base == 3:
            inpt_card_id = input("请输入转入卡号：")
        elif base == 1:
            inpt_card_id = input("请输入您的卡号：")
        user = self.all_user.get(inpt_card_id)
        # 如果卡号不存在，则会执行 if 分支下面的代码
        if not user:
            print("此卡号不存在...查询失败！")
            return -1
        if not self.check_pwd(user.card.card_pwd):    # 验证密码
            print("密码错误过多...卡已经被锁定，请解卡后使用！")
            user.card.card_lock = True
            return -1
        if not base == 3:             # 查询转入卡号时无须打印余额信息
            print("卡号：%s    余额：%.2f   " %(user.card.card_
                id, user.card.money))
        return user
```

② 在 ATM 类中完善实现转账功能的 transfer_money( ) 方法，在该方法中增加代码，首先校验转出卡号及密码、转入卡号及密码，然后判断卡号余额是否大于或等于转账金额，最后确认用户是否转账。transfer_money( ) 方法的最终代码如下。

```
1. def transfer_money(self):
2.     # 校验转出卡号与密码
3.     master_tf = self.search_user(base=2)
4.     if master_tf == -1:
5.         return -1
6.     # 校验转入卡号与密码
7.     user_tf = self.search_user(base=3)
8.     if user_tf == -1:
9.         return -1
```

```
10.     in_tr_money = float(input("请输入转账金额："))
11.     # 判断卡号余额是否大于或等于转账金额
12.     if master_tf.card.money >= in_tr_money:      # 符合转账条件
13.         opt_str = input("您确认要继续转账操作吗（y/n）？：")
14.         # 确认用户是否转账
15.         if opt_str.upper() == "Y":               # 转账
16.             master_tf.card.money -= in_tr_money
17.             user_tf.card.money += in_tr_money
18.             print("转账成功！  卡号：%s   余额：%.2f  " %
19.                   (master_tf.card.card_id, master_tf.card.money))
20.         else:                                    # 不转账
21.             print("转账失败，中止了操作...")
22.     else:                                        # 不符合转账条件
23.         print("转账失败，余额不足！  卡号：%s   余额：%.2f  " %
24.               (master_tf.card.card_id, master_tf.card.money))
```

上述代码中，第 10 行代码将用户从键盘输入的转账金额赋给变量 in_tr_money，第 12 ~ 24 行代码使用 if-else 判断卡内余额是否大于或等于转账金额，若大于或等于则执行第 13 ~ 21 行代码。否则执行第 23、24 行代码，输出余额不足的提示信息。

第 13 行代码获取了用户从键盘输入的值并赋给 opt_str，并根据 opt_str 的值决定是否继续转账。若 opt_str 的值为“y”或“Y”，则执行第 16、17 行代码，计算转出卡号和转入卡号的余额。若 opt_str 为其他值，则直接输出转账失败的提示信息。

③ 在 BankManager 类的 work( ) 方法中，找到菜单功能编号为 5 的分支，在该分支下调用 transfer_money( ) 方法，具体代码如下所示。

```
def work(self):
    ......
    if not result:
        while True:
            ......
            elif option == "4":                # 存款
                self.atm.save_money()
            elif option == "5":                # 转账
                self.atm.transfer_money()
            ......
```

④ 运行 bank_manager.py 文件，转账成功的运行结果如图 11-21 所示。

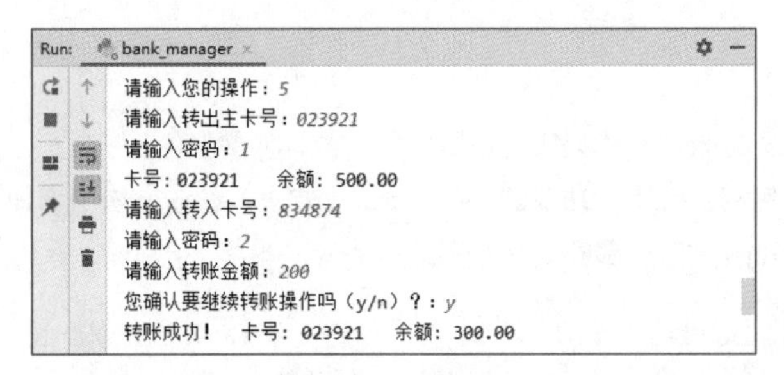

图 11-21 转账成功的运行结果

任务 11-11 实现锁定功能

任务描述

实操微课 11-11：任务 11-11 实现锁定功能

在智能柜员系统中，用户根据功能菜单界面的提示输入数字 6 之后，系统会执行锁定功能。以小明的卡号为例，使用智能柜员系统进行锁定的操作流程，如图 11-22 所示。

在图 11-22(a) 中，用户从键盘输入正确的卡号与密码后，系统会提示锁定成功的信息。在图 11-22(b)、图 11-22(c) 和图 11-22(d) 中，用户从键盘输入不存在的卡号、连续 3 次输错卡号密码或者重复锁定已锁定的卡号，系统会自动终止锁定操作并提示。

本任务要求读者编写代码，实现锁定功能的逻辑。

```
请输入您的操作：6
请输入您的卡号：023921
请输入密码：1
该卡被锁定成功!
```

(a) 锁定成功

```
请输入您的操作：6
请输入您的卡号：023920
此卡号不存在...锁定失败!
```

(b) 锁定失败——卡号不存在

```
请输入您的操作：6
请输入您的卡号：023921
请输入密码：2
请输入密码：2
请输入密码：2
密码输错三次，系统自动退出...
密码错误...锁定失败！！
```

(c) 锁定失败——3次输错密码

```
请输入您的操作：6
请输入您的卡号：023921
该卡已经被锁定，不需要再次锁定!
```

(d) 锁定失败——重复锁定

图 11-22 锁定功能的操作流程

任务分析

观察任务描述中锁定功能的操作流程，系统会对用户输入的内容分以下 4 种情况进行处理：

① 用户输入了不存在的卡号，输出提示信息并中止锁定操作。

② 用户输入的卡号处于锁定状态，输出提示信息并中止锁定操作。

③ 用户连续 3 次输入错误的密码，输出提示信息并中止锁定操作。

④ 用户输入的卡号正确、卡号未锁定、密码正确，则设置卡号为锁定状态。

如果以上列举的前 3 种情况通过 if 语句判断条件均不成立，便会按第 4 种情况进行处理。为了确保 if 语句的条件成立后，只执行 if 分支内的代码，不再执行其他分支的代码，需要在每个分支下通过 return 返回 -1。

卡号锁定以后，不能对其进行查询、存款、取款、转账这几项操作。所以我们需要在系统执行这几项操作时先判断卡号的状态是否处于锁定状态，非锁定状态才可以继续操作。存款、取款、转账功能都是基于查询功能校验用户的卡号及密码，可以在查询功能内部增加校验卡号锁定状态的操作，这样一来，存款、取款、转账功能都会具有校验卡号锁定状态的操作。

任务实现

接下来，结合任务分析编写代码实现转账功能，具体步骤如下。

① 在 ATM 类中完善实现锁定功能的 lock_card( ) 方法，在该方法中增加设置该卡号的状态为锁定的代码。lock_card( ) 方法的最终代码如下。

```
1. def lock_card(self):
2.     input_card_id = input("请输入您的卡号：")
```

```
3.      user = self.all_user.get(input_card_id)
4.      if not user:
5.          print("此卡号不存在...锁定失败！")
6.          return -1
7.      if user.card.card_lock:
8.          print("该卡已经被锁定，不需要再次锁定！")
9.          return -1
10.     if not self.check_pwd(user.card.card_pwd):  # 验证密码
11.         print("密码错误...锁定失败！！")
12.         return -1
13.     user.card.card_lock = True
14.     print("该卡被锁定成功！")
```

上述代码中，第 4 ~ 6 行代码判断卡号是否存在，不存在则输出提示信息并返回 -1。第 7 ~ 9 行代码判断卡状态是否为锁定状态，是锁定状态则输出提示信息并返回 -1。第 10 ~ 12 行代码校验用户密码是否正确，不正确则输出提示信息并返回 -1。

第 13、14 行代码将 user.card 的 card_lock 属性值设置为 True，并输出锁定成功的提示信息。

② 修改 ATM 类的 search_user( ) 方法，在该方法中增加判断卡号状态的代码，如下所示。

```
def search_user(self, base=1):
    ......
    if not user:
        print("此卡号不存在...查询失败！")
        return -1
    if user.card.card_lock:
        print("该用户已经被锁定...请解卡后使用！")
        return -1
    if not self.check_pwd(user.card.card_pwd):   # 验证密码
    ......
```

③ 在 BankManager 类的 work( ) 方法中，找到菜单功能编号为 6 的分支，在该分支下调用 lock_card( ) 方法，具体代码如下所示。

```
def work(self):
    ......
    if not result:
        while True:
            ......
            elif option == "5":               # 转账
                self.atm.transfer_money()
            elif option == "6":               # 锁定
                self.atm.lock_card()
            ......
```

④ 运行 bank_manager.py 文件，锁定成功的运行结果如图 11-23 所示。

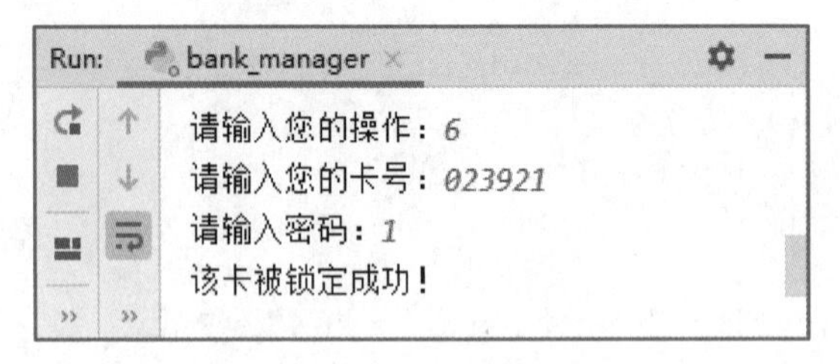

图 11-23 锁定成功的运行结果

任务 11-12 实现解锁功能

任务描述

实操微课 11-12：任务 11-12 实现解锁功能

在智能柜员系统中，用户根据功能菜单界面的提示输入数字 7 之后，系统会执行解锁功能。以小明的卡号为例，使用智能柜员系统进行解锁的操作，如图 11-24 所示。

在图 11-24(a) 和图 11-24(d) 中，用户从键盘输入正确的卡号与密码后，系统会输出提示信息“该卡解锁成功！”。当用户再次对已解锁的卡号解锁时，系统会输出提示信息“该卡未被锁定，不需要解锁！”。

在图 11-24(b) 和图 11-24(c) 中，用户从键盘输入不存在的卡号，或者连续 3 次输错卡号密码，系统会自动终止解锁操作并提示信息。

本任务要求读者编写代码，实现符合以上逻辑的解锁功能。

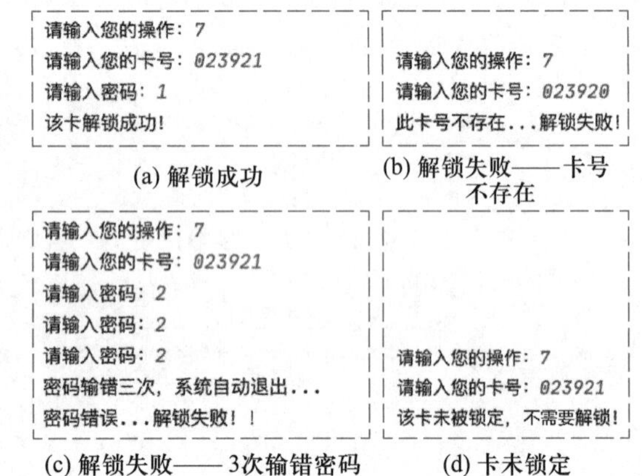

图 11-24 解锁功能的操作流程

任务分析

观察任务描述中解锁功能的操作流程可知，系统会对用户输入的内容分以下几种情况进行处理：

① 用户从键盘输入了不存在的卡号，输出解锁失败的提示信息并中止解锁操作。

② 用户输入的卡号处于未锁定状态，输出不需要解锁的提示信息并中止解锁操作。

③ 用户连续三次输入错误的密码，输出解锁失败的提示信息并中止解锁操作。

④ 用户从键盘输入正确的卡号与密码，且卡号已锁定，则设置卡号为未锁定状态。

如果以上列举的前 3 种情况通过 if-elif 语句进行判断的条件均不成立，便会按第 4 种情况处理。为了确保 if 或 elif 子句的条件成立后，只执行分支内的代码，不再继续执行其他分支的代码，可以在分支下使用 return 语句返回 -1。

不过，第 2 种情况其实不属于解锁失败，它不适合通过 return -1 结束。为了让程序在处理完第 2 种情况后也中止解锁操作，可以将以上 4 种情况的代码全部放到循环中，当第 2 种情况处理完以后使用 break 结束循环，如此程序便不会执行其他几种情况了。

任务实现

接下来，结合任务分析编写代码实现解锁功能，具体步骤如下。

① 在 ATM 类中完善实现解锁功能的 unlock_card( ) 方法，当在用户输入正确的卡号和密码、锁定卡号时，将该卡号的状态设置为未锁定状态。unlock_card( ) 方法的最终代码如下。

```
1. def unlock_card(self):
2.     inpt_card_id = input("请输入您的卡号：")
3.     user = self.all_user.get(inpt_card_id)
4.     while 1:
5.         if not self.all_user.get(inpt_card_id):
6.             print("此卡号不存在...解锁失败！")
7.             return -1
8.         elif not user.card.card_lock:
9.             print("该卡未被锁定，不需要解锁！")
10.            break
11.        elif not self.check_pwd(user.card.card_pwd):
12.            print("密码错误...解锁失败！！")
13.            return -1
14.        user.card.card_lock = False                # 解锁
15.        print("该卡解锁成功！")
16.        break
```

上述代码中，第 5 ~ 7 行代码判断卡号是否存在，不存在则输出提示信息并返回 -1。第 8 ~ 10 行代码判断卡状态是否为锁定状态，未锁定状态则输出提示信息并返回 -1。第 11 ~ 13 行代码校验用户密码是否正确，不正确则输出提示信息并返回 -1。

第 14、15 行代码将 user.card 的 card_lock 属性值设置为 False，并输出解锁成功的提示信息。

② 在 BankManager 类的 work( ) 方法中，找到菜单功能编号为 7 的分支，在该分支下调用 unlock_card( ) 方法，具体代码如下所示。

```
def work(self):
    ......
    if not result:
        while True:
            ......
            elif option == "6":                    # 锁定
                self.atm.lock_card()
            elif option == "7":                    # 解锁
                self.atm.unlock_card()
            ......
```

③ 运行 bank_manager.py 文件，解锁成功的运行结果如图 11-25 所示。

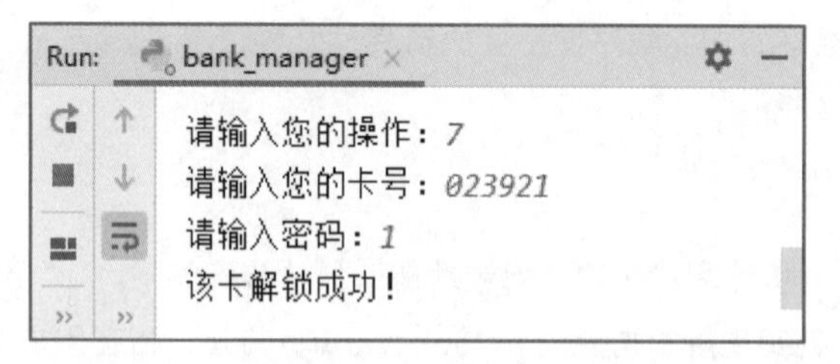

图 11-25 解锁成功的运行结果

任务 11-13 实现退出功能

■ 任务描述

实操微课 11-13：任务 11-13 实现退出功能

在智能柜员系统中，用户根据功能菜单界面的提示输入“q”或“Q”之后，便会执行数据存盘操作并退出系统。退出功能的操作如图 11-26 所示。

在图 11-26(a) 中，当管理员输入正确的账户与密码后，系统会在自动存盘后输出提示信息“退出系统！”。在图 11-26(b) 和图 11-26(c) 中，当管理员从键盘输入错误的账户或密码后，系统会分别输出提示信息“管理员账户输入错误！”和“输入密码有误！”，终止退出系统的操作。

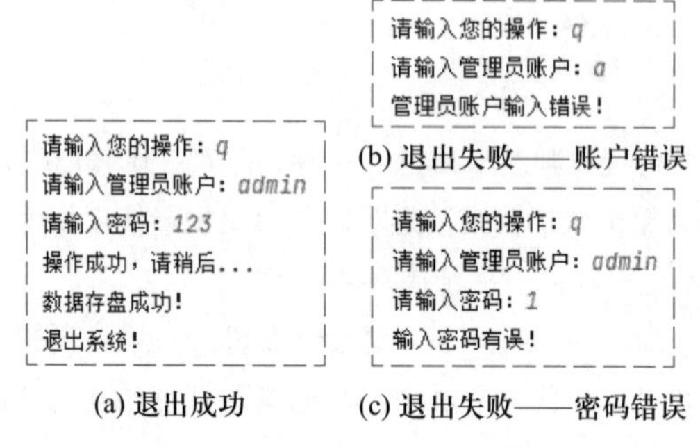

图 11-26 退出系统的操作流程

本任务要求读者编写代码，实现符合以上逻辑的退出功能。

■ 任务分析

根据任务描述中退出功能可知，系统会先对管理员账户和密码进行校验，校验无误后再进行存盘操作，更新所有用户的信息，最后退出系统。整个过程共涉及 3 个操作，分别是校验管理员账户与密码、存盘和退出。

① 校验管理员账户与密码的逻辑代码已经由 Admin 类的 check_option( ) 方法实现，因此只需要在合适的地方调用该方法即可。

② 存盘操作的逻辑比较简单，只需要更新系统保存的用户信息，输出提示信息即可。在程序中，由于所有的用户信息均保存在 all_user_dict 字典中，所以更新用户信息可以通过字典的 update( ) 方法实现。

③ 退出操作的逻辑比较简单，直接使用 return -1 语句结束循环即可。

■ 任务实现

接下来，结合任务分析编写代码实现退出功能，具体步骤如下。

① 在 BankManager 类中完善实现存盘功能的 save_user( ) 方法，在该方法中增加代码，更新所有的用户信息。save_user( ) 方法的最终代码如下。

```
def save_user(self):
        self.all_user_dict.update(self.atm.all_user)
        print(" 数据存盘成功！ ")
```

② 在 BankManager 类的 work( ) 方法中，找到菜单功能字母为 Q 或 q 的分支，在该分支下增加退出系统的逻辑代码，具体代码如下所示。

```
def work(self):
        ……
        if not result:
            while True:
                ……
                elif option == "7":                        # 解锁
                    self.atm.unlock_card()
                elif option.upper() == "Q":                # 退出
                    if not self.admin.check_option():
                        self.save_user()
                        print(' 退出系统！ ')
                        return -1
```

③ 运行 bank_manager.py 文件，成功退出系统的运行结果如图 11-27 所示。

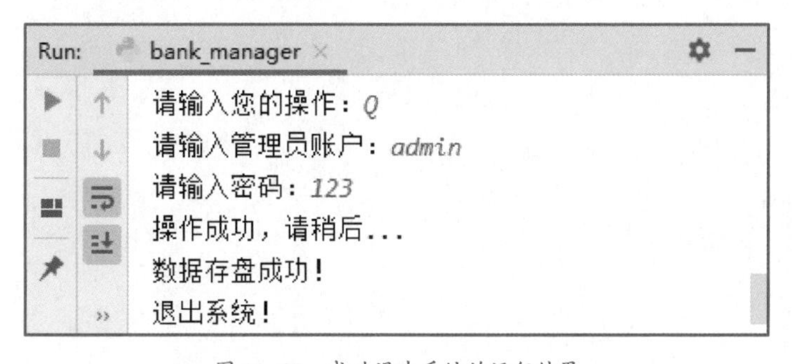

图 11-27 成功退出系统的运行结果

本章小结

本章采用任务驱动的方式，利用 13 个任务逐步开发了一个综合项目——银行智能柜员系统。通过学习本章的内容，希望读者可以理解面向对象编程的优势，能够轻松地将其运用到实际项目的开发中。